国家精品课程主讲教材

计算机应用基础

Jisuanji Yingyong Jichu

王移芝　鲁凌云　周筱来　扈宝莹　编

高等教育出版社·北京
HIGHER EDUCATION PRESS　BEIJING

内容提要

本书是现代远程教育国家精品课程“计算机应用基础”建设项目研究成果的重要组成部分，在教材内容的建设中，强调知识的科学性、先进性、系统性和层次性，侧重于计算机基础理论知识和信息技术的综合应用，突出应用技能、操作性指导和案例学习。全书分为两篇共有10章，主要内容包括计算机基础知识、数制与计算机编码、微型计算机基础、计算机网络基础、操作系统基础及 Windows 应用、字处理——Word、电子表格——Excel、电子演示文稿——PowerPoint、Internet、多媒体等。为方便学生学习和教学实践，同时配有学习与实验指导光盘和自学辅导课程网站，网站的网址为 http://218.249.29.248/jpkc/jsjyyjc/index.html。

本书可作为现代远程教育试点高校网络教育全国统一考试“计算机应用基础”课程的学习参考书，也可作为其他院校“计算机应用基础”类课程的教学用书以及各类在职相关人员的自学用书。

图书在版编目（CIP）数据

计算机应用基础 / 王移芝等编. —北京：高等教育出版社，2011. 7

ISBN 978-7-04-031386-4

Ⅰ. ①计…　Ⅱ. ①王…　Ⅲ. ①电子计算机 - 高等教育：远程教育 - 教材　Ⅳ. ①TP3

中国版本图书馆 CIP 数据核字（2011）第 083767 号

策划编辑　董建波　　责任编辑　董建波　　封面设计　于文燕　　版式设计　范晓红
责任校对　殷　然　　责任印制　韩　刚

出版发行	高等教育出版社	咨询电话	400-810-0598
社　　址	北京市西城区德外大街 4 号	网　　址	http://www.hep.edu.cn
邮政编码	100120		http://www.hep.com.cn
印　　刷	天津新华二印刷有限公司	网上订购	http://www.landraco.com
开　　本	787×1092　1/16		http://www.landraco.com.cn
印　　张	23	版　　次	2011 年 7 月第 1 版
字　　数	520 000	印　　次	2011 年 7 月第 1 次印刷
购书热线	010-58581118	定　　价	39. 20 元（含光盘）

本书如有缺页、倒页、脱页等质量问题，请到所购图书销售部门联系调换

物 料 号　31386-00

前　言

“计算机应用基础”课程是现代远程教育试点高校网络教育实行全国统一考试的 4 门公共基础课之一，本书作者讲授的该课程于 2007 年被评为国家精品课程。

本教材是在原有的新世纪网络课程建设工程项目之一“计算机文化基础”配套教材《计算机文化基础教程》和《计算机文化基础学习与实验指导书》的基础上，根据教育部、财政部关于实施高等学校本科教学质量与教学改革工程的意见，结合计算机发展的最新成就和当前高等教育改革发展的新形势、新目标和新要求，重新组织编写。在多年教学改革的研究成果基础上，结合教育技术理论在计算机基础教学中的应用，对原教材的体系结构、教学内容进行了大量的修改，作为远程教育国家精品课程“计算机应用基础”的主讲教材。

在教材内容的建设中，强调知识的科学性、先进性、系统性和层次性，侧重于计算机基础理论知识和信息技术的综合应用，突出应用技能、操作性指导和案例学习。考虑到远程教学的特点，以学生为中心，加强人才培养的实践能力、注重教师的指导作用和学生终身学习能力的培养。为方便学生学习和教学实践，同时配有学习与实验指导光盘和自学辅导课程网站，网站的网址为http://218.249.29.248/jpkc/jsjyyjc/index.html。

全书由北京交通大学计算机与信息技术学院 5 位教师集体写作完成。第 1、2、5、6 章由王移芝编写，第 4、9 章由鲁凌云编写，第 7、10 章由周筱来编写，第 3、8 章由扈宝莹编写，各章的例题和习题以及参考答案（放在学习与实验指导光盘中）由金一提供，全书由王移芝教授统稿。

感谢美工张建梅为学习与实验指导光盘的设计与制作所作的努力。感谢各校专家与一线的教师和广大读者对我们的关心和支持！

随着计算机技术和教育信息化的飞速发展，高等学校计算机基础教学的改革也在不断地深化和发展，新的教学体系和思想正在探索中。由于时间仓促以及作者水平有限，书中难免有不妥之处，恳请各位专家和读者批评指正，以便再版时及时修正。

作　者

2010 年 12 月

目　录

基　础　篇

应 用 篇

基　础　篇

🕮 本篇导读

第 1 章　主要介绍信息技术、计算机基础知识和计算机安全基础
第 2 章　主要介绍数据在计算机中的表示方法、数制间的转换与计算机编码
第 3 章　以微型计算机为例介绍计算机的组成结构及各部件的功能特点
第 4 章　主要介绍计算机网络基础知识

🕮 本书约定

- 选择“开始/所有程序/附件/画图”命令，表示单击“开始”按钮，选择“所有程序”命令，在弹出的菜单中选择“附件”命令，然后在弹出的菜单中选择“画图”命令，即启动“画图”应用程序；
- 选择“插入/引用/索引和目录”命令，表示打开“插入”菜单，选择“引用”命令，在弹出的菜单中选择“索引和目录”命令，即执行“索引和目录”命令；
- “Ctrl + Shift + Tab”表示组合键，即先按住“Ctrl”和“Shift”键，然后再按“Tab”键。

第1章 计算机基础知识

本章学习重点：

- 了解信息与计算机文化。
- 了解计算机的发展历程、趋势和关键人物。
- 了解并掌握计算机的基本概念和计算机系统的组成。
- 了解并掌握计算机的应用领域及其主要特点。
- 了解计算机安全基础知识。

1.1 认识计算机

信息技术与计算机网络应用技术的不断普及与深入正在改变着人们传统的工作、学习和生活方式，其新思想、新观念也同时影响着教学，改变着教学内容、方法与手段，推动了人类社会的发展和人类文明的进步，把人类带入一个全新的信息时代。作为21世纪的大学生在信息化社会里生活、学习和工作，必须要了解和掌握获取信息、加工信息和再生信息的方法和能力。本章从信息与计算机文化、计算机的发展历程等基础知识开始，迈进计算机世界。

1.1.1 信息与计算机文化

信息一词来源于拉丁文“information”，并且在英文、法文、德文、西班牙文中同字，在俄语、南斯拉夫语中同音，表明了其世界范围内的广泛性。信息是人们表示一定意义的符号的集合，是客观存在的一切事物通过物质载体所发生的消息、情报和信号中所包含的一切可传递和交换的内容，如数字、文字、表格、图形、图像、动画和声音等。在信息化社会里，计算机的存在总是和信息的加工、处理、存储、检索、识别、控制和应用分不开。可以说，没有计算机就没有信息化，没有计算机、通信和网络技术的综合利用，就没有日益发展的信息化社会。所以说，计算机是信息化社会必备的工具。

1. 信息的主要特征

（1）信息无处不在

客观世界的一切事物都在不断地运动变化着，并表现出不同的特征和差异，这些特征变化就是客观事实，并通过各种各样的信息反映出来。从有人类存在以来，人们都是利用客观存在的大自然中无穷无尽的信息资源。信息就在人们身边，人们生活在充满信息的环境中，自觉或不自觉地接受或传递着各种各样的信息。读书、看报可以获得信息，与朋友和同学交谈、看电视、听广播也可以获得信息。在接受大量信息的同时，人们自己也在不断地传递信息。事实上，给别人打电话、写信、发电子邮件，甚至自己的表情或一言一行都是在向别人发布信息。信息就像空气一样，虽然可能看不见摸不着，但它却不停地在人们身边流动，为人类服务。人们需要信息、研究信息，人类生存一时一刻都离不开信息。

（2）信息的可传递性和共享性

信息无论在空间上还是在时间上都具有可传递性和可共享性。人们可以通过多种渠道、采用多种方式传输信息。在信息传输中，人们可以依赖语言、文字、表情或动作进行，对于公众信息的传输则可以通过报纸、杂志、文件等实现。随着现代通信技术的发展，信息传输可以通过电话、电报、广播、通信卫星、计算机网络等各种手段实现。在信息传输过程中，信息发出后其自身信息量并不减少，而同一信息可提供给多个接收者。这也是信息区别于物质的另一个重要特征，即信息的可共享性。例如，教师授课、专家报告、新闻广播、电视和网站等都是典型的信息共享的实例。

（3）信息必须依附于载体

信息是事物运动的状态和方式而不是事物本身，因此，它不能独立存在，必须借助某种符号才能表现出来，而这些符号又必须依附于某种载体上。

同一信息的载体是可以变换的。例如，选举某位同学担任班长，表示“同意”这一信息，在不同的场合，可以用举手、鼓掌、在选票上该同学的名字前画圈等多种方式实现。显然，信息的表示符号和物质载体可以变换，但任何信息都不能脱离具体的符号及其物质载体而单独存在。所以说，没有物质载体，信息就不能存储和传播。人类除了运用大脑进行信息存储外，还要运用语言、文字、图像、符号等记载信息。如果要使信息长期保存下来，就必须利用纸张、胶卷、磁盘等作为信息的载体加以存储，再通过电视、收音机、计算机网络等信息媒体进行传播。

（4）信息的可处理性

信息是可以加工处理的，即可以被编辑、压缩、存储及有序化，也可以由一种状态转换成另一种状态。在使用过程中，经过综合、分析等处理，原有信息可以实现增值，也可以更有效地服务于不同的人群或不同的领域。例如，新生入学时的“学生登记表”内容包括：编号、姓名、性别、出生日期、民族、家庭住址、学习经历、家庭主要成员、身体状态、邮编等信息。这些信息经过选择、重组、分析、统计可以分别提供给学生处、团委、图书馆、医疗室、教务处以及财务部门等使用。

计算机技术的迅速发展加速了信息化社会的发展。如今，计算机无处不在，已经成为人们生产和生活乃至学习的必备工具。计算机就在人们的身边，在学习、工作和生活的各个领域。无论去办公室工作、去商店买东西、去银行存取款、去火车站购票、去食堂吃饭等，到处都有它的存在。

2. 计算机文化

“文化”通常有两种理解：第一种是一般意义上的理解，认为只要是能对人类的生活方式产生广泛而深刻影响的事物都属于文化。例如，“饮食文化”、“茶文化”、“酒文化”、“电视文化”和“汽车文化”等。第二种是严格意义上的理解，认为应当具有信息传递和知识传授功能，并对人类社会从生产方式、工作方式、学习方式到生活方式能产生广泛而深刻影响的事物才能称得上是文化。例如，语言文字的应用、计算机的日益普及和 Internet 的迅速发展，即属于这一类。也就是说，严格意义上的文化应具有广泛性、传递性、教育性及深刻性等属性。所谓广泛性主要体现在既涉及全社会的每一个人、每一个家庭，又涉及全社会的每一个行业、每一个应用领域；传递性是指这种事物应当具有传递信息和交流思想的功能；教育性是指这种事物应能成为存储知识和获取知识的手段；深刻性是指事物的普及应用会给社会带来深刻的影响，即不是只带来社会某一方面、某个部门或某个领域的改良与变革，而是带来整个社会方方面面的根本性变革。

世界上有关“计算机文化”的提法最早出现在 20 世纪 80 年代初。1981 年在瑞士洛桑召开的第三次世界计算机教育大会上，前苏联学者伊尔肖夫首次提出：“计算机程序设计语言是第二文化”。这个观点如同一声春雷在会上引起巨大反响，几乎得到所有与会专家的支持，从那时开始，“计算机文化”的说法就在世界各国广为流传。我国出席这次会议的代表也对此作出积极的响应，并向我国政府提出在中小学开展计算机教育的建议。根据这些代表的建议，1982 年教育部作出决定：在清华、北大和北师大等 5 所大学的附中试点开设 BASIC 语言选修课，这就是我国中小学计算机教育的起源。

20 世纪 80 年代中期以后，国际上的计算机教育专家逐渐认识到“计算机文化”的内涵并不等同于计算机程序设计语言，因此在其基础上的“计算机文化”的提法曾一度低落。近几年随着多媒体技术、校园计算机网络和 Internet 的日益普及，“计算机文化”的说法又被重新提出来了。显然，“计算机文化”在 20 世纪 80 年代和 90 年代的两度流行，尽管提法相同，但其社会背景和内在涵义已发生了根本性的变化。

那么，如何衡量“计算机文化”素质的高低呢？根据目前国内外大多数计算机教育专家的意见，最能体现“计算机文化”的知识结构和能力素质，应当是与“信息获取、信息分析与信息加工”有关的基础知识和应用能力。其中信息获取包括信息发现、信息采集与信息优选；信息分析包括信息分类、信息综合、信息查错与信息评价；信息加工则包括信息的排序与检索、信息的组织与表达、信息的存储与变换以及信息的控制与传输等。这种与信息获取、分析、加工有关的知识与能力既是“计算机文化”水平高低和素质优劣的具体体现，又是信息社会对新型人才培养所提出的基本要求。

3. 计算机教育对学生思维品质的作用

（1）有助于培养学生的创造性思维

创造性思维是人在解决问题的活动中所表现出的独特新颖并有价值的思维成果。学生在解题、写作、绘画等学习活动中会得到创造性思维的训练，而计算机教育的特殊性无疑对学生创造性思维培养更有优势。由于在计算机程序设计的教学中算法描述语言既不同于自然语言，也不同于数学语言，其描述的方法也不同于人们通常对事物的描述，因此在用程序设计解决实际问题的过程中，摒弃了大量其他学科教学中所形成的常规思维模式，比如在累加运算中使用了源于数学但又有别于数学的语句 $S=S+N$，在编程解决问题时所使用的各种方法和策略（搜索算法、穷举算法和最优策略等）都打破了以往的思维方式，有新鲜感，能激发学生的创造欲望。

（2）有助于发展学生的抽象思维

用概念、判断、推理的形式进行的思维就是抽象思维。计算机教学中的程序设计是以抽象思维为基础的，要通过程序设计解决实际问题，首先要考虑恰当的算法，通过对问题的分析研究，归纳出一般性的规律，然后再用计算机语言描述出来。在程序设计中大量使用判断、归纳、推理等思维方法，将一般规律经过高度抽象的思维过程表述出来，形成计算机程序。比如用筛选法找出 $1\sim N$ 之间的所有素数，学生要有素数的概念、判别素数的方法、自动生成 $1\sim N$ 之间自然数的方法等基本知识。再从简单情况入手，归纳出搜索素数的方法和途径，总结抽象出规律，最后编程解决。

（3）有助于强化学生思维训练，促进学生思维品质优化

计算机科学是一个操作性很强的学科，学生通过上机操作，使手、眼、心、脑并用而形成强烈的专注，使大脑皮层高度兴奋，而将所学的知识高效内化。在计算机语言学习中，学生通过上机体会各种指令的功能，分析程序运行过程，及时验证及反馈运行结果，都容易使学生产生一种成就感，激发学生的求知欲望，逐步形成一个感知心智活动的良性循环，从而培养出勇于进取的精神和独立探索的能力。通过程序模块化设计思维的训练，使学生逐步善于将一个复杂问题分解为若干简单问题来解决，从而形成良好的结构思维品质。另外，由于计算机运行的高度自动化，精确按程序执行，因此在程序设计或操作中需要科学严谨的态度，稍有疏忽便会出错，只有检查更正后才能再开始。这个反复调试程序的过程实际上是锻炼思维、磨炼意志的过程，其中既含心智因素又含技能因素。因此，计算机的学习过程是一个培养坚忍不拔的意志、深刻思维、增强毅力的自我修养过程。

4．计算机能力是学生未来生存的需要

计算机能力是指利用计算机解决实际问题的能力，如文字处理能力、数据分析能力、各类软件的使用能力、资料数据查询和获取能力、信息的归类和筛选能力等。

在 21 世纪的今天，信息技术的应用引起了人们生产方式、生活方式乃至思想观念的巨大变化，推动了人类社会的发展和文明的进步。信息已成为社会发展的重要战略资源和决策资源。信息化水平已成为衡量一个国家的现代化程度和综合国力的重要标志。可见在信息化社会里，如果不会使用计算机，将不能很好地衣、食、住、行，更好地培养学生的计算机应用能力可以提高其自身的综合素质以及今后走进社会的生存能力。

1.1.2 浏览计算机世界

在信息化社会里，计算机技术对社会的影响已经是人所共知的事实。无论一个人从事什么职业，在任何时间做任何事情，都会越来越强烈地感受到计算机的存在和发展，感受到这种发展对行为方式的影响以及对自己能力的挑战。计算机已成为人类工作、学习以至生活的必要工具。

1．计算机的诞生

计算机的诞生是从人类对计算工具的需求开始的。在人类文明发展的早期就遇到了计算问题，在古人类生活过的岩石洞里的刻痕说明他们在计数和计算。随着文明的发展，人类发明了各种专用的计算工具，如算筹和算盘都是古代人类寻求计算工具的辉煌成就。随着工业革命的开始，各种机械设备被发明出来，而要很好地设计和制造这些设备，一个最基本问题就是计算。人们需要解决的计算问题越来越多、越来越复杂。在这种情况下，当时的科学家进行了有关计算工具的研究，并取得了丰富的成果。1642 年法国物理学家帕斯卡发明了机械的齿轮式加减法器，1673 年德国数学家莱布尼兹发明了乘除法器，这些工作促成了能进行四则运算的机械式计算器的诞生，商品化的机械计算机在 1820 年真正出现了。在随后的年代里，人们一直在不断地研究各种能够完成计算的机器，想方设法扩充和完善这些装置的功能。这方面最卓越的工作是英国发明家查里斯·巴贝齐在 19 世纪 30 年代设计的差分机和分析机。

> 英国发明家查里斯·巴贝齐在 19 世纪 30 年代设计了差分机和分析机，巴贝齐试图采用机械方式去实现计算过程，他设计的分析机已经有了今天计算机的基本框架。巴贝齐的计算机器就是在追求自动化与计算的结合，但是由于技术限制，巴贝齐的计算机器没有完成。

2．人类对自动化设备的需求和早期发现

人类寻求自动化设备发展史上最重要的里程碑是自动计时工具，包括钟表的发明。这方面的发展在欧洲文艺复兴时代之后进入鼎盛时期。钟表利用某种动力自动运行，不断显示时分秒的时间。西方一些能工巧匠采用各种机械原理，制造出许多自动化的小玩意，最常见的就是机械式的八音盒。随着大工业的发展，许多自动机械被发明出来，从蒸汽机到各种织机，特别是提花织机等，都被看做是人们希望用自动活动的设备代替人类活动的成果。人们考虑计算过程的自动化问题，希望用自动进行的过程代替人工实施的复杂计算，巴贝齐的计算机器就是在追求自动化与计算的结合。1884 年美国人荷尔曼·豪利瑞斯受到提花织机的启发，想到用穿孔卡片来表示数据，制造出制表机并获得专利，这种机器被成功地应用于美国 1890 年的人口普查。这些发展直接促使了后来 IBM 公司的诞生。

3．计算机的奠基人

任何新技术的产生都有其发展过程，计算机的诞生也是从理论到实现这样一个过程。在计算机诞生的过程中有两位杰出的科学家，即图灵和冯·诺依曼。图灵在 1936 年发表了著名的论文"论可计算数及其在判定问题中的应用"，提出了对数字计算机具有深远影响的图灵机模型。冯·诺依曼提出了数字计算机的冯·诺依曼结构，其基本形式一直到今天还在使用。

理论计算机的奠基人：阿兰·图灵（Alan Mathison Turing），1912年6月23日出生于英国伦敦，是20世纪最著名的数学家之一，于1954年6月7日去世，当时年仅41岁。

1935年图灵开始对数理逻辑发生兴趣，1936年作出了他一生最重要的科学贡献，他在著名的论文"论可计算数及其在判定问题中的应用（On Computing numbers with an Application to the Entscheidungs-problem）"一文中，以布尔代数为基础，将逻辑中的任意命题（即可用数学符号）用一种通用的机器来表示和完成，并能按照一定的规则推导出结论。这篇论文被誉为现代计算机原理的开山之作，他描述了一种假想的可实现通用计算的机器，即"图灵机"。这种假想的机器由一个控制器和一个两端无限长的工作带组成，工作带被划分成一个个大小相同的方格，方格内记载着给定字母表上的符号。控制器带有读写头并且能在工作带上按要求左右移动。随着控制器的移动，其上的读写头可读出方格上的符号，也能改写方格上的符号。这种机器能进行多种运算并可用于证明一些著名的定理，这是最早给出的通用计算机的模型。图灵还从理论上证明了这种假想机的可能性，尽管图灵机当时还只是一纸空文，但其思想奠定了整个现代计算机发展的理论基础。

计算机奠基人：冯·诺依曼（John Von Neumann），1903年12月28日生于匈牙利布达佩斯的一个犹太人家庭，是著名美籍匈牙利数学家，于1957年2月8日在华盛顿去世，终年53岁。

冯·诺伊曼从小就显示出数学天才，关于他的童年有不少传说。大多数的传说都讲到冯·诺伊曼自童年起在吸收知识和解题方面就具有惊人的速度。1911年至1921年，冯·诺依曼在布达佩斯的卢瑟伦中学读书期间，就崭露头角而深受老师的器重。在费克特老师的个别指导下并合作发表了第一篇数学论文，此时冯·诺依曼还不到18岁。1921年至1923年他在苏黎世大学学习，很快又在1926年以优异的成绩获得了布达佩斯大学数学博士学位，此时冯·诺依曼年仅22岁。1927年至1929年冯·诺依曼相继在柏林大学和汉堡大学担任数学讲师。1930年接受了普林斯顿大学客座教授的职位，1931年成为该校终身教授。1933年转到该校的高级研究所，成为最初6位教授之一，并在那里工作了一生。冯·诺依曼是普林斯顿大学、宾夕法尼亚大学、哈佛大学、伊斯坦堡大学、马里兰大学、哥伦比亚大学和慕尼黑高等技术学院等校的荣誉博士。他也是美国国家科学院、秘鲁国立自然科学院和意大利国立学院等的院士。1951年至1953年任美国数学会主席，1954年任美国原子能委员会委员。

4. 计算机技术的发展

自动化的计算机器需要有它所赖以生存的基础。巴贝齐的工作可以看成是采用机械方式实现计算过程的最高成就。但是，由于计算过程的复杂性，这个工作没有真正取得成功。随着19世纪到20世纪电学和电子学的发展，人们看到了另一条实现自动计算过程的途径。德国发明家康拉德·祖思在第二次世界大战期间用机电方式制造了一系列计算机，此后，美国科学家霍华德·邓肯也提出用机电方式实现自动机器。推动计算机器开发的最重要原因是需求。随着现代社会的发展，科学和技术进步都对新的计算工具提出了强烈的需求。

1.1.3 计算机的发展历史

世界上第一台通用数字电子计算机于1946年2月15日由美国的宾夕法尼亚大学研制成功，该机命名为ENIAC（Electronic Numerical Integrator And Calculator），意思是“电子数值积分计算机”。该机一共使用了18 000个电子管、1 500个继电器、机重约30 t、占地约170 m^2、耗电150 kW、每秒钟可做5 000次加减法或400次乘法运算，如图1-1所示。ENIAC的诞生在人类文明史上具有划时代的意义，从此开辟了人类使用电子计算工具的新纪元。计算机的出现是人类文明发展到一定阶段，是社会生产、生活各个方面需求和发展的必然产物。计算机的出现和发展完全改变了人类处理信息的工作方式和范围，由此带来了整个社会翻天覆地的变化。

图1-1 世界上第一台计算机ENIAC

随着电子技术的发展，计算机先后以电子管、晶体管、集成电路、大规模和超大规模集成电路为主要器件，主要经历了4代的变革。每一代的变革在技术上都是一次新的突破，在性能上都是一次质的飞跃。

1. 第一代计算机（1946—1954）

1946年ENIAC研制成功，承担开发任务的“莫尔小组”由埃克特、莫克利、戈尔斯坦、博克斯等4位科学家和工程师组成，总工程师埃克特当时年仅24岁。ENIAC的问世，宣告了人类从此进入计算机时代。

ENIAC的逻辑器件采用电子管，称为电子管计算机，它的内存容量仅有几千字节，不仅运算速度低，且成本很高。而后相继出现了一批电子管计算机，主要用于科学计算。采用电子管作为逻辑器件是第一代计算机的标志。

1950年问世的第一台并行计算机EDVAC，首次实现了冯·诺依曼体系的两个重要设想：存储程序和采用二进制。在这个时期，没有系统软件，只能用机器语言和汇编语言编程。计算机只能在少数尖端领域中得到应用，一般用于科学、军事和财务等方面的计算。尽管存在这些局限性，但它却奠定了计算机发展的基础。

冯·诺依曼体系结构的主要特点：一是计算机硬件由运算器、控制器、存储器、输入设备和输出设备组成；二是计算机内部采用二进制来表示指令和数据；三是将编好的程序和原始数据事先存入存储器中，然后再执行程序，完成预定的任务。

2. 第二代计算机（1954—1964）

美国贝尔实验室于1954年研制成功第一台使用晶体管的第二代计算机TRADIC。相比采用定点运算的第一代计算机，第二代计算机普遍增加了浮点运算，计算能力实现了一次飞跃，计算机的逻辑器件采用晶体管，即晶体管计算机。存储器采用磁芯和磁鼓，内存容量扩大到几十千字节。晶体管比电子管平均寿命提高100～1 000倍，耗电却只有电子管的1/10，体积比电子管减少一个数量级，运算速度明显提高，每秒可以执行几万次到几十万次的加法运算，机械强度较高。

晶体管的发明，为半导体和微电子产业的发展指明了方向。采用晶体管代替电子管成为第二代计算机的标志。与电子管相比，晶体管体积小、重量轻、寿命长、发热少、功耗低，电子线路的结构大大改观，运算速度则大幅度提高。

第二代计算机除了大量用于科学计算，还逐渐被工商企业用来进行商务处理。在这个时期，出现了监控程序，提出了操作系统的概念，出现了高级语言，如FORTRAN、ALGOL 60等。

1947年，贝尔实验室的肖克莱、巴丁、布拉顿发明了点触型晶体管；1950年又发明了面结型晶体管。发明晶体管的肖克莱在加利福尼亚创立了当地第一家半导体公司，这一地区后来被称为硅谷。他们3人于1956年共同获得诺贝尔物理学奖。

3. 第三代计算机（1964—1970）

第三代计算机的逻辑器件采用集成电路，这种器件把几十个或几百个独立的电子器件集中做在一块几平方毫米的硅片上（称为集成电路芯片），使计算机的体积和耗电量大大减小，运算速度却大大提高，每秒钟可以执行几十万次到一百万次的加法运算，功能和稳定性进一步提高。

集成电路的问世催生了微电子产业，在这个时期的系统软件也有了很大发展，出现了分时操作系统和会话式语言，采用结构化程序设计方法，为研制复杂的软件提供了技术上的保证。IBM 公司于 1964 年研制出计算机历史上最成功的机型之一：IBM S/360，称为“蓝色巨人”，它具有较强的通用性，适用于各方面的用户。集成电路使第三代计算机脱胎换骨。

1958 年，美国物理学家基尔比和诺伊斯同时发明集成电路。

1958 年，TI（德州仪器）公司制成第一个半导体集成电路，它是一个助听器。

1969 年，法庭判决基尔比和诺伊斯为集成电路的共同发明人，集成电路的专利权属于基尔比，集成电路内部连接技术的专利权属于诺伊斯，他们都因此成为微电子学创始人并获得巴伦坦奖章。

4．第四代计算机（1970 年至今）

从 1970 年至今的计算机基本上都属于第四代计算机，它们采用大规模或超大规模集成电路。随着技术的进展，计算机的计算性能飞速提高，应用范围渗透到社会的每个角落，计算机开始分成巨型机、大型机、小型机和微型机。随着微处理器的问世和发展，微型计算机开始普及，计算机逐渐走进千家万户。

采用大规模集成电路（Large Scale Integration，LSI）使在一个 4 mm^2 的硅片上，至少可以容纳相当于 2 000 个晶体管的电子器件。金属氧化物半导体电路（Metal Oxide Silicon，MOS）也在这一时期出现。这两种电路的出现，进一步降低了计算机的成本，体积也进一步缩小，存储装置进一步改善，而功能和可靠性进一步得到提高。同时计算机内部的结构也有很大的改进，采取了“模块化”的设计思想，即按执行的功能划分成比较小的处理部件，更加便于维护。

20 世纪 70 年代末期开始出现超大规模集成电路（Very Large Scale Integration，VLSI），在一个小硅片上容纳相当于几万到几十万个晶体管的电子器件。这些以超大规模集成电路构成的计算机日益小型化和微型化，应用和发展的更新速度更加迅猛，产品覆盖巨型机、大型机、中型机、小型机、工作站和微型计算机等各种机型。

在这个时期，操作系统不断完善，应用软件已成为现代工业的一部分，计算机的发展进入了以计算机网络为特征的时代。

从 20 世纪 80 年代开始，发达国家开始研制第五代计算机，研究的目标是能够打破以往计算机固有的体系结构，使计算机能够具有像人一样的思维、推理和判断能力，向智能化方向发展，实现接近于人的思考方式。

我国在 1958 年研制出第一台电子管计算机，1964 年国产第一批晶体管计算机问世，1992 年研制出每秒能进行 10 亿次运算的巨型计算机—银河 II，从而使我国成为世界上少数具有研制巨型机能力的国家之一。巨型机的研制、开发和利用，代表着一个国家的经济实力和科学研究水平；微型计算机的研制、开发和广泛应用，则标志着一个国家科学技术普及的程度。

5. 微型计算机的发展

微型计算机，简称微机（Personal Computer，PC），是 1971 年出现的，属于第四代计算机。其突出特点是将运算器和控制器做在一块集成电路芯片上，一般称为微处理器（Micro Processor Unit，MPU）。根据微处理器的集成规模和功能，又形成了微型计算机的不同发展阶段，如 Intel 80486、Pentium、Pentium Ⅲ以及 Pentium 4 等，其中 Pentium 4 处理器的时钟频率已达到 3 GHz。

微型计算机具有体积小、重量轻、功耗小、可靠性高、对使用环境要求低、价格低廉、易于批量生产等特点。所以，微型计算机一出现，就显示出其强大的生命力。

世界上第一台微型计算机是由美国 Intel 公司年轻的工程师马西安·霍夫（M.E.Hoff）于 1971 年 11 月研制成功的。它把计算机的全部电路做在 4 个芯片上：4 位微处理器 Intel 4004、320 位（40 字节）的随机存取存储器、256 B 的只读存储器和 10 位的寄存器，它们通过总线连接起来，于是就组成了世界上第一台 4 位微型计算机——MCS-4。其 4004 微处理器包含 2300 个晶体管，尺寸规格为 3mm × 4mm，计算性能远远超过 ENIAC。从此揭开了微型计算机发展的序幕。

6. 未来计算机的发展

21 世纪是人类走向信息化社会的时代，那么在 21 世纪的今天计算机的发展趋势是什么呢？计算机的发展趋势将更加趋于巨型化、微型化、网络化和智能化。

（1）巨型化

巨型化并不是指计算机的体积大，而是相对于大型计算机而言的一种运算速度更高、存储容量更大、功能更完善的计算机，例如，每秒能运算 5 000 万次以上、存储容量超过百万个字节的计算机。美国于 1965 年开始研制巨型机。1964 年控制数据公司制成大型晶体管机 CDC6600，1969 年又制成每秒 1 000 万次的 CDC7600，1973 年美国伊里诺大学与巴勒斯公司制造出巨型机 ILLIAL-1。

中国巨型计算机的研制工作开始于 1978 年 3 月，由国防科技大学承担这一艰巨的任务。1983 年，中国第一台每秒亿次运算速度的巨型计算机——“银河”I 型机诞生，填补了中国巨型计算机技术的空白，使中国成为继美、日等国之后，能够独立设计和制造巨型机的国家。2009 年 10 月 29 日，中国首台千万亿次超级计算机“天河一号”诞生。这台计算机每秒 1 206 万亿次的峰值速度和每秒 563.1 万亿次的 Linpack 实测性能，使中国成为继美国之后世界上第二个能够研制千万亿次超级计算机的国家。

（2）微型化

由于大规模和超大规模集成电路的飞速发展，使计算机的微型化发展十分迅速。微型计算机的发展是以微处理器的发展为特征的。自 1971 年微处理器问世以来，发展非常迅速，几乎每隔 2~3 年就要更新换代，从而使以微处理器为核心的微型计算机的性能不断地跃上一个又一个新台阶。现在普遍使用的微型计算机最初是由美国 IBM 公司在 1975 年推出的，30 多年来，微型计算机已经有了巨大的发展。目前，微型计算机的体积很小，可以放到桌面上，或像小公文包一样提在手上，甚至还有笔记本大小的计算机。此外，微型计算机已嵌入电视、电冰箱、空调器等家用电器、仪器仪表等小型设备中，同时也进入工业生产中作为主要部件控制着工业生产的整个过程，使生产过程自动化。

（3）网络化

今天的计算机，已经不是那种单一机型的系统结构，计算机系统的效率也不只是单由主机的运算速度等参数来决定。网络技术的发展，已经突破了只是帮助“计算机主机完成与终端通信”这一概念，人们开始意识到：“计算机”必须联网。

在计算机网络中，通过网络服务器，把分散在不同地方的计算机用通信线路（如光纤、电话线或卫星发射等）互相连接成一个大规模、功能强的网络系统，使众多的计算机可以互相传递信息，共享硬件、软件、数据信息等资源。网络技术已经从计算机技术的配角地位上升到与计算机技术紧密结合在一起、不可分割。

在今天，已经有人提出了“网络计算机”的概念，它与“计算机联网”不仅仅是前后次序的颠倒，而是反映了计算机技术与网络技术真正的有机结合。新一代的微型计算机已经将网络接口集成到主机的主板上，计算机进网络已经如同电话机进市内电话交换网一样方便。有一种建筑称为智能化大厦正在兴起，这种大厦，其计算机网络布线与电话网络布线在大楼兴建装修过程中同时施工。世界上的一些先进国家和地区，传送信息的“光纤”差不多铺到“家门口”。从这些侧面反映出计算机技术的发展已经离不开网络技术了。

（4）智能化

计算机智能化就是要求计算机具有人工智能，即让计算机能够进行图像识别、定理证明、研究学习、探索、联想、启发和理解人的语言等功能，它是新一代计算机要实现的目标。

目前，正在研究的智能计算机具有类似人的思维能力，能“说”、“看”、“听”、“想”、“做”，能替代人的一些体力劳动和脑力劳动。计算机正朝着智能化的方向发展，并越来越广泛地应用于工作、生活和学习中，对社会和生活起到不可估量的影响。

当然，计算机未来发展趋势还将出现新型材料的计算机，如光子计算机、生物计算机、量子计算机、纳米计算机和超导计算机等。

1.1.4 计算机的分类

随着计算机技术的发展和应用，尤其是微处理器的发展，计算机的类型越来越多样化。从不同角度对计算机有不同的分类方法，下面从计算机处理数据的方式、使用范围、规模和处理能力 3 个角度进行说明。

1．按计算机处理数据的方式分类

从计算机处理数据的方式可以分为数字计算机（Digital Computer）、模拟计算机（Analog Computer）和数模混合计算机（Hybrid Computer）3 类。

数字计算机处理的是非连续变化的数据，这些数据在时间上是离散的，输入的是数字量，输出的也是数字量，如职工编号、姓名、年龄、工资等数据。基本运算部件是数字逻辑电路，因此运算精度高、通用性强。

模拟计算机处理和显示的是连续的物理量，所有数据用连续变化的模拟信号来表示，其基本运算部件是由运算放大器构成的各类运算电路。模拟信号在时间上是连续的，通常称为模拟量，如电压、电流、温度都是模拟量。一般说来，模拟计算机不如数字计算机精确、通用性不强，但解题速度快，主要用于过程控制和模拟仿真。

数模混合计算机兼有数字和模拟两种计算机的优点，既能接收、处理和输出模拟量，又能接收、处理和输出数字量。

2. 按计算机使用范围分类

按计算机使用范围可分为通用计算机（General Purpose Computer）和专用计算机（Special Purpose Computer）两类。

通用计算机是指为解决各种问题，具有较强的通用性而设计的计算机。该机适用于一般的科学计算、学术研究、工程设计和数据处理等方面，这类机器本身有较大的适用面。

专用计算机是指为适应某种特殊应用而设计的计算机，具有运行效率高、速度快、精度高等特点。这类机器一般用在过程控制中，如智能仪表、飞机的自动控制、导弹的导航系统等。

3. 按计算机的规模和处理能力分类

规模和处理能力主要是指计算机的字长、运算速度、存储容量、外部设备、输入和输出能力等主要技术指标，大体上可分为巨型机、大型机、小型机、微型机、工作站、服务器等几类。

巨型计算机是指运算速度快、存储容量大，每秒可达 1 亿次以上浮点运算速度，主存容量高达几百兆字节甚至几百万兆字节，字长可达 64 位甚至更高的机器。这类机器价格相当昂贵，主要用于复杂、尖端的科学研究领域，特别是军事科学计算。由国防科技大学研制的“银河”和国家智能中心研制的“曙光”都属于这类机器。

大型计算机是指通用性能好、外部设备负载能力强、处理速度快的一类机器。运算速度每秒在 100 万次至几千万次，字长为 32 位至 64 位，主存容量在几十兆字节至几百兆字节。它有完善的指令系统，丰富的外部设备和功能齐全的软件系统，并允许多个用户同时使用。这类机器主要用于科学计算、数据处理或作为网络服务器。

小型计算机具有规模较小、结构简单、成本较低、操作简单、易于维护、与外部设备连接容易等特点，是在 20 世纪 60 年代中期发展起来的一类计算机。当时的小型机字长一般为 16 位，存储容量在 32～64 KB 之间。DEC 公司的 PDP 11/20 到 PDP 11/70 是这类机器的代表。当时微型计算机还未出现，因而得以广泛推广应用，许多工业生产自动化控制和事务处理都采用小型机。近期的小型机，像 IBM AS/400、RS/6000，其性能已大大提高，主要用于事务处理。

微型计算机是以运算器和控制器为核心，加上由大规模集成电路制作的存储器、输入/输出接口和系统总线构成的体积小、结构紧凑、价格低，但又具有一定功能的计算机。如果把这种计算机制作在一块印制线路板上，就称为单板机。如果在一块芯片中包含运算器、控制器、存储器和输入/输出接口，就称为单片机。以微型计算机为核心，再配以相应的外部设备（例如，键盘、显示器、鼠标、打印机)、电源、辅助电路和控制微型计算机工作的软件就构成了一台完整的微型计算机系统。

工作站是指为了某种特殊用途而将高性能的计算机、输入/输出设备与专用软件结合在一起的系统。它的独到之处是有大容量主存、大屏幕显示器，特别适合于计算机辅助工程。例如，图形工作站一般包括主机、数字化仪、扫描仪、鼠标、图形显示器、绘图仪和图形处理软件等。它可以完成对各种图形与图像的输入、存储、处理和输出等操作。

服务器是在网络环境下为多用户提供服务的共享设备，一般分为文件服务器、打印服务器、计算服务器和通信服务器等。该设备连接在网络上，网络用户在通信软件的支持下远程登录，共享各种服务。

目前，微型计算机与工作站、小型计算机乃至大型机之间的界限已经愈来愈模糊。无论按哪一种方法分类，各类计算机之间的主要区别是运算速度、存储容量及机器体积等。

1.1.5 计算机的应用与特点

随着计算机技术的不断发展，其应用已经渗入到人类生存的方方面面，改变着人们传统的工作、学习和生活方式。

1. 计算机的主要应用

（1）科学计算

科学计算也称为数值计算，是指用于完成科学研究和工程技术中提出的数学问题的计算。通过计算机可以解决人工无法解决的复杂计算问题，50 多年来，一些现代尖端科学技术的发展，都是建立在计算机应用的基础上的，如卫星轨迹计算、气象预报等。

（2）数据处理

数据处理也称为非数值处理或事务处理，是指对大量信息进行存储、加工、分类、统计、查询及报表等操作。一般来说，科学计算的数据量不大，但计算过程比较复杂，而数据处理数据量很大，但计算方法较简单。

目前，数据处理在计算机的应用中占有相当大的比重，而且越来越大，尤其在办公自动化、企业管理、事务处理和情报检索中。

（3）过程控制

过程控制也称为实时控制，是指利用计算机实时采集检测数据，按最佳值迅速地对控制对象进行自动控制或自动调节，如对数控机床和生产流水线的控制。在日常生产中，有一些控制问题是人们无法亲自操作的，如核反应堆或高空危险的作业，有了计算机就可以精确地进行控制，用计算机来代替人完成繁重或危险的工作。

（4）人工智能

人工智能是用计算机模拟人类的智能活动，如模拟人脑学习、推理、判断、理解、问题求解等过程，辅助人类进行决策，如专家系统。人工智能是计算机科学研究领域最前沿的学科，近几年来已应用于机器人、医疗诊断等方面。

（5）计算机辅助工程

计算机辅助工程是以计算机为工具，配备专用软件辅助人们完成特定任务的工作，以提高工作效率和工作质量为目标，包括：CAD、CAM、CBE、EDA等技术。

计算机辅助设计（Computer-Aided Design，CAD）技术，是综合利用计算机的工程计算、逻辑判断、数据处理功能和人的经验与判断能力相结合，形成一个专门系统，用来进行各种图形设计和图形绘制，对所设计的部件、构件或系统进行综合分析与模拟仿真实验。它是近几十年来形成的一个重要的计算机应用领域。目前在汽车、飞机、船舶、集成电路、大型自动控制系统的设计中，CAD技术地位愈来愈重要。

计算机辅助制造（Computer-Aided Manufacturing，CAM）技术，是指利用计算机进行对生产设备的控制和管理，实现无图纸加工。

计算机基础教育（Computer-Based Education，CBE）技术，主要包括计算机辅助教学（Computer-Assisted Instruction，CAI）、计算机辅助测试（Computer-Aided Test，CAT）和计算机管理教学（Computer-Management Instruction，CMI）等。其中，CAI技术是利用计算机模拟教师的教学行为进行授课，学生通过与计算机的交互进行学习并自测学习效果，可提高教学效率和教学质量，其应用越来越广泛。

电子设计自动化（Electronic Design Automation，EDA）技术，利用计算机中安装的专用软件和接口设备，用硬件描述语言开发可编程芯片，将软件进行固化，从而扩充硬件系统的功能，提高系统的可靠性和运行速度。

（6）电子商务与电子政务

电子商务是指通过计算机和网络进行商务活动，是在Internet的广阔联系与传统信息技术的丰富资源相结合的背景下应运而生的一种网上相互关联的动态商务活动。它是在1996年开始的，起步时间虽然不长，但因其高效率、低支付、高收益和全球性等特点，很快受到各国政府和企业的广泛重视，有着广阔的发展前景。目前，世界各地的许多公司已经开始通过Internet进行商业交易，通过网络方式与顾客、批发商和供货商联系，并在网上进行业务往来。当然，电子商务系统也面临诸如保密性、安全性和可靠性等问题，但这些问题会随着技术的发展和社会的进步而解决的。

电子政务是近些年兴起的一种运用信息与通信技术，打破行政机关的组织界限，改进行政组织，重组公共管理，实现政府办公自动化、政务业务流程信息化，为公众和企业提供广泛、高效和个性化服务的一个过程。

（7）网络教育

利用Internet实现远距离双向交互式教学和多媒体结合的网上教学方式，为教育带动经济发展创造了良好的条件。它改变了传统的以教师课堂传授为主、学生被动学习的方式，使学习内容和形式更加丰富灵活，同时也加强了信息处理、计算机、通信技术和多媒体等方面内容的教育，提高了全民族的文化素质与信息化意识。人们可以在任何地方通过多媒体计算机和网络，以多种媒体形式浏览世界各地当天的报纸、查阅各地图书馆的图书、远程学习、发布广告和新闻、发送电子邮件、聊天等。

（8）娱乐

计算机已经走进家庭，在工作之余人们可以利用计算机欣赏影碟和音乐，进行游戏娱乐等活动。这标志着计算机的应用已经普及到人类生活的方方面面，使人类具有更高品味和更高质量的生活。

2. 计算机的主要特点

计算机之所以具有很强的生命力，并得以飞速的发展，是因为计算机本身具有许多特点，具体体现在如下 5 个方面。

（1）运算速度快

运算速度是标志计算机性能的重要指标之一，衡量尺度一般是用计算机 1 秒钟时间内所能执行加法运算的次数。第一代计算机的处理速度一般在几十次到几千次；第二代计算机的处理速度一般在几千次到几十万次；第三代计算机的处理速度一般在几十万次到几百万次；第四代计算机的处理速度一般在几百万次到几千亿次，甚至几千万亿次。目前的微型计算机大约在百万次、千万次级；大型计算机在亿次、万亿次级。例如，我国的“银河III”为 130 亿次。在美国已具有运行 1 000 亿次、2 000 亿次的计算机，近年又出现了万亿次的计算机。对微型计算机而言，常以 CPU（Central processing Unit，中央处理器）的主频（单位为 Hz）标示计算机的运行速度，如早期的微型计算机（如 XT 机或 286 机）主频为 4.77 MHz；现在的微型计算机，如 Pentium 4，其主频为 3 GHz。

（2）计算精度高

由于计算机内部采用二进制数进行运算，使数值计算非常精确。一般计算机可以有十几位以上的有效数字。通常，在科学和工程计算课题中对精确度的要求特别高，计算机可以保证计算结果的任意精确度要求，如利用计算机可以计算出精确到小数 200 万位的 π 值。这取决于计算机表示数据的能力，现代计算机提供多种表示数据的能力，例如，单精度浮点数、双精度浮点数等，以满足对各种计算精确度的要求。

（3）存储能力

计算机的存储设备可以把原始数据、中间结果、计算结果、程序等信息存储起来以备使用，存储信息的多少取决于所配备的存储设备的容量。目前的计算机不仅提供了大容量的主存储器，存储计算机工作时的大量信息，同时还提供各种外存储器，以保存备份信息，例如，硬盘、U 盘和光盘。外存是内存的延伸，就一个存储器来说，存储量是有限的，但配有多少取决于个人的需要，从这个意义上来讲，可以说是海量存储器。而且，只要存储介质不被破坏，就可以使信息永久保存，永不丢失。

（4）逻辑判断能力

计算机不仅能进行算术运算，同时也能进行各种逻辑运算，具有逻辑判断能力，并能根据判断的结果自动决定下一步执行的操作，因而能解决各种各样的问题。计算机的逻辑判断能力也是计算机智能化必备的基本条件。但要注意，目前计算机的逻辑判断仍然是在人的旨意安排下完成的。

（5）自动工作的能力

由于完成任务的程序和数据存储在计算机中，一旦向计算机发出运行命令，计算机就能在程序的控制下、按事先规定的步骤一步一步地执行，直到完成指定的任务为止。这一切都是计算机自动完成的，不需要人工干预。这也是计算机区别于其他工具的本质特点。

1.2 计算机系统的组成

一个完整的计算机系统包括硬件和软件两部分。组成一台计算机的物理设备的总称叫做计算机硬件系统，是实实在在的物体，是计算机工作的基础。指挥计算机工作的各种程序的集合称为计算机软件系统，它是计算机的灵魂，是控制和操作计算机工作的核心。

1.2.1 计算机组织结构

众所周知，计算机的种类非常多，在形式、功能等诸多方面表现出多样性。从价格上讲，有价格低廉的单片机以及需要花费成百上千万元的巨型计算机，它们都可以叫做计算机。计算机的多样性不仅体现在价格上，还表现在规模、性能、应用等方面。其次，计算机技术飞速变更已成为计算机持续发展的特征。这些变更涉及计算机技术的多个方面，特别是集成电路技术的更新换代。尽管在计算机领域存在多样性和飞速变更，但某些基本原理却贯穿始终。

早期研制计算机的目的主要是为了用于计算，而计算机发展到今天，它已经不再仅仅是一台简单用于计算的机器了，其功能已扩展到包括帮助作家、设计师、音乐家、电视节目制作人等各行各业的人们完成所需工作的有效工具。显然，计算机所处理的信息包含有数值型数据和非数值型数据两类。不论是哪一种类型的数据，在进行数据处理时，这些数据在计算机中都是以二进制方式存储的。

1. 信息表示

信息表示是指信息在计算机中的表达、操作和记录的方式。计算机表示信息的方法可以用离散的数字方式，也可以用连续的模拟方式。不论采用哪种方式都是由计算机的硬件电路决定。数字计算机中的电路只能有两种工作状态，即开或关，它们对应数字集成电路芯片电压的高低状态（或电脉冲）。为了表示这两种工作状态，常常用1表示“开”，用0表示“关”。

所以，在计算机中一律采用二进制，使用0和1的编码来表示数字、字母和符号，包括汉字、图形图像等。这样在计算机内部的数字和字符就可以用一系列的电位或电脉冲表示，其优点就是数据可以很容易地被存储和传送，工艺设计简单、工作稳定。此外，二进制数的“0或1”正好可与逻辑值“假或真”相对应，这样就为计算机进行逻辑运算提供了方便。

2. 常用的数据存储单位

（1）位（bit）

位是计算机存储设备的最小单位，简写为“b”，音译为“比特”，表示二进制中的一位。一个二进制位只能表示2^1种状态，即只能存放二进制数“0”或“1”。

（2）字节（Byte）

字节是计算机处理数据的基本单位，即以字节为单位解释信息，简写为“B”，音译为“拜特”。通常所说的某台计算机的内存容量是 128 M，即表示该机的主存容量为 128 MB。在计算机内部，数据传送也是按字节的倍数进行的。

（3）字（Word）与字长

由若干个字节组成 1 个字，也是表示存储容量的一个单位。CPU 在单位时间内一次处理的二进制位数的多少称为字长，对计算机硬件来说，字长是 CPU 与 I/O 设备和存储器之间传送数据的基本单位，是数据总线的宽度，即数据总线上一次可同时传送数据的位数。不同的计算机，字长是不同的，常用的字长有 8 位、16 位、32 位和 64 位等，也就是经常说的 8 位机、16 位机、32 位机或 64 位机。字长是衡量计算机性能的一个重要标志，例如，8 位的 CPU 一次只能处理一个字节，32 位的 CPU 一次可以处理 4 个字节。显然，字长越长，一次处理的数据位数越大，速度也就越快。因此，字长是计算机性能的一个重要标志。

通常，一个字的每一位自右向左依次编号。例如，对于 16 位机，各位依次编号为 b_0 ～ b_{15}；对于 32 位机，各位依次编号为 b_0 ～ b_{31}。位、字节和字长之间的关系，如图 1-2 所示。

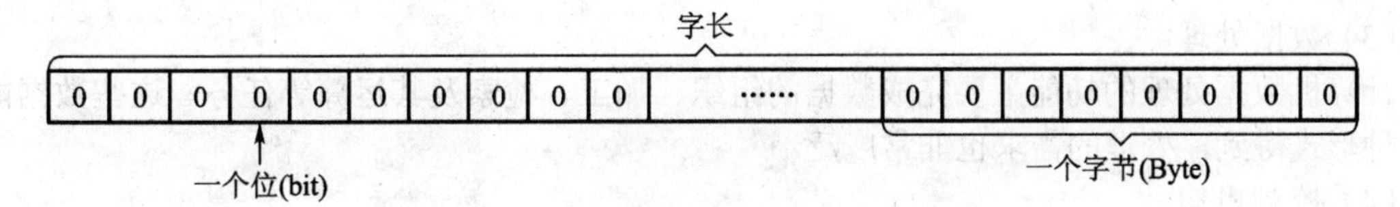

图 1-2　位、字节和字长之间的关系

（4）存储容量

存储容量是指某个设备所能容纳的字节量，是衡量计算机存储能力的重要指标，通常用字节（B）来计算和表示。除字节 B 外，还常用 KB、MB、GB 或 TB 等作为存储容量的单位，其换算对应关系如表 1-1 所示。

表 1-1　存储单位换算关系

单　位	换算对应关系	数 量 级
b（位）	1b = 一个二进制位	1b=2^0（10^0）
B（字节）	1B = 8 b	1B=2^3（10^1）
KB（千字节）	1KB = 1 024 B	1K = 2^{10}（10^3）
MB（兆字节）	1MB = 1 024 KB	1M= 2^{20}（10^6）
GB（吉字节）	1GB = 1 024 MB	1G= 2^{30}（10^9）

3．计算机的功能结构

总体来说，计算机由数据处理、数据存储、数据传输和控制机构 4 个基本功能结构组成，如图 1-3 所示。

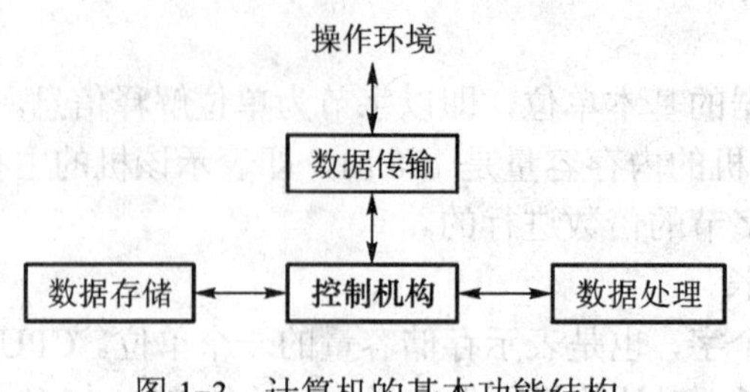

图 1-3　计算机的基本功能结构

（1）数据存储

计算机存储数据的功能主要表现在将所有需要计算机加工的数据都保存在计算机的存储介质上，包括计算机运行所需的系统文件数据。

（2）数据传输

计算机必须能够在其内部和外部之间传送数据。当数据由某个设备发送到其他外部设备时，都与计算机有直接的联系，此过程就是输入、输出过程。当数据从本地设备向远端设备或从远端设备向本地设备传输时，就形成了传送过程，也就是数据通信过程。

（3）数据处理

计算机数据处理的功能主要完成数据的组织、加工、检索及其运算等任务。这些数据能够以多种形式得到，处理的需求也非常广泛。

（4）控制机构

在计算机系统内部，由控制机构管理计算机的资源并且协调其功能部分的运行以响应指令的要求，其数据处理功能、数据存储功能和数据传输功能是由计算机指令提供控制的。

4．计算机系统的组成

综上所述，一个完整的计算机系统由硬件系统和软件系统两部分组成，硬件是基础，软件是灵魂，二者协同工作才能充分发挥计算机的功能特点，其组成结构如图 1-4 所示。

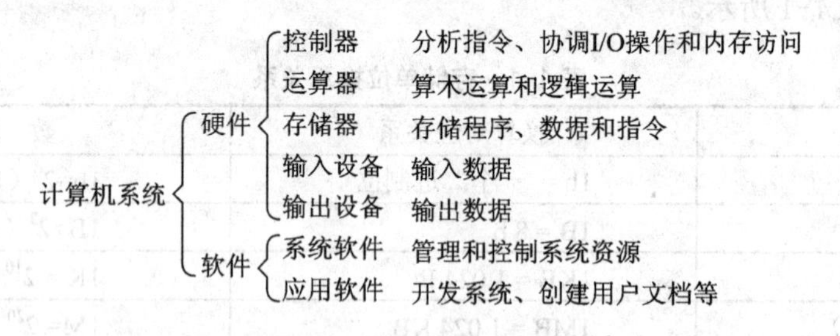

图 1-4　计算机系统的组成

1.2.2　硬件系统

计算机硬件（Computer Hardware）是指计算机系统所包含的各种机械的、电子的、磁性的设备，如运算器、控制器、磁盘、键盘、显示器、打印机等。每个功能部件各尽其职、协调工作。硬件是计算机工作的物质基础，计算机的性能，如运算速度、存储容量、计算精度、可靠性等很大程度上取决于硬件的配置。不同类型的计算机，其硬件组成是不一样的。

从 1946 年第一台计算机的诞生发展到今天，各种类型的计算机都是基于冯·诺依曼模型而设计的，这种计算机的硬件系统从原理上来说主要由运算器、控制器、存储器、输入设备和输出设备 5 部分组成，如图 1-5 所示。

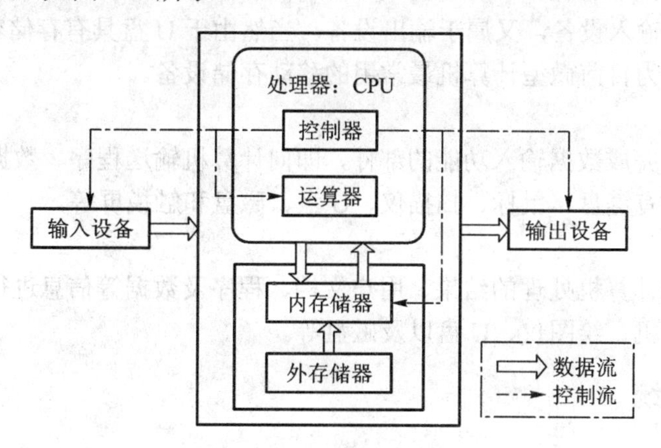

图 1-5　冯·诺依曼体系结构

> 冯·诺依曼提出了“将计算机要处理的程序和数据先放在存储器中，在计算机运算过程中，由存储器按事先编好的程序，快速地提供给微处理器进行处理，在处理当中不需要用户干预。”的原理，而计算机之所以能够获得高速度就是基于存储程序和程序控制这个原理。

1. 运算器

运算器是任何计算机的核心设备之一，其作用就是用来进行算术运算和逻辑运算，是计算机的主体。在控制器的控制下，运算器接收待运算的数据，完成程序指令制定的基于二进制数的算术运算或逻辑运算。

2. 控制器

控制器是计算机的指令控制中心，用来分析指令、协调 I/O 操作和内存访问。控制器从存储器中逐条取出指令、分析指令，然后根据指令要求完成相应操作，产生一系列控制命令，使计算机各部分自动、连续并协调动作，作为一个有机的整体，实现数据和程序的输入、运算并输出结果。

3. 存储器

存储器是用来存储程序、数据、运算的中间结果及最后结果的设备，计算机中的各种信息都要存放在存储设备中。根据存储设备在计算机中处于不同的位置，可分为主存储器（也称内存储器，简称内存）和辅助存储器（也称外存储器，简称外存）。从存储介质构成原理角度，可分为磁表面存储器、半导体存储器、光介质和磁光介质存储器等。

在计算机内部，直接与CPU交换信息的存储器称为内存，用来存放计算机运行期间所需的信息，如指令、数据等。外存是内存的延伸，其主要作用是长期存放计算机工作所需要的系统文件、应用程序、用户程序、文档和数据等。当CPU需要执行某部分程序和数据时，由外存调入内存以供CPU访问。可见外存用于长期保存数据和扩大存储系统容量，主要有磁盘、磁带或U盘等，它们既属于输入设备，又属于输出设备。当然由于U盘具有存储容量大、价格低廉、性能好等特点，已成为目前微型计算机最常用的移动存储设备。

4．输入设备

输入设备是用来完成数据输入功能的部件，即向计算机输送程序、数据以及各种信息的设备。常用的输入设备有键盘、鼠标、扫描仪、U盘、磁盘和触摸屏等。

5．输出设备

输出设备用于将计算机处理的结果、用户文档、程序及数据等信息进行输出，常用的输出设备有显示器、打印机、绘图仪、U盘以及磁盘等。

1.2.3　软件系统

计算机软件（Computer Software）是相对于硬件而言的，它包括计算机运行所需的各种程序、数据及其有关技术文档资料。只有硬件而没有任何软件支持的计算机称为裸机。在裸机上只能运行机器语言程序，使用很不方便，效率也低。硬件是软件赖以运行的物质基础，软件是计算机的灵魂，是发挥计算机功能的关键。有了软件，人们可以不必过多地去了解机器本身的结构与原理而方便灵活地使用计算机。因此，一个性能优良的计算机硬件系统能否发挥其应有的作用，很大程度上取决于所配置的软件是否完善和丰富。软件不仅提高了机器的效率、扩展了硬件功能，也方便了用户使用。

当然，随着计算机技术的不断发展，在计算机系统中，硬件和软件之间并没有一条明确的分界线。一般来说，任何一个由软件完成的操作也可以直接由硬件来实现，而任何一个由硬件所执行的指令也能够用软件来完成。软件和硬件之间的界线是经常变化的，今天的软件可能就是明天的硬件，反之亦然。

1．软件分类

软件内容丰富、种类繁多，通常根据软件用途可将其分为系统软件和应用软件两类，如图1-6所示。

2．系统软件

系统软件是最靠近硬件的一层，是计算机系统必备的软件，其他软件一般都是经过系统软件发挥作用的。系统软件的功能主要是用来管理、监控和维护计算机的资源，以及用以开发应用软件。它主要包括操作系统、各种语言及其处理程序、系统支持和服务程序、数据库管理系统等各个方面的软件。

操作系统（Operating System，OS）是系统软件的核心，是用户与计算机之间的桥梁和接口，其主要作用是管理和控制计算机中的所有硬件和软件资源，控制计算机中程序的执行、提高系统效率，为用户提供功能完备且操作灵活方便的应用环境。

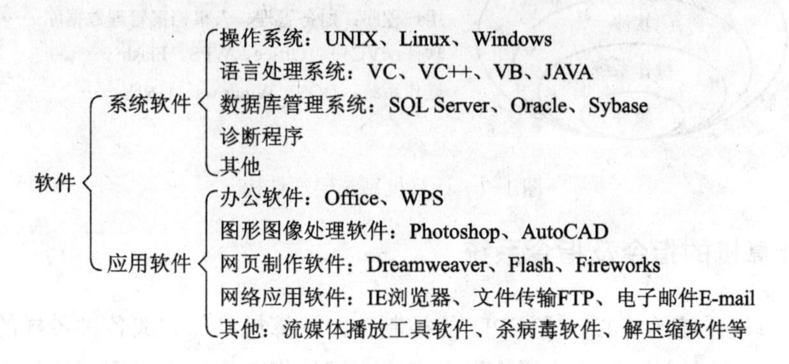

图 1-6　计算机软件系统的组成

3．应用软件

应用软件是为解决计算机各类应用问题而编制的软件系统，具有很强的实用性。它是在系统软件支持下开发的，一般分为应用软件包和用户程序两类。

应用软件包是为实现某种特殊功能或计算的独立软件系统，如办公软件 Office 套件、动画处理、图形图像处理、科学计算等。

用户程序是用户为解决特定的具体问题而二次开发的软件，是在系统软件和应用软件包的支持下开发的，如人事管理系统、财务管理信息系统和学籍管理信息系统等。

4．各种软件的组成

任何软件都是由开发人员或制造商编写的一系列程序和数据的集合，还包括一系列技术文档与用户使用手册。通常都是以软件包的方式出售，或是以压缩包的形式放在网络中供用户免费下载使用。

1.3　计算机工作基础

1.3.1　计算机系统的层次结构

作为一个完整的计算机系统，硬件和软件是按一定的层次关系组织起来的。最内层是硬件，然后是系统软件中的操作系统，而操作系统的外层为其他软件，最外层是用户程序。

操作系统向下控制硬件，向上支持其他软件，即所有其他软件都必须在操作系统的支持下才能运行。也就是说，操作系统最终把用户与物理机器隔开了，凡是对计算机的操作一律转化为对操作系统的使用，所以用户使用计算机就变成使用操作系统了。这种层次关系为软件开发、扩充和使用提供了强有力的手段。计算机系统的层次结构如图 1-7 所示。

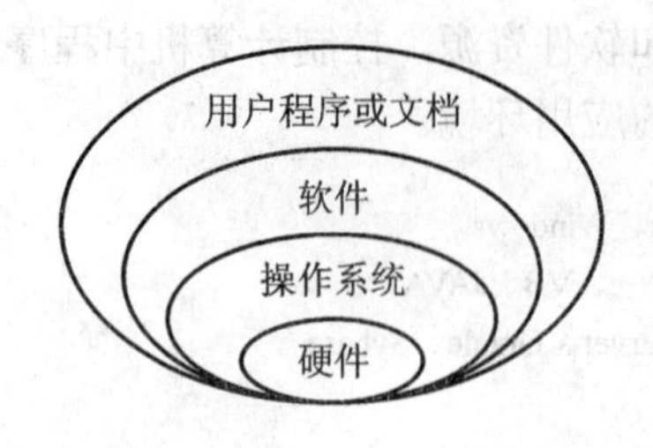

图 1-7　计算机系统层次结构

1.3.2　计算机的指令及指令系统

CPU 是计算机系统的核心，在 CPU 的控制下，计算机可以完成各种各样的工作。然而要完成这些工作，需要有支持各种功能的指令集，不同的指令集构成了不同的指令系统。

1．名词解释

（1）指令

指令是指计算机完成某个操作的命令，指令能被计算机的硬件直接理解并执行，一条指令就是计算机机器语言的一个语句，是程序设计的最小语言单位。

一条指令是用一串二进制代码表示的，通常由操作码和地址码两部分组成，操作码用来表示该指令的操作特性和功能，即执行什么操作；地址码用于表示操作数和操作结果的存放地址。一般情况下，参与操作的源数据或操作后的结果数据都保存在存储器中，通过地址码可访问该地址中的内容，得到操作数或指示结果数据存放位置。

（2）指令系统

CPU 所能够处理的全部指令的集合称为指令系统，不同的 CPU 构成不同的指令系统。它决定了 CPU 能够运行什么样的程序，是计算机硬件和软件之间的桥梁，是汇编程序设计的基础。指令系统包含了许多执行各种类型操作的命令，每条指令完成一种特定的操作。指令系统充分反映了计算机对数据进行处理的能力。不同种类的计算机，指令系统所包含的指令数目与格式也不同。指令系统是根据计算机使用要求设计的，指令系统越丰富完备，编制程序就越方便灵活。

（3）程序

为解决某个问题而设计的一系列有序的指令或语句的集合称为程序，由计算机语言产生。每种语言产生的程序，其运行方式是不同的。

（4）计算机语言

为解决人与计算机之间的交互，而产生了计算机语言，即程序设计语言，并随着计算机技术的发展、根据解决实际问题的需要而逐步形成，其发展过程及特点如表 1-2 所示。

表 1-2　计算机语言的发展与特点

年　代	种　类	运行方式	特　点
第一代	机器语言	直接运行	面向机器，是直接用二进制代码指令表示的、计算机可以直接识别并执行的计算机语言；因为不同的计算机的指令系统不同，所以机器语言程序不具备通用性
第二代	汇编语言	经汇编程序翻译后再运行	面向机器，是用一些特定的助记符表示指令功能的计算机语言，与机器语言基本上是一一对应的，但易记。用汇编语言编写的程序称为汇编语言源程序，需要经汇编程序将源程序翻译成机器语言程序，计算机才能执行。如：面向 8088、80286 等的汇编语言
第三代	高级语言	① 边解释边运行； ② 经编译程序产生目标程序，再经链接程序产生可执行程序后才能运行	面向用户，高级语言与具体的计算机指令无关，其表达方式更接近人们对求解过程或问题的描述方式。既有面向过程的结构化程序设计语言，也有面向对象的非结构化程序设计语言，还有面向 Web 的程序设计语言，如 C、FORTRAN、C++、Java 等。所有程序设计语言都需翻译成机器语言程序才能运行

2. 指令类型

不同计算机的指令系统是不同的，而系列机的指令系统是兼容的。一台计算机的指令系统可以由上百条指令组成，这些指令按其功能可以分成如下 5 类。

（1）数据传送类指令

数据传送指令是指令系统中最基本的一类指令，主要用于实现寄存器和寄存器、寄存器和存储单元之间的数据交换。

（2）运算类指令

运算类指令主要完成算术运算和逻辑运算，如加、减、乘、除、与、或、非、异或等，带有浮点部件的计算机还可以具有浮点运算指令。

（3）程序控制类指令

程序控制指令主要用于控制程序的执行方向，如无条件转移指令、条件转移指令、调用与返回指令、循环控制指令等。

（4）输入/输出类指令

输入/输出指令用来实现主机与外设之间的信息交换，交换的信息包括输入/输出的数据、主机向外设发出的控制命令或外设向主机发送的信息等，包括：启动、停止、测试设备、数据输入/输出等指令。

（5）CPU 控制和调试指令

CPU 控制和调试指令主要用来实现系统的控制，包括，CPU 状态切换指令、硬件和软件的调试指令等。

3. 指令的执行过程

通常，一条指令的执行可分为取指令阶段、分析及取数阶段和执行阶段 3 个过程。

取指令阶段完成将现行指令从内存中取出来并送到指令寄存器中。取出指令后，机器立即进入分析及取数阶段，指令译码器（Instruction Decoder，ID）可识别和区分不同的指令类型及各种获取操作数的方法。由于各条指令功能不同，寻址方式也不同，所以分析及取数阶段的操作是不同的。执行阶段完成指令规定的各种操作，产生运算结果，并将结果存储起来。

总之，指令的执行过程可以概括为取指令、分析及取数、执行等，然后再取下一条指令，如此周而复始，直到遇到结束指令或外来事件的干预为止，如图 1-8 所示。

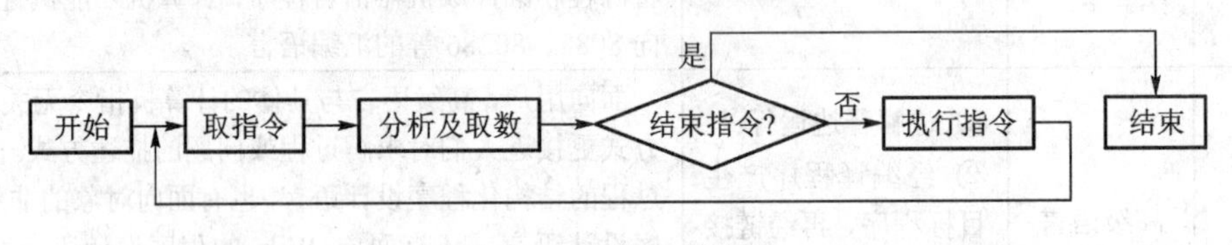

图 1-8　指令执行过程

1.3.3　计算机工作原理

计算机的工作原理是基于指令的执行过程，大体上是，先通过输入设备将指令和数据送入内存，再由中央处理器（CPU）来分析、处理这些指令，最后由输出设备输出计算结果。

> 示例：描述计算“8+6÷2=？”的人脑工作过程
>
> 首先，将这道题记在大脑中，再经过脑神经元的思考，结合数学知识，先用脑算出 6÷2=3 这一中间结果，然后再用脑算出 8+3=11 这一最终结果，并记录在纸上。通过做这一简单运算题，就可发现一条规律：首先通过眼等感觉器官将捕捉的信息输送到大脑中并存储起来，然后对这一信息进行加工处理，再由大脑控制人把最终结果以某种方式表达出来。

计算机正是模仿人脑进行工作的（这也是人们通常将“计算机”称为“电脑”的缘由），其部件如输入设备、存储器、运算器、控制器、输出设备等分别与人脑的各种功能器官对应，以完成信息的输入、处理和输出。计算机工作过程如图 1-9 所示。

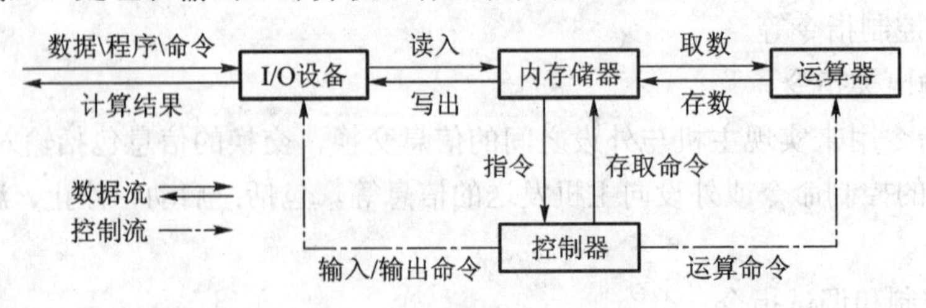

图 1-9　计算机工作过程

由此可见，计算机由物理部分（硬件）和告诉计算机做什么的程序（软件）组成在一起完成数据处理，两者缺一不可。

1.4 计算机安全基础

随着计算机技术和计算机网络建设的发展和完善，计算机安全问题逐步成为计算机界关注和讨论的焦点。人类的一切活动都离不开信息，而在网络时代作为信息处理机的计算机本身并不安全，攻击者利用计算机存在的缺陷对其实施攻击，窃取机密，甚至导致系统瘫痪，将给社会造成巨大的经济损失，甚至会危害到国家的安全。

1.4.1 基本概念

1. 什么是计算机安全

国际标准化组织（International Organization for Standards，ISO）将“计算机安全”定义为：“为数据处理系统所采取的技术的和管理的安全保护，保护计算机硬件、软件、数据不因偶然的或恶意的原因而遭到破坏、更改、显露。”此概念偏重于静态信息保护。也有人将“计算机安全”定义为：“计算机的硬件、软件和数据受到保护，不因偶然或恶意的原因而遭到破坏、更改和泄露，系统连续正常运行。”该定义侧重于动态意义描述。

我国公安部计算机管理监察司的定义是：“计算机安全是指计算机资产安全，即计算机信息系统资源和信息资源不受自然和人为有害因素的威胁和危害。”

计算机安全是一个涉及计算机科学、网络技术、通信技术、密码技术、信息安全技术、应用数学、数论、信息论等多种学科的边缘性综合学科。

2. 计算机系统面临的安全问题

随着计算机与网络的应用普及，计算机系统面临的安全问题越来越严重，信息社会攻击的手段越来越多，越来越隐蔽，如电磁泄漏、雷击等环境安全构成的威胁；软硬件故障和工作人员误操作等人为或偶然事故构成的威胁；利用计算机实施盗窃、诈骗等违法犯罪活动的威胁；网络攻击和计算机病毒构成的威胁；信息战的威胁等。

（1）物理安全问题

计算机的所在环境主要是场地与机房，会受到下述各种不安全因素的威胁。

电磁波辐射：计算机设备本身就有电磁辐射问题，也怕外界电磁波的辐射和干扰，特别是自身辐射带有信息，容易被别人接收，造成信息泄露。

自然灾害：雷电、地震、火灾、水灾等自然灾害，硬盘损坏、设备使用寿命到期、外力破损等物理损坏，停电断电、电磁干扰等设备故障等，这些危害有的会损害系统设备，有的则会破坏数据，甚至毁掉整个系统和数据。

操作失误：删除文件，格式化硬盘，线路拆除等意外疏漏；系统掉电，死机等系统崩溃；程序设计错误，误操作，无意中损坏和无意中泄密等；如操作员安全配置不当造成的安全漏洞，用户安全意识不强，用户口令选择不慎，用户将自己的账号随意转借他人或与别人共享等都会对计算机安全带来威胁。

辅助保障系统：计算机系统机房环境的安全，包括水、电、空调中断或不正常都会影响系统的正常运行。

（2）计算机的软/硬件故障

尽管电子技术不断发展，电子设备出故障的情况还是时有发生。如由于器件老化、电源不稳、设备环境等很多问题使计算机或网络的部分设备暂时或者永久失效，这些故障一般都具有突发的特点。

软件是计算机的重要组成部分，由于软件自身的庞大和复杂性，错误和漏洞的出现也是不可避免的。软件故障不仅会导致计算机工作不正常甚至死机，所存在的漏洞还会被黑客利用攻击计算机系统。

（3）人为的恶意攻击

人为的恶意攻击包括：主动攻击或被动攻击。主动攻击是指以各种方式有选择地破坏信息，如修改、删除、伪造、添加、重放、乱序、冒充等。被动攻击是指在不干扰网络信息系统正常工作的情况下进行侦收、截获、窃取、破译和业务流量分析及电磁泄漏等。这些人为的恶意攻击属于计算机犯罪行为，实施攻击的主要有：雇员、外部用户、“黑客”和“非法侵入者”等。

3．计算机病毒与恶意软件

计算机病毒传染和发作都可以编制成条件方式，像定时炸弹那样，所以计算机病毒有极强的隐蔽性和突发性。某些人恶作剧和报复心态在计算机应用领域的表现也是目前对计算机的主要威胁之一。目前计算机病毒主要在DOS、Windows、Windows NT、UNIX等操作系统下传播。计算机的网络化也增加了病毒的危害性和清除的困难性。

恶意软件是恶意植入系统破坏和盗取系统信息的程序。恶意软件的泛滥是继病毒、垃圾邮件后互联网世界的又一个全球性问题。恶意软件的传播严重影响了互联网用户的正常上网，侵犯了互联网用户的正当权益，给互联网带来了严重的安全隐患，妨碍了互联网的应用，侵蚀了互联网的诚信。特洛伊木马和蠕虫都是典型的恶意软件。

4．有害信息

这里所谓的有害信息主要是指计算机信息系统及其存储介质中存在、出现的，以计算机程序、图像、文字、声音等多种形式表示的，含有恶意攻击党和政府，破坏民族团结等危害国家安全的信息；含有宣扬封建迷信、淫秽色情、凶杀、教唆犯罪等危害社会治安秩序内容的信息。目前，这类有害信息的来源基本上都是来自境外，主要形式有两种，一是通过Internet进入国内；二是以计算机游戏、教学、工具等各种软件以及多媒体产品（如VCD）等形式流入国内。由于目前计算机软件市场盗版盛行，许多含有有害信息的软件就混杂在盗版软件中。

5．计算机网络发展带来新的安全问题

目前，信息化的浪潮席卷全球，世界正经历着以计算机网络技术为核心的信息革命，信息网络将成为整个社会的神经系统，它将改变人类传统的生产、生活，乃至学习方式。

今天的计算机网络不仅是局域网（Local Area Network，LAN），而且还跨城市、国家和地区，实现了网络扩充与异型网互联，形成了广域网（Wide Area Network，WAN），使计算机网络深入到科研、文化、经济与国防的各个领域，推动了社会的发展。但是，这种发展也带来了一些负面影响，网络的开放性增加了网络安全的脆弱性和复杂性，信息资源的共享和分布处理增加了网络受攻击的可能性。

就网络结构因素而言，Internet 是基于网状的拓扑结构，而且众多子网异构纷呈，子网下又连着子网。结构的开放性带来了复杂化，这给网络安全带来很多无法避免的问题，为了实现异构网络的开放性，不可避免要牺牲一些网络安全性。随着全球信息化的迅猛发展，国家的信息安全和信息主权已成为越来越突出的重大战略问题，关系到国家的稳定与发展。

1.4.2 计算机安全的属性

在美国国家信息基础设施（National Information Infrastructure，NII）的文献中，给出了安全的 5 个基本属性：保密性、完整性、可用性、可靠性和不可抵赖性。这 5 个属性适用于国家信息基础设施的教育、娱乐、医疗、运输、国家安全、电力供给及分配、通信等广泛领域，同样适用于计算机安全。

1．保密性

保密性（Confidentiality）是指确保信息不暴露给未授权的实体或进程，即信息的内容不会被未授权的第三方所知。这里所指的信息不仅包括国家机密，而且包括各种社会团体、企业组织的工作秘密及商业秘密，个人的秘密和隐私（如浏览习惯、购物习惯等）。

2．完整性

完整性（Integrity）是指信息不被偶然或蓄意地删除、修改、伪造、乱序、重放、插入等破坏的特性。只有得到允许的人才能修改实体或进程，并且能够判别出实体或进程是否已被篡改，即信息的内容不能被未授权的第三方修改。完整性还包括信息在存储或传输时不被修改、破坏，不出现信息包的丢失、混乱、不完整等。

3．可用性

可用性（Availability）是指无论何时，只要用户需要，信息系统必须是可用的，也就是说信息系统不能拒绝服务，得到授权的实体在需要时可随时访问资源和服务。网络最基本的功能是向用户提供所需的信息和通信服务，而用户的通信要求是随机的、多方面的（语音、数据、文字和图像等），有时还要求时效性，网络必须随时满足用户通信的要求。攻击者通常采用占用资源的手段阻碍授权者的工作。可以使用访问控制机制，阻止非授权用户进入网络，从而保证网络系统的可用性。

4．可靠性

可靠性（Reliability）是指系统在规定条件下和规定时间内、完成规定功能的概率。可靠性是网络安全最基本的要求之一，网络不可靠、事故不断，也就谈不上网络的安全。目前，对于网络可靠性的研究基本上偏重于硬件可靠性方面，研制高可靠性元器件及设备，最基本的可靠性对策是采取合理的冗余备份措施。然而，有许多故障和事故，则与软件可靠性、人员可靠性和环境可靠性有关。

5．不可抵赖性

不可抵赖性（Non-Repudiation）也称为不可否认性，是面向通信双方，包括收、发双方均不可抵赖。一是源发证明，是提供给信息接收者的证据，这将使发送者无法抵赖未发送过这些信息或者否认它的内容的企图不能得逞；二是交付证明，是提供给信息发送者的证明，这将使接收者无法抵赖未接收过这些信息或者否认它的内容的企图不能得逞。

1.4.3 计算机安全涉及的主要范围

计算机安全所涉及的方面非常广泛，对于单用户计算机来说，计算机的工作环境、物理安全、计算机的操作安全以及病毒的预防都是保证计算机安全的重要因素。

随着网络技术的应用，使得空间、时间上分散、独立的信息形成了庞大的信息资源系统。网络资源的共享，提高了信息系统中信息的有效使用价值。但在网络时代，更应当保障计算机及其相关和配套的设备、设施的安全，运行环境的安全，保障信息的安全，保障计算机功能的正常发挥，以维护计算机信息系统的安全运行。

从技术上，计算机安全主要涉及物理安全、系统安全和信息安全等 3 个方面。

1．物理安全

物理安全又称实体安全，包括环境安全、设备安全和媒体安全 3 个方面。主要是指因为主机、计算机网络的硬件设备、各种通信线路和信息存储设备等物理介质造成的信息泄露、丢失或服务中断等不安全因素。其产生的主要原因包括：电磁辐射与搭线窃听、盗用、偷窃、硬件故障、超负荷、火灾及自然灾害等。

2．系统安全

系统安全是指主机操作系统的安全，如系统中用户账号和口令设置、文件和目录存取权限设置、系统安全管理设置、服务程序使用管理等保障安全的措施。为了保障系统功能的安全实现，提供了一套安全措施来保护信息处理过程的安全，如风险分析、审计跟踪、备份与恢复、应急等。它们主要侧重于保证系统正常运行，避免因为系统的崩溃和损坏而对系统存储、处理和传输的信息造成破坏和损失。

3．信息安全

信息安全是指保障信息不会被非法阅读、修改和泄露。一般来讲，对信息安全的威胁有信息泄露和信息破坏两种。信息泄露是指由于偶然或人为因素将一些重要信息为别人所获取，造成泄密事件；信息破坏则可能由于偶然或人为因素故意地破坏信息的正确性、完整性和可用性。

1.4.4 计算机犯罪

世界上第一例有案可查的涉及计算机犯罪的案例于 1958 年发生于美国的硅谷，但是直到 1966 年才被发现。中国第一例涉及计算机的犯罪（利用计算机贪污）发生于 1986 年，而被破获的第一例纯粹的计算机犯罪（该案为制造计算机病毒案）则发生在 1996 年 11 月。

从首例计算机犯罪被发现至今，涉及计算机的犯罪无论从犯罪类型还是发案率来看都在逐年大幅度上升，方法和类型成倍增加，逐渐开始由以计算机为犯罪工具的犯罪向以计算机信息系统为犯罪对象发展，并呈愈演愈烈之势，而后者无论是对社会危害性还是后果的严重性都远远大于前者。正如有的专家所言，"未来信息化社会犯罪的形式将主要是计算机犯罪"。同时，计算机犯罪"也将是未来国际恐怖活动的一种主要手段"。那么什么是计算机犯罪呢？

计算机犯罪是指利用计算机作为犯罪工具进行的犯罪活动，如利用计算机网络窃取国家机密、盗取他人信用卡密码、传播复制色情内容等，它是一种与时代同步发展的高技术手段的犯罪活动，随时随地都可能发生。

1．计算机犯罪的手段

目前比较普遍的计算机犯罪，归纳起来主要有 5 类：一是"黑客非法侵入"破坏计算机信息系统；二是网上制作、复制和传播有害信息，如传播计算机病毒、黄色淫秽图像等；三是利用计算机实施金融诈骗、盗窃、贪污和挪用公款；四是非法盗用计算机资源，如盗用账号、窃取国家秘密或企业、商业机密等；五是利用互联网进行恐吓和敲诈等。随着计算机犯罪活动的日益新颖化、隐蔽化，还会出现许多其他犯罪形式，形形色色的计算机违法犯罪，给不少计算机用户造成很大的经济损失。

我国对于打击计算机犯罪、保护网络安全是非常重视的，早在 20 世纪 80 年代中期，有关部门就开始重视解决计算机安全问题。1994 年国务院颁布了《中华人民共和国计算机信息系统安全保护条例》，明确由公安部门主管计算机安全管理，新修订的《刑法》在第 285、286 条又增加了计算机犯罪的罪名，第 287 条还明确规定，利用计算机实施金融诈骗、盗窃、贪污、挪用公款、窃取国家秘密或其他犯罪的，依照本法有关规定定罪处罚。从而，将打击计算机犯罪纳入了法制化的轨道。

2．计算机犯罪的特点

计算机犯罪作为一种刑事犯罪，具有与传统犯罪相同的许多共性特征。但是，作为一种与高科技相伴而生的犯罪，它又有许多与传统犯罪相异的特征，具体表现在以下几方面。

（1）智能性

犯罪人员知识水平高，有些犯罪者单就专业知识水平来讲可以说是专家。正如有的学者所言，计算机是现代科学技术的产物，而计算机犯罪则是与之相伴而生的高智能犯罪。据统计资料显示，当今世界上所发生的计算机犯罪中，有 70%～80%是计算机行家所为。通常情况下涉及计算机犯罪的主要类型，如非法侵入计算机信息系统、篡改计算机数据及窃用计算机等，都需要犯罪人具有相当程度的计算机专业知识，并且通常要经过数阶段的逐步实施才能达到犯罪目的。计算机专业水平越高，作案的手段就越高明，造成的损失也就越大，也就越难被发现和被侦破。

（2）隐蔽性

任何犯罪的共同特点是具有隐蔽性。犯罪人为了逃避严厉的惩罚，就要增加犯罪的隐蔽性，计算机犯罪在隐蔽性上则表现得更为突出。由于计算机本身有安全系统的保障及软件、数据存储的无形性和资料形态的多元化，使一般人不易察觉到计算机内部软件资料上发生的变化。往往犯罪已经发生并已经被记录，但对于计算机本身的正常运行毫无影响，对于被害人而言通常也很难察觉犯罪行为的发生。在已经发现的计算机犯罪案件中，多数是偶然被发现的，或者是犯罪人一时的大意而暴露了犯罪行为，只有少数犯罪行为是被害人发觉而主动追查犯罪人的。另一方面，从犯罪技术上讲，计算机网络技术的复杂性，导致犯罪人可以通过在网络中不断重复登录的手段来隐藏自己。通过重复登录，犯罪人可以从一个国家绕到另一个国家，最终连接到受害人的计算机系统上，每登录一次犯罪者的身份就变更一次。而且由于 Internet 上广泛使用匿名服务器，犯罪人更可以通过这些匿名服务器来更好地掩盖自己的身份。因此确定犯罪人所在地的难度就非常大，确定犯罪人的身份就更难了。导致计算机犯罪隐蔽性的另一个原因是，由于大部分计算机犯罪发生于金融或机要部门，出于浓厚的隐讳意识，受害人往往从商业信誉和名声考虑，或者是为了保密，害怕市场形象受损，即使发现了计算机犯罪，也往往隐瞒下来控制外传，自行处理而不向有关执法机关报案。拒不报案的做法使计算机犯罪更为猖獗。

（3）危害性

从经济角度讲，计算机犯罪多数为财产性犯罪，其所涉及的金额巨大、所造成的损失要比传统犯罪更为严重。例如，著名的计算机财产犯罪案例，Equity Funding 保险欺诈案涉案金额达 20 亿美元，Rifkin 案的涉案金额达 1 200 万美元。但更为严重的是此类犯罪对于整个社会的经济、文化、政治、军事、行政管理、物质生产等方面的全面冲击。就其严重的社会危害性、难以预测的突发性和直接的连锁反应性及危害后果的即时性而言，是其他任何犯罪所不能比拟的。而且随着全社会对于计算机依赖性的增加及其应用范围的逐步扩展，一旦某个要害环节出现问题，有可能发生灾难性的连锁反应。

（4）广域性

由于计算机网络的国际化，因而计算机犯罪往往是跨地区甚至是跨国的。对于这种地域性较强的犯罪形式，如何确定犯罪行为地及犯罪结果地都是一个值得研究的问题，这对于某些计算机空间犯罪更是如此。例如，对于非法侵入计算机信息系统犯罪，当犯罪人在领域外实施犯罪行为而被侵入的计算机信息系统处于领域内时，其刑事管辖权方式的选用和诉讼程序的选择，都是一个复杂的问题。

（5）诉讼的困难性

即使计算机犯罪已经被发现，但是在具体的诉讼过程中也会面临巨大的困难，其中最主要的是犯罪证据问题。通常情况下，除破坏计算机实体的犯罪以外，对于威胁计算机系统安全和以计算机为工具的犯罪而言，犯罪行为是完全发生于作业系统或软件资料上，而犯罪行为的证据，则只存在于软件的资料库和输出的资料中。对于一个熟悉计算机、能操纵计算机达到犯罪目的的行为人来说，要变更软件资料、消灭犯罪证据是很容易的。尤其是个人的计算机，要消灭其档案中的有关资料是非常方便的，可以在几秒之内将证据完全毁灭。从另一个角度讲，计算机处理速度的瞬时性导致了计算机误操作等随机性事件的突发性，而计算机事件发生的随机性又决定了计算机犯罪发生的随机性，使人们难以预料，而且许多手段与正常活动只有极小的偏差，可以被解释成为机器上进行的某种游戏、智力训练或误操作。

（6）司法的滞后性

司法的滞后性表现在法律的滞后性、技术的落后性、人员素质的低下等3个方面。据有关资料估计，计算机安全技术要比计算机技术和计算机应用的发展水平落后5～10年。由于计算机犯罪的高技术性，整个世界都处于司法相对滞后的境地，对此美国《未来学家》双日刊的一篇文章指出：目前的技术手段或常规执法途径对遏制计算机空间犯罪的作用是有限的，大多数机构都没有对付这类犯罪的人员和技术，而且迄今为止，所有高技术办法几乎都立即遭到犯罪分子的反击。

3. 如何防范计算机犯罪

计算机犯罪是不同于任何一种普通刑事犯罪的高科技犯罪，随着计算机应用的广泛和深入，计算机犯罪的手段近年来发展态势日趋新颖化、多样化和隐蔽化，更使得打击计算机违法犯罪和保护网络安全工作不但量大而且也越来越困难。这就要求人们既要相应增加警力，又要进一步提高其打击计算机违法犯罪的能力，同时还要注重研究和开发打击新型计算机犯罪的技术。防范计算机犯罪可以通过如下几个方面进行。

（1）制定专门的反计算机犯罪法

制定反计算机犯罪法，应直接针对计算机犯罪的特点，包括民事、行政和刑事3方面内容，形成完整的法律体系。首先，完善现行刑法典中的计算机犯罪条款，增加非法使用计算机存储容量罪，把社会保障领域的计算机信息系统纳入“非法计算机信息系统罪”的规定。其次，完善现行行政法规，在《治安管理条例》中增设对计算机非法行为的惩治，使具有一定的社会危害性，但尚未构成犯罪的行为，也能受到惩戒，通过否定的社会评价，来警示想要实施这些行为的人。第三，完善现行民事法规，对计算机非法行为对他人造成经济损失的，应承担一定的民事赔偿责任。

（2）加强反计算机犯罪机构（侦查、司法、预防、研究等）的工作力度

由于计算机犯罪的高科技化和复杂化，目前侦查队伍在警力、技术方面已远远跟不上形势的需要，司法人员的素质，也离专业化的要求相差甚远，预防、研究方面还存在许多空白。所以，要在加强和提高现有司法人员的专业技术水平和能力的基础上，进一步加强反计算机犯罪机构的工作力度。

（3）建立健全国际合作体系

通过Internet实施的计算机犯罪行为、结果，可能发生在几个不同的国家，计算机犯罪在很大程度上都是国际性的犯罪。因此，建立健全国际合作体系，加强国与国之间的配合与协作尤为重要。同时，通过合作也可以学习国外先进经验，以提高本国反计算机犯罪的水平和能力。

（4）增强安全防范意识和加强计算机职业道德教育

各计算机信息系统使用单位，应加强对计算机工作人员的思想教育，树立良好的职业道德，并采取措施堵住管理中的漏洞，防止计算机违法犯罪案件的发生，制止有害数据的使用和传播。

1.5 计算机病毒

随着20世纪80年代个人计算机的出现，计算机已经由最初的用于科研运算逐步发展到现在的每个家庭、每个办公桌面必备的工具。它正给人们的工作、学习与生活带来了前所未有的方便与快捷。特别是 Internet 的发展，更将计算机技术的应用带到了一个空前的境界，在这个无边界的空间，使人们的信息交流突破了地域的限制，更加充分享受了科技给人类带来的进步。然而，计算机病毒、木马、蠕虫等有害程序也如幽灵一般纷至沓来，令人防不胜防，越来越严重地威胁到人们对计算机的使用。所以说，计算机病毒不单单是计算机学术问题，而是一个严重的社会问题。

1.5.1 认识计算机病毒

所谓的计算机病毒是一种在计算机系统运行过程中能把自身精确复制或有修改地复制到其他程序内的程序。它隐藏在计算机数据资源中，利用系统资源进行繁殖，满足一定条件即被激活，破坏或干扰计算机系统的正常运行，从而给计算机系统造成一定损害甚至严重破坏。这种程序的活动方式与生物学中的病毒相似，所以被称为计算机“病毒”。

1. 计算机病毒定义

1983年11月3日，美国弗雷德·科恩（Fred Cohen）博士研制出一种在运行过程中可以复制自身的破坏性程序（该程序能够导致 UNIX 系统死机），伦·艾德勒曼（Len Adleman）将它命名为计算机病毒（Computer Virus），并在每周一次的计算机安全讨论会上正式提出。

在《中华人民共和国计算机信息系统安全保护条例》中，定义计算机病毒为：“编制或者在计算机程序中插入的破坏计算机功能或者毁坏数据，影响计算机使用，并能自我复制的一组计算机指令或者程序代码。”

从计算机病毒的定义可以看出，计算机病毒感染性强、破坏性大，是目前对个人计算机的主要威胁之一。它主要来源于从事计算机工作的人员和业余爱好者的恶作剧、寻开心制造出的病毒或软件公司及用户为保护自己的软件被非法复制而采取的报复性惩罚措施等。

2. 计算机病毒的特点

（1）计算机病毒的程序性

计算机病毒与其他合法程序一样，是一段可执行程序，但它不是一个完整的程序，而是寄生在其他可执行程序上。因此，计算机病毒具有正常程序的一切特性：可存储性和可执行性。它隐藏在合法的程序或数据中，当用户运行正常程序时，窃取到系统的控制权，得以抢先运行，然而此时用户还认为在执行正常程序。

（2）传染性

传染性是计算机病毒最重要的特征，是判断一段程序代码是否为计算机病毒的依据。正常的计算机程序一般不会将自身的代码强行连接到其他程序之上。而病毒程序却能使自身的代码强行传染到一切符合其传染条件的未受到传染的程序之上。病毒程序一旦进入系统与其中的程序接在一起，它就会在运行带病毒的程序之后开始搜索可以传染的程序或磁介质，然后通过自我复制迅速传播。随着计算机网络日益发达，计算机病毒可以在极短的时间内，通过 Internet 传遍世界。

（3）潜伏性

通常，病毒程序与正常程序是不容易区别开来的，计算机病毒程序进入系统之后一般不会马上发作，可以在几周或者几个月内甚至几年内隐藏在合法文件中，对其他系统进行传染而不被人发现，只有在满足其特定条件时才启动运行。潜伏性愈好，其在系统中的存在时间就会愈长，病毒的传染范围也就会愈大。

（4）表现性和破坏性

无论何种病毒程序一旦侵入系统都会对操作系统的运行造成不同程度的影响，即使不直接产生破坏作用的病毒程序也要占用系统资源（如占用内存空间，占用磁盘存储空间以及系统运行时间等）。而绝大多数病毒程序要显示一些文字或图像，影响系统的正常运行，还有一些病毒程序会删除文件、加密磁盘中的数据，甚至摧毁整个系统和数据，使之无法恢复，造成无可挽回的损失。

总之，计算机病毒的破坏性主要有两个方面：一是占用系统的时间、空间资源；二是干扰或破坏系统的运行、破坏或删除程序和数据文件。病毒程序的副作用轻者降低系统工作效率，重者导致系统崩溃、数据丢失。

（5）可触发性

计算机病毒一般都有一个或者几个触发条件，这个条件可以是敲入特定字符、使用特定文件、某个特定日期或特定时刻，或者是病毒内置的计数器达到一定次数等。满足其触发条件或者激活病毒的传染机制，使之进行传染；或者激活病毒的表现部分或破坏部分。触发的实质是一种条件的控制，病毒程序可以依据设计者的要求，在一定条件下实施攻击。

（6）针对性

一种计算机病毒并不能传染所有的计算机系统或程序，通常病毒的设计具有一定的针对性。例如，有传染 Macintosh 机的，有传染微型计算机的，有传染 COMMAND.COM 文件的，有传染扩展名为.com 或.exe 文件的病毒等。

1.5.2 计算机病毒的分类

按照计算机病毒的特点及特性，计算机病毒的分类方法有许多种，因此，同一种病毒可能有多种不同的分法。目前常见的病毒分类方法有以下几种。

1．按传染方式分类

按传染方式可分为引导型、可执行文件型、宏病毒和混合型病毒。

（1）引导型病毒

引导型病毒主要通过软盘在操作系统中传播，感染引导区，蔓延到硬盘，并能感染到硬盘中的“主引导记录”。

磁盘引导区传染的病毒主要是用病毒的全部或部分逻辑取代正常的引导记录，而将正常的引导记录隐藏在磁盘的其他地方。由于引导区是磁盘能正常使用的先决条件，因此，这种病毒在运行的一开始（如系统启动）就能获得控制权，其传染性较大。由于在磁盘的引导区内存储着需要使用的重要信息，如果对磁盘上被移走的正常引导记录不进行保护，则在运行过程中就会导致引导记录的破坏。引导区传染的计算机病毒主要流行在早期的DOS时代，例如，“巴基斯坦智囊”、“大麻”和“小球”病毒就是这类病毒。

（2）可执行文件型病毒

可执行文件型病毒是文件感染者，也称为寄生病毒，它运行在计算机存储器中，通常感染扩展名为.com、.exe、.sys等类型的文件。被感染的可执行文件在执行的同时，病毒被加载并向其他正常的可执行文件传染。像在我国流行的黑色星期五、DIR Ⅱ和感染Windows 95/98操作系统的CIH、HPS、Murburg，以及感染Windows NT操作系统的Infis、RE等病毒都属于这类病毒。

（3）宏病毒

宏病毒是指用BASIC语言编写的病毒程序寄存在Office文档上的宏代码，它影响对文档的各种操作。宏病毒充分利用宏命令的强大系统调用功能，实现某些涉及系统底层操作的破坏。宏病毒仅向Word、Excel、Access、PowerPoint、Project等办公自动化程序编制的文档进行传染，一般不会传染给可执行文件。在我国流行的宏病毒有：TaiWan1、Concept、Simple2、ethan、月杀手等。

（4）混合型病毒

混合型病毒具有引导型病毒和可执行文件型病毒两者的特点，其目的是为了综合利用以上3种病毒的传染渠道进行破坏。在我国流行的混合型病毒有One_half、Casper、Natas、Flip等。

2．按连接方式分类

按连接方式可分为源码型病毒、嵌入型病毒、外壳型病毒和操作系统型病毒。

（1）源码型病毒

该病毒攻击高级语言编写的源程序，在源程序编译之前插入其中，并随源程序一起编译、连接成可执行文件，成为合法程序的一部分。源码型病毒较为少见，亦难以编写。

（2）嵌入型病毒

这种病毒是将自身嵌入到现有程序中，把计算机病毒的主体程序与其攻击的对象以插入的方式链接。因此这类病毒只攻击某些特定程序，针对性强。这种计算机病毒难以编写，难以被发现，一旦侵入程序体后也较难消除。如果同时采用多态性病毒技术、超级病毒技术和隐蔽性病毒技术，将给当前的反病毒技术带来严峻的挑战。

（3）外壳型病毒

外壳型病毒通常将自身附在正常程序的开头或结尾，对原来的程序不做修改，相当于给正常程序加了个外壳，大部分的文件型病毒都属于这一类。这种病毒最为常见，易于编写，也易于发现，一般测试文件的大小即可知。

（4）操作系统型病毒

操作系统型病毒可用其自身部分加入或替代操作系统的部分功能，具有很强的破坏力，可以导致整个系统的瘫痪。圆点病毒和大麻病毒就是典型的操作系统型病毒。

3．按破坏性分类

按破坏性可分为良性病毒和恶性病毒两类。

（1）良性计算机病毒

良性病毒是指只是为了表现自身，并不彻底破坏系统和数据，但会大量占用CPU时间，增加系统开销，降低系统工作效率的一类计算机病毒。这种病毒多数是恶作剧者的产物，他们的目的不是为了破坏系统和数据，而是为了让使用染有病毒的计算机用户通过显示器或扬声器看到或听到病毒设计者的编程技术。这类病毒有小球病毒、1575/1591 病毒、扬基病毒、Dabi 病毒等。良性病毒取得系统控制权后，会导致整个系统和应用程序争抢CPU的控制权，时时导致整个系统死锁，给正常操作带来麻烦。有时系统内还会出现几种病毒交叉感染的现象，一个文件不停地反复被几种病毒所感染。

（2）恶性计算机病毒

恶性病毒是指在其代码中包含有损伤和破坏计算机系统的操作，在其传染或发作时会对系统产生直接的破坏作用，造成的损失是无法挽回的。有的病毒还会对硬盘做格式化等破坏，这些操作代码都是刻意编写的病毒程序。因此这类恶性病毒是很危险的，应当注意防范。

4．按照传播媒介分类

按传播媒介可分为单机病毒和网络病毒两类。

（1）单机病毒

单机病毒的载体是磁盘，常见的是病毒从移动存储设备（软盘、优盘）传入硬盘，感染系统，然后再传染其他移动存储设备。

（2）网络病毒

网络病毒的传播媒介不再是移动式载体，而是网络通道，这种病毒的传染能力更强，破坏力更大。

1.5.3 计算机病毒的预防、检测与清除

计算机病毒防治的关键是做好预防工作，即防患于未然。而预防工作从宏观上来讲是一个系统工程，要求全社会来共同努力。从国家来说，应当健全法律、法规来惩治病毒制造者，这样可减少病毒的产生。从各级单位而言，应当制定出一套具体措施，以防止病毒的相互传播。从个人的角度来说，每个人不仅要遵守病毒防治的有关规定，还应不断增长知识，积累防治病毒的经验，不仅不能成为病毒的制造者，而且也不要成为病毒的传播者。在与病毒的对抗中，及早发现病毒很重要，早发现、早处置，可以减少损失。

1．病毒预防技术

计算机病毒的预防技术是指通过一定的技术手段防止计算机病毒对系统进行传染和破坏，实际上它是一种特征判定技术，也可能是一种行为规则的判定技术。也就是说，计算机病毒的预防是根据病毒程序的特征对病毒进行分类处理，而后在程序运行中凡有类似的特征点出现则认定是计算机病毒。具体来说，计算机病毒的预防是通过阻止计算机病毒进入系统内存或阻止计算机病毒对磁盘操作尤其是写操作，以达到保护系统的目的。

（1）从管理上对病毒的预防

谨慎地使用公用软件和共享软件，限制计算机网络上的可执行代码的交换，尽量不运行不知来源的程序，新使用的计算机软件应先经过检查；非本机软盘须先检测，再使用；除原始的系统盘外，尽量不用其他软盘去引导系统。

定期检测软、硬盘上的系统区和文件并及时消除病毒，经常检查 AUTOEXEC.bat 和 CONFIG.sys 中有无插入引导病毒程序的命令；系统中的数据盘和系统盘要定期进行备份；不将数据或程序写到系统盘上；把专用系统盘放置在安全可靠的地方。

对所有系统盘和文件或重要的磁盘文件进行写保护，如将所有文件扩展名为.com 和.exe 的文件赋以“只读”属性；软盘加写保护；把 COMMAND.com 文件隐藏起来。

（2）从技术上对病毒的预防

硬件保护法：任何计算机病毒对系统的入侵都是利用 RAM 提供的自由空间及操作系统所提供的相应的中断功能来达到传染的目的。因此，可以通过增加硬件设备来保护系统，此硬件设备既能监视 RAM 中的常驻程序，又能阻止对外存储器的异常写操作，这样就能实现对计算机病毒预防的目的。目前普遍使用的防病毒卡就是一种病毒的硬件保护手段，将它插在主机板的 I/O 插槽上，在系统的整个运行过程中密切监视系统的异常状态。

计算机病毒疫苗：计算机病毒疫苗是一种能够监视系统的运行、可以发现某些病毒入侵时防止或禁止病毒入侵、当发现非法操作时及时警告用户的软件。

2．病毒检测技术

计算机病毒检测技术是指通过一定的技术手段判定出计算机病毒的一种技术。计算机病毒进行传染，必然会留下痕迹。检测计算机病毒，就是要到病毒寄生场所去检查，发现异常情况，并进而验明“正身”，确认计算机病毒的存在。病毒静态时存储于磁盘中，激活时驻留在内存中，因此对计算机病毒的检测分为对内存的检测和对磁盘的检测。

病毒检测的原理主要是基于下列几种方法：利用病毒特征代码串的特征代码法，利用文件内容校验的校验法，利用病毒特有行为特征的行为监测法，用软件虚拟分析的软件模拟法，比较被检测对象与原始备份的比较法，利用病毒特性进行检测的感染实验法以及运用反汇编技术分析被检测对象确认是否为病毒的分析法。

最省工省时的检测方法是使用杀毒工具，如瑞星杀毒软件、360 杀毒、KV3000、金山毒霸等软件。所以，用户只需根据自己的需要选择一定的检测工具，详读使用说明，按照软件中提供的菜单和提示，一步一步地操作下去，便可实现检测目的。

3. 病毒消除技术

消除技术是计算机病毒检测技术发展的必然结果，是病毒传染程序的一种逆过程。从原理上讲，只要病毒不进行破坏性的覆盖式写盘操作，病毒就可以被清除出计算机系统。安全、稳定的计算机病毒清除工作完全基于准确、可靠的病毒检测工作。

严格地讲计算机病毒的消除是计算机病毒检测的延伸，病毒消除是在检测发现特定的计算机病毒基础上，根据具体病毒的消除方法从传染的程序中除去计算机病毒代码并恢复文件的原有结构信息。

（1）人工处理的方法

可以用正常的文件覆盖被病毒感染的文件，删除被病毒感染的文件，或者重新格式化磁盘，通过这几种方法清除病毒。但这种方法有一定的危险性，容易造成对文件的破坏。

（2）使用反病毒软件清除病毒

常用的反病毒软件有360杀毒、KV3000、瑞星杀毒等软件，这些反病毒软件操作简单、提示丰富、行之有效，但对某些病毒的变种不能清除。

思考与练习

1. 简答题

（1）叙述在计算机的发展过程中有哪些重要的人物和事件，成功的基础是什么？

（2）就目前计算机的发展，你认为未来的计算机会是什么样的？

（3）计算机安全面临哪些威胁？

（4）什么是计算机病毒、计算机犯罪与黑客？其危害性主要在哪些方面？

2. 填空题

（1）信息的主要特征是 ________、________ 和 ________。

（2）基于冯·诺依曼思想而设计的计算机硬件由运算器、________、________、________ 和输出设备等5部分组成。

（3）一个完整的计算机系统由________ 和 ________ 两部分组成。

（4）从技术上，计算机安全涉及物理安全、系统安全和 ________ 3个方面。

（5）根据计算机病毒传染方式进行分类，分为引导型、可执行文件型、________ 和混合型病毒。

（6）宏病毒是指用________ 语言编写的病毒程序寄存在Office文档上的宏代码。

3. 选择题

（1）办公自动化是计算机的一项应用，按计算机应用的分类，它属于（　　）。

A．科学计算　　B．数据处理　　C．实时控制　　D．辅助设计

（2）微型计算机的发展经历了从集成电路到超大规模集成电路等几代的变革，各代变革主要是基于（　　）。

A．存储器　　B．输入/输出设备　　C．微处理器　　D．操作系统

（3）下面对计算机特点的说法中，不正确的说法是（　　）。

A．运算速度快

B．计算精度高

C．所有操作是在人的控制下完成的

D．随着计算机硬件设备及软件的不断发展和提高，其价格也越来越高

（4）计算机病毒是（　　）。

A．机器故障　　B．一段程序代码　　C．生物病毒　　D．传染病

4．网上练习

（1）请在网上查找并记录有关图灵奖和诺贝尔奖信息，列出美籍华人获奖者名单。

（2）安装 360 软件，设置防护措施，并进行查杀病毒操作。

（3）请在网上查询有关“黑客”对计算机造成危害的事例。

（4）请从网上查阅预防计算机病毒的最佳方案，写出你的看法。

5．课外阅读

（1）《计算机科学引论（影印版）》，Timothy J. O’Leary，高等教育出版社，2000 年 7 月。

（2）《计算机科学概论》，[美] J. Glenn Brookshear，人民邮电出版社，2003 年 9 月。

第2章　数制与计算机编码

本章学习重点：

- 了解数制与二进制数的运算法则。
- 了解不同类型的数据在计算机内的表示方式。
- 了解并掌握常用数制间的转换方法。
- 了解并掌握原码、反码和补码的基本概念。
- 了解定点数与浮点数的含义及表示方法。
- 了解字符编码与汉字编码。

2.1　数制

按进位的原则进行计数称为进位计数制，简称“数制”。在日常生活中经常要用到数制，通常以十进制进行计数。除了十进制计数以外，在人们的生活中还有许多非十进制的计数方法。例如，12支为1打，用的是十二进制计数法；计时用60秒为1分钟、60分钟为1小时，用的是六十进制计数法；1个星期有7天，是七进制计数法；1年有12个月，是十二进制计数法等。当然，在生活中还有许多其他各种各样的进制计数法。

2.1.1　基本概念

在计算机系统中，各种数据的存储、加工、传输都以电子器件的不同状态来表示，即用电信号的高低表示。根据计算机的这一特点，选择了计算机中数制的表示方法，即二进制，其主要原因是电路设计简单、运算简单、工作可靠和逻辑性强。

数制虽然有多种类型，但不论是哪一种数制，其计数和运算都有共同的规律和特点。

（1）逢N进一

N是指数制中所需要的数字字符的总个数，称为基数。如人们日常生活常用0、1、2、3、4、5、6、7、8、9这10个不同的符号来表示数值，即数字字符的总个数有10个，它是十进制的基数，表示逢十进一。

（2）位权表示法

位权是指一个数字在某个固定位置上所代表的值，简称权，处在不同位置上的数字所代表的值不同，每个数字的位置决定了它的值。而位权与基数的关系是：各进位制中位权的值是基数的若干次幂。因此，用任何一种数制表示的数都可以写成按位权展开的多项式之和。

例如，十进制数 173.59 可以用如下形式表示：

$$(173.59)_{10} = 1\times(10)^2 + 7\times(10)^1 + 3\times(10)^0 + 5\times(10)^{-1} + 9\times(10)^{-2}$$

显然，1 在百位，表示 100（即 $1\times(10)^2$），7 在十位，表示 70（即 $7\times(10)^1$），3 在个位，表示 3（即 $3\times(10)^0$），5 在小数点后第 1 位，表示 0.5（即 $5\times(10)^{-1}$），9 在小数点后第 2 位，表示 0.09（即 $9\times(10)^{-2}$）。

位权表示法的原则是数字的总个数等于基数；每个数字都要乘以基数的幂次，而该幂次由每个数所在的位置决定。排列方式是以小数点为界，整数自右向左 0 次幂、1 次幂、2 次幂、…，小数自左向右负 1 次幂、负 2 次幂、负 3 次幂、…。

2.1.2 常用的数制

人们在解决实际问题中习惯使用十进制数，而计算机内部采用二进制数。由于二进制数与八进制数和十六进制数正好有倍数的关系，如 2^3 等于 8、2^4 等于 16，所以在计算机应用中常常根据需要还使用八进制数或十六进制数。

1．十进制数

按“逢十进一”的原则进行计数，称为十进制数，即每位计到 10 时向高位进 1。对于任意一个十进制数，可用小数点把数分成整数部分和小数部分。

十进制数的特点是：数字的个数等于基数 10，逢十进一，借一当十；最大数字是 9，最小数字是 0；有 0、1、2、3、4、5、6、7、8、9 十个数字字符；在数的表示中，每个数字都要乘以基数 10 的幂次。

例如，十进制数 317.06 可用如下形式表示：

$$(317.06)_{10} = 3\times(10)^2 + 1\times(10)^1 + 7\times(10)^0 + 0\times(10)^{-1} + 6\times(10)^{-2}$$

十进制数的性质是：小数点向右移一位，数就扩大 10 倍；反之，小数点向左移一位，数就缩小为原数的 $\frac{1}{10}$。

2．二进制数

按“逢二进一”的原则进行计数，称为二进制数，即每位计满 2 时向高位进 1。

二进制数的特点是：数字的个数等于基数 2；最大数字是 1，最小数字是 0；即只有 0、1 两个数字字符；在数值的表示中，每个数字都要乘以基数 2 的幂次，这就是每一位被赋予的权，整数第一位权为 2^0，第二位是 2^1，第三位是 2^2，后面的依此类推，显然，幂次由该数字所在位置决定。

例如，二进制数 1001.01 可用如下形式表示：

$$(1001.01)_2 = 1\times2^3 + 0\times2^2 + 0\times2^1 + 1\times2^0 + 0\times2^{-1} + 1\times2^{-2}$$

二进制数的性质是：小数点向右移一位，数就扩大 2 倍；反之，小数点向左移一位，数就缩小 2 倍。如把二进制数 110.101 的小数点向右移一位，变为 1101.01，比原来的数扩大 2 倍；把 110.101 的小数点向左移一位，变为 11.0101，比原来的数缩小 2 倍。即：

$$1101.01 = 110.101 \times 10$$

$$11.0101 = 110.101 \times 1/10$$

注意：式中 10 是二进制数，等于十进制的“2”，不是十进制数“10”。

3．八进制数

八进制数有 8 个字符，基数是 8，分别用数字字符 0、1、2、3、4、5、6、7 表示。计数时“逢八进一”。

例如，八进制数 671 按位权展开式可用如下形式表示：

$$(671)_8 = 6\times 8^2 + 7\times 8^1 + 1\times 8^0$$

4．十六进制数

十六进制数有 16 个字符，基数是 16，分别用符号 0、1、2、3、4、5、6、7、8、9、A、B、C、D、E、F 表示。计数时“逢十六进一”，其中 A、B、C、D、E、F 分别表示 10、11、12、13、14、15。

例如，十六进制数“FA9”按位权展开式可用如下形式表示：

$$(FA9)_{16} = 15\times 16^2 + 10\times 16^1 + 9\times 16^0$$

5．不同进制数的书写规则

通常，在计算机的应用中，为了更好地表示和区别各种进制的数，一般用加字母和加数字下标两种方式表示。

（1）在数字后面加写相应的英文字母作为标志，如表 2-1 所示。

表 2-1　各种进制的加字母表示示例

进　制	表示方式	示　例
二进制	B（Binary）	二进制数 100 可写成：100 B
八进制	O（Octonary）	八进制数 100 可写成：100 O
十进制	D（Decimal）	十进制数 100 可写成：100 D 或 100
十六进制	H（Hexadecimal）	十六进制数 100 可写成：100 H

注意：一般约定 D 可省略，即无后缀的数字为十进制数字。

（2）在数值括号外面加数字下标作为标志，如表 2-2 所示。

表 2-2　各种进制的加数字下标表示示例

进　制	示　例	含　义
二进制	$(1011)_2$	表示二进制数的 1011
八进制	$(5186)_8$	表示八进制数的 5186
十进制	$(2466)_{10}$	表示十进制数的 2466
十六进制	$(8A7F)_{16}$	表示十六进制数的 8A7F

2.1.3　二进制数

人们已经习惯使用十进制数，书写也很方便，而使用二进制数写起来位数长，看起来也不能一目了然。那么在计算机中为什么要使用二进制数呢？

1. 采用二进制数的优点

（1）只用“0、1”两个不同的数字符号

任何可以表示两种不同状态的物理器件都可以用来表示二进制数的一位。实事上人们很早就知道有很多器件有两个稳定状态，如电容器的充电和放电，继电器触点的接通和断开，晶体管的导通和截止等。在计算机中的所有信息，如数字、符号以及图形等都使用电子器件的不同状态表示。电信号的两种状态表现在电位的高低电平，制造两种状态的电子器件比制造多种状态电子器件（如 10 种状态）要简单、便宜。电信号的高低电平在逻辑上可以用“0”和“1”表示，如图 2-1 所示。之所以这样表示是因为计算机使用的数字电路器件（半导体器件）工作在“开通”和“断开”两种状态，或者说是“高”电平和“低”电平。那么，自然可以想象多个只有“0”和“1”两个状态的电路器件组合在一起，并伴有进位功能就可以表示二进制数，于是便产生了在计算机系统中使用的二进制。

（2）使用逻辑代数作为数学工具

采用二进制，除了为适应数字电路的性质外，同时可以使用逻辑代数作为数学工具，为计算机的设计提供了方便，如图 2-1 所示。

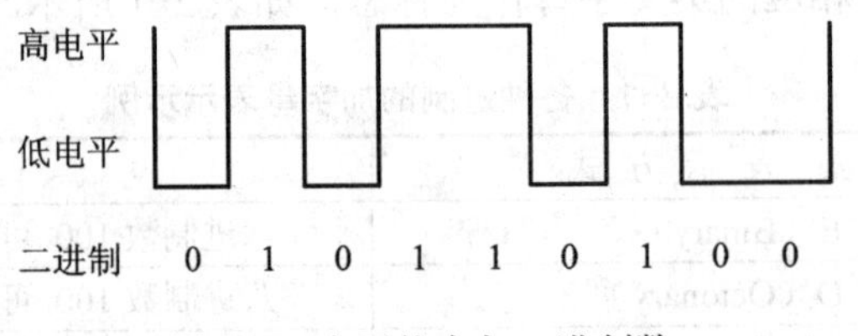

图 2-1　电平状态与二进制数

（3）运算简单

从运算操作的简便性上考虑，二进制是最方便的一种计数制。对于十进制数人们必须背熟 10 个数字的两数相加和相乘规则，而二进制数只有两个数字“0”和“1”，在进行算术运算时非常简便，相应的计算机的电路也简单了。

（4）节省存储设备

可以从一个简单的推导中得到这样的结论。设 N 是数的位数，R 是数的基数，那么 R^N 就是这些位数所能表示的最大信息量，如 3 位十进制数 10^3 能表示 0 到 999 这 1 000 个数。为了实现这些稳定的状态所需要的器件数量正比于 NR，十进制数 10^3 需要的器件数量 NR=3×10=30，采用二进制同样表示 1 000 个数，则需要 10 位（2^{10}=1 024），因此 NR=10×2=20。显然，采用二进制数表示比十进制数表示所需要的器件数量少。

2．二进制算术运算

在计算机中进行算术运算采用二进制算术运算，其运算规则与十进制运算类似，同样可以进行四则运算，其操作简单、直观，容易实现。

二进制求和法则如下：

$0+0=0$

$0+1=1$

$1+0=1$

$1+1=10$ （逢二进一）

二进制求差法则如下：

$0-0=0$

$1-0=1$

$0-1=1$（借一当二）

$1-1=0$

二进制求积法则如下：

$0\times0=0$

$0\times1=0$

$1\times0=0$

$1\times1=1$

二进制求商法则如下：

$0\div0=0$

$0\div1=0$

$1\div0$ （无意义）

$1\div1=1$

例如，在进行两数相加时，首先写出被加数和加数，与计算两个十进制数字的加法相同，然后，按照由低位到高位的顺序，根据二进制求和法则把两个数逐位相加即可。

例 2-1 求 11001101 + 10011 = ?

解：

```
     11001101
+)      10011
-------------
     11100000
```

结果：11001101 + 10011 = 11100000。

例 2-2 求 1101101–10011 = ?

解：

```
      1101101
-)      10011
-------------
      1011010
```

结果：1101101–10011 =1011010。

2.1.4 数制间的转换

将数由一种数制转换成另一种数制称为数制间的转换。由于计算机采用二进制，而在日常生活或数学中人们习惯使用十进制，所以在使用计算机进行数据处理时就必须把输入的十进制数换算成计算机所能接受的二进制数，计算机在运行结束后，再把二进制数换算为人们所习惯的十进制数输出。人们在使用计算机的过程中并没有实际进行这个转换工作，这将由计算机系统自行完成，不需人们参与。

1．十进制数转换成非十进制数

将十进制数转换成非十进制数需要将整数部分和小数部分分别进行。

（1）十进制整数转换成非十进制整数

为了便于理解换算规则，用一个实际的换算例子来说明如何将一个十进制整数换算成二进制数。

例 2-3 把十进制整数 81 转换成二进制数。

设 $(81)_{10}=(K_nK_{n-1}K_{n-2}\cdots K_1K_0)_2$

现在的任务是要确定 $K_nK_{n-1}K_{n-2}\cdots K_1K_0$ 的值。按照二进制的定义，上式可以写成，

$$(81)_{10}=(K_n2^n+K_{n-1}2^{n-1}+K_{n-2}2^{n-2}+\cdots K_12+K_0)$$
$$=2(K_n2^{n-1}+K_{n-1}2^{n-2}+K_{n-2}2^{n-3}+\cdots K_22+K_1)+K_0$$

上式两边同除以 2 得到，

$$81/2=(K_n2^{n-1}+K_{n-1}2^{n-2}+K_{n-2}2^{n-3}+\cdots K_22+K_1)+K_0/2$$

该式表明 K_0 是 81/2 的余数，故 $K_0=1$。

此式又可以写成，

$$(81-1)/2=40=2(K_n2^{n-2}+K_{n-1}2^{n-3}+K_{n-2}2^{n-4}+\cdots K_32+K_2)+K_1$$

同理可以求得 $K_1=0$，如此进行下去求得所有的 K_n。该方法就是所谓的“余数法”，如表 2-3 所示。

表 2-3 十进制整数转换成二进制数（余数法）

81	商	余 数	K_n
第 1 步：81/2	40	1	K_0
第 2 步：40/2	20	0	K_1
第 3 步：20/2	10	0	K_2
第 4 步：10/2	5	0	K_3
第 5 步：5/2	2	1	K_4
第 6 步：2/2	1	0	K_5
第 7 步：1/2	0	1	K_6
结果：$(81)_{10}=(K_6K_5K_4K_3K_2K_1K_0)_2=(1010001)_2$			

所以，十进制整数化为非十进制整数采用“余数法”，即除基数取余数。把十进制整数逐

次用任意进制数的基数去除，一直到商等于 0 为止，然后将所得到的余数由下而上排列。

例 2-4 根据“余数法”将十进制整数 81 转换成八进制数，其结果如表 2-4 所示。

表 2-4 十进制整数转换成八进制数（余数法）

81	商	余　数	K_n
第 1 步：81/8	10	1 ↑	K_0
第 2 步：10/8	1	2	K_1
第 3 步：1/8	0	1	K_2
结果：$(81)_{10}=(K_2K_1K_0)_8=(121)_8$			

（2）十进制小数转换成非十进制小数

十进制小数转换成非十进制小数采用“进位法”，即乘基数取整数。把十进制小数不断用其他进制的基数去乘，直到小数的当前值等于 0 或满足所要求的精度为止，最后将所得到的乘积的整数部分由上而下排列。

例 2-5 把十进制小数 0.6875 转换成二进制小数。

设 $(0.6875)_{10}=(0.K_{-1}K_{-2}K_{-3}\cdots K_{-m})_2$

现在的任务是要确定 $K_{-1}K_{-2}K_{-3}\cdots K_{-m}$ 的值。按照二进制的定义，上式可以写成，

$(0.6875)_{10}=K_{-1}2^{-1}+K_{-2}2^{-2}+\cdots K_{-m}2^{-m}$

将上式两边同乘以 2 得到，

$1.375=K_{-1}+(K_{-2}2^{-1}+K_{-3}2^{-2}\cdots K_{-m}2^{-m+1})$

该式中右边括号内的数是小于 1 的，也就是小数点后面的数。这样

$K_{-1}=1$

$0.375=(K_{-2}2^{-1}+K_{-3}2^{-2}\cdots K_{-m}2^{-m+1})$

同样将上式两边同乘以 2 得到，

$0.75=K_{-2}+(K_{-3}2^{-1}+K_{-4}2^{-2}\cdots K_{-m}2^{-m+2})$

这样可以得到，

$K_{-2}=0$

$0.75=(K_{-3}2^{-1}+K_{-4}2^{-2}\cdots K_{-m}2^{-m+2})$

如此进行下去求得所有的 K_m。这就是十进制小数转换成非十进制小数的“进位法”，如表 2-5 所示。

表 2-5 十进制小数转换成二进制数（进位法）

0.6875	小　数	整　数	K_m
第 1 步 0.6875×2=1.3750	375	1 ↓	K_1
第 2 步 0.3750×2=0.7500	75	0	K_2
第 3 步 0.7500×2=1.5000	5	1	K_3
第 4 步 0.5000×2=1.0000	0	1	K_4
结果：$(0.6875)_{10}=(0.K_1K_2K_3K_4)_2=(0.1011)_2$			

通常，一个非十进制小数能够完全准确地转换成十进制数，但一个十进制小数并不一定能完全准确地转换成非十进制小数。例如，十进制小数 0.1 就不能完全准确地转换成二进制小数。在这种情况下，可以根据精度要求只转换到小数点后某一位为止，这个数就是该小数的近似值。

例 2-6　将十进制小数 0.32 转换成二进制小数，如表 2-6 所示。

表 2-6　进位法示例

0.32	小　　数	整　　数	K_m
第 1 步　0.32×2=0.64	64	0	K_{-1}
第 2 步　0.64×2=1.28	28	1	K_{-2}
第 3 步　0.28×2=0.56	56	0	K_{-3}
第 4 步　0.56×2=1.12	12	1	K_{-4}
结果：$(0.32)_{10} \approx (0.K_{-1}K_{-2}K_{-3}K_{-4})_2 = (0.0101)_2$			

可以验证：$0.0101\cdots = 1\times2^{-2} + 1\times2^{-4} + \cdots = 0.3055 + \cdots \approx 0.32$

在进行转换时，如果一个数既有整数部分，又有小数部分，应将整数部分和小数部分分别进行转换，然后再组合起来。

例 2-7　将十进制数 207.32 转换成二进制数。

解：　$(207)_{10} = (11001111)_2$

$(0.32)_{10} = (0.0101)_2$

结果：$(207.32)_{10} = (11001111.0101)_2$

根据上面的十进制数转换成二进制数所用的“余数法”和“进位法”，只要将其的基数换成任意数制的基数，就可以得到十进制数转换成其他任意的非十进制数。

2．非十进制数转换成十进制数

非十进制数转换成十进制数采用“位权法”，即把各非十进制数按权展开，然后求和。转换方式可用如下公式表示：

$$(F)_{10} = a_1\times x^{n-1} + a_2\times x^{n-2} + \cdots + a_{m-1}\times x^1 + a_m\times x^0 + a_{m+1}\times x^{-1} + \cdots$$

式中：

a_1、a_2、…、a_{m-1}、a_m、a_{m+1} 为各项的系数；x 为基数；n 为项数。

例 2-8　将二进制数 100110.01 转换成十进制数。

解：$(100110.01)_2 = 1\times2^5 + 0\times2^4 + 0\times2^3 + 1\times2^2 + 1\times2^1 + 0\times2^0 + 0\times2^{-1} + 1\times2^{-2}$

$= 32 + 0 + 0 + 4 + 2 + 0 + 0 + 0.25$

$= (38.25)_{10}$

例 2-9　将八进制数 1027 转换成十进制数。

解：$(1027)_8 = 1\times8^3 + 0\times8^2 + 2\times8^1 + 7\times8^0$

$= 512 + 0 + 16 + 7$

$= (535)_{10}$

3. 二进制数与八、十六进制数之间的转换

二进制数转换为八进制数和十六进制数都很方便。3 位二进制数能表示 1 位八进制数的最大数，所以将二进制数转换为八进制数时，按“3 位并 1 位”的方法进行。也就是说，以小数点为界，将整数部分从右向左每 3 位一组，最高一组不足 3 位时，在最左端添 0 补足 3 位；小数部分从左向右，每 3 位一组，最低一组不足 3 位时，在最右端添 0 补足 3 位。然后，将各组的 3 位二进制数按 2^2、2^1、2^0 权展开后相加，得到 1 位八进制数。

反之，将八进制数转换成二进制数时，只要把每位八进制数用对应的 3 位二进制数展开表示，即“1 位拆 3 位”。

同理，二进制与十六进制之间的转换是按照“4 位并 1 位”和“1 位拆 4 位”的方法进行。

例 2-10 将二进制数 101111110011.01011 转换成八进制数。

解：

101 111 110 011 . 010 110

↓ ↓ ↓ ↓ ↓ ↓

5 7 6 3 . 2 6

结果：$(101\ 111\ 110\ 011\ .\ 010\ 11)_2 = (5763.26)_8$。

例 2-11 将十六进制数 F5D0.1A7 转换为二进制数。

解： F 5 D 0. 1 A 7

↓ ↓ ↓ ↓ ↓ ↓ ↓

1111 0101 1101 0000. 0001 1010 0111

结果：$(\text{F5D0.1A7})_{16} = (1111\ 0101\ 1101\ 0000.0001\ 1010\ 0111)_2$ 。

4. 常用数制的对应关系

常用数制的基数、进位和数字符号特征如表 2-7 所示。

表 2-7 常用数制的特征

	十 进 制	二 进 制	八 进 制	十 六 进 制
基数	10	2	8	16
进位	逢十进一	逢二进一	逢八进一	逢十六进一
数字符号	0 ～ 9	0，1	0 ～ 7	0 ～ 9，A，B，C，D，E，F

常用数制的对应关系如表 2-8 所示。

表 2-8 常用数制对应关系

十 进 制	二 进 制	八 进 制	十 六 进 制
0	0	0	0
1	1	1	1
2	10	2	2
3	11	3	3
4	100	4	4

续表

十 进 制	二 进 制	八 进 制	十六进制
5	101	5	5
6	110	6	6
7	111	7	7
8	1000	10	8
9	1001	11	9
10	1010	12	A
11	1011	13	B
12	1100	14	C
13	1101	15	D
14	1110	16	E
15	1111	17	F
16	10000	20	10

2.2 数值型数据在计算机中的表示方式

在计算机中处理的数据分为数值型和非数值型两类。数值型数据指数学中的代数值，具有量的含义，如 371、–423.75 等；非数值型数据是指输入到计算机中的信息，没有量的含义，如数字 0～9、大小写字母、汉字、图形、音/视频及其一切可印刷的符号 +、! #、》等。所有这些数据信息，在计算机内部都必须以二进制编码的形式表示。

2.2.1 符号数的表示方式

符号数意指数值带有正、负号，即正数与负数。在数学中，分别用符号“+”和“–”表示一个正数和负数，但在计算机中数的正、负号要由 0 和 1 来表示，即数字符号的数字化。

1．无符号二进制数

无符号二进制数只限于正整数的表示，因为无须表示正负数的符号位，所以计算机可以使用所有位来表示数值。但是，如果位数很多，在认读时就会感到困难，为此，多采用从低位开始的以 4 位二进制数为一个单位的编码表示方法。

用 4 位二进制数可以表示 0~15 的 16 个数字，该方法就是十六进制数表示。为了用 1 个符号表示 10~15 这 6 个数字，通常用字母 A 表示 10、B 表示 11、C 表示 12、D 表示 13、E 表示 14、F 表示 15。

如果采用从低位开始的以 3 位二进制数为一个单位的编码表示，一个单位可以表示 0~7 的 8 个数字，该方法就是八进制数表示。

2．机器数与真值

在数学中，将“+”或“–”符号放在数的绝对值之前来区分该数是正数还是负数，而在计算机内部则使用符号位，用二进制数字“0”表示正数，用二进制数字“1”表示负数，放在数的最左边。这种把符号数值化了的数称为机器数，而把原来的用正负符号和绝对值来表示的数值称为机器数的真值。

例如，真值为+0.1001，机器数也是 0.1001；真值为–0.1001，机器数为 1.1001。假如用一个字节表示，其格式如图 2-2 所示。

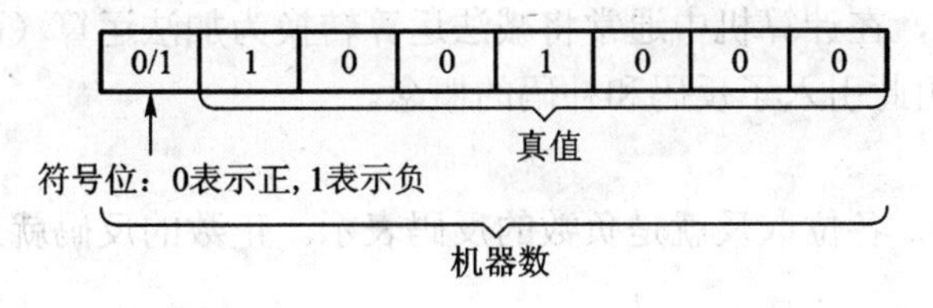

图 2-2　机器数与真值

2.2.2　原码、反码和补码

在计算机中，为使运算简单而将减去一个数，用加上一个负数来进行，由此产生了原码、反码和补码。任何正数的原码、反码和补码的形式完全相同，负数则各自有不同的表示形式。

1．原码

正数的符号位用 0、负数的符号位用 1、有效值部分用二进制绝对值表示，且以字节的倍数展开，这种二进制数的表示称为原码。显然，原码表示与机器数表示形式类似。这种数的表示方法对 0 会出现两种表示方法，即正的 0（000…00）和负的 0（100…00）。

例如：

$X=+77$

$Y=-77$

因为：$(77)_{10}=(1001101)_2$

则：

$(X)_{原}=0\ \ 1001101$

$(Y)_{原}=\underline{1}\ \ \underline{1001101}$

符号位　数值

用原码表示一个数简单、直观，与真值之间转换方便。但不能用它直接对两个同号数相减或两个异号数相加。

例如：将十进制数“+37”与“–53”的两个原码直接相加。

因为：$X=+37$　$(X)_{原}=00100101$

$Y=-53$　$(Y)_{原}=10110101$

所以：

$$
\begin{array}{r}
00100101 \\
+)\ 10110101 \\
\hline
11011010
\end{array}
$$

其结果符号位为“1”表示是负数，真值为“1011010”，即等于十进制数“–90”，这显然是不正确的。

因此，为运算方便，在计算机中通常将减法运算转换为加法运算（两个异号数相加实际上也就是同号数相减），由此引入了反码和补码的概念。

2．反码

将负数除符号位外，各位取反就是负数的反码表示。正数的反码就是本身，为此 0 的表示有+0 和－0 两种情况。

例 2–12 求 Y = – 53 的反码

因为：$(53)_{10} = (110101)_2$

所以：Y = – 53 的原码为 $(Y)_{原} = 10110101$

反码为 $(Y)_{反} = 11001010$

通过上述例子可以得知，正数的反码和原码相同，负数的反码是对该数的原码除符号位外各位取反，即“0”变“1”，“1”变“0”。

可以验证，任何一个数的反码的反码即是原码本身。

3．补码

在介绍补码之前，先看一个在生活中经常使用的钟表例子。

如果现在的标准时间是 5 点整，而钟表却指向上午 9 点整。为此需要校准钟表时间。校准的方法有两种，要么将时针倒退（逆时针）4 个格，要么将时针前进（顺时针）8 个格，这样都可以使时针指到 5 的位置。显然，倒退 4 个格（减 4）和前进 8 个格（加 8）是等价的，即 8 是（– 4）对 12 的补数。在数学上常表示为：

$-4 \equiv +8 \quad (\text{mod } 12)$

mod 12 表示是以 12 为模，上式在数学上称为同余式。

从钟表例子和同余式的概念可知：对一确定的模，某一个数减去小于模的一数，可以用加上该数的负数与其模之和（补数）来代替。

$9-4 \equiv 5 \quad (\text{mod } 12)$

$9+8=17 \equiv 5 \quad (\text{mod } 12)$

负数的反码加 1 就是补码表示。在此情况下没有正 0 和负 0 的区别，即 0 的表示只有一种形式。

例 2–13 求–7 的补码表示

因为：7 的二进制数为 111，所以–7 的原码为 10000111、反码为 11111000，则根据上述的补码产生方法有：

$$
\begin{array}{r}
1\ \ 1111000 \\
+\qquad\qquad 1 \\
\hline
1\ \ 1111001
\end{array}
$$

所以：$(-7)_{10}=(10000111)_{原}=(11111000)_{反}=(11111001)_{补}$

通过上述例子可以得知，正数的补码和原码相同，负数的补码是其反码加 1。

例如：

X = + 77

Y = – 77

则：

$(X)_{原}=(X)_{反}=(X)_{补}=0\,1\,0\,0\,1\,1\,0\,1$

$(Y)_{原}=1\,1\,0\,0\,1\,1\,0\,1$

$(Y)_{反}=1\,0\,1\,1\,0\,0\,1\,0$

$(Y)_{补}=1\,0\,1\,1\,0\,0\,1\,1$

可以验证，任何一个数的补码的补码即是原码本身。

引入补码的概念之后，加减法运算都可以用加法来实现，并且两数的补码之“和”等于两数“和”的补码。因此，在计算机中，加减法基本上都是采用补码进行运算。

例 2–14 将计算十进制数“37”与“53”的差，化成计算“37”与“–53”的和，其中“37”与“–53”都用补码表示，即 $(37)_{10}-(53)_{10}=(37)_{10}+(-53)_{10}$。

因为：

$(37)_{10}=(00100101)_{原}=(00100101)_{反}=(00100101)_{补}$

$(-53)_{10}=(10110101)_{原}=(11001010)_{反}=(11001011)_{补}$

所以：

$$
\begin{array}{r}
0\,0\,1\,0\,0\,1\,0\,1 \\
+)\ \ 1\,1\,0\,0\,1\,0\,1\,1 \\
\hline
1\,1\,1\,1\,0\,0\,0\,0
\end{array}
$$

其结果为负数（因为符号位为“1”），而且是补码表示，对它再进行一次求补运算就得到结果的原码表示，即：

$(11110000)_{补}=(10001111)_{反}=(10010000)_{原}=(-16)_{10}$

由于 37 与 53 的差等于–16，所以结果正确。

由此可以看出，在计算机中加减法运算都可以统一化成补码的加法运算，其符号位也参与运算，这是十分方便的。反码通常作为求补过程的中间形式。但要注意，无论用哪一种方法表示数值，当数的绝对值超过表示数的二进制位数允许表示的最大值时，就要增加字节，否则会发生溢出，从而造成运算错误。

2.2.3 定点数与浮点数

在实际生活中的数值，除了有正、负数以外还有带小数的数值，当所要处理的数值含有小数部分时，计算机不仅要解决数值的表示还要解决数值中小数点的表示问题。在计算机中，并不是采用某个二进制位来表示小数点，而是用隐含规定小数点的位置来表示。

根据小数点的位置是否固定，数的表示方法可分为定点整数、定点小数和浮点数 3 种类型。定点整数和定点小数统称为定点数。通常将小数点位置固定在数值的最右端或最左端，前者称为定点整数，后者称为定点小数。

1. 定点整数

定点整数是指小数点隐含固定在整个数值的最后，符号位右边的所有的位数表示的是一个整数。

2. 定点小数

定点小数是指小数点隐含固定在数值的某一个位置上的小数。通常将小数点固定在最高数据位的左边，最大数为 0.1。

由此可见，定点数可以表示纯小数和整数。定点整数和定点小数在计算机中的表示形式没有什么区别，小数点完全靠事先约定而隐含在不同位置，如图 2-3 所示。

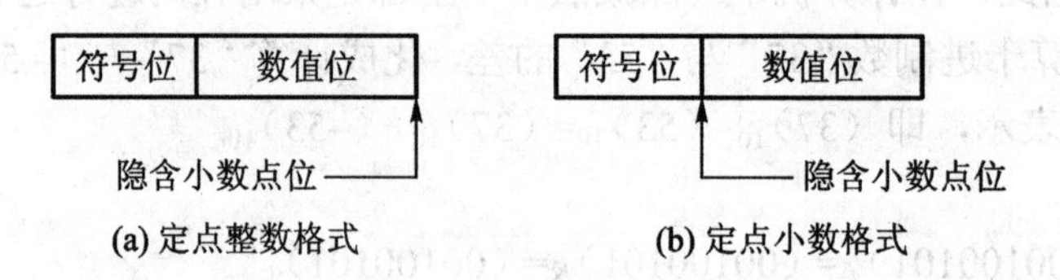

图 2-3　定点数格式

3. 浮点数

浮点数是指小数点位置不固定的数，它既有整数部分又有小数部分。在计算机中通常把浮点数分成阶码（也称为指数）和尾数两部分来表示，其中阶码用二进制定点整数表示，尾数用二进制定点小数表示，阶码的长度决定数的范围，尾数的长度决定数的精度。为保证不损失有效数字，通常还对尾数进行规格化处理，即保证尾数的最高位为 1，实际数值通过阶码进行调整。

浮点数的格式多种多样，例如：某计算机用 4 个字节表示浮点数，阶码部分为 8 位补码定点整数，尾数部分为 24 位补码定点小数。采用浮点数最大的特点是比定点数表示的数值范围大。

例如：+110111 的数值等于 $2^6 \times 0.110111$，阶码为 6（即二进制定点整数+110），尾数为+0.110111，其浮点数表示的形式如图 2-4 所示。

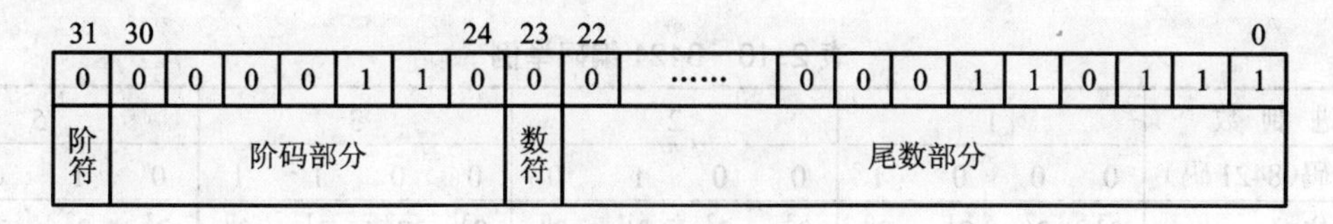

图 2-4 浮点数示例

2.3 信息编码

计算机是以二进制方式组织存放信息的，信息编码就是指对输入到计算机中的各种数值和非数值型数据用二进制进行编码的方式。对于不同机器、不同类型的数据其编码方式是不同的，编码的方法也很多。为了使信息的表示、交换、存储或加工处理方便，在计算机系统中通常采用统一的编码方式，因此制定了编码的国家标准或国际标准。如位数不等的二进制码、BCD（Binary Coded Decimal）码、ASCII（American Standard Code for Information Interchange）码、汉字编码等。通过这些编码实现在计算机内部和键盘等设备之间以及计算机之间进行信息交换。

2.3.1 二–十进制编码

在计算机中，为了适应人们的习惯，采用十进制数方式对数值进行输入和输出。这样，在计算机中就要将十进制数变换为二进制数，即用 0 和 1 的不同组合来表示十进制数。将十进制数变换为二进制数的方法很多，但是不管采用哪种方法的编码，统称为二–十进制编码，即 BCD 编码。

1．8421 码简介

通常 BCD 编码有 8421 码、5421 码、余 3 码等多种，其中最常用的是 8421 码。它采用 4 位二进制编码表示 1 位十进制数，其中 4 位二进制数中由高位到低位的每一位权值分别是：2^3、2^2、2^1、2^0，即 8、4、2、1。8421 码比较直观，只要熟悉 4 位二进制编码表示 1 位十进制数编码，可以很容易实现十进制数与 8421 码之间的转换。8421 码在形式上是 0 和 1 组成的二进制形式，而实际上它表示的是十进制数，只不过是每位十进制数用 4 位二进制编码表示而已，运算规则和数制都是十进制。十进制数与 8421 码的对应关系如表 2-9 所示。

表 2-9 十进制数与 8421 码的对应关系

十进制数	0	1	2	3	4	5	6	7	8	9
对应的 8421 码	0000	0001	0010	0011	0100	0101	0110	0111	1000	1001

2．8421 码应用示例

例如，十进制数 1235 的 8421 码为 0001 0010 0011 0101，其换算关系如表 2-10 所示。

表 2-10　8421 编码举例

十进制数	1				2				3				5			
BCD编码(8421码)	0	0	0	1	0	0	1	0	0	0	1	1	0	1	0	1
位权	2^3	2^2	2^1	2^0	2^3	2^2	2^1	2^0	2^3	2^2	2^1	2^0	2^3	2^2	2^1	2^0

又如：$(0101\ 1001\ 0000.0001\ 1001)_{BCD}$ 所对应的十进制数是 590.19。

> 注意：BCD 码与二进制之间的转换不是直接进行的，要先经过十进制，即，BCD 码先转换成十进制，然后再转换成二进制；反之亦然。

2.3.2　字符编码

字符是计算机中使用最多的非数值型数据，是人与计算机进行通信、交互的重要媒介。目前，计算机中使用最广泛的字符集及其编码是由美国国家标准局（ANSI）制定的 ASCII 码（American Standard Code for Information Interchange，美国信息交换标准码），它已被国际标准化组织（ISO）定为国际标准，称为 ISO 646 标准，适用于所有拉丁文字字母。

1．ASCII 码简介

ASCII 码有 7 位码和 8 位码两种形式。对于 7 位 ASCII 码是用 7 位二进制数进行编码的，所以可以表示 128 个字符。这是因为 1 位二进制数可以表示两种状态，0 或 1（2^1=2）；2 位二进制数可以表示 4 种状态，00、01、10、11（2^2=4）；依此类推，7 位二进制数可以表示 2^7=128 种状态，每种状态都唯一对应一个 7 位的二进制码，对应一个字符（或控制码），这些码可以排列成一个十进制序号 0～127，见附录 A。

ASCII 码表的 128 个符号是这样分配的：第 0～32 号及 127 号（共 34 个）为控制字符，主要包括换行、回车等功能字符；第 33～126 号（共 94 个）为字符，其中第 48～57 号为 0～9 十个数字符号，65～90 号为 26 个英文大写字母，97～122 号为 26 个英文小写字母，其余为一些标点符号、运算符号等。例如，大写字母 A 的 ASCII 码值为 1000001，即十进制数 65，小写字母 a 的 ASCII 码值为 1100001，即十进制数 97。这些字符大致满足了各种编程语言、西文文字、常见控制命令等的需要。

2．ASCII 码应用

在实际使用中，通常用 8 位二进制表示一个 ASCII 码（一个字节），其中字节高位（b_7）为 0 或用于在数据传输时的校验，如图 2-5 所示。

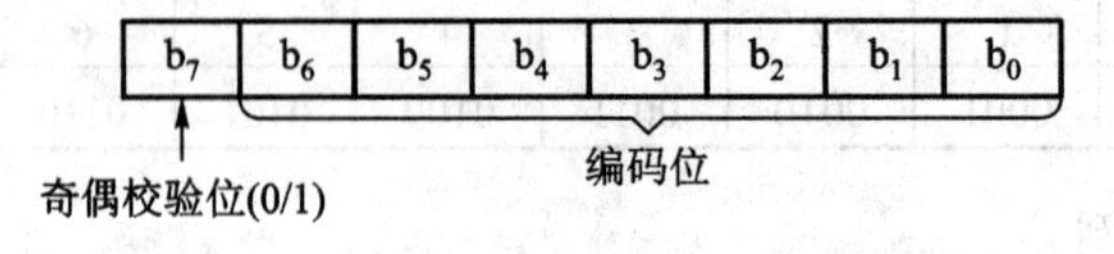

图 2-5　一个字节的 ASCII 码表示

奇偶校验是指在代码传送过程中，用来检验是否出现错误的一种方法。一般分奇校验和偶校验两种。奇校验规定，正确的代码一个字节中 1 的个数必须是奇数，若非奇数，则在最高位 b_7 添 1 来满足，否则，高位 b_7 为 0；偶校验规定，正确的代码一个字节中 1 的个数必须是偶数，若非偶数，则在最高位 b_7 添 1 来满足，否则，高位 b_7 为 0。

例 2-15 求“COPY”4 个字符的 ASCII 码，并写出存放在存储单元中的值。

解： 参看附录 A 可知，C 的 ASCII 码值 $=(67)_{10}=(1000011)_2$，O 的 ASCII 码值 $=(79)_{10}=(1001111)_2$，P 的 ASCII 码值 $=(80)_{10}=(1010000)_2$，Y 的 ASCII 码值 $=(89)_{10}=(1011001)_2$。

因为一个字节只能存放一个 ASCII 码，所以“COPY”要用 4 个字节表示。根据 ASCII 码规定，且最高位 b_7 用做奇校验，存储情况如表 2-11 所示。

表 2-11　ASCII 码应用示例

字　母	存储内容
C	01000011
O	01001111
P	11010000
Y	11011001

例 2-16 当 ASCII 码值为“1 0 1 0 0 1”时，问：它是什么字符？当采用偶校验时，b_7 等于什么？

解： 通过查 ASCII 码表得知，$(101001)_2=(41)_{10}$ 代表右圆括弧“)”；若将 b_7 作为奇偶校验位且采用偶校验，根据偶校验规则传送时必须保证一个字节中 1 的个数是偶数，所以 b_7 应等于 1，即 $b_7=1$。

2.3.3 汉字编码

计算机在处理汉字信息时也要将其转化为二进制代码，这就需要对汉字进行编码。可以抽象地将计算机处理的所有的文字信息（汉语词组、英文单词、数字、符号等）看成由一些基本字和符号组成的字符串，如英文单词“Word”可分成“W”、“o”、“r”、“d”4 个字符，而中文词组“信息”则由“信”和“息”两个汉字组成。每个基本字符编制成一组二进制代码，这如同在学校里每一个学生都有一个学号一样，计算机对文字信息的处理就是对其代码进行操作。

西文是拼音文字，基本符号比较少，编码比较容易，因此在一个计算机系统中，输入、内部处理、存储和输出都可以使用同一代码，如 ASCII 码。汉字种类繁多，编码比拼音文字困难，因此在不同的场合要使用不同的编码。

1．汉字编码简介

（1）国标码

计算机处理汉字所用的编码标准是我国于 1980 年颁布的国家标准 GB 2312—1980，即《中华人民共和国国家标准信息交换汉字编码》，简称国标码（也称交换码：GB2312），于 1981 年

5 月 1 日实施，它是一个简化字的编码规范。常见的区位码输入法就是基于国标码得到的，其最大特点就是具有唯一值，即没有重码。

在国标码表中，共收录了一、二级汉字和图形符号 7 445 个，每个汉字由两个字节构成。其中，图形符号 682 个，分布在 01～15 区；一级汉字（常用汉字）3 755 个，按汉语拼音字母顺序排列，分布在 16～55 区；二级汉字（不常用汉字）3 008 个，按偏旁部首排列，分布在 56～87 区；88 区以后为空白区，以待扩展使用。

> 国标码与 ASCII 码属同一制式，可以认为它是扩展的 ASCII 码。在 7 位 ASCII 码中可以表示 128 个信息，其中字符代码有 94 个。国标码是以 94 个字符代码为基础，其中任何两个代码组成一个汉字交换码，即由两个字节表示一个汉字字符。第一个字节称为“区”，第二个字节称为“位”。这样，该字符集共有 94 个区，每个区有 94 个位，最多可以组成 94 × 94=8 836 个字。

（2）Big5 码

Big5 码是针对繁体汉字的汉字编码，即是一个繁体字编码。目前在台湾、香港的计算机系统中得到普遍应用，每个汉字由两个字节构成。

（3）GBK 码

GBK 码是 GB 码的扩展字符编码，对多达 2 万多的简繁汉字进行了编码，全称《汉字内码扩展规范》（GBK），中华人民共和国全国信息技术标准化技术委员会于 1995 年 12 月 1 日制定。GB 即“国标”，K 是“扩展”的汉语拼音第一个字母。GBK 向下与 GB 2312 编码兼容，向上支持 ISO 10646.1 国际标准，是前者向后者过渡过程中的一个承上启下的标准。

ISO 10646 是国际标准化组织 ISO 公布的一个编码标准，即 UCS（Universal Multilpe-Octet Coded Character Set），大陆译为《通用多八位编码字符集》，台湾译为《广用多八位元编码字元集》，我国 1993 年以 GB 13000.1 国家标准的形式予以认可（即 GB 13000.1 等同于 ISO 10646.1）。ISO 10646 是一个包括世界上各种语言的书面形式以及附加符号的编码体系，其中的汉字部分称为“CJK 统一汉字”（C 指中国，J 指日本，K 指朝鲜）。而其中的中国部分，包括了源自中国大陆的 GB 2312、GB 12345、《现代汉语通用字表》等法定标准的汉字和符号，以及源自台湾的 CNS 11643 标准中第 1、2 字面（基本等同于 Big5 编码）、第 14 字面的汉字和符号。

GBK 采用双字节表示，共收入 21 886 个汉字和图形符号，其中汉字 21 003 个，图形符号 883 个。

为了满足信息处理的需要，在国标码的基础上，2000 年 3 月我国又推出了《信息技术 信息交换用汉字编码字符集 基本集的扩充》（GB18030—2000）新国家标准，共收录了 27 000 多个汉字，还包括藏、蒙、维吾尔等主要少数民族文字，采用单、双、四字节混合编码，总编码空间占 150 万个码位以上，基本上解决了计算机汉字和少数民族文字的使用标准问题。

2. 输入码

输入码（也称机外码）主要解决如何使用西文标准键盘把汉字输入到计算机中的问题，有各种不同的输入码，目前最常用的是拼音编码和字形编码。

（1）拼音编码

拼音编码是按照拼音规定来输入汉字的，不需要特殊记忆，符合人的思维习惯，只要会拼音就可以输入汉字。如常用的智能ABC、微软拼音、搜狗拼音、全拼或双拼等都属于拼音编码。拼音输入法主要缺点：一是同音字太多，重码率高、输入效率低；二是对于不认识的生字难于处理；三是对用户的发音要求准确。

（2）字形编码

字形编码是以汉字的形状确定的编码，即按汉字的笔画部件用字母或数字进行编码。如五笔字型、表形码等，都属此类编码。字形编码最大的优点是重码少，不受方言干扰，只要经过一段时间的训练，输入中文字的效率会很高。目前，大多数打字员都是用字形编码进行汉字输入，因为字形编码不涉及拼音，所以也深受普通话发音不准的用户欢迎。字形编码的主要缺点是需要记忆的东西较多，如文字偏旁部首的组合规则等，需要专门的训练学习才能掌握，而且长时间不用也会忘掉，一般适合专职的打字员使用。

> 区位码输入法由区号和位号共4位十进制数组成，两位区号在高位，两位位号在低位。区位码可以唯一确定某一个汉字或字符，反之任何一个汉字或字符都对应唯一的区位码。如汉字“啊”的区位码是“1601”，即在16区的第01位；符号“。”的区位码是“0103”。
>
> 区位码最大的特点就是没有重码，虽然不是一种常用的输入方式，但对于其他输入方法难以找到的汉字，通过区位码表却很容易得到。

3. 机内码

机内码（也称内码）是指计算机内部存储、处理汉字时所用的代码，即汉字系统中使用的二进制字符编码，是沟通输入、输出与系统平台之间的交换码，通过内码可以达到通用和高效率传输文本的目的。通常，输入码通过键盘被计算机接收后，由汉字操作系统的“输入码转换模块”转换为机内码。

> 注意：虽然某一个汉字使用不同的汉字输入法时其外码各不相同，但其内码基本是统一的，使用时由操作系统进行内码转换。但由于历史、地区原因，一种文字会出现多种编码方式，特别是汉字。所以在不同的系统中，有时内码的字符不能在其他系统中正常显示，这时需要进行字符的内码转换，即将非系统内码的字符转换为系统可以识别的内码字符。如南极星、四通利方、两岸通、汉字通等都是常用的内码转换工具软件。

4. 字形码

字形码（汉字字库）是指文字信息的输出编码，也就是通常所说的汉字字库，是使用计算机时显示或打印汉字的图像源。计算机对各种文字信息的二进制编码处理后，必须通过字形输出码转换为人能看懂且能表示为各种字形字体的文字格式，即字形码，然后通过输出设备输出。通常，汉字字库分点阵字库与矢量字库两种。

（1）点阵字库

点阵字库是把每一个汉字都分成16×16或24×24个点，然后用每个点的虚实来表示汉字的轮廓，常用来作为显示字库使用，这类点阵字库汉字最大的缺点是不能放大，一旦放大后就会发现文字边缘的锯齿。

在点阵字库字形码中，不论一个字的笔画多少，都可以用一组点阵表示。每个点即二进制的一个位，由“0”和“1”表示不同状态，如明、暗或不同颜色等特征表现字的形和体。根据输出字符的要求不同，字符点的多少也不同。点阵越大、点数越多，分辨率就越高，输出的字形也就越清晰美观。汉字字形有16×16、24×24、32×32、48×48、128×128点阵等。不同字体的汉字需要不同的字库，其信息量是很大的，所占存储空间也很大。以16×16点阵为例，每个汉字就要占用32B。例如，汉字“王”的存储格式如图2-6所示。

（2）矢量字库

矢量字库保存的是对每一个汉字的描述信息，比如一个笔画的起始、终止坐标，半径、弧度等。在显示、打印这一类字库时，要经过一系列的数学运算才能输出结果，这一类字库保存的汉字理论上可以被无限地放大，笔画轮廓仍然能保持圆滑，打印时使用的字库均为此类字库。

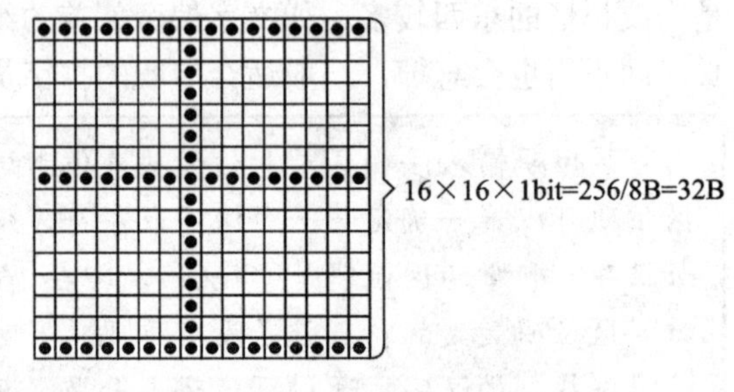

图2-6　汉字“王”存储示意

Windows 使用的字库也为点阵字库和矢量字库两类，在FONTS目录下，如果字体扩展名为.FON，表示该文件为点阵字库，扩展名为.TTF则表示该文件为矢量字库，如图2-7所示。

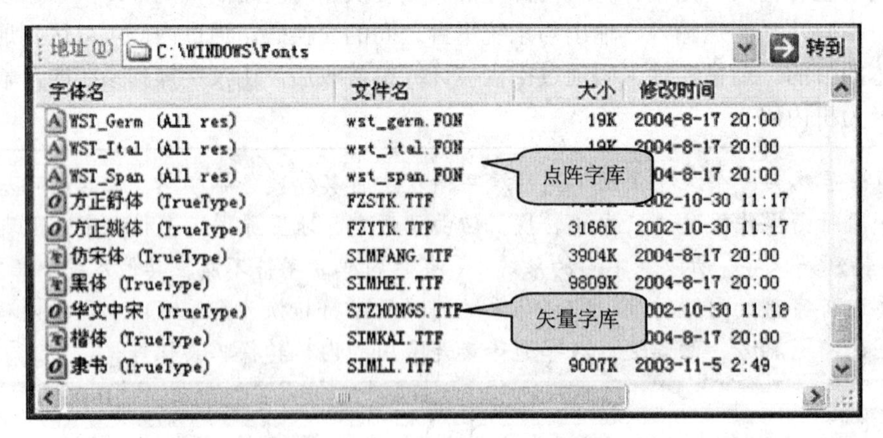

图2-7　字库类型标志示例

注意：有关多媒体信息，如文字、声音、图形、图像等，在计算机中也都必须以二进制数据的方式存储，其存储及编码方法详见第 10 章多媒体的叙述。

2.3.4 信息在计算机中的处理方式

综上所述，所有数据在计算机中都必须以二进制编码的方式存储及加工处理。这些信息在输入到计算机的过程中，由操作系统的功能模块自动将用户输入的各种数据，按编码的类型转换成相应的二进制形式存入计算机的存储单元中，再经过加工处理产生运行结果。该结果既可以是一个数字、一段文字，也可以是一幅图片或是一段声音等，也都是用二进制编码保存的。在输出过程中，也是由系统自动将二进制编码数据，经解码转换成用户可以识别的数据格式输出给用户，如图 2-8 所示。

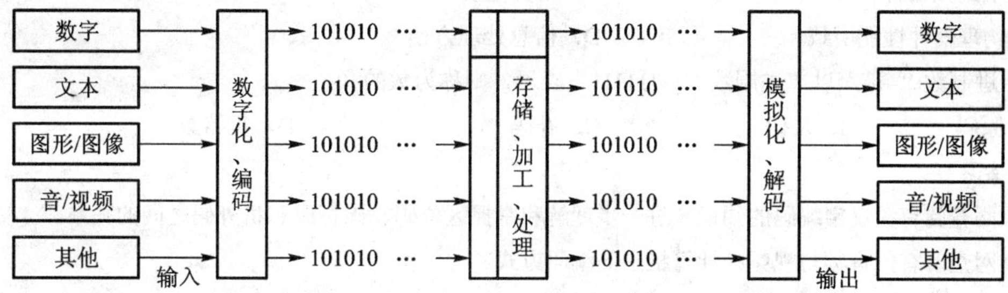

图 2-8 信息在计算机中的处理过程示意

思考与练习

1. 简答题

（1）计算机中的信息为何采用二进制系统？

（2）什么是国标码、输入码以及字形码？

（3）音频与视频数字化的含义？

2. 填空题

（1）$(69)_{10}$ = (________)$_2$ = (________)$_8$ = (________)$_{16}$。

（2）$(11011101)_2$ = (________)$_{10}$ = (________)$_8$ = (________)$_{16}$。

（3）–28 的补码用 8 位二进制数表示为 ________。

（4）$(6789)_{10}$ 的 8421 码为 ________。

（5）在计算机系统中对有符号的数字，通常采用原码、反码和 ________ 表示。

（6）1GB= ________ MB= ________ KB = ________ B。

3. 选择题

（1）在下列不同进制的 4 个数中，最小的一个数是（　　）。

A. $(45)_{10}$　　B. $(57)_{8}$　　C. $(3B)_{16}$　　D. $(110011)_{2}$

（2）十进制数 141.71875 转换成无符号二进制数是（　　）。

A. 10011101.101110　　B. 10001101.010110

C. 10001100.111011　　D. 10001101.101110

（3）下列十进制数中能用 8 位无符号二进制表示的是（　　）。

A. 258　　B. 257　　C. 256　　D. 255

（4）二进制数 1011011 转换成八进制、十进制、十六进制数依次为（　　）。

A. 133、103、5B　　B. 133、91、5B

C. 253、171、5B　　D. 133、71、5B

（5）至今为止，计算机中的所有信息仍以二进制方式表示的理由是（　　）。

A. 节约元器件　　B. 运算速度快

C. 物理器件性能所致　　D. 信息处理方便

（6）将十进制数“–1”，以二进制数“11111111”表示，则称为数的（　　）。

A. 原码　　B. 反码　　C. 补码　　D. 机器数

4. 网上练习

（1）请上网查阅有关汉字编码的知识，进一步理解和掌握区位码、国标码和机外码之间的关系。

（2）请上网查阅有关音频与视频在计算机中的编码方式。

第 3 章　微型计算机基础

本章学习重点：

- 理解微处理器、微型计算机和微型计算机系统。
- 了解微型计算机的 CPU、内存、接口和总线。
- 了解微机母板的结构及其特点。
- 了解并掌握存储系统的层次结构和功能。
- 掌握常用外部设备的性能指标。
- 掌握微型计算机的主要性能指标。

3.1　认识微型计算机

微型计算机简称微机，是应用最广泛的一种计算机，其主要特点是体积小、功能强、造价低、对使用环境要求宽泛，所以受到广大用户的青睐。正如前面所介绍的一样，构成一个完整的计算机系统必须要有硬件和软件两部分，微型计算机也是如此，由硬件系统和软件系统组成。

3.1.1　基本概念

硬件是组成计算机的物理实体，它提供了计算机工作的物质基础，人通过硬件向计算机系统发布命令、输入数据，并得到计算机的响应，计算机内部也必须通过硬件来完成数据存储、计算及传输等各项任务。

1. 微型计算机硬件组成

无论是哪一种计算机，一个完整的硬件系统从功能角度而言包括运算器、控制器、存储器、输入设备和输出设备 5 个核心部件，每个功能部件各尽其职、协调工作。微型计算机也是基于这 5 部分组成的，根据微型计算机的特点常将硬件分为主机和外部设备两部分，如图 3-1 所示。

2. 微型计算机结构

对一般用户而言，计算机硬件只是计算机的用户界面，如人机交互使用的键盘、鼠标、显示器、硬盘、光盘和打印机等，计算机本身是一个由多种设备组合在一起的物体。对每种设备自身的内部结构和功能特点，是专业用户和计算机设计者关心的问题。目前几乎所有的微型计算机制造商都尽可能地把各个部件集成在一起，降低成本、方便用户。

通常，微型计算机基本常用的设备除了键盘和显示器外，其余部分都封装在主机箱内。机箱的核心部件有：主机板、微处理器、内存条、高速缓冲存储器（Cache）、显示卡、声卡、磁盘控制器等，这些部件可以直接集成在主板上，也可以通过插槽插在主板上。

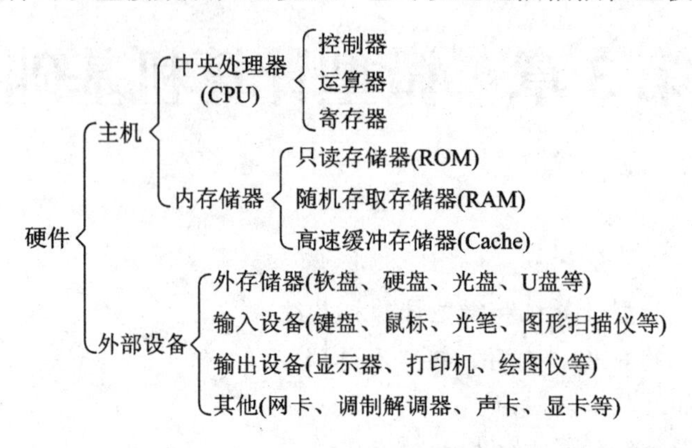

图 3-1　微型计算机硬件基本组成

从外观上看，微型计算机有卧式、立式和笔记本式等几种类型。典型的台式微型计算机硬件系统外观如图 3-2 所示。

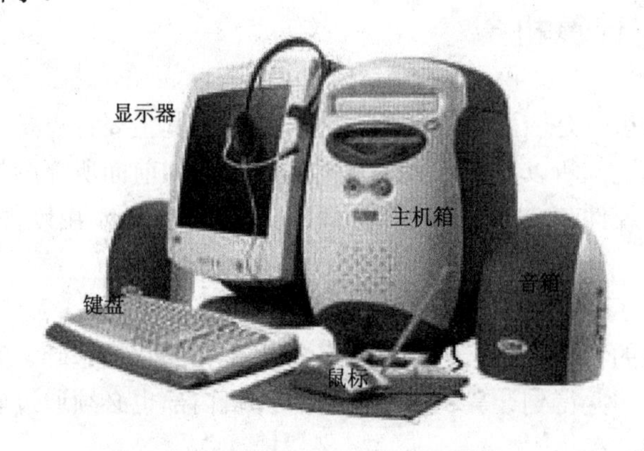

图 3-2　微型计算机硬件系统外观示意

3.1.2　微型计算机的系统层次

在微型计算机系统中存在着从局部到全局 3 个层次：微处理器—微型计算机—微型计算机系统。

1. 微处理器

微处理器（Micro Processor Unit，MPU）是微机的 CPU，是微机的核心设备，主要包括算术逻辑部件（Arithmetic Logic Unit，ALU）、控制部件（Control Unit，CU）和寄存器组（Registers）3 个基本部分以及内部总线。通常由一片或几片大规模集成电路或超大规模集成电路组成。

2. 微型计算机

微型计算机（Micro Computer）以微处理器为核心，加上存储设备、I/O 接口和系统总线组成。有的微型计算机将这些部件集成在一块超大规模芯片上，称为单片微型计算机，简称单片机。

3．微型计算机系统

微型计算机系统（Micro Computer System）是以微型计算机为核心，再配以相应的外部设备、电源、辅助电路和控制微型计算机工作的软件而构成的完整的计算机系统。

在综上所述的3个层次中，单纯的微处理器或微型计算机都不能独立工作，只有微型计算机系统才是完整的计算机系统，才具有实用意义。

3.1.3 微型计算机系统配置

系统配置是指对整个计算机系统参数的设置过程，通常由厂家在出厂前配置好。然而，由于计算机的不安全因素，经常会导致系统参数的丢失而使计算机系统不能正常工作。了解系统配置，对更好地使用和管理计算机系统是很有必要的。

系统参数作为BIOS（Basic Input/Output System，基本输入/输出系统）的一部分通常存放在主板的CMOS（Complementary Metal Oxide Semiconductor，互补金属氧化物半导体）芯片中，每次开机加电时，BIOS 都要自动检测计算机的主要部件，并将相应的参数提供给操作系统。此外，该芯片还提供最基本的有关硬盘读写、显示器显示方式及光标设置、RS-232异步通信控制等一组子程序。

1．启动BIOS设置程序SETUP

不同厂商规定的进入BIOS设置程序SETUP的方法不一样。例如，在启动系统时按“Delete”键或按“Ctrl+Alt+Esc”组合键等，都可以进入设置程序SETUP。

2．系统配置

一旦进入SETUP程序，就可以进行系统配置操作。通常，微型计算机中的CMOS是专门用来存放BIOS的存储芯片，如存储硬盘驱动器类型、磁头数量、软盘驱动器类型、显示卡类型、键盘是否安装等信息。CMOS由机内的专用可充电电池供电，计算机工作时，计算机的电源给电池充电，以保证在关机时CMOS中的参数不丢失。

当要增加、删除或更换某些设备时，也必须首先通过SETUP程序修改CMOS中的数据，并以此通知操作系统。各种BIOS的SETUP操作方式不尽相同，当进入设置程序SETUP后，通常使用以←、↑、→、↓键，配合PageUp、PageDown键来移动光标，更改系统参数。

一般SETUP均有注释，菜单驱动，按照提示信息可以很方便地进行操作。

3.1.4 微型计算机系统的主要性能指标

衡量一台微型计算机性能高低的技术指标主要有如下几个方面。

1．字长

字长是计算机内部一次可以处理的二进制数的位数。一台计算机的字长通常取决于它的通用寄存器、内存储器、运算器的位数和数据总线的宽度。字长越长，一个字所能表示的数据精度就越高，数据处理的速度也越快；然而，字长越长，计算机的硬件代价相应也在增大。目前微型计算机的字长多以 32 位和 64 位为主。

2．存储容量

某个存储设备所能容纳的二进制信息的总和称为存储容量，根据存储设备在计算机中所处的位置，可分为主存储器（也称内存储器，即内存）和辅助存储器（也称外存）。内存容量是指为计算机系统所配置的主存 RAM（Random Access Memory，随机存取存储器）总字节数，是 CPU 可直接访问的存储空间，是衡量计算机性能的一个重要指标。目前微机的内存容量多为 1 GB 或更高，内存容量越大，可运行的应用软件就越丰富、速度也越快。

外存多以硬盘、光盘和 U 盘为主，高档微型计算机的硬盘一般都具有 150 GB 以上的存储容量。硬盘通常安装在微型计算机的主机箱中，所用软件一般存放在硬盘中。CPU 运行程序时直接通过高速缓存从内存读取数据或程序，而内存的数据或程序来源于硬盘。所以硬盘容量越大，可存储的文件就越多，计算机工作就越方便。

根据存储设备的容量、存取速度的快慢、设备成本价格的高低等因素按照一定的体系结构将各种存储设备集成在一起就构成了存储系统。因此，可以说一个具体的存储设备的容量是有限的，但作为计算机配备的存储系统的容量，从某种意义上说是无限的。

3．运算速度

计算机的运算速度一般用每秒钟所能执行的指令条数来表示。由于不同类型的指令所需时间长短不同，因而运算速度的计算方法也不同。

例如，根据不同类型的指令出现的频度，乘上不同的系数求得统计平均值，得到平均运算速度，这种方法以每秒百万条指令（Million Instructions Per Second，MIPS）为单位。又如，直接给出 CPU 的主频和每条指令的执行所需的时钟周期，周期一般以 MHz（Mega Hertz，兆赫兹）为单位。

主频即计算机的时钟频率，它在很大程度上决定了主机的工作速度。例如，型号为 486DX-133 的微型计算机，表明它的 CPU 型号为 486，DX 为含浮点处理器，数字 133 的含义是主频为 133 MHz。

注意：兆赫是波动频率单位之一。波动频率的基本单位是赫兹（Hz），采用千进位制；1 兆赫（MHz）相当于 1 000 千赫（KHz），也就是 10^6 赫兹(Hz)。一般来讲，兆赫只是一定义上的名词，在量度单位上作 1 百万解。

4．外部设备的配置及扩展能力

外部设备主要是指计算机系统配接各种外部设备的可能性、灵活性和适应性。一台计算机允许配接外部设备的多少，对于系统接口和软件研制都有着重大的影响。在微型计算机系统中，打印机型号、显示器的分辨率、外存的容量等，都是配置外部设备需要考虑的问题。

5．软件配置

软件是计算机系统必不可少的重要组成部分，其配置是否齐全，直接关系到计算机性能和效率的高低。例如，是否有功能强、操作简单、又能满足应用要求的操作系统、高级语言；是否有丰富的应用软件等，这些都是在购置计算机系统时需要考虑的。

3.2 主机系统

主机是安装在一个机箱内所有部件的统一体，是微型计算机系统的核心，通常被封装在主机箱内，制成一块（或多块）印制电路板，称为主机板，简称主板（Mainboard），或称为母板（Motherboard）、系统板（Systemboard）等。

从功能上讲主板就是主机，是一个插槽的集合体，也是整个硬件系统的主体和控制中心，它几乎集合了全部系统的功能，控制着各部分之间的指令流和数据流。可以说，主板的类型和档次决定着整个微机系统的类型和档次，主板的性能直接影响着整个微型计算机系统的性能。

3.2.1 微处理器

在微型计算机中，CPU 被集成在一片被称为微处理器（Micro Processor Unit，MPU）的大规模集成电路芯片上，因此，通常把用在微型计算机中的 CPU 称为微处理器，它是构成微型计算机的核心部件，也可以说是微型计算机的心脏。不同型号的微型计算机，其性能的差别首先在于其微处理器的性能，而微处理器的性能又与它自身的内部结构、硬件配置有关。每种微处理器具有专门的指令系统，但无论哪种微处理器，其内部结构是基本相同的，通常所说的奔腾（Pentium）等计算机实际上是指微型计算机主板上 CPU 的型号。

1. CPU 的发展

微处理器被誉为 20 世纪最伟大的发明之一，从第一台微型计算机所使用的 Intel 8088 到今天，CPU 大概经历了 7 代的发展历程，主流 CPU 一直以 Intel 和 AMD 公司的产品为主。

早在 1971 年 1 月，Intel 公司的霍夫研制成功世界上第一块 4 位微处理器芯片 Intel 4004，标志着第一代微处理器问世，微处理器和微型计算机时代从此开始。4004 包含 2 300 个晶体管，尺寸规格为 3mm×4mm，计算性能远远超过当年的 ENIAC。

虽然 Intel 公司在 1971 年就研制成功了 Intel 4004CPU，但第一代微型计算机却是在 1981 年出现的。1980 年 7 月，IBM 微型计算机技术总设计师埃斯特利奇（Don Estridge）领导“跳棋计划”的 13 人小组秘密来到佛罗里达州波克罗顿镇的 IBM 研究发展中心，开始开发 IBM PC 的产品。1981 年 8 月 12 日，IBM 公司在纽约宣布第一台 IBM PC 诞生，从此开创了微型计算机历史的新篇章。第一台 IBM PC 采用了 Intel 8088（i8086 简化版），操作系统是 Microsoft 提供的 MS-DOS，IBM 将其命名为“个人计算机”（Personal Computer）。

2010 年 1 月 7 日，英特尔公司在拉斯维加斯正式发布酷睿 i 系列处理器中的 i3、i5 系列，此时再加上 2009 年 9 月发布的 i7 处理器，完成了从酷睿 2 系列向酷睿 i 系列的转变。

AMD 公司是排位在 Intel 公司之后的世界第二大 CPU 制造商，一直以来都是 Intel 公司最有力的竞争对手。AMD 打破了 Intel 公司在微处理器领域一统天下的局面，K5 是 AMD 公司第一个独立生产的 CPU，目前主流的 AMD CPU 是 K7 与 K8 系列。

2. CPU 的封装

从外表看 CPU 常常被封装成矩形或正方形的，通过密密麻麻的众多管脚与主板相连，封装后作为独立的部件销售。在内部，CPU 的核心是一片大小通常不到 1/4 英寸的薄薄的硅晶片（称为核心，即 Die）。在这块小小的硅片上，密布着数以百万计的晶体管，它们就好像人类大脑的神经元，相互配合协调工作，完成着各种复杂的运算和操作。封装主要具有 3 个特点，一是可以保护处理器核心与空气隔离，避免污染物的侵害；二是有助于芯片散热；三是作为连接处理器和主板的桥梁。

典型的 Intel 酷睿双核微处理器如图 3-3 所示。

图 3-3　典型的 Intel 酷睿双核微处理器外形图

3. CPU 的组成结构

CPU 是控制整个计算机运行的中心枢纽，内部由控制器、运算器、寄存器组等组成，其工作过程就是指令的执行过程。运算器是计算机对数据进行加工处理的中心，主要由算术逻辑部件、累加器、标志寄存器和寄存器组等组成。控制器是计算机的控制中心，决定了计算机运行过程的自动化，它不仅要保证程序的正确执行，而且要能够处理异常事件。

4. 微处理器的主要技术指标

微处理器的主要技术指标包括：

（1）CPU 可以同时处理的二进制数据的位数，即字长。

（2）时钟频率（MHz）。

（3）高速缓冲存储器（Cache）的容量和速率。

（4）地址总线和数据总线的宽度。

（5）制造工艺。

3.2.2　内存储器

内存储器，简称内存是直接与 CPU 相联系的存储设备，是微型计算机工作的基础，位于微机主板上。

1. 内存的分类

内存是一组或多组具备数据输入/输出和存储功能的集成电路，通常分为只读存储器（Read

Only Memory，ROM）和随机存取存储器（Random Access Memory，RAM）两类。而随机存取存储器又分为静态和动态两种，通常所说的高速缓冲存储器（Cache）使用的是静态 RAM。具体的内存分类如表 3-1 所示。

表 3-1　内存分类

内存储器类型	常用类型	特　点
随机存储器（RAM）	（1）动态存储器（DRAM，Dynamic RAM），如主存 （2）静态存储器（SRAM，Static RAM），如 Cache	存储器中的信息，会随着计算机的断电自然消失
只读存储器（ROM）	（1）掩膜 ROM （2）（一次）可编程只读存储器（PROM，Programmable ROM） （3）（紫外线）可擦除可编程只读存储器（EPROM，Erasable PROM） （4）电可擦除可编程只读存储器（EEPROM，Electrically Erasable PROM）	计算机断电后，存储器中的数据仍然存在

2．内存的作用及特点

（1）只读存储器

只读存储器（ROM）是指存储器中的信息只能被读出，而不能被操作者修改或删除的存储器。ROM 中的数据是由设计者和制造商事先编制好固化在里面的一些程序，使用者不能随意更改。

微型计算机使用的 ROM 主要用于检查计算机系统的配置情况并提供最基本的输入/输出控制程序（BIOS），其特点是计算机断电后存储器中的数据仍然存在。

（2）随机存取存储器

随机存取存储器（RAM）是微型计算机工作的存储区，一切要执行的程序和数据都要先装入该存储器内，才能被 CPU 调用执行。随机存取的含义是指对该设备既能进行读数据操作，也可以往里面写数据。通常所说的计算机具有 512 MB 内存就是指 RAM，也称为主存。其主要作用：一是暂时存放正在执行的程序、原始数据、中间结果和运算结果；二是作为 CPU 运行程序的区域，存储程序；三是配合 CPU 与外设打交道，即在慢速的外部存储设备和高速的处理器之间担任中间角色，如图 3-4 所示。

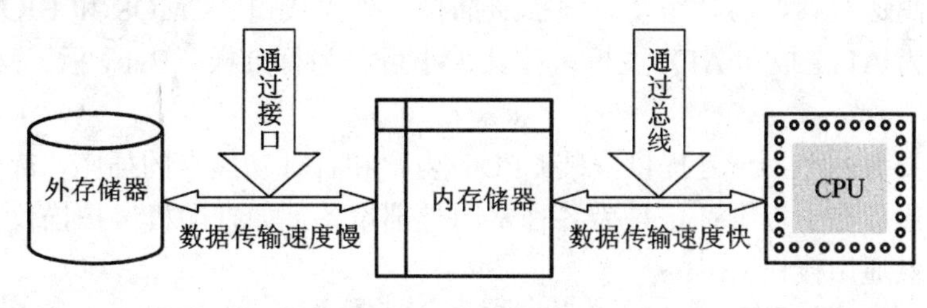

图 3-4　内存作用示意

现在的 RAM 大多采用半导体存储器，即 MOS 型半导体电路，它分为静态和动态两种。静态 RAM 是靠双稳态触发器来记忆信息的；动态 RAM 是靠 MOS 电路中的栅极电容来记忆信息的。由于电容上的电荷会泄漏，需要定时给以补充，所以动态 RAM 需要设置刷新电路。但动态 RAM 比静态 RAM 集成度高、功耗低，从而成本也低，适于作为大容量存储器。该类设备主要有两个特点：一是存储器中的数据可以反复使用，只有向存储器写入新数据时存储器中的内容才被更新；二是存储器中的信息会随着计算机的断电自然消失，所以说 RAM 是计算机处理数据的临时存储工作区，要想使数据长期保存起来，必须将数据保存在外存中。

目前微型计算机中的 RAM，主要是指 DRAM，基本上是以内存条的形式进行组织，其优点是扩展方便，用户可根据需要随时增加。目前市场上常见的内存条有 512 MB、1 GB、2 GB、4 GB 等多种，使用时只要将内存条插在主板的内存插槽上即可。

（3）高速缓冲存储器

高速缓冲存储器（Cache）是指在 CPU 与内存之间设置的一级或两级高速小容量存储器，也是固化在主板上，采用静态 RAM。通常分为一级缓存（L1 Cache）和二级缓存（L2 Cache），是一个读写速度比内存更快的存储器。

内置的 L1 高速缓存的容量和结构对 CPU 的性能影响较大，结构较复杂，在 CPU 芯片面积不能太大的情况下，L1 Cache 的容量不可能做得太大，其容量通常在 32～256 KB。L2 Cache 是 CPU 的第二级高速缓存，分内部和外部两种芯片。内部的芯片二级缓存运行速度与主频相同，而外部的二级缓存则只有主频的一半。L2 Cache 容量也会影响 CPU 的性能，原则是越大越好，现在普通台式机 CPU 的 L2 Cache 一般为 128 KB～2 MB 或者更高，笔记本计算机、服务器和工作站中 L2 Cache 最高可达 1～3 MB。

在计算机工作时，当 CPU 向内存中写入或读出数据时，这些数据也被存储到高速缓冲存储器中。当 CPU 再次需要这些数据时，CPU 就从高速缓冲存储器读取数据，而不是访问较慢的内存。当然，如需要的数据在 Cache 中没有，CPU 会再去读取内存中的数据。设置 Cache 的主要目的就是为缓解 CPU 速度与 RAM 速度不匹配的问题。

3.2.3 微型计算机主板

主板是微型计算机系统中最大的一块电路板，由多层印制电路板和焊接在其上的 CPU 插槽、内存插槽、高速缓存、芯片组、总线扩展插槽、外设接口、CMOS 和 BIOS 控制芯片等构成。按结构可分为 AT 主板和 ATX 主板，按其大小可分为标准板、Baby 板、Micro 板等几种。

1．概述

主板功能主要有两个：一是提供安装 CPU、内存和各种功能卡的插座，部分主板甚至将一些功能卡的功能集成在主板上；二是为各种常用外部设备，如打印机、扫描仪、调制解调器、外部存储器等提供通用接口。

对主板而言，芯片组是主板的灵魂，决定了主板的功能，进而影响到整个微型计算机系统性能的发挥。实际上微型计算机通过主板将 CPU 等各种器件和外部设备有机地结合起来形成一套完整的系统。微型计算机在正常运行时对系统内存、存储设备和其他 I/O 设备的操控都必须通过主板来完成，因此微型计算机的整体运行速度和稳定性在相当程度上取决于主板的性能。如果把 CPU 比喻为整个微型计算机系统的心脏，那么主板上的芯片组就是整个身体的躯干。

不同型号的微型计算机主板结构是不一样的，典型的主板逻辑结构如图 3-5 所示。

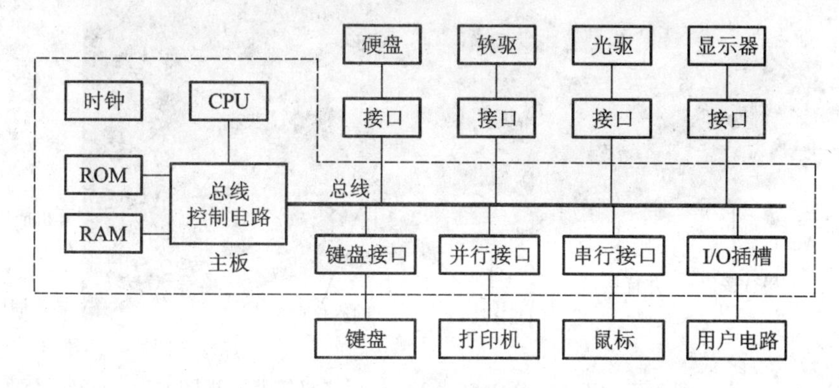

图 3-5　主板逻辑结构

2. 主板示意

典型的 ECS 精英 915P-A2 主机板物理结构如图 3-6、图 3-7 所示。

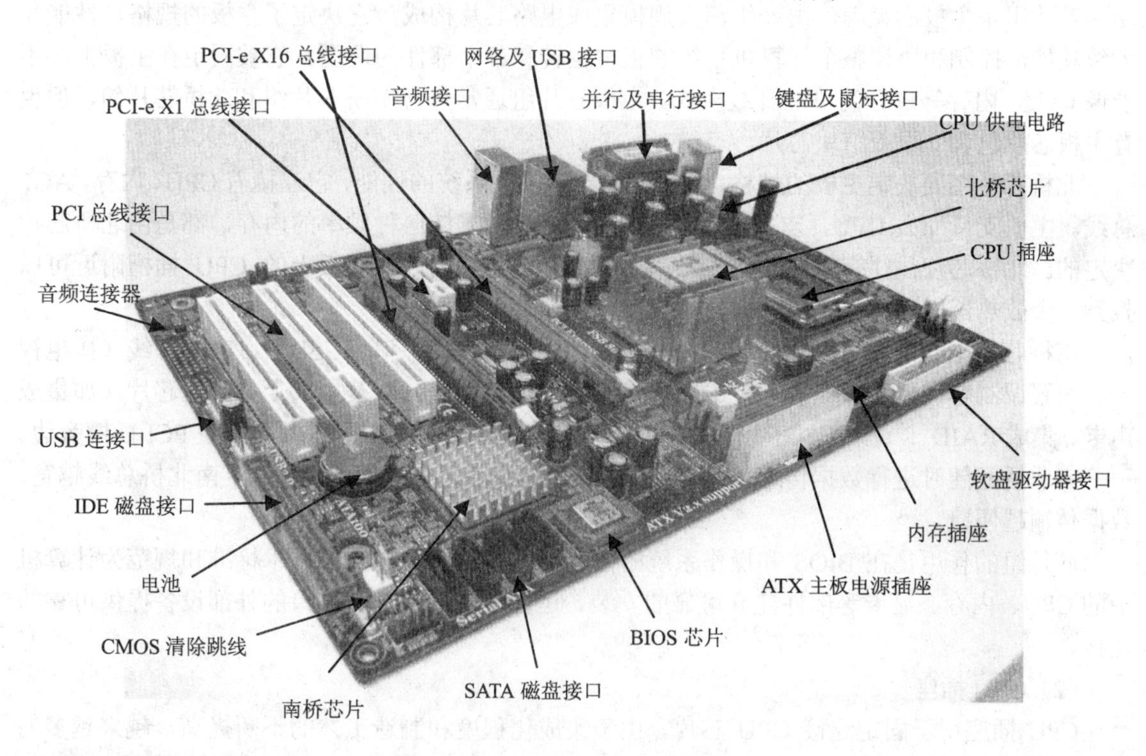

图 3-6　ECS 精英 915P-A2 主机板

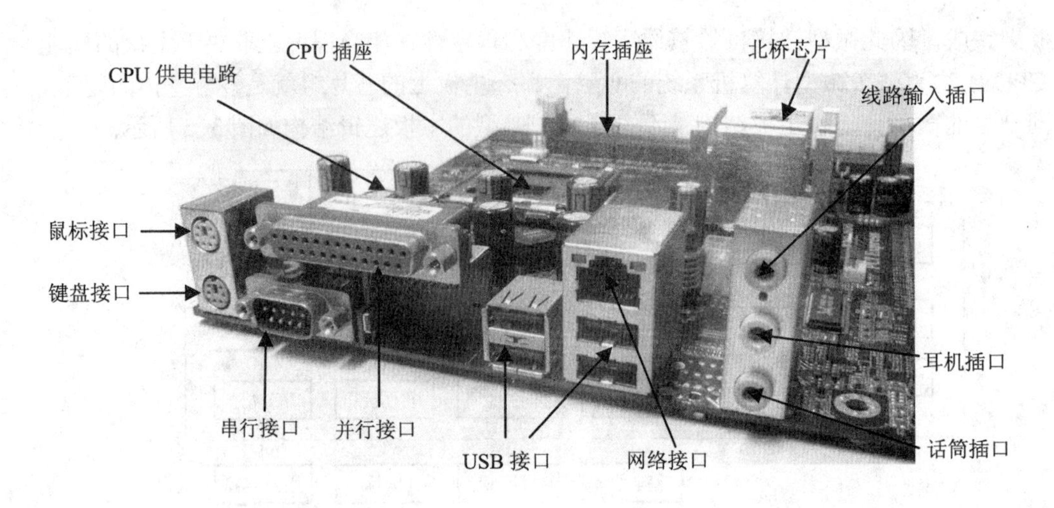

图 3-7　ECS 精英 915P-A2 主机板（机箱背面视图）

3. 主板主要部件

（1）芯片组

芯片组是主板的灵魂，由一组超大规模集成电路芯片构成，它决定了主板的规格、性能和大致功能，控制和协调整个计算机系统的正常运转和各个部件的选型。它被固定在主板上，不能像 CPU、内存等进行简单的升级换代。主板芯片组通常包含南桥芯片组和北桥芯片组，但也有主板芯片包含一块或三块芯片。

北桥芯片主要决定主板的规格、对硬件的支持以及系统的性能，它连接着 CPU、内存、AGP 总线。主板支持什么 CPU，支持 AGP 多少速的显卡，支持何种频率的内存，都是由北桥芯片决定的。北桥芯片往往有较高的工作频率，所以发热量颇高，在主板上的 CPU 插槽附近可以找到一个散热器。同类型北桥芯片的主板，性能差别不大。

南桥芯片主要决定主板的功能，主板上的各种接口（如串口、USB）、PCI 总线（接电视卡、内置调制解调器、声卡等）、IDE 总线（接硬盘、光驱）以及主板上的其他芯片（如集成声卡、集成 RAID 卡、集成网卡等），都归南桥芯片控制。南桥芯片通常裸露在 PCI 插槽旁边。

南北桥间随时进行数据传递，需要一条通道，这条通道就是南北桥总线。南北桥总线越宽，数据传输越便捷。

芯片组的作用是在 BIOS 和操作系统的控制下，按照统一规定的技术标准和规范为计算机中的 CPU、内存、显卡等部件建立可靠的安装、运行环境，为各种接口的外部设备提供可靠的连接。

（2）CPU 插座

CPU 插座用于固定连接 CPU 芯片。由于集成化程度和制造工艺的不断提高，越来越多的功能被集成到 CPU 上。为了使 CPU 安装更加方便，现在 CPU 插座基本上采用零插槽式设计。

（3）内存插座

内存插座用于插入内存条。随着内存扩展板的标准化，通常主板给内存预留专用插座，只要购买所需数量并与主板插座匹配的内存条，就可以实现内存的扩充。

（4）BIOS 和 CMOS

BIOS 是一组存储在 EPROM 中的程序，固化在主板的 BIOS ROM 芯片上，其主要作用是负责对基本 I/O 系统进行控制和管理。CMOS 是一种存储 BIOS 所使用系统配置的存储器，是微型计算机主板上的一块可读写的芯片，用来保存当前系统的硬件配置和用户对某些参数的设定。当计算机断电时，由一块电池供电使存储器中的信息不会丢失。用户可以利用 CMOS 对微型计算机的系统参数进行设置。

BIOS 负责从计算机开始加电到完成操作系统引导之前的各个部件和接口的检测、运行管理。在操作系统引导完成后，由 CPU 控制完成对存储设备和 I/O 设备的各种操作、系统各部件的能源管理等。

3.2.4 微型计算机接口

不同的设备，特别是以微型计算机为核心的电子设备，都有自己独特的系统结构、控制软件、总线、控制信号等，而且在数据表示的形式上与计算机内部形式也不一致。因此，为使不同设备能连接在一起协调工作，必须对设备的连接有一定的约束或规定，这种约束就是接口协议，实现接口协议的硬件设备叫做接口电路，简称接口。

1．基本知识

接口是指设备为实现与其他系统或设备连接和通信而具有的对接部分。微型计算机接口的作用是使微型计算机的主机系统能与外部设备、网络以及其他的用户系统进行有效连接，以便进行数据和信息的交换。例如，键盘一般采用串行方式与主机交换信息，采用串口电路；打印机采用并行方式与主机交换信息，采用并口电路。

实现外部设备与主机之间的连接和信息交换的数据转换和传输的设备，称为 I/O 接口（Interface），也有的叫 I/O 适配器（Adapter）或适配卡，例如，键盘适配卡、打印机适配卡、CRT 适配卡、磁盘适配卡等。I/O 接口分为总线接口和通信接口两类。当需要外部设备或用户电路与主机之间进行数据、信息交换以及控制操作时，应使用微型计算机总线把外部设备和用户电路连接起来，这时就需要使用微型计算机总线接口；当微型计算机系统与其他系统直接进行数字通信时使用通信接口。

所谓总线接口是把微型计算机总线通过电路插座提供给用户的一种总线插座，供插入各种功能卡。插座的各个管脚与微型计算机总线的相应信号线相连，用户只要按照总线排列的顺序制作外部设备或用户电路的插线板，即可实现外部设备或用户电路与系统总线的连接，使外部设备或用户电路与微型计算机系统成为一体。常用的总线接口有：AT 总线接口、PCI 总线接口、IDE 总线接口等。AT 总线接口多用于连接 16 位微型计算机系统中的外部设备，如 16 位声卡、低速的显示适配器、16 位数据采集卡以及网卡等。PCI 总线接口用于连接 32 位微型计算机系统中的外部设备，如 3D 显示卡、高速数据采集卡等。IDE 总线接口主要用于连接各种磁盘和光盘驱动器，可以提高系统的数据交换速度和能力。

通信接口是指微机系统与其他系统直接进行数字通信的接口电路，通常分串行通信接口和并行通信接口两种，即串口和并口。串口用于把像调制解调器（Modem）这种低速外部设备与微型计算机连接，传送信息的方式是一位一位地依次进行。串口的标准是电子工业协会（Electronics Industry Association，EIA）制定的 RS-232 C 标准。串口的连接器有 D 形 9 针插座和 D 形 25 针插座两种，位于计算机主机箱的后面板上，鼠标器就是连接在这种串口上。并行接口多用于连接打印机等高速外部设备，传送信息的方式是按字节进行，即 8 个二进制位同时进行传送。微型计算机使用的并口为标准并口 Centronics。打印机一般采用并口与计算机通信，并口也位于计算机主机箱的后面板上。

I/O 接口一般做成电路插卡的形式，所以通常把它们称为适配卡，如硬盘驱动器适配卡（IDE 接口）、并行打印机适配卡（并行接口）、串行通信适配卡（串行接口），还包括显示接口、音频接口、网卡接口（RJ-45 接口），调制解调器使用的电话接口（RJ-11 接口）等。在目前的微型计算机系统中，通常将这些适配卡做在一块电路板上，称为复合适配卡或多功能适配卡，简称多功能卡。主机、外部设备和 I/O 接口间的关系，如图 3-8 所示。

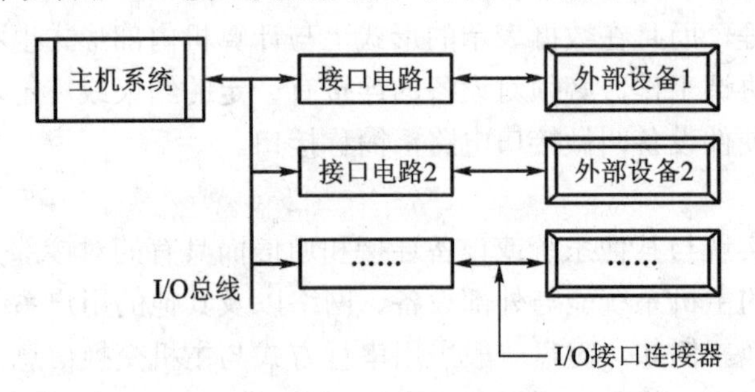

图 3-8 主机、外部设备和 I/O 接口间的关系

2. 常用接口介绍

（1）串行接口——RS-232C

RS-232C 串行接口是微型计算机中最常用的通用接口，微型计算机可通过串行接口连接鼠标器、调制解调器、扫描仪等。所谓串行接口，就是所传送的数据是以串行（逐位）的方式传送的。发送时先将并行的字节转换成串行的位并逐位发送，接收时再将逐位收到的数据位拼装成字节。

RS-232C 标准是美国电子工业协会 EIA 与 BELL 等公司一起开发并于 1969 年公布的通信协议。字母 RS 表示 Recommended Standard（推荐标准），232 是识别代号，C 是标准的版本号。在计算机中有很多接口都是串行方式的，如 USB 接口、SATA 接口、键盘接口和鼠标器接口等。

（2）并行接口——IEEE 1284

并行接口一般用于微型计算机与打印机的连接，目前，并行接口的速度与 USB1.1 的速度相当。IEEE 1284 标准的最终版本于 1994 年 3 月被批准。该标准定义了并口的物理特性，包括数据传送模式和物理及电气规范。IEEE 1284 支持在计算机与打印机之间或两台计算机之间以更高的吞吐量进行连接。

（3）USB 接口

USB（Universal Serial Bus，通用串行总线）是一种全新的外部设备接口。从 1998 年开始，微型计算机主板开始支持 USB 接口。近几年，随着越来越多的 USB 接口外部设备的出现，USB 接口已成为微型计算机主板的标准配置。从发展趋势上看，USB 将取代微型计算机的大部分标准和非标准接口。

USB 是外设总线标准，是由在微型计算机和电信产业中的大型公司，包括 Compaq、DEC、IBM、Intel、Microsoft、NEC 和 Northern Telecom 共同开发的。它的出现主要是满足新的即插即用外部设备接口和减少便携式计算机上拥挤的物理端口的需要，不再需要专用的端口，也减少了专用 I/O 卡的使用。USB 是现在所有微型计算机的标准功能，并且它可以当做通用外部接口使用。带有 USB 的微型计算机可以支持对外设的自动识别与设置，只需将外设在物理上连接到微型计算机即可，而不需要重新启动或运行安装程序。

（4）其他接口

除了上面介绍的标准接口外，常用的还有 IEEE-1394 接口，主要用于音频和视频等多媒体设备。IDE 接口是微型计算机最早使用的外存储器接口，经历了一个很长时期的发展，版本比较多，直到出现 S-ATA 接口，IDE 才走完了它的发展历程；SCSI 接口（Small Computer Standard Interface，小型计算机系统接口），是一个能将多种类型设备连到计算机的通用接口；蓝牙（Bluetooth），爱立信在 1994 年开始研究一种能使手机与其附件（如耳机）之间互相通信的无线模块，4 年后，爱立信、诺基亚、IBM 等公司共同推出了蓝牙技术，主要用于通信和信息设备的无线连接。

3.2.5 总线

总线（Bus），计算机各个部件之间传输信息的通道，是计算机各部件之间传送数据、地址和控制信息的公共通路。通过总线连接计算机的各个部件，如 CPU、存储器以及各种接口电路。由于总线是公用的，总线的性能对计算机的性能起着很关键的作用。在现在的计算机中，往往同时存在多种总线，分别担任不同的传输任务。

1．总线概述

在微型计算机中 CPU 要与某些部件和外部设备连接，但如果将各部件和每一种外部设备都分别用一组线路与 CPU 直接连接，那么连线将会错综复杂，甚至难以实现。为了简化硬件电路设计和系统结构，常用一组线路配置以适当的接口电路，与各部件和外部设备连接，这组共用的连接线路就是总线，如图 3-9 所示。

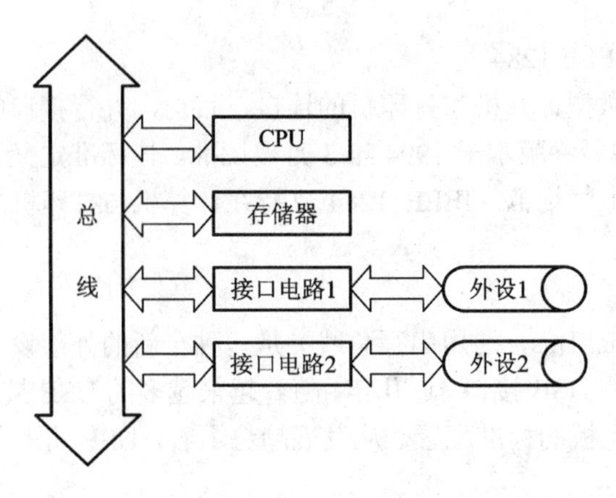

图 3-9　通过总线连接 CPU、存储器和接口电路示意

在计算机系统中采用总线连接，可以使系统的结构简单、成本低，而且扩展容易。为了使不同厂商研制的不同计算机部件能通过总线实现连接，要求总线的制定必须符合开放的技术标准。

由于在总线上传输的信息可以分为三类，即数据信息、地址信息和控制信息，这三类信息在总线上有独立的传输通道，所以一般传统的总线都由三部分信号线组成，即数据总线、地址总线和控制总线，这三部分分别用于传送不同的信息。数据信号是信息本身；地址信号用于说明信息的存储位置，无论是存储器，还是端口的寄存器，信息的存放都是有地址的；控制信号用于说明当前的总线状态，控制信号主要包括：存储器读/写控制、端口读/写控制、中断申请/应答信号、DMA（Direct Memory Access）控制信号等。另外，大多数总线都有时钟信号、电源等。

2．总线类型

总线是各种信号线的集合，是计算机各部件之间传送数据、地址和控制信息的公共通道。从不同的角度，可以把总线分为如下几类。

（1）按总线传输信号的功能分为数据总线、地址总线和控制总线

数据总线（Data Bus，DB）用于传送数据信息，它是双向总线，既可以把 CPU 的数据传送到存储器或输入输出接口等其他部件，也可以将其他部件的数据传送到 CPU。数据总线的位数是微型计算机的一个重要指标，通常与微处理的字长相一致。例如，Intel 8086 微处理器字长 16 位，其数据总线宽度也是 16 位。

地址总线（Address Bus，AB）是专门用来传送地址的，由于地址只能从 CPU 传向外部存储器或 I/O 端口，所以地址总线总是单向的。地址总线的位数决定了 CPU 可直接寻址的内存空间大小，比如 8 位微型计算机的地址总线为 16 位，则其最大可寻址空间为 2^{16}=64 KB，16 位微型计算机的地址总线为 20 位，其可寻址空间为 2^{20}=1 MB。一般来说，若地址总线为 n 位，则可寻址空间为 2^nB。

控制总线（Control Bus，CB），主要用来传送控制信号和时序信号，这些控制信息包括CPU对内存和输入/输出接口的读写信号，输入/输出接口对CPU提出的中断请求或DMA请求信号，CPU对这些输入/输出接口回答与响应信号，输入/输出接口的各种工作状态信号以及其他各种功能控制信号。因此，控制总线的传送方向由具体控制信号而定，一般是双向的，控制总线的位数要根据系统的实际控制需要而定，主要取决于CPU。

（2）按相对于CPU与其芯片的位置可分为片内总线和片外总线

片内总线：指在CPU内部各寄存器、算术逻辑部件ALU，控制部件以及内部高速缓冲存储器之间传输数据所用的总线，即芯片内部总线。

片外总线：通常所说的总线（Bus）指的片外总线，是CPU与内存RAM、ROM和输入/输出设备接口之间进行通信的数据通道。

（3）按总线的层次结构可分为CPU总线、存储器总线、系统总线和外部总线

CPU总线：包括CPU地址总线、CPU数据总线和CPU控制总线，用来连接CPU和控制芯片。

存储器总线：包括存储器地址总线、存储器数据总线和存储器控制总线，用来连接内存控制器（北桥）和内存。

系统总线：也称为I/O通道总线或I/O扩展总线，包括系统地址总线、系统数据总线和系统控制总线，用来与I/O扩展槽上的各种扩展卡相连接，是微型计算机中各插件板与主板之间的连线，用于插件板一级的互联。

外部总线：即外部芯片总线，用来连接各种外部设备控制芯片，如主板上的硬盘接口控制器、软盘驱动控制器、串行/并行接口控制器和键盘控制器，包括外部地址总线、外部数据总线和外部控制总线。外部总线是微型计算机和外部设备之间的连线，微型计算机作为一种设备，通过该总线和其他设备进行通信，它用于设备一级的互联。

另外，从广义上说，计算机通信方式可以分为并行通信和串行通信，相应的通信总线被称为并行总线和串行总线。并行通信速度快、实时性好，但由于占用总线多，不适于小型化产品；而串行通信速率虽低，但在数据通信吞吐量不是很大的情况下则显得更加简易、方便、灵活。随着微电子技术和计算机技术的发展，总线技术也在不断地发展和完善，并促使计算机总线技术出现种类繁多、各具特色的局面。

3. 常用内部总线

（1）I2C总线

I2C（Integrated Circuit）总线由Philips公司推出，是近年来在微电子通信控制领域广泛采用的一种新型总线标准。它是同步通信的一种特殊形式，具有接口线少、控制方式简化、器件封装形式小、通信速率较高等优点。

（2）SPI总线

SPI（Serial Peripheral Interface，串行外部设备接口）总线技术是Motorola公司推出的一种同步串行接口。Motorola公司生产的绝大多数MCU（微控制器）都配有SPI硬件接口，如68

系列的 MCU。SPI 总线是一种三线同步总线，因其硬件功能很强，所以，与 SPI 有关的软件就相当简单，使 CPU 有更多的时间处理其他事务。

（3）SCI 总线

SCI（Serial Communication Interface，串行通信接口）总线技术也是由 Motorola 公司推出的，它是一种通用异步通信接口 UART（Universal Asynchronous Receiver/Transmitter），与 MCS-51 的异步通信功能基本相同。

4．常用系统总线

（1）ISA 总线

ISA（Industry Standard Architecture）总线标准是 IBM 公司 1984 年为推出 PC/AT 机而建立的系统总线标准，所以也叫 AT 总线。它是对 XT 总线的扩展，以适应 8/16 位数据总线要求。它在 80286 至 80486 时代应用非常广泛，以至于现在奔腾机中还保留有 ISA 总线插槽。

（2）EISA 总线

EISA（Extended ISA）总线是 1988 年由 Compaq 等 9 家公司联合推出的总线标准。它是在 ISA 总线的基础上使用双层插座，在原来 ISA 总线的 98 条信号线上又增加了 98 条信号线，也就是在两条 ISA 信号线之间添加一条 EISA 信号线。在实用中，EISA 总线完全兼容 ISA 总线信号。

（3）VESA 总线

VESA（Video Electronics Standard Association）总线是 1992 年由 60 家附件卡制造商联合推出的一种局部总线，简称为 VL（VESA Local Bus）总线。它的推出为微型计算机系统总线体系结构的革新奠定了基础。该总线系统考虑到 CPU 与主存和 Cache 的直接相连，通常把这部分总线称为 CPU 总线或主总线，其他设备通过 VL 总线与 CPU 总线相连，所以 VL 总线被称为局部总线。它定义了 32 位数据线，且可通过扩展槽扩展到 64 位，使用 33 MHz 时钟频率，最大传输速率达 132 MB/s，可与 CPU 同步工作。VESA 是一种高速、高效的局部总线，可支持 386SX、386DX、486SX、486DX 及奔腾微处理器。

（4）PCI 总线

PCI（Peripheral Component Interconnect）总线是当前最流行的总线之一，它是由 Intel 公司推出的一种局部总线。它定义了 32 位数据总线，且可扩展为 64 位。PCI 总线主板插槽的体积比原 ISA 总线插槽还小，其功能比 VESA、ISA 有极大的改善，支持突发读写操作，最大传输速率可达 132 MB/s，可同时支持多组外部设备。

（5）Compact PCI

以上所列举的几种系统总线一般都用于商用微型计算机中，在计算机系统总线中，当前工业计算机的热门总线之一是 Compact PCI。Compact PCI 的意思是“坚实的 PCI”，是当今第一个采用无源总线底板结构的 PCI 系统，是最新的一种工业计算机标准。Compact PCI 是在原来 PCI 总线基础上改造而来，它利用 PCI 的优点，提供满足工业环境应用要求的高性能核心系统，同时还考虑充分利用传统的总线产品，如 ISA、STD、VME 或 PC/104 来扩充系统的 I/O 和其他功能。

5. 常用外部总线

（1）RS-232 C 总线

RS-232 C 是美国电子工业联盟（Electronics Industries Alliance，EIA）制定的一种串行物理接口标准。RS 是英文“推荐标准”的缩写，其中 232 为标志号，C 表示修改次数。RS-232 C 标准规定的数据传输速率为 50、75、100、150、300、600、1 200、2 400、4 800、9 600、19 200bit/s，设有 25 条信号线，包括一个主通道和一个辅助通道，在多数情况下主要使用主通道，对于一般双工通信，仅需几条信号线就可实现，如一条发送线、一条接收线及一条地线。RS-232 C 标准规定，驱动器允许有 2 500 pF 的电容负载，通信距离将受此电容限制，例如，采用 150 pF/m 的通信电缆时，最大通信距离为 15 m；若每米电缆的电容量减小，通信距离可以增加。RS-232 属单端信号传送，存在共地噪声和不能抑制共模干扰等问题，因此一般用于 20 m 以内的通信。

（2）RS-485 总线

RS-485 串行总线标准可以满足通信距离要求为几十米到上千米场合。RS-485 采用平衡发送和差分接收，因此具有抑制共模干扰的能力。加上总线收发器具有高灵敏度，能检测低至 200 mV 的电压，故传输信号能在千米以外得到恢复。RS-485 采用半双工工作方式，任何时候只能有一点处于发送状态，因此，发送电路须由使能信号加以控制。RS-485 用于多点互联时非常方便，可以省掉许多信号线。应用 RS-485 可以联网构成分布式系统，其允许最多并联 32 台驱动器和 32 台接收器。

（3）IEEE-488 总线

IEEE-488 总线是并行总线接口标准，用来连接如微型计算机、数字电压表、数码显示以及其他仪器仪表等。它按照位并行、字节串行双向异步方式传输信号，连接方式为总线方式，仪器设备直接并联于总线上而不需中介单元，但总线上最多可连接 15 台设备。最大传输距离为 20 m，信号传输速度一般为 500 KB/s，最大传输速度为 1 MB/s。

（4）USB 总线

通用串行总线（Universal Serial Bus，USB）是由 Intel、Compaq、Digital、IBM、Microsoft、NEC、Northern Telecom 等 7 家计算机和通信公司共同推出的一种新型接口标准。它基于通用连接技术，实现外部设备的简单快速连接，达到方便用户、降低成本、扩展微型计算机连接外部设备范围的目的。USB 总线不像普通使用的串、并口设备需要单独的供电系统，它可以为外部设备提供电源，其突出特点是速度快和实现即插即用。

3.3 外部存储器

外存储器即外存，也称辅存，是内存的延伸，其主要作用是长期存放计算机工作所需要的系统文件、应用程序、用户程序、文档和数据等。当 CPU 需要执行某部分程序和数据时，由外存调入内存以供 CPU 访问，可见外存也起到了扩大存储系统容量的作用。

3.3.1 基本概念

存储设备是存放数据、指令或程序的部件，根据其自身功能特点按层次组合在一起。

1．存储设备分类

根据存储设备在计算机中处于不同的位置，可分为主存储器（也称内存储器，简称内存）和辅助存储器（也称外存储器，简称外存）。从存储介质构成原理角度划分，可分为磁表面存储器、半导体存储器、光介质和磁光介质存储器等。

在计算机内部，直接与CPU交换信息的存储器称为内存，用来存放计算机运行期间所需的信息，如指令、数据等。外存，是内存的延伸，其主要作用是长期存放计算机工作所需要的系统文件、应用程序、用户程序、文档和数据等。当CPU需要执行某部分程序和数据时，由外存调入内存以供CPU访问，可见外存用于长期保存数据和扩大存储系统容量。

目前，最常用的外存有硬盘、软盘、光盘、移动存储器（U盘或活动硬盘）等。通常一台微机至少安装一个硬盘和一个光盘。硬盘的特点是：存储容量大、读写速度快、密封性好、可靠性高、使用方便，有些软件只需在硬盘上安装一次便能长期使用运行。软盘的特点是：成本低、重量轻、价格便宜、盘片易携带及易保存，但运行软盘上的软件需要在每次运行时都要在软盘驱动器中插入软盘。目前带有USB接口的U盘几乎取代了软盘，U盘最突出的特点是存储容量大、价格低廉、性能好，是目前微机最常用的移动存储设备。

2．存储设备的相关概念

用来存储信息的设备称为计算机的存储设备，如内存、硬盘、软盘（或U盘）及光盘等。不论是哪一种设备，存储设备的最小单位是“位”，存储信息的单位是字节，也就是说按字节组织存放数据。

存储单元是计算机表示数据的基本单位。在计算机中，当一个数据作为一个整体存入或取出时，是以字节为单位解释信息的，即数据传送是按字节的倍数进行的。每个字节代表一个存储单元，数据存放在一个或几个字节中。存储单元的特点是，只有往存储单元送新数据时，该存储单元的内容用新值代替旧值，否则保持原有数据。

存储容量是某个存储设备所能容纳的二进制信息量的总和。内存容量是指为计算机系统所配置的主存（RAM）总字节数，度量单位是KB、MB等，如128 MB、1 GB等。外存多以硬盘、U盘和光盘为主，度量单位是MB、GB，如800 MB、60 GB等。从某种意义上讲，外存容量是无限的，即用户可根据需要购买任意多个外存设备。

编址与地址，每个存储设备都是由一系列存储单元组成的，为了对存储设备进行有效的管理，区别存储设备中的存储单元，就需要对各个存储单元编号。对计算机存储单元编号的过程称为“编址”，是以字节为单位进行的，而存储单元的编号称为地址。地址号与存储单元是一一对应的，CPU 通过单元地址访问存储单元中的信息，地址所对应的存储单元中的信息是 CPU 操作的对象，即数据或指令本身。地址也是用二进制编码表示，为便于识别和表示通常采用16进制。

3．存储系统的层次结构

在实际的一台计算机中，通常有多种存储设备，如主存储器、Cache、通用寄存器、磁盘存储器、光盘存储器等。不同时期由于技术水平不同，实现存储系统采用的方案是不同的。尽管时代和技术不同，但是在存储器的容量、速度和价格之间始终存在矛盾，即设备访问速度越快，设备价格越高；设备容量越大，设备价格越低、访问速度也就越慢。

存储系统是按层次结构组织的，在最高层最快、最小也最贵的存储设备是CPU内部的寄存器，一般一个CPU包括几十个至几百个寄存器。下一级是高速缓存（Cache），即一级缓存和二级缓存，通常是主存的一个扩展缓存，其容量较小，但速度快。对程序员或处理器而言，缓存通常是不可见的，它是一个在主存和处理器寄存器之间传递数据以提高性能的部件。再往下一级便是主存，通常采用动态随机存储器（DRAM），它是计算机内部主要的存储器。主存的每一位置均有唯一的地址，大多数指令涉及一个或多个主存地址。再往下便是外部存储器，其中典型的包括一个硬盘，在该级之下包括一级或多级可移动介质，如光盘、磁带、U盘等，各级存储设备的关系如图3-10所示。

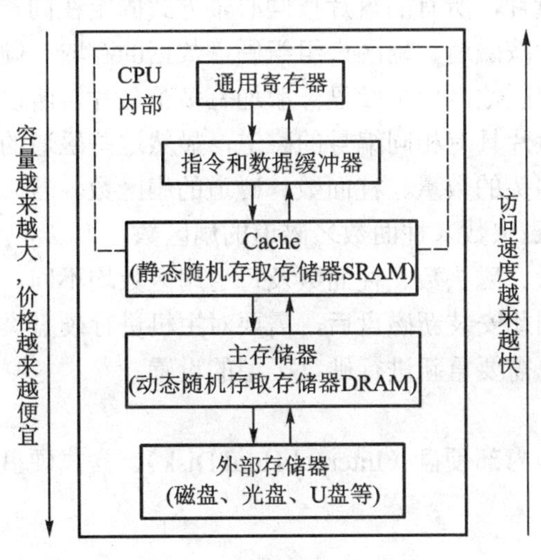

图3-10　存储设备的层次关系

> 注意：在一般计算机系统中，有Cache和虚拟两种存储系统。Cache存储系统由Cache和主存储器构成，主要目的是提高CPU访问主存储器的速度，如图3-11所示。虚拟存储系统是由主存储器和硬盘构成，主要目的是扩大内存容量，如图3-12所示。

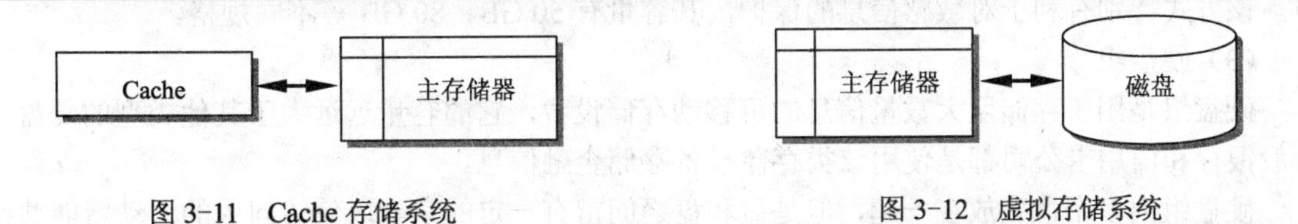

图3-11　Cache存储系统　　　图3-12　虚拟存储系统

3.3.2 硬盘存储器

硬盘存储器（Hard Disk）是计算机系统中最重要的外部设备，由电动机和硬盘组成一个密封设备，一般置于主机箱内，是微型计算机中最主要的外部存储器。硬盘为计算机提供大容量的、可靠的、高速的外存储手段，它和其他外存储器相比较，速度是最快的，容量也是最大的。硬盘具有非易失性或永久性存储器特性，即使在没有给计算机供电的情况下，存储器设备仍能保持数据，直到用户故意擦除为止，所以常用来存储和保存程序和数据。

1. 硬盘的结构

硬盘是涂有磁性材料的磁盘组件，用于存放数据。根据容量，一个机械转轴上串有若干个硬盘，每个硬盘的上下两面各有一个读/写磁头，硬盘的磁头不与磁盘表面接触，它们“飞”在离磁盘面百万分之一英寸的气垫上。硬盘是一个非常精密的机械装置，磁道间只有百万分之几英寸的间隙，磁头传动装置必须把磁头快速而准确地移到指定的磁道上。

一个硬盘可以有多张盘片，所有的盘片按同心轴方式固定在同一轴上，两个盘片之间仅留有读写头的位置。每张盘片按磁道、扇区来组织硬盘数据的存取。硬盘的容量取决于硬盘的磁头数、柱面数及每个磁道扇区数，由于硬盘一般均有多个盘片，所以用柱面这个参数来代替磁道。柱面是指使盘的所有盘片具有相同编号的磁道，显然这些磁道的组成就像一个柱面。

硬盘的容量取决于读写头的数量、柱面数、磁道的扇区数。若一个扇区容量为 512 B，那么硬盘容量为：512×读写磁头数×柱面数×磁道的扇区数。

不同型号的硬盘其容量、磁头数、柱面数及每道扇区数均不同，主机必须知道这些参数才能正确控制硬盘的工作，因此安装新磁盘后，需要对主机进行硬盘类型的设置。此外，当计算机发生某些故障时，有时也需要重新进行硬盘类型的设置。

2. 硬盘的种类

硬盘大体分为 3 类，即内部硬盘（Internal Hard Disk）、盒式硬盘（Hard Disk Cartridges）、硬盘组（Hard Disk Packs）。

（1）内部硬盘

内部硬盘固定在计算机机箱之内，一般作为计算机中的一个标准配置，容量在 1～200 GB 之间，甚至更大。当容量不足时，可再扩充另一个硬盘。

（2）盒式硬盘

盒式硬盘像录像带一样易于更换和携带，所以它是计算机内部硬盘的补充，适合于备份数据时使用。另外，由于它易于更换，可以将重要数据存储在盒式硬盘，然后放置到更安全的地方，该方式特别有利于对敏感信息的保护，其容量有 50 GB、80 GB 等不同规格。

（3）硬盘组

硬盘组是用于存储巨大数量信息的可移动存储设备，它的容量远远大于其他类型的硬盘。一般银行和信用卡公司都是使用该类存储设备存储金融信息。

硬盘组由多个盘叠放在一起，但是盘和盘之间留有一定的空隙以使访问用的活动臂能够移入移出。每个臂上装有两个读写头，一个读上面盘盘面的信息，另一个读下面盘盘面的信息。硬盘组的最外两个面并没有使用，这样对一个有 21 个盘的硬盘组可以使用的盘面有 40 个。硬盘组的所有访问臂都一起动作，然而只有一个读写头有效。

3. 硬盘格式化

硬盘在使用前需进行两种格式化，即物理的格式化（也称低级格式化）和逻辑的格式化（也称高级格式化）。格式化的目的主要是使硬盘被操作系统识别并将分区信息写到磁盘上。通常，在一个硬盘上可以装有多个操作系统，分区的目的就是使一个硬盘驱动器可运行多种操作系统，或者允许一个操作系统将磁盘用做多个卷标或逻辑驱动器。因此，硬盘驱动器存储数据之前必须依次完成 3 个步骤：硬盘的低级格式化、硬盘分区和硬盘高级格式化。

（1）硬盘的低级格式化

硬盘的低级格式化即硬盘的初始化，其主要目的是对一个新硬盘划分磁道和扇区，并在每个扇区的地址域上记录地址信息。一般由硬盘生产厂家在硬盘出厂前完成，当硬盘受到破坏或更改系统时，也需要进行硬盘的初始化。

（2）硬盘分区

初始化后的硬盘仍不能直接被系统识别使用，这是因为硬盘存储容量大，为了方便用户使用，系统允许把硬盘划分成若干个相对独立的逻辑存储区，每一个逻辑存储区称为一个硬盘分区。显然，对硬盘进行分区的主要目的是建立系统使用的硬盘区域，并将主引导程序和分区信息表写到硬盘的第一个扇区上。只有分区后的硬盘才能被系统识别，这是因为经过分区后的硬盘具有自己的名字，也就是通常所说的硬盘标识符，系统通过标识符访问硬盘。

硬盘分区工作一般也是由厂家完成，但由于计算机的不安全因素或遭到病毒侵害等有时需要用户重新对硬盘进行分区。

在硬盘上创建分区可以允许硬盘支持多个独立的文件系统，每个系统都位于自己的分区里，从而每个系统可以使用自己的方式分配文件空间。每个硬盘驱动器必须至少有 1 个分区，每个分区可以支持相同的或不同类型的文件系统。目前的微机操作系统通常使用 FAT、FAT32 和 NTFS 3 种文件系统。

分区是通过操作系统中的 FDISK 命令完成的。FDISK 允许用户规定驱动器每个分区的空间大小，从 1MB 或驱动器容量的 1%直到驱动器的整个容量或特定文件系统所允许的最大值。

FDISK 不能用于改变分区的大小，而只能进行分区的删除和创建。删除分区会删除分区上的数据，创建分区会删除部分位于该分区的数据；如果不想破坏数据，可以使用第三方工具软件如 Partition Magic 或 Partition Commander。驱动器一旦被分区之后，每个分区必须被将要使用它的操作系统执行高级格式化。

（3）硬盘的高级格式化

硬盘建立分区后，使用前必须对每一个分区进行高级格式化，格式化后的硬盘才能使用。高级格式化的主要作用有两点：一是装入操作系统，使硬盘兼有系统启动盘的作用；二是对指定的硬盘分区进行初始化，建立文件分配表以便系统按指定的格式存储文件，即创建管理磁盘上文件和数据所必需的结构。

硬盘格式化是由格式化命令完成的，如 DOS 下的 FORMAT 命令。

> 注意：格式化操作会清除硬盘中原有的全部信息，所以在对硬盘进行格式化操作之前一定要做好备份工作。

4. 硬盘的性能指标

硬盘性能的技术指标一般包括存储容量、转速、访问时间及平均无故障时间等。

5. 磁盘阵列

廉价冗余磁盘阵列（RAID，Redundant Arrays of Independent Disks）由美国柏克莱大学的学者在 1987 年提出。RAID 作为高性能的存储系统，已经得到了越来越广泛的应用。从 RAID 概念的提出到现在，RAID 已经发展有多个级别，常用的有 0、1、3、5 这 4 个级别。RAID 为使用者提供了成本低、执行效率高、稳定性好的存储系统。

6. 硬盘接口

硬盘与主机系统间的连接部件称为硬盘接口，其作用是在硬盘缓存和主机内存之间传输数据。不同的硬盘接口决定着硬盘与计算机之间的传输速率，在微型计算机系统中，硬盘接口的优劣直接影响着程序运行的快慢和微型计算机系统性能的好坏。常用的硬盘接口有 IDE、SATA、SCSI 和光纤通道 4 种。

3.3.3 光盘存储器

上述硬盘是以涂抹在盘面上的磁性材料作为信息载体，而光盘存储器是利用光学原理进行信息读写的存储器。光盘存储器主要由光盘、光盘驱动器（即 CD-ROM 驱动器）和光盘控制器组成。光盘存储器最早用于激光唱机和影碟机，后来由于多媒体计算机的迅速发展，计算机多媒体技术融合了音像信息，才被应用到计算机系统中，目前已经成为计算机重要的存储设备之一。请注意，光盘存储信息的道不是同心圆，这一点也与磁盘的磁道不同。

光盘驱动器的类型已从最初的 CD-ROM 驱动器，发展到 CD-RW、DVD-ROM 驱动器，目前功能比较强的是 DVD-RW 驱动器。由于新的光盘类型不断出现，使得光盘的种类数量不断增加，新型的光盘驱动器一般都要兼容老式的光盘类型。另外，光盘驱动器的写盘能力不同，使得光盘驱动器的类型很多。

1. 光盘的类型

光盘是存储信息的介质，按用途可分为只读型光盘和可重写型光盘两种。只读型光盘中包括 CD-ROM 和只写一次型光盘。CD-ROM 由厂家预先写入数据，用户不能修改，这种光盘主要用于存储文献和不需要修改的信息。只写一次型光盘的特点是可以由用户写入信息，但只能写一次，写后将永久存在盘上不可修改。可重写型光盘类似于磁盘，可以重复读写，它的材料与只读型光盘有很大的不同，是磁光材料。目前微型计算机中常用的是 CD-ROM。

2. 光盘的特点

光盘的主要特点是：存储容量大、可靠性高，只要存储介质不发生问题，光盘上的信息就永远存在。CD-ROM 驱动器是大容量的数据存储设备，又是高品质的音源设备，是最基本的多媒体设备，对目前的存储设备是一个很大的冲击，一张 4.72 英寸 CD-ROM 的容量可以达到 600 MB。

3. 常用光盘

（1）CD

CD（Compact Disk）是当今应用最广泛的光盘，CD 驱动器是许多微型计算机的标准配置。典型的 CD 驱动器可以在 CD 的一个面上存储 650 MB 数据。CD 驱动器的一个重要指标是转速。旋转速度之所以重要是因为它决定了从 CD 传输数据的快慢。例如，24 倍速的 CD 驱动器每秒可传送 3.6 MB 的数据，而 32 倍速的 CD 驱动器每秒可传送 4.8 MB 的数据。显然，在计算机系统中，越快的驱动器从 CD 读取数据就越快。

CD 有 CD-ROM、CD-R、CD-RW 3 种基本类型。

CD-ROM 表示的是只读 CD，只读意味着用户不能向 CD 里写入或从 CD 擦除数据，即用户只能访问已经记录的数据。

CD-R 表示可写 CD，用户只可以写一次，此后就只能读取，读取次数没有限制。

CD-RW 表示的是可重复读写 CD，读取次数没有限制。

（2）DVD

最早出现的 DVD 叫数字视频光盘（Digital Video Disk），是一种只读型 DVD 光盘，必须由专用的影碟机播放。随着技术的不断发展及革新，IBM、HP、APPLE、SONY、Philips 等众多厂商于 1995 年 12 月共同制定统一的 DVD 规格，并且将原先的数字视频光盘改成现在的数字通用光盘（Digital Versatile Disk）。DVD 是以 MPEG-2 为标准，每张光盘可储存的容量可以达到 4.7 GB 以上。

DVD 的基本类型有：DVD-ROM、DVD-Video、DVD-Audio、DVD-R、DVD- RAM、DVD-RW 等。

DVD-ROM 表示只读 DVD，总共有 4 种容量，分别为 4.7 GB、8.5 GB、9.4 GB、17 GB。

DVD-Video 是用来读取数字影音信息的 DVD 规格。

DVD-Audio 是用来读取数字音乐信息的 DVD 规格，着重于超高音质的表现。

DVD-R（DVD-Recorder）用户可以写一次，此后就只能读取，读取次数没有限制，同 CD-R。与 CD-R 一样，DVD-R 光盘可与 DVD-ROM 兼容。

DVD-RAM 为一种可以重复读写数字信息的 DVD 规格。DVD-RW 为另一种可以重复读写数字信息的 DVD 规格。DVD-RW 与 DVD-RAM 擦写方式不同，应用的领域也不相同。DVD-RAM 的记录格式也是采用 CD-R 中常见的相变技术，容量为 3.0 GB。但是 DVD-RW 不能与 DVD-ROM 兼容。

4．刻录机

刻录机是刻录光盘的设备。在刻录 CD-R 盘片时，通过大功率激光照射 CD-R 盘片的染料层，在染料层上形成一个个平面（Land）和凹坑（Pit），光驱在读取这些平面和凹坑的时候就能够将其转换为 0 和 1。由于这种变化是一次性的，不能恢复到原来的状态，所以 CD-R 盘片只能写入一次，不能重复写入。CD-RW 的刻录原理与 CD-R 大致相同，只不过盘片上镀的是一层 200～500Å（1Å=10^{-8}cm）厚的薄膜，这种薄膜的材质多为银、铟、硒或碲的结晶层，这种结晶层能够呈现出结晶和非结晶两种状态，等同于 CD-R 的平面和凹坑。通过激光束的照射，可以在这两种状态之间相互转换，所以 CD-RW 盘片可以重复写入。CD-RW 标注的格式通常为 24×/4×/2×的形式，其中 24×表示 CD-ROM 读盘速度为 24 倍速，4×表示盘片的初次刻录速度是 4 倍速，2×表示复写的速度是 2 倍速。

3.3.4 移动存储器

从结构上考虑，移动存储器可以分为两类，第一类是存储介质可更换的，如软盘系统、光盘系统、各种存储卡以及大容量的可更换盘片的磁盘系统等；第二类是外接的存储模块，通过标准的接口和计算机连接，如 U 盘、移动硬盘等。移动存储系统之所以种类繁多，主要是因为出现在不同的时代，有一些品种已经逐步被新的品种替代。目前使用的移动存储器主要是光盘系统、U 盘、移动硬盘和存储卡。

（1）U 盘存储器

U 盘作为新一代的存储设备被广泛使用，通常也被称作闪盘、优盘。U 盘的存储介质是快闪存储器（Flash Memory），是一个通用 USB 接口的无需物理驱动器的微型高容量移动存储产品。U 盘不需要额外的驱动器，将驱动器及存储介质合二为一，只要插入到微型计算机的 USB 接口就可独立地存储、读/写数据。可用于存储任何格式数据文件和在计算机间方便地交换数据。U 盘作为新一代的移动存储设备，彻底替代了软盘，具有很好的发展前景。U 盘体积小、重量轻，特别适合随身携带。盘中无任何机械式装置，抗震性能极强。另外，U 盘属于固态存储器，具有防潮防磁、耐高低温等特性，安全可靠性好。从容量上讲，U 盘的容量是不断增大的，从 16 MB 到几 GB 可选。从读写速度上讲，U 盘采用 USB 接口，读写速度较软盘大大提高。

（2）移动硬盘

移动硬盘是指采用了 USB 接口或 IEEE-1394 接口的硬盘，较早的移动硬盘都是由 2.5 英寸的笔记本硬盘构成的，随着小型和微型硬盘的发展，新型的移动硬盘也逐步采用 1.8 英寸、1 英寸的硬盘，使得移动硬盘的体积更小。

（3）存储卡

存储卡是新兴的存储技术，使用它作为笔记本的主存或辅存已经好几年了。随着数码相机和 MP3 播放器的兴起，存储卡已经变成了必不可少的附件。

存储卡内部的记忆体是一种非易失性存储器，与普通以字节存储的 RAM 不一样，它是分块存储的。在向其中一块存入新数据之前，必须将里面的数据全部擦除。

由于存储卡最先是在数码相机里使用的，它也被称为“数字胶卷”，与普通的胶卷不一样，它可以被擦除，然后可重新使用。

现在常用的存储卡有好几种，它们几乎都是在数码相机里使用过的。主要有：CF（Compact Flash）卡、SM（Smart Media）卡、MMC（Multi Media Card）卡、SD（Secure Digital）卡等。

（4）典型的移动存储器

典型的移动存储器如图 3-13 所示。

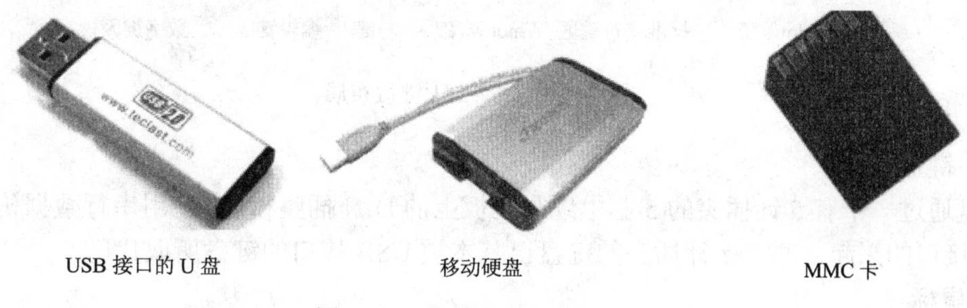

图 3-13　典型的移动设备示意

3.4　常用的外部设备

计算机必须根据用户的要求进行工作，并且将运行结果反馈给用户，因此就需要输入设备和输出设备将计算机与用户连接起来。一般把输入设备和输出设备统称为外部设备。输入设备的作用是将数据传递给计算机，输出设备的作用是将计算机的工作结果传达给用户。目前，微型计算机常用的输入设备是键盘和鼠标，常用的输出设备是显示器和打印机。

3.4.1　输入设备

输入设备用于将系统文件、用户程序及文档、运行程序所需的数据等信息输入到计算机的存储设备中以备使用。常用的输入设备有键盘、鼠标、扫描仪、数字化仪和光笔等。

1．键盘

键盘是微型计算机的主要输入设备，是计算机常用的人工输入数字、字符的输入设备。通过它可以输入程序、数据、操作命令，也可以对计算机进行控制。

（1）键盘的结构

键盘中配有一个微处理器，用来对键盘进行扫描、生成键盘扫描码和数据转换。微型计算机键盘已标准化，以 101 键为主。用户使用的键盘是组装在一起的一组按键矩阵，包括字符键、功能键、控制键和数字键等。

以常见的标准 101 键盘为例，其布局如图 3-14 所示。

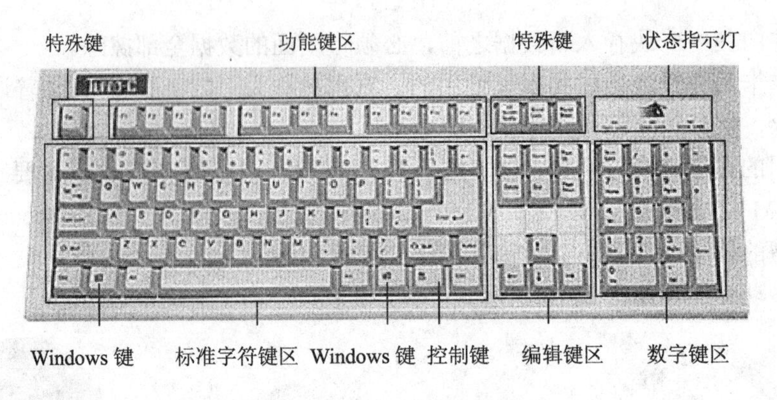

图 3-14　标准 101 键盘布局

（2）键盘接口

键盘通过一个有 5 针插头的 5 芯电缆与主板上的 DIN 插座相连，使用串行数据传输方式随着 USB 接口的兴起，原有 5 针插头的键盘已基本被 USB 接口的键盘所取代。

2．鼠标

鼠标是用于图形界面的操作系统和应用系统的快速输入设备，主要用于移动显示器上的光标并通过菜单或按钮向主机发出各种操作命令，但不能输入字符和数据。

（1）鼠标类型

按内部构造来区分，鼠标可以分为机械式、光电式和无线式 3 类。机械式鼠标的结构最为简单，由鼠标底部的胶质小球带动 *X* 方向滚轴和 *Y* 方向滚轴，在滚轴的末端有译码轮，译码轮附有金属导电片与电刷直接接触。光电鼠标通过发光二极管（Light Emitting Diode，LED）和光敏管协作来测量鼠标的位移，一般需要一块专用的光电板将 LED 发出的光束部分反射到光敏接收管，形成高低电平交错的脉冲信号。在笔记本计算机中则广泛采用压力感应板和操纵杆替代传统的小球体，使抗污垢能力有大幅的增强。无线鼠标利用数字、电子、程序语言等原理，内装微型遥控器，以干电池为能源，可以远距离控制光标的移动。由于这种新型无线鼠标与计算机主机之间无需用线连接，操作人员可在 1m 左右的距离自由遥控，并且不受角度的限制，所以这种鼠标与普通鼠标相比有较明显的优点。

（2）鼠标接口

鼠标按照接口可以分为 COM、PS/2、USB 3 类。传统的鼠标采用 COM 接口，它占用了一个串行通信口。由于外部设备不断涌出和主板频繁地升级，人们逐渐开始使用 PS/2 鼠标，把数量不多的串行通信口让给其他外部设备使用。随着 USB 接口的兴起，厂家纷纷推出了各自的 USB 接口鼠标，带有 USB 接口的鼠标只要接插到微型计算机的 USB 口即可使用。

3.4.2　输出设备

输出设备用于将计算机处理的结果、用户文档、程序及数据等信息输出到计算机的输出设备中。这些信息可以通过打印机打印在纸上、显示在显示器屏幕上，也可以输出到磁盘上保存起来。常用的输出设备有显示器、打印机、绘图仪、磁盘等。

1. 显示器

显示器是计算机的主要输出设备，用来将系统信息、计算机处理结果、用户程序及文档等信息显示在屏幕上，是人机交互的一个重要工具。显示器的主要指标包括显示器的屏幕大小、显示分辨率等。屏幕越大，显示的信息越多；显示分辨率越高，显示图像就越清晰。

（1）显示器的分类

显示器有多种形式、多种类型和多种规格。按结构分有CRT（Cathode Ray Tube, 阴极射线管）显示器、液晶显示器等。液晶显示器具有体积小、重量轻，只要求低压直流电源便可工作等特点，大多用在便携式计算机上。台式机通常采用CRT显示器和LCD（Liquid Crystal Display，液晶显示器）两种，其工作原理基本上和一般电视机相同，只是数据接收和控制方式不同。由于液晶显示器在体积、重量、功耗和辐射等多项指标都优于CRT显示器，随着液晶显示器技术的进步和价格的降低，CRT显示器已逐渐被淘汰。

显示器按显示效果可以分为单色显示器和彩色显示器。单色显示器只能产生一种颜色，即只有一种前景色（字符或图像的颜色）和一种背景色（底色），不能显示彩色图像。彩色显示器所显示的图像，其前景色和背景色均有许多不同的色彩变化，从而构成了五彩缤纷的图像。之所以能显示出色彩，不仅取决于显示器本身，也取决于显卡的功能。

显示器按分辨率可分为中分辨率和高分辨率显示器。中分辨率为 320×200 像素，即屏幕水平方向上有320个像素，垂直方向上有200根扫描线。高分辨率为640×200像素、640×480像素、1024×768像素等。分辨率是显示器的一个重要指标，分辨率越高图像就越清晰。

（2）显卡

显示器与主机相连必须配置适当的显示适配器，即显卡（Video card，Graphics card），又称为显示适配器（Video Adapter）。显卡主要用于主机与显示器数据格式的转换，是体现计算机显示效果的必备设备，它不仅把显示器与主机连接起来，而且还起到处理图形数据、加速图形显示等作用。显卡插在主板的扩展槽上（也可直接集成在主机板上），为了适应不同类型的显示器，并使其显示出各种效果，显卡也有多种类型，如EGA、VGA、SVGA、AVGA等。

2. 打印机

打印机也是计算机的基本输出设备之一，与显示器最大的区别是将信息输出在纸上。打印机并非是计算机中不可缺少的一部分，它是仅次于显示器的输出设备。用户经常需要用打印机将计算机中的数据信息打印出来。

（1）打印机的分类

按照打印机打印的方式可分为字符式、行式和页式3类。字符式是一个字符一个字符地依次打印；行式是按行打印；页式是按页打印。按照打印色彩，打印机可分为单色打印机和彩色打印机。按照打印机的工作机构可分为击打式和非击打式两类。常见的非击打式打印机有激光打印机、喷墨打印机等。

（2）打印机与计算机的连接

打印机与计算机的连接均以并口或串口为标准接口，通常采用并行接口，计算机端为 25 针插座，打印机端为 36 针插座。采用 USB 接口的打印机已经出现。

（3）打印机驱动程序

将打印机与计算机连接后，必须要安装相应的打印机驱动程序才可以使用打印机。打印机驱动程序通常随系统携带，可以在安装系统的同时安装多种型号打印机的驱动程序，使用时再根据所配置的打印机的型号进行设置。

3.4.3 其他外部设备

随着计算机系统的功能不断扩大，所连接的外部设备也越来越多，外部设备的种类也越来越多。如声卡、视频卡、调制解调器、扫描仪、数码相机、手写笔、游戏杆等。

1．声卡

声卡是处理声音信息的设备，也是多媒体计算机的核心设备。声卡具有把声音变成相应数字信号，以及再将数字信号转换成声音的功能，并可以把数字信号记录到硬盘上以及从硬盘上读取重放。声卡还具有用来增加播放复合音乐的合成器和外接电子乐器的 MIDI 接口，这样就使得多媒体计算机不仅能播放来自光盘的音乐，而且还具有编辑乐曲及混响的功能，并能提供优质的数字音响效果。常见的声卡除了人们熟知的声霸卡（Sound Blaster 及 Sound BlasterPro）外，还有 Sound Magic、Sound Wave 等。

声卡插到计算机主板的任何一个总线插槽均可，要求声卡类型与总线类型一致，然后通过 CD 音频线和 CD-ROM 音频接口相连。同样，在完成了声卡的硬件连接后，还需要安装相应的声卡驱动程序和作为输出设备的音箱。

2．视频卡

视频卡是多媒体计算机中的主要设备之一，其主要功能是将各种制式的模拟信号数字化，并将这种信号压缩和解压缩后与 VGA 信号叠加显示；也可以把电视、摄像机等外界的动态图像以数字形式捕获到计算机的存储设备上，对其进行编辑或与其他多媒体信号合成后，再转换成模拟信号播放出来。典型的产品为新加坡 Creative Technology 公司生产的 Video Blaster 视霸卡系列。

视频卡的安装方法是将其插入计算机中的任何一个总线插槽，即完成视频卡的硬件连接，然后安装相应的视频卡驱动程序即可。

3．调制解调器

调制解调器（Modem）是调制器和解调器的简称，用于进行数字信号与模拟信号间的转换。由于计算机处理的是数字信号，而电话线传输的是模拟信号。当通过电话联网时，在计算机和电话之间需要连接一台调制解调器，通过调制解调器可以将计算机输出的数字信号转换为适合电话线传输的模拟信号，在接收端再将接收到的模拟信号转换为数字信号由计算机处理。因此，调制解调器一般成对出现。

调制解调器是实现计算机通信的外部设备，按速率可分为高速和低速两类；按功能可分为手动拨号和自动拨号/自动应答两类；按外观可分为内置和外置两类。

内置调制解调器是一块可以插入主板扩展槽中的电路板，其中包括调制解调器和串行端口电路。外置调制解调器是一台独立的设备，后面板上有电源接口、与微型计算机串口（RS-232）连接的接口及与电话系统连接的接口，前面板上有若干个指示灯，用于显示调制解调器的工作状态。

思考与练习

1．简答题

（1）简单叙述微型计算机的功能结构。

（2）微型计算机主板组织结构的特点是什么？

（3）叙述存储系统的层次结构。

2．填空题

（1）总线是一组 _______的公共通信线路。

（2）______设备可以将各种数据转换成为计算机能处理的形式并输送到计算机存储设备中。

（3）设置 Cache 的目的是解决 CPU 的运算速度和______的读写速度不平衡问题。

（4）EGA、VGA、SVGA 标志着______的不同规格和性能。

（5）微型计算机主机系统包括______________________，外部设备包括__________________。

3．选择题

（1）微型计算机硬件系统包括（　　）。

A．内存储器和外部设备　　B．显示器、主机箱、键盘

C．主机和外部设备　　D．主机和打印机

（2）ROM 的特点是（　　）。

A．存取速度快　　B．存储容量大

C．断电后信息仍然保存　　D．用户可以随时读写

（3）在微型计算机系统中，存储信息速度最快的设备是（　　）。

A．内存　　B．Cache　　C．硬盘　　D．软盘

（4）在微型计算机系统中，任何外部设备必须通过（　　）才能实现主机和设备之间的信息交换。

A．电缆　　B．接口　　C．电源　　D．总线插槽

（5）在微型计算机系统中，打印机与主机之间采用并行数据传输方式，所谓并行是指数据传输（　　）。

A．按位一个一个地传输　　B．按一个字节 8 位同时进行

C．按字长进行　　D．随机进行

4．课外阅读

（1）《计算机硬件技术基础（第二版）》，邹逢兴主编，高等教育出版社，2006 年 2 月。

（2）《计算机硬件技术基础（第二版）》，裘正定主编，高等教育出版社，2007 年 8 月。

第 4 章　计算机网络基础

本章学习重点：

- 了解计算机网络的发展史。
- 掌握计算机网络协议的基本概念。
- 掌握计算机网络的软硬件组成。
- 了解常见的网络拓扑结构。
- 了解常用的接入 Internet 的方法。
- 掌握 ADSL 接入 Internet 的步骤。
- 了解计算机网络安全的基本概念。

4.1　认识计算机网络

20 世纪 60 年代，世界范围内掀起了一场以“信息革命”为中心的技术革命，最主要的标志之一就是计算机的广泛应用。人们对信息共享、信息传递的社会需求，推动了计算机技术朝着群体化的方向发展，促进了计算机技术和通信技术的紧密结合，因此，形成了一个崭新的技术领域，即计算机网络。

4.1.1　计算机网络发展史

纵观计算机网络的发展历程，与其他事物的发展一样，计算机网络也经历了从简单到复杂，从低级到高级的过程。计算机网络的发展可分为 4 个阶段。

1．面向终端的联机系统

1946 年世界上第一台数字计算机问世，但当时计算机的数量非常少，且非常昂贵，因此很多人都想共享主机资源。基于上述思想，1954 年第一个面向终端的联机系统问世了，这是一种以单主机为中心的计算机网络互联系统，如图 4-1 所示。

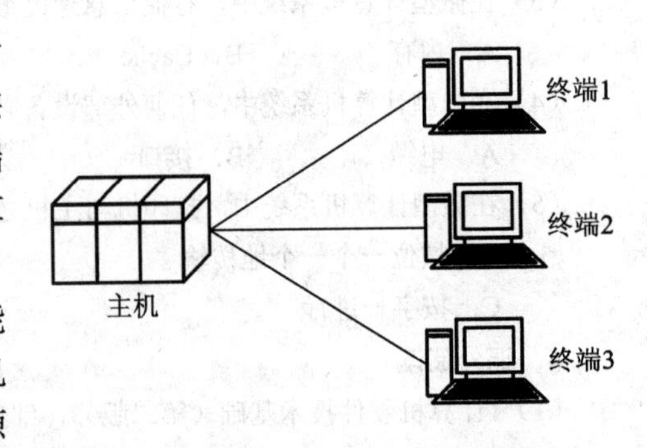

图 4-1　面向终端的单主机互联系统

这时的终端计算机不具有处理和存储信息的能力，由主机负责终端用户的数据处理、存储以及主机与终端之间的通信等任务。随着终端用户对主机资源需求量的增加，主机作用也发生了改变。将主机负责的通信任务分离出来，由通信控制器和集中器负责完成，如图 4-2 所示。通信控制器负责系统的通信任务，集中器负责从终端到主机的数据收集及主机到终端的数据分发，这种联机系统大大提高了主机的数据处理效率。例如，20 世纪 50 年代在全美广泛应用的飞机订票系统（SABRE-I）就是一个典型应用。

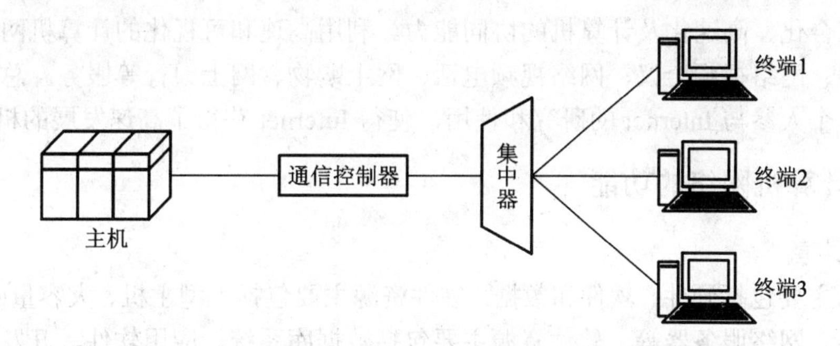

图 4-2　基于通信控制器和集中器的单主机互联系统

2. 多主机互联系统

20 世纪 60 年代中期到 70 年代中期，随着计算机体积缩小、价格下降，特别是 PC（Personal Computer）的出现，人们开始研究将多个“单主机互联系统”相互连接，如图 4-3 所示。这种网络大大提高了数据的处理速度，提高了网络传输的可靠性。例如，1973 年 Xerox 公司提出的以太网（Ethernet）雏形就是多主机互联系统的一个典型应用。

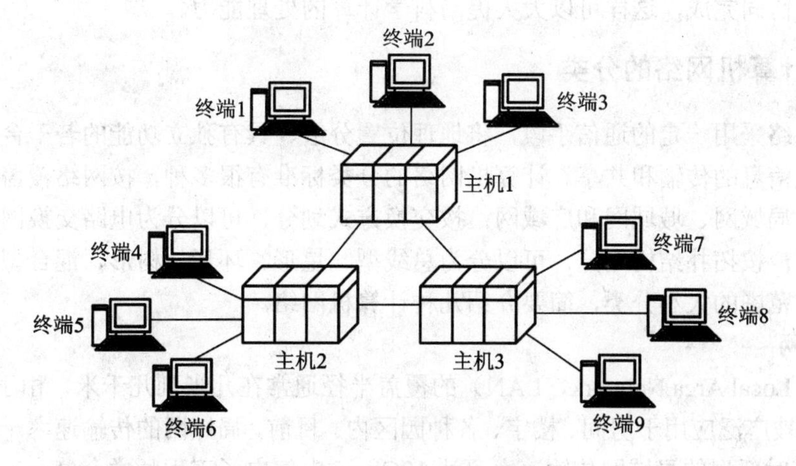

图 4-3　多主机互联系统

3. 计算机网络的互联

第三代网络出现以前，不同厂商设计的网络无法实现互联，这种现象严重阻碍了计算机网络的快速发展。因此，20 世纪 70 年代后期至 80 年代，人们开始研究计算机网络体系结构的标准化。1977 年，国际标准化组织（ISO）开始着手制定一个标准框架，即 OSI（Open System

Interconnection）7 层网络互联参考模型。这一阶段的计算机网络开始走向产品化、标准化，并逐步形成了系统开放的互联网络。

4．Internet 的快速发展

随着人们对计算机网络需求的发展，以及各种数字通信技术的出现，20 世纪 90 年代开始研究网络的综合化、高速化及计算机的协同能力。利用高速和可视化的计算机网络应用将实现网络视频点播、网络视频会议、网络视频电话、网上购物、网上银行等服务。总之，随着越来越多的机构、个人参与 Internet 的研究和使用，使得 Internet 获得了高速发展的机会。

4.1.2 计算机网络的功能

1．资源共享

网络资源主要包括硬件、软件和数据。硬件资源主要包括大型主机、大容量磁盘、打印机、网络通信设备、网络服务器等。软件资源主要包括数据库系统、应用软件、开发工具软件等。数据资源主要包括可供网络共享的学习资料、电影、音乐、图片等。

2．数据通信

不同地域的计算机之间可以快速和准确地相互传送数据、文本、图形、动画、声音和视频等信息。例如，用户收发电子邮件、进行视频点播、拨打 IP（Internet Protocol）电话等。

3．分布式处理

对于大型的科学计算问题，一台计算机不足以完成所有的计算任务，可以将任务分解，由不同的计算机协同完成，这样可以大大提高科学计算的处理能力。

4.1.3 计算机网络的分类

计算机网络采用一定的通信手段，将地理位置分散、具有独立功能的若干台计算机连接起来，用以实现信息的传输和共享。计算机网络的分类标准有很多种，按网络覆盖的地理范围划分，可以分为局域网、城域网和广域网；按交换方式划分，可以分为电路交换网、报文交换网和分组交换网；按拓扑结构划分，可以分为总线型、星形、环形、树形、混合型等。下面以计算机网络覆盖范围的大小分类，简要介绍几种计算机网络。

1．局域网

局域网（Local Area Network，LAN）的覆盖半径通常在几米到几千米，由于其易于建立、维护与扩展，被广泛应用于房间、楼宇、各种园区内。目前，局域网的传输速率一般在 1～1 000 Mbps 之间，有时新型的局域网传输速率可达 10Gbps。电气电子工程师学会（Institute of Electrical and Electronics Engineers，IEEE）制定的 802 标准定义了多种主要的局域网，如以太网、令牌环网以及无线局域网等。

2．城域网

城域网（Metropolitan Area Network，MAN）的覆盖半径通常在几千米到几十千米之间，介于局域网和广域网之间。它实际上也是一种大型的局域网，通常使用与局域网相似的技术。

局域网通常是为了某个单位或某个特定的部门服务的，而城域网则是为整个城市服务的。城域网作为本地公共信息服务平台的重要组成部分，能够满足本地政府机构、金融保险、大中小学校、公司企业等单位对高速率、高质量数据通信业务日益多元化的需求。

3．广域网

广域网（Wide Area Network，WAN）的覆盖半径通常在几十千米到几千千米之间，跨接的地理范围很大，能连接多个城市、国家或横跨几个洲。广域网由许多交换设备组成，交换设备之间采用点到点的线路连接。例如，最广为人知的广域网就是Internet，由全球成千上万的局域网和广域网组成。

4.1.4 常见网络拓扑结构

网络拓扑是指用一些“点”和“线”组成的结构图，用来表示计算机网络的物理布局。网络中的计算机、终端、通信处理设备等抽象成“点”，连接这些设备的通信线路抽象成“线”。网络拓扑为网络故障检测及有效隔离提供了很多便利。计算机网络的拓扑结构主要有星形、总线型、环形、树形、网状，如图4-4所示。

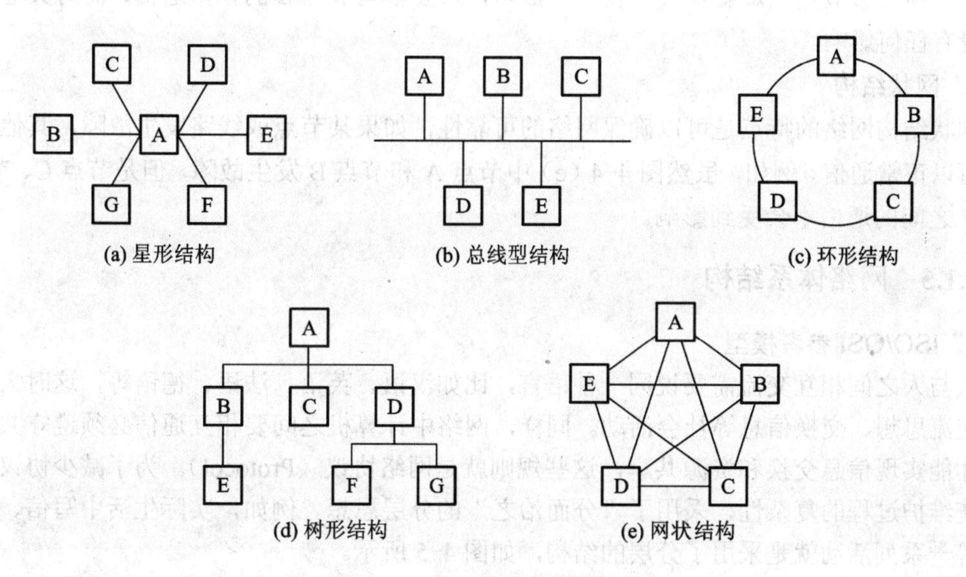

图4-4 各种网络拓扑结构

1．星形结构

星形结构网络的特点是中央节点可以逐一进行故障检测和定位，即一个连接点的故障只影响一个设备，而不会影响全网，故障诊断和隔离会非常容易。例如，如果图4-4（a）中节点B发生了故障，只要中心节点A正常工作，可以将故障节点B屏蔽，而不影响其他节点之间的正常通信。如果图4-4（a）中节点A发生了故障，网络将无法工作。

2. 总线型结构

总线型结构网络的特点是某个节点失效并不影响其他节点间的通信。例如，虽然图 4-4（b）中节点 B 发生了故障，其他节点与节点 B 之间的通信中断，而节点 A、节点 C、节点 D、节点 E 之间仍然可以正常通信。

3. 环形结构

环形结构网络的特点是环中任何一段的故障都会使各个节点之间的通信受阻。因此，不容易对环形网络进行故障隔离。例如，如果图 4-4（c）中节点 B 发生了故障，其他节点之间就不能进行正常通信，导致整个网络瘫痪。因此，为了增加环形拓扑的可靠性，引入了双环拓扑结构，即在单环的基础上在各个节点之间再连接一个备用环，当主环发生故障时，由备用环继续工作。

4. 树形结构

树形结构网络的特点是故障隔离较容易，如果某一分支的节点或线路发生故障，很容易将故障分支与整个系统隔离开来。例如，图 4-4（d）中节点 A 称为根节点，具有统管全网的能力，其他节点称为子节点。如果节点 B 发生了故障，只会影响节点 E 的正常通信，而对其他节点的通信没有任何影响。

5. 网状结构

网状结构网络的特点是可以确保网络的可靠性，如果某节点或线路发生故障，其他线路之间仍可以正常通信。例如，虽然图 4-4（e）中节点 A 和节点 B 发生故障，但是节点 C、节点 D、节点 E 之间的通信不会受到影响。

4.1.5 网络体系结构

1. ISO/OSI 参考模型

人与人之间相互交流需要说同一种语言，比如汉语、英语、法语、德语等，这时大家才能开始交流思想、交换信息等社会活动。同样，网络中计算机之间要相互通信必须遵守共同的规则，才能实现信息交换和资源共享，这些规则就是网络协议（Protocol）。为了减少协议设计以及系统维护过程的复杂性，采用了“分而治之”的分层思想。例如，实际生活中写信、邮信、收信等一系列活动就是采用了分层的结构，如图 4-5 所示。

网络体系结构就是把计算机网络分成不同的层次，并且每层的功能由许多不同的协议完成。基于一定体系结构的网络协议有 TCP/IP、IPX/SPX、NetBEUI 等，体系结构的不统一会严重限制网络之间的互联。因此，ISO/OSI 参考模型的提出最重要的目的之一就是制定统一的网络通信体系结构。ISO/OSI 参考模型分为 7 层，每层执行一种明确定义的功能，较低层执行的功能为较高层提供服务，如图 4-6 所示。

（1）物理层

负责通信介质的有效性、安全性和健壮性，保证数据实现二进制比特流的顺利传输。

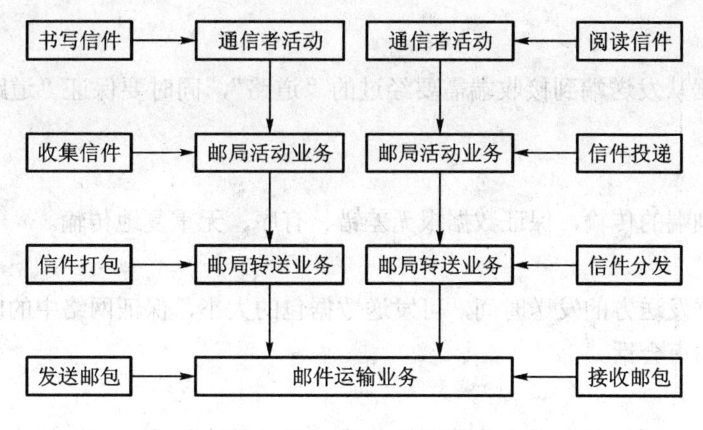

图 4-5 邮政系统分层模型

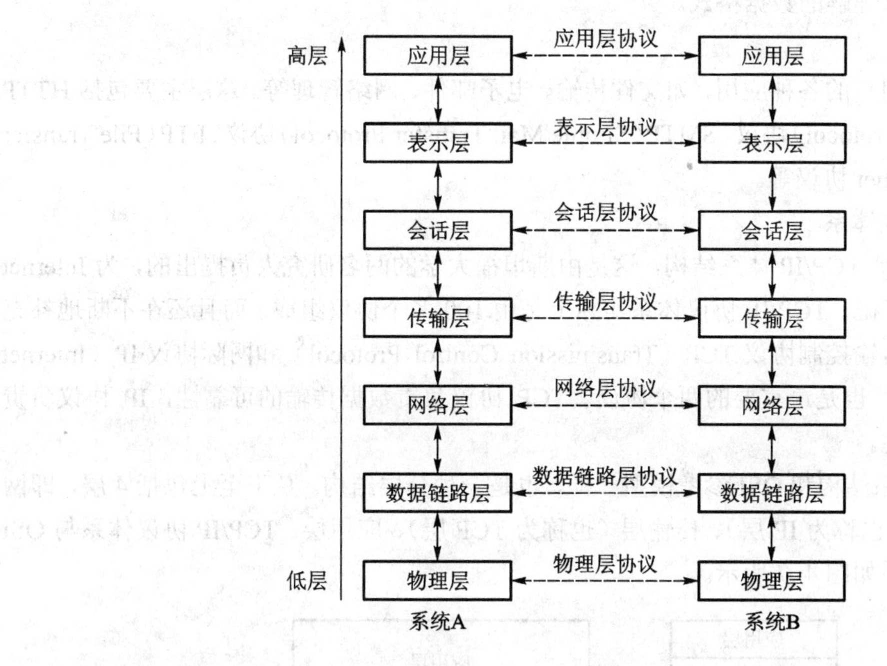

图 4-6 ISO/OSI 参考模型

> 说明：由于种种原因 OSI 参考模型并非实际应用中的标准，而只是一种抽象化表示方法。目前真正被广泛使用的是 TCP/IP 参考模型，它是以 OSI 参考模型作为基础设计的。随着 Internet 的高速发展，TCP/IP 参考模型被最终广泛使用。

（2）数据链路层

负责在实际物理线路传输时，数据能够无差错地从发送端传输到接收端。

（3）网络层

负责找到数据从发送端到接收端需要经过的“道路”，同时要保证“道路”的有效性、安全性和健壮性。

（4）传输层

负责数据端到端的传输，保证数据报无差错、有序、无重复地传输。

（5）会话层

负责协调数据发送方的发送时间，可发送数据包的大小，保证网络中的应用程序之间能够有效建立连接和结束会话。

（6）表示层

发送方负责将应用层发送下来的数据转化成可辨认的中间格式，而接收方将数据的中间格式转换成应用层可以理解的数据格式。

（7）应用层

负责支持网络用户的各种应用，如文件传输、电子邮件、网络管理等。这层主要包括 HTTP（Hypertext Transfer Protocol）协议、SMTP（Simple Mail Transfer Protocol）协议、FTP（File Transfer Protocol）协议、Telnet 协议等。

2．TCP/IP 协议体系

Internet 采用的是 TCP/IP 体系结构，这是由斯坦福大学的两名研究人员提出的，为 Internet 的成功奠定了重要基础。TCP/IP 协议体系实际上是由 100 多个协议组成，而且还在不断地补充新的协议。其中，传输控制协议 TCP（Transmission Control Protocol）和网际协议 IP（Internet Protocol）是最基本、也是最重要的两个协议。TCP 协议负责数据传输的可靠性，IP 协议负责数据的传输的有效性。

TCP/IP 协议体系结构和 OSI 参考模型一样，也是一种分层结构。从下至上包括 4 层，即网络接口层、网络层（也称为 IP 层）、传输层（也称为 TCP 层）、应用层。TCP/IP 协议体系与 OSI 参考模型的对应关系如图 4-7 所示。

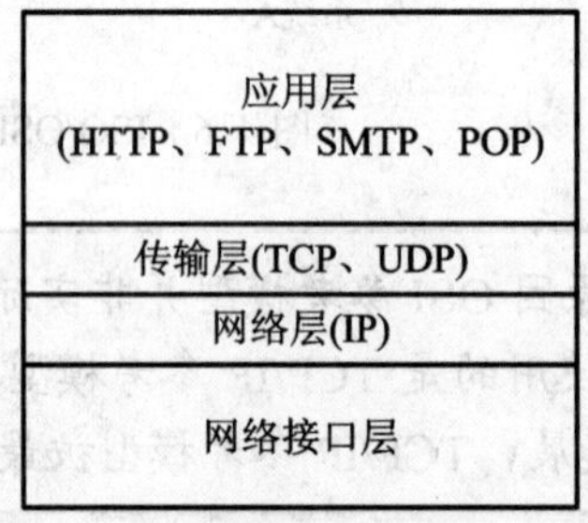

图 4-7　ISO/OSI 参考模型与 TCP/IP 协议体系结构的对比

4.2 计算机网络软硬件组成

计算机网络是由两台或多台计算机通过特定通信模式连接起来的一组计算机，完整的计算机网络系统是由网络硬件系统和网络软件系统组成。与计算机网络相关的硬件设备主要包括网卡、通信电缆、中继器、集线器、交换机、路由器等。硬件连接起来以后，需要安装专门的软件来支持网络运行，主要包括系统软件和应用软件。这样，一个能够满足工作和生活需求的计算机网络就基本建成了。

4.2.1 网络常用通信设备

1. 网卡

网卡（Network Interface Card，NIC）是网络中最重要的通信部件之一，负责将计算机内部数据转换成适合网络传输的格式。每块网卡都有一个唯一的物理地址，称为 MAC（Media Access Control）地址。通信过程中，数据包利用 MAC 地址来识别发送端和接收端的计算机。

用户选购网卡时，可以通过"网络接口类型"、"速率"、"主板接口类型"这 3 个参数进行选择。根据网络接口类型的不同，网卡可分为细缆口、粗缆口、双绞线口、光缆口、PCMCIA 接口、USB 接口等，目前最普遍的是用于有线网的双绞线接口网卡，如图 4-8 所示。根据网卡速率的不同，网卡可分为 10 Mbps 网卡、100 Mbps 网卡、1 000 Mbps 网卡、10 M/100 M/1 000 Mbps 自适应网卡、10 Gbps 网卡、11 Mbps 无线网卡、11 Mbps/54 Mbps 无线网卡等。根据主板接口类型的不同，网卡可分为 ISA 接口网卡、VESA 接口网卡、EISA 接口网卡、PCI 接口网卡等，目前最普遍的是用于有线网的 PCI 接口网卡。

2. 中继器

中继器（Repeater）常常用于两个网络节点之间信号的转发，是最简单的网络互联设备，负责完成网络中信号的复制、调整和放大，以此来延长网络的长度。中继器可以看做是网络信号的"加油站"。典型的中继器如图 4-9 所示。

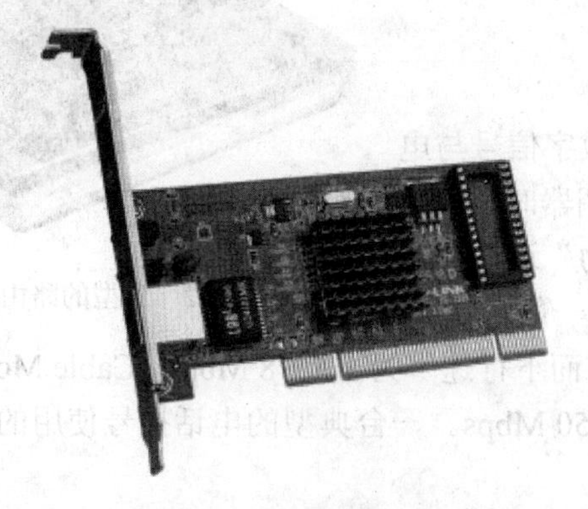

图 4-8　双绞线接口网卡

图 4-9　典型的中继器

3. 集线器

集线器（Hub）属于中继器的一种，除了用于增加传输距离，另一个重要功能是通过提供更多的连接端口将多台计算机集中起来。可以把集线器看做是一位“文盲邮递员”，不认识数据包上的送信地址，与集线器相连接的计算机都会收到一份附有目的地址的数据，然而只有真正的接收方才能判断出这封信是属于自己的。

用户选购集线器时，可以通过“网络接口数目”、“带宽”这两个参数进行选择。根据集线器接口的数量，可分为4口、8口、12口、24口等。根据接口带宽的大小，可分为10 Mbps、100 Mbps、10/100 Mbps自适应等。一台典型的8口集线器如图4-10所示。

4. 交换机

交换机（Switcher）是一种用于电信号转发的网络设备，工作在OSI参考模型的数据链路层。与集线器不同的是，交换机是一位“识字邮递员”，会根据信封上的MAC地址信息正确投递数据包。根据交换机接口数量，可分为4口、8口、12口、24口或48口等，一台典型的48口交换机如图4-11所示。

图4-10　典型的8口集线器

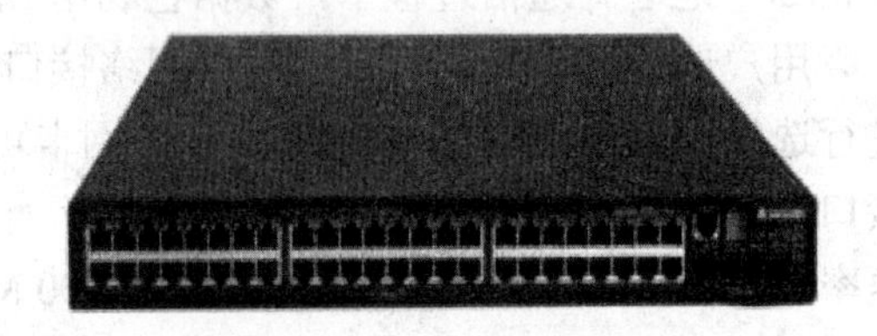

图4-11　典型的48口交换机

5. 路由器

路由器（Router）能够把多个不同的网络互联起来，具有路由选择、数据过滤、负载平衡、控制网络流量等功能。对于那些结构复杂的网络，使用路由器可以提高网络的整体效率。与交换机的最大差别在于，路由器实现网络互联是发生在OSI参考模型的网络层。一台典型的路由器如图4-12所示。

图4-12　典型的路由器

6. 调制解调器

调制解调器（Modem）能够将计算机内部的数字信号与电话线路上的模拟信号相互转换。用户选购调制解调器时，可以通过“数据传输速率”、“工作稳定性”、“容错能力”这3个参数进行选择。电话拨号使用的调制解调器传输速率一般都是56 Kbps。ADSL Modem上行速率为512～640 Kbps，而下行速率为1.5～8 Mbps。Cable Modem上行速率为200 Kbps～2 Mbps，而下行速率为5～750 Mbps。一台典型的电话拨号使用的调制解调器如图4-13所示。

7．网络服务器

网络服务器（Network Server）通常是指那些具有较高计算能力，能够提供给多个用户使用的计算机。服务器通过网络为客户端提供各种服务。一台典型的网络服务器如图4-14所示。

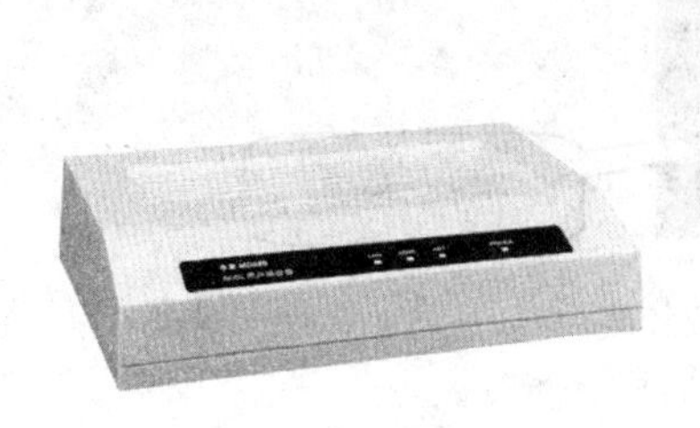

图4-13　典型的调制解调器

图4-14　典型的网络服务器

4.2.2　网络常用传输设备

1．同轴电缆

同轴电缆的结构特点是外层导体和铜芯的圆心在同一个轴心，两个导体之间用绝缘材料隔离，如图4-15所示。当用户需要连接较多设备而且通信容量较大时，可以考虑选择同轴电缆。同轴电缆可分为基带同轴电缆和宽带同轴电缆。基带电缆一般用于数字传输，数据率可达10 Mbps；宽带电缆既能传输模拟信号，也可以传输数字信号。

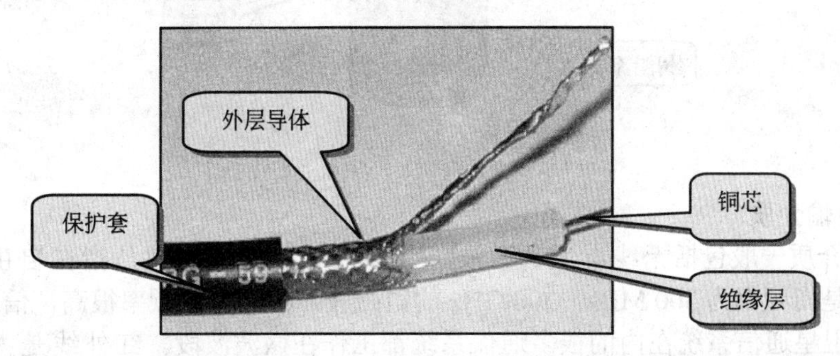

图4-15　同轴电缆结构

2．双绞线

双绞线的结构特点是两条相互绝缘的导线按照一定的规格互相缠绕，分为非屏蔽双绞线（Unshielded Twisted Pair，UTP）和屏蔽双绞线（Shielded Twisted Pair，STP）。非屏蔽双绞线是一种数据传输线，由4对不同颜色的传输线组成，广泛用于以太网和电话传输中。屏蔽双绞线在电缆与绝缘封套之间有一个金属屏蔽层，可减少辐射，防止信息被窃听，具有更高的传输速率，如图4-16所示。

图 4-16　屏蔽双绞线

3. 光纤

光纤的结构特点是由纤芯、包层、树脂涂层组成，如图 4-17 所示。光纤可以用于通信传输，这一设想是由前香港中文大学校长高锟和 George .A .H 首先提出的。按传输模式划分，可分为单模光纤和多模光纤。单模光纤的纤芯较细，一般只能传输一种模式的光，适用于远程通信；多模光纤的纤芯较粗，可传导多种模式的光，多模光纤传输的距离比较近，一般只有几千米。

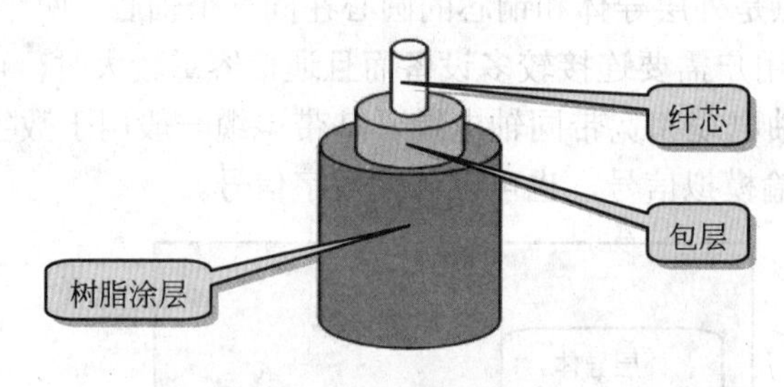

图 4-17　光纤基本结构

4. 无线传输介质

无线传输介质一般包括无线电波、微波、红外线等。无线电波是指在自由空间传播的电磁波。微波是指频率为 300 MHz～300 GHz 的电磁波。由于微波频率很高，信息容量很大，所以现在包括卫星通信系统在内的很多通信系统都工作在微波波段。红外线是太阳光线中众多不可见光线中的一种，几乎不会受到电气、天气、人为因素的干扰，抗干扰性强。

4.2.3　网络通信地址

为了实现 Internet 上计算机之间的通信，每台计算机都必须有一个地址，就像每部电话要有一个电话号码一样，每个地址必须是唯一的。在 Internet 中有两种主要的地址识别系统，即 IP 地址和域名系统。

1. IP 地址

每一台连接到 Internet 上的计算机，为了保证信息能够正确顺利地传输，网络会给每一台主机分配一个逻辑地址，也就等于是给准备上网的计算机装上门牌号码，这个逻辑地址就是IP地址。根据TCP/IP协议规定，IP地址由32位二进制数组成，并且在Internet范围内具有唯一性。为了方便人们记忆，IP地址采用了“点分十进制”方法表示。例如，某台主机的IP地址“11010010 01001001 10001100 00000001”，可以用“210.73.140.1”表示。

在Internet中，网络数量是难以确定的，但是每个网络的规模却比较容易确定。Internet管理委员会按网络规模的大小将IP地址划分为A、B、C、D、E 5类，如图4-18所示。

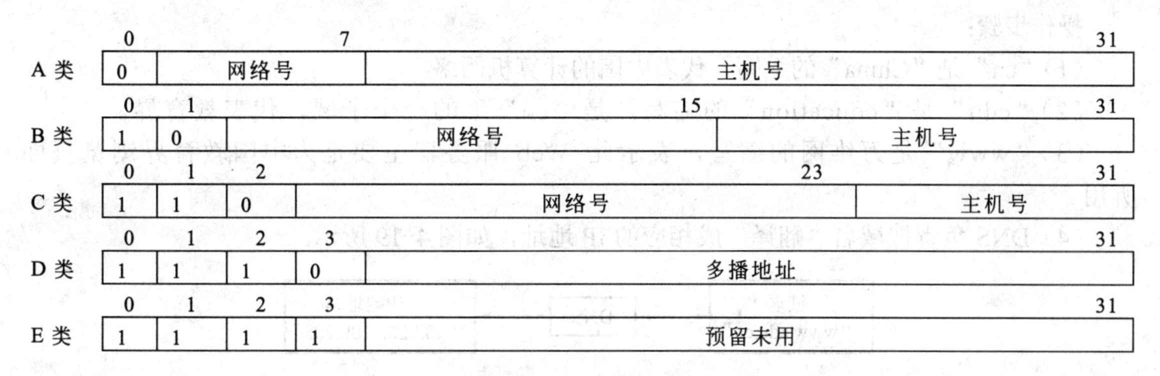

图4-18 IP地址的分类

Internet管理委员会在分配IP地址的过程中，为了更加合理地使用和管理IP地址，将网络分成几个部分，称之为子网。由于子网划分无统一的算法，单从IP地址无法判定一台计算机处于哪个子网，解决的办法是采用子网掩码技术。子网掩码是一类特殊的IP地址，从32位二进制数的最高位开始，由一串连续的“1”和连续的“0”组成。例如，A类网络的默认子网掩码是“255.0. 0.0”；B类网络的默认子网掩码是“255.255. 0.0”；C类网络的默认子网掩码是“255.255.255.0”。

2. IPv6

随着Internet的迅速发展，一些问题也凸显出来了，其中最严重的是IP地址不够用和网络安全问题。有关专家提出可以采用新的Internet协议来解决这些问题，其中IPv6被认为是下一代Internet的核心技术之一。

IPv6使地址空间从IPv4的32位扩展到128位，每16位划分为一段，每段被转换为一个4位十六进制数，并用冒号隔开，如2001:0250:0000:0000:0000:0000:0000:45ef。IPv6提供了几乎无限制的公用地址，解决了Internet地址枯竭的问题。IPv6技术标准已经基本成型，IPv4将通过渐进方式逐步过渡到IPv6。在IPv4到IPv6的过渡时期，还可以将IPv4地址内嵌到IPv6地址中，IPv6地址的前面部分使用十六进制表示，而后面部分使用IPv4地址的十进制格式，如2001:0250:0000:0000:0000:0000:192.168.1.201。

3. 域名系统

IP 地址对于用户是比较抽象的，为了使用和记忆方便，也为了便于网络地址的管理和分配，Internet 采用了域名管理系统（Domain Name System，DNS）。域名实际上是用来代替 IP 地址的一系列字母或文字。域名的重要命名规则之一是用亲切而友好的名称进行命名，并且 DNS 采用了一定的层次结构组织各类域名。

例 4-1 分析中国教育科研网的域名“www.edu.cn”，其 Web 服务器的 IP 地址是“202.205.109.208”。

操作步骤：

（1）“cn”是“China”的缩写，代表中国的计算机网络。

（2）“edu”是“education”的缩写，是“cn”下的一个子域，代表教育界。

（3）“www”是万维网的缩写，表示此 Web 服务器主要是为中国教育界浏览页面所用。

（4）DNS 负责把域名“翻译”成相应的 IP 地址，如图 4-19 所示。

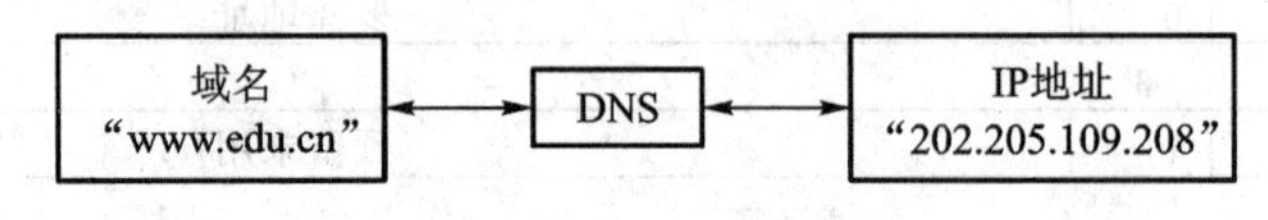

图 4-19 DNS 的工作原理

为了保证域名系统的通用性，Internet 制定了一组正式通用的代码作为顶级域名，常见的域名和部分国家及地区代码如表 4-1 所示。

表 4-1 常见顶级域名和部分国家及地区代码

域名代码	用途	国家或地区域名代码	代码含义
com	商业组织	cn	中国
edu	教育机构	tw	中国台湾
gov	政府部门	hk	中国香港
mil	军事部门	uk	英国
org	非营利组织	us	美国
net	主要网络支持中心	jp	日本
int	国际组织	fr	法国

4. 网关

从一个房间走到另一个房间，必然要经过一扇门。同样，从一个网络向另一个网络发送信息，也必须经过一道“关口”，这道关口就是网关。只有设置好网关的 IP 地址，TCP/IP 协议才能实现不同网络之间的相互通信。这个网关 IP 地址是具有路由功能设备的 IP 地址。路由功能的设备包括路由器、配置了路由协议的服务器、代理服务器等。

默认网关是一台主机，如果找不到可用的网关，就把数据包发给“默认网关”，由这个网关来处理数据包。一台主机的“默认网关”必须正确，否则无法实现与其他网络的正常通信。

4.2.4 网络系统软件

1．网络操作系统

网络操作系统（Network Operating System，NOS）是管理计算机网络资源的系统软件，是用户与计算机网络之间交互的重要接口。网络操作系统负责文件服务、打印服务、信息服务、分布式服务等功能，可以看做是网络的“心脏”。主要的网络操作系统有 Netware 类、Windows 类、UNIX、Linux 等。

（1）Netware 类

Netware 类操作系统对网络硬件的要求较低，在组建无盘工作站方面具有一定的优势，常常用于设备要求不高的游戏厅、小型企业、教学网等。目前这种操作系统在市场的占有率呈下降趋势，逐渐被 Windows 2000 Server/2003 Server 和 Linux 系统替代。

（2）Windows 类

Microsoft 公司的 Windows 类操作系统不仅在个人操作系统中占有绝对优势，在网络操作系统中也具有绝对的竞争力。主要的网络操作系统有 Windows NT Server、Windows 2000 Server/2003 Server 等。

（3）UNIX 系统

UNIX 系统不但功能强大，而且系统稳定性和安全性非常好，一般用于大型网站、金融保险单位、大型企事业单位的局域网中，主要有 UNIX Sur4.0、HP-UX 11.0、Solaris 10.0 等。

（4）Linux

Linux 系统的最大特点是源代码开放，并且是免费的。因此，Linux 有着丰富的应用程序，在 Windows 下运行的应用程序，在 Linux 下都有对应的版本。Linux 在安全性和稳定性方面，与 UNIX 有很多类似之处。目前 Linux 主要用于服务器中，家庭用户较少使用。

2．网络驱动程序

网络设备驱动程序相当于网络硬件的接口，网络操作系统只能通过这个接口才能控制网络硬件设备的工作。例如，在安装 Windows XP 时，操作系统将自动检测网卡，自动安装网卡驱动程序，创建并自动启动网络连接。网卡驱动程序就是网卡的接口，网络操作系统通过这个接口控制网卡的工作。

3．网络协议的安装

在 Windows XP 系统中，选择“网上邻居/查看网络连接/本地连接/属性”，弹出“本地连接 属性”对话框，如图 4-20 所示。每个服务或协议前面都有一个复选框，用来选择是否加载该项，标有对号的便是要加载的项目。其中，“Microsoft 网络客户端”和“Microsoft 网络的文件和打印机共享”复选项是访问网络上其他计算机和共享本地的文件及打印机，通常都需要加载。“Internet 协议（TCP/IP）”复选项是接入 Internet 所必需的，因此也需要加载。

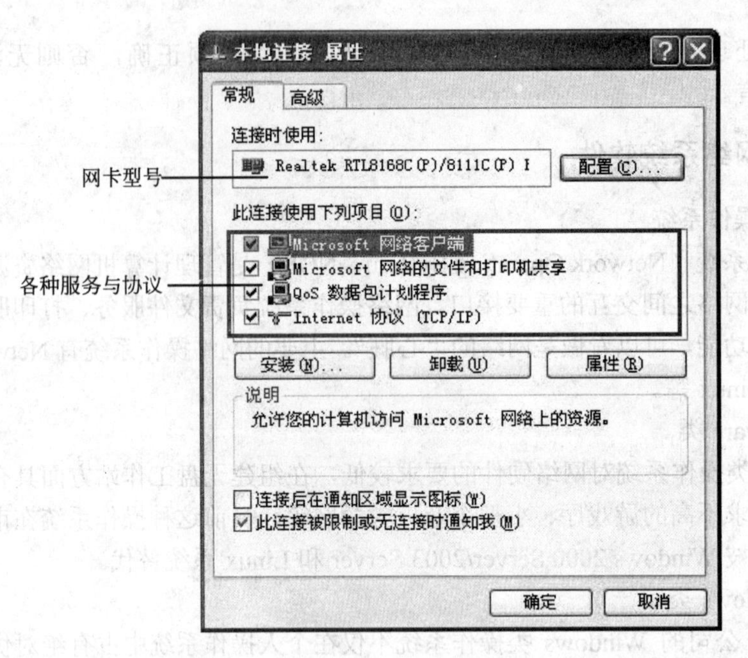

图 4-20 “本地连接 属性”对话框

选择“Internet 协议（TCP/IP）”复选项，单击“属性”按钮，弹出对话框，如图 4-21 所示。如果使用动态 IP 地址，则选中“自动获得 IP 地址”；若使用静态 IP 地址，则需要配置 IP 地址、子网掩码、默认网关和 DNS 服务器地址。设置完上述参数后，单击“确定”按钮，完成 TCP/IP 协议的相关设置。

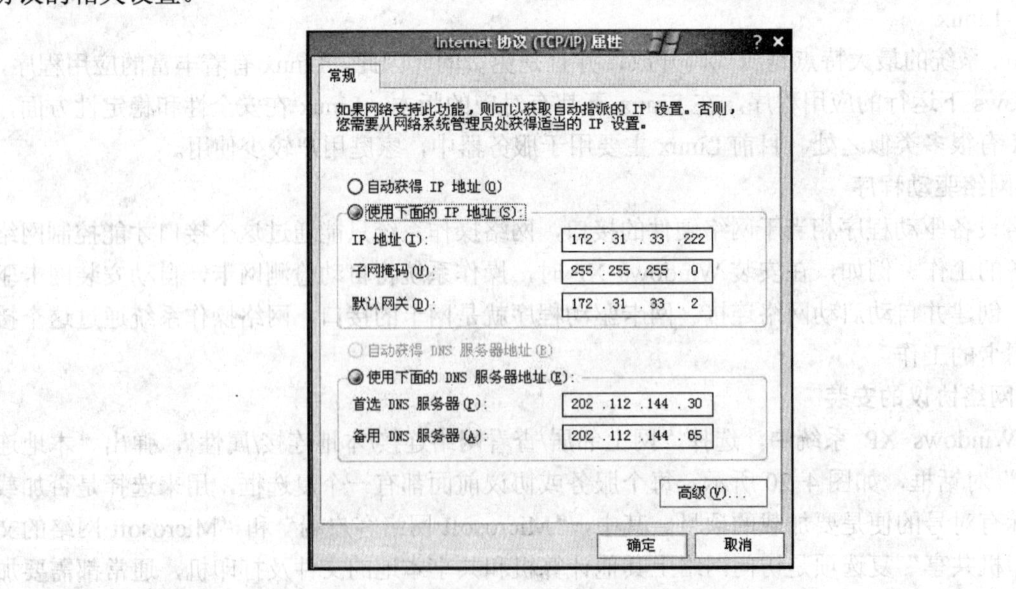

图 4-21 “Internet 协议（TCP/IP）”属性对话框

4.2.5 网络常用测试命令

1. ipconfig 命令

ipconfig 命令可用于显示当前的 TCP/IP 配置的设置值，这些信息一般用来检验人工配置的 TCP/IP 设置是否正确。ipconfig 可以了解自己的计算机是否成功地获得一个 IP 地址，如果已获得则可以了解计算机当前的 IP 地址、子网掩码、默认网关等参数值。当输入“ipconfig/all”，则显示本机网卡的物理地址（MAC 地址），执行结果如图 4-22 所示。

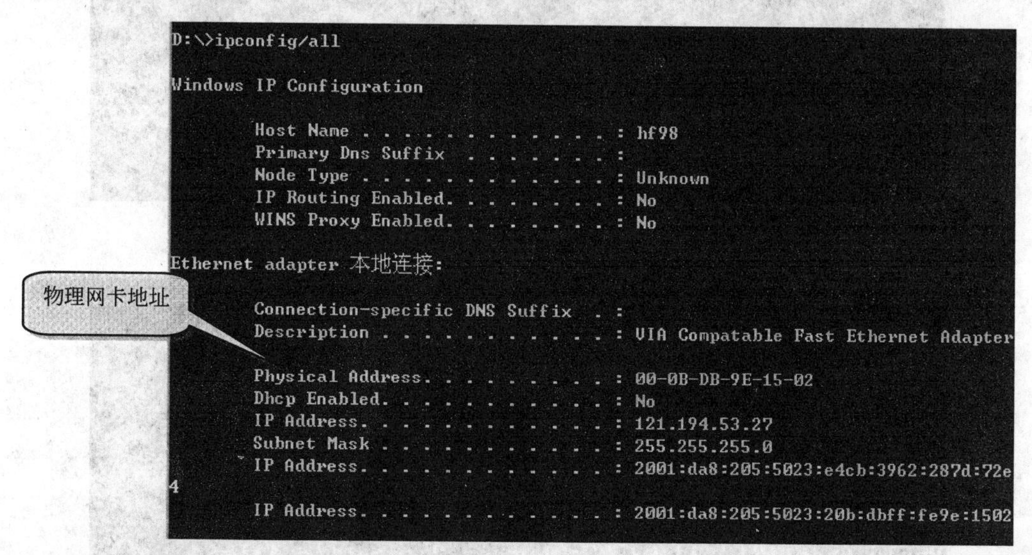

图 4-22 “ipconfig/all”命令执行结果

2. ping 命令

ping 命令用于确定本地主机是否能与另一台主机正常交换数据。根据返回的信息就可以推断 TCP/IP 参数是否设置正确以及运行是否正常。如，“Reply from…”表明有应答；“Request timed out”表明无应答。如果 ping 命令能正常运行，那么计算机本地和远程通信的功能基本上可以实现了。

例 4-2 在命令符后输入“ping 127.0.0.1”并分析结果。

操作步骤：

（1）如果测试正常，结果应如图 4-23 所示。

（2）如果测试异常，则表示 TCP/IP 的安装或运行存在某些问题。

例 4-3 在命令符后输入“ping 本机 IP 地址”并分析结果。

操作步骤：

（1）如果测试正常，结果应如图 4-24 所示。

```
C:\Documents and Settings\Administrator>ping 127.0.0.1

Pinging 127.0.0.1 with 32 bytes of data:

Reply from 127.0.0.1: bytes=32 time<1ms TTL=128
Reply from 127.0.0.1: bytes=32 time<1ms TTL=128
Reply from 127.0.0.1: bytes=32 time<1ms TTL=128
Reply from 127.0.0.1: bytes=32 time<1ms TTL=128

Ping statistics for 127.0.0.1:
    Packets: Sent = 4, Received = 4, Lost = 0 (0% loss),
Approximate round trip times in milli-seconds:
    Minimum = 0ms, Maximum = 0ms, Average = 0ms
```

图 4-23 “ping 127.0.0.1”命令结果

```
D:\>ping 121.194.53.27

Pinging 121.194.53.27 with 32 bytes of data:

Reply from 121.194.53.27: bytes=32 time<1ms TTL=64
Reply from 121.194.53.27: bytes=32 time<1ms TTL=64
Reply from 121.194.53.27: bytes=32 time<1ms TTL=64
Reply from 121.194.53.27: bytes=32 time<1ms TTL=64

Ping statistics for 121.194.53.27:
    Packets: Sent = 4, Received = 4, Lost = 0 (0% loss),
Approximate round trip times in milli-seconds:
    Minimum = 0ms, Maximum = 0ms, Average = 0ms

D:\>
```

图 4-24 “ping　本机 IP 地址”命令结果

（2）如果测试异常，则表示本地配置或安装存在问题。出现此问题时，用户应断开网络电缆，然后重新发送该命令。如果网线断开后本命令正确，则表示另一台机器配置了相同的 IP 地址。

例 4-4　在命令符后输入“ping　www.edu.cn”并分析结果。

操作步骤：

（1）如果测试正常，结果应如图 4-25 所示。

```
C:\Documents and Settings\Administrator>ping www.edu.cn

Pinging www.edu.cn [202.205.109.205] with 32 bytes of data:

Reply from 202.205.109.205: bytes=32 time=2ms TTL=57
Reply from 202.205.109.205: bytes=32 time=2ms TTL=57
Reply from 202.205.109.205: bytes=32 time=1ms TTL=57
Reply from 202.205.109.205: bytes=32 time=1ms TTL=57

Ping statistics for 202.205.109.205:
    Packets: Sent = 4, Received = 4, Lost = 0 (0% loss),
Approximate round trip times in milli-seconds:
    Minimum = 1ms, Maximum = 2ms, Average = 1ms
```

图 4-25 “ping www.edu.cn”命令结果

（2）如果测试异常，则表示 DNS 服务器的 IP 地址配置不正确或 DNS 服务器有故障。

4.3 网络连接

Internet 接入技术的发展非常迅速，带宽由最初的 14.4 Kbps 发展到目前的 10 Mbps。接入方式也由过去单一的电话拨号方式，发展成现在多样的有线和无线接入方式。接入终端也正向移动设备发展，并以更新更快的接入方式继续被研究和开发。

4.3.1 ISP 简介

网络用户要接入 Internet 或使用 Internet 提供的各种信息服务，离不开一些重要的公司和机构，即 ISP（Internet Service Provider，Internet 服务提供商）。这里的服务提供商主要分为两类：一是提供接入 Internet 业务的公司或机构称为 IAP（Internet Access Provider，Internet 接入提供商）；二是提供 Internet 各种信息服务的公司或机构称为 ICP（Internet Content Provider，Internet 内容提供商）。

IAP 作为提供接入服务的中介，需投入大量资金“租用”国际信道来接入 Internet，其成本对于一般用户是无法承担的，IAP 通过租来的国际信道为本地用户提供接入服务。从某种意义上讲，IAP 是全世界数以亿计用户通往 Internet 的必经之路。例如，我国的 IAP 运营商有中国电信、中国移动、中国联通等，它们都可以提供接入 Internet 的业务。

ICP 可以为用户提供丰富的网络资源，并且通过网络用户的注册费和广告费获取盈利。ICP 也需要接入 Internet 才能提供种类繁多的内容服务。例如，新浪、Yahoo 中文、搜狐、中央电视台、网址之家等都是常见的 ICP 运营商。

4.3.2 电话线路拨号接入

电话线路拨号接入是个人用户接入 Internet 最早使用的方式之一，在 20 世纪 90 年代末至 21 世纪初，使用这种方式上网非常普遍。这种接入方式很简单，一条能打通 ISP 特服电话的电话线、一台计算机和一台调制解调器即可实现。用户从 ISP 得到用户名和密码，然后就可以登录 Internet。但是，电话拨号上网的致命缺点在于接入速度慢，随着多媒体网络服务的普及，56 Kbps 的速度很难满足需求，大多数 ISP 已经停止提供这种服务。

4.3.3 ADSL 接入

ADSL（Asymmetric Digital Subscriber Line，非对称数字用户环路）是运行在原有普通电话线上的一种新的高速宽带技术，具有较高的带宽及安全性，它还是局域网互联远程访问的理想选择。ADSL 技术下行信道的速率是 8 Mbps，上行信道的速率是 640 Kbps。ADSL 接入 Internet 有两种方式：一是采用虚拟拨号方式，用户采用 ADSL 调制解调器或类似的拨号程序接入 Internet，在使用习惯上与原来的电话拨号上网没有太大区别；二是采用专线接入的方式接入 Internet。

例 4-5 实现用户计算机通过 ADSL 访问 Internet，如图 4-26 所示。

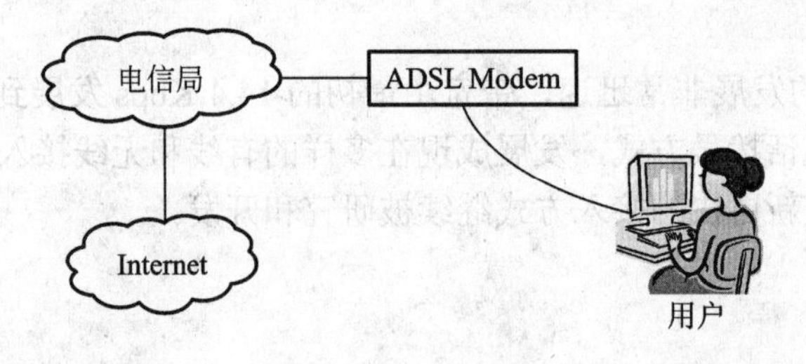

图 4-26 ADSL 接入 Internet

操作步骤：

（1）选择 ISP 并申请账号

申请账号时，需要拿着身份证到自己附近的 ISP 营业厅填写申请表，对于已经有电话的用户，直接申请安装 ADSL 就可以了，需要交纳一定数额的初装费。对于没有电话的用户，需要先申请安装电话，选择电话号码，然后申请绑定 ADSL 业务。申请成功后，会得到一个上网账号，包括用户名和密码。

（2）安装硬件

安装 ADSL 需要一个 ADSL Modem、一个语音分离器、一根有 RJ-45 水晶头的网线、两根配有水晶头的电话线，这些都应由 ISP 服务商提供。如果用户计算机没有集成网卡，则需要安装一块网卡。ADSL 相关硬件的连接方法如图 4-27 所示 。

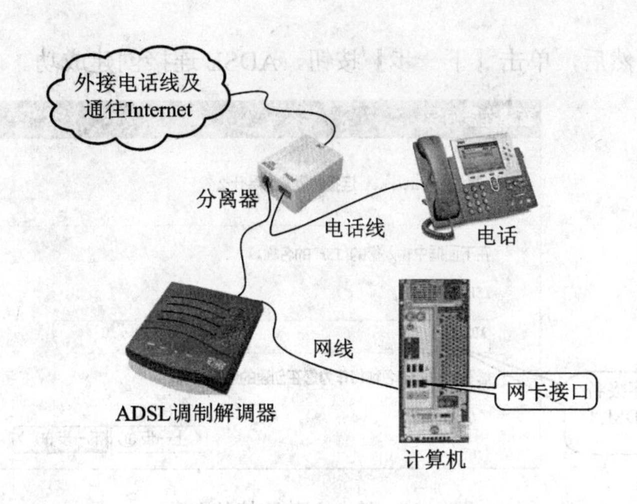

图 4-27　ADSL 硬件连接方法

（3）创建连接

如果计算机安装的是 Windows XP 操作系统，选择“开始/程序/附件/通讯/新建连接向导”。选择“连接到 Internet”单选项，如图 4-28 所示。

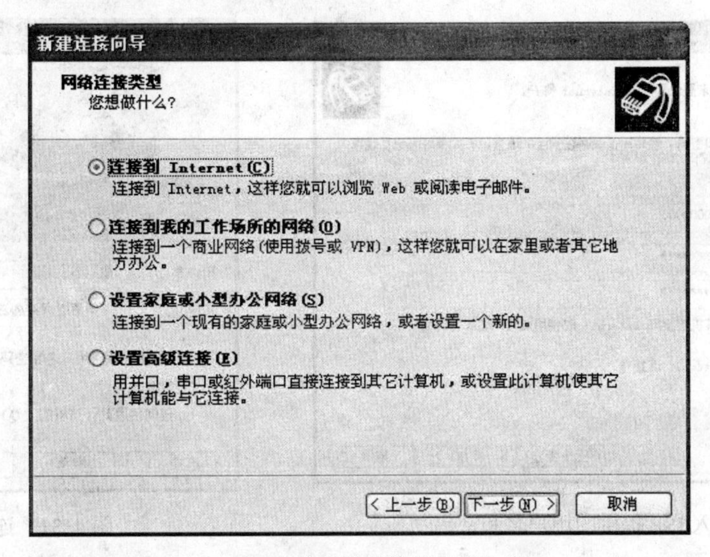

图 4-28　启动“新建连接向导”窗口

单击『下一步』按钮弹出对话框，选择“手动设置我的连接”单选项；然后，单击『下一步』按钮，弹出对话框，选择“用要求用户名和密码的宽带连接来连接”；单击『下一步』按钮，弹出对话框，任意输入一个 ISP 连接名称来设置“ISP 名称”，如图 4-29 所示。

单击『下一步』按钮，弹出对话框，输入 ISP 提供的用户名和密码，如图 4-30 所示。并且在“任何用户从这台计算机连接到 Internet 时使用此账户名和密码”和“把它作为默认的 Internet

连接”前打上对钩。然后，单击『下一步』按钮，ADSL连接创建成功。

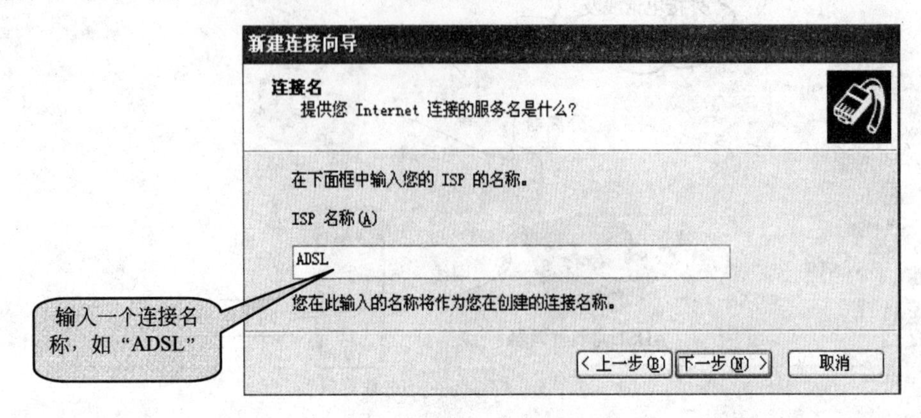

图4-29 输入创建连接的名称

(4) 拨号上网

双击“桌面”上的ADSL图标“ ”，弹出“连接ADSL”对话框，输入用户名和密码，如图4-31所示。

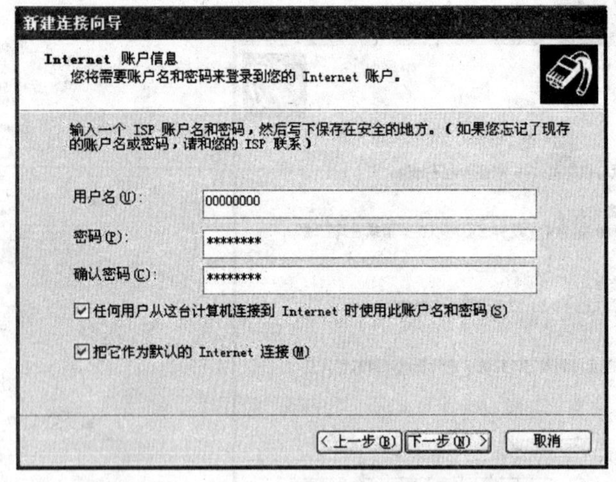

图4-30 输入ISP提供的用户名和密码

图4-31 连接ADSL

单击『连接』按钮，等待几秒钟便能连接上。连接成功后屏幕右下角的任务栏中会出现“ ”图标，表示网络已经连接上，即可访问网络服务。

4.3.4 局域网接入

随着网络的普及和发展，高速度正在成为使用局域网的最大优势。如果所在单位或社区建成了局域网并与 Internet 相连接，而且所在位置布置了信息接口的话，只要通过双绞线连接计算机网卡和信息接口，即可以使用局域网方式接入到 Internet。如果所在地方没有建成局域网，或者建成的局域网没有和 Internet 相连而仅仅是一个内部的网络，那么就没有办法通过局域网访问 Internet。无线局域网（Wireless Local Area Network ，WLAN）是目前最新，也是最热门的一种局域网，只要是无线网络能够覆盖到的地方，都可以随时随地连接无线网络，甚至 Internet。

例 4-6 实现家庭用户计算机通过无线局域网访问 Internet，如图 4-32 所示。

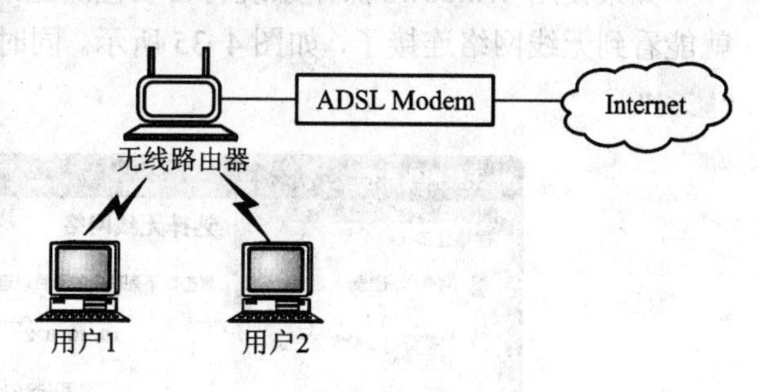

图 4-32 无线局域网接入 Internet

操作步骤:

（1）安装硬件

首先，给无线终端安装无线网卡，然后准备一根网线，将网线一端插入无线路由器背面的 WAN 接口，另一端插入 ADSL Modem，使无线路由器与 ADSL 相连。完成连接设定之后，无线路由器的指示灯应该如图 4-33 所示。

> 说明：如果要使用没有安装无线网卡的台式机接入无线网络，可以在台式机主板 PCI 插槽上插入一块无线网卡或连接 USB 无线网卡。

（2）无线路由器配置

打开 IE（Internet Explorer）浏览器，在 URL 地址栏中输入用于配置路由器的 IP 地址。以 D-Link DI-624+A 路由器为例，输入“http://192.168.3.1”，弹出对话框，如图 4-34 所示，输入路由器制造商提供的用户名和密码。

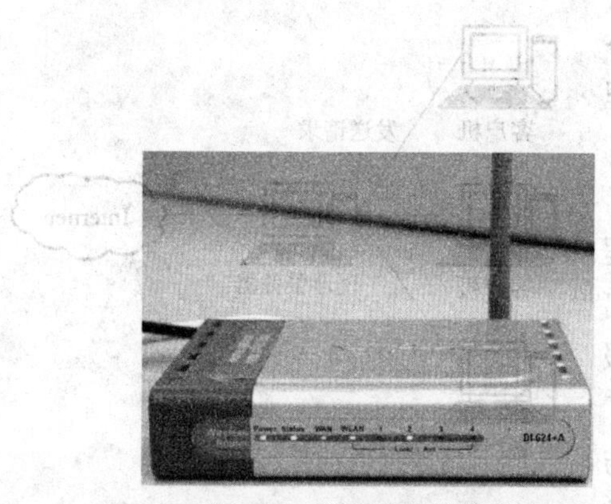

图 4-33 无线路由连接状态

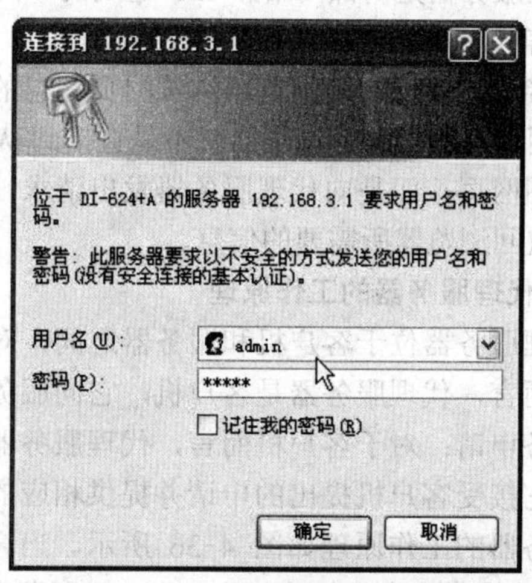

图 4-34 无线路由器登录页面

（3）连接计算机

如果使用 Windows 操作系统将自动检测无线网卡，安装好网卡驱动程序后，在网络连接中就能看到无线网络连接了，如图 4-35 所示。同时，在系统右下方的任务栏会显示一个通知图标“ ”。

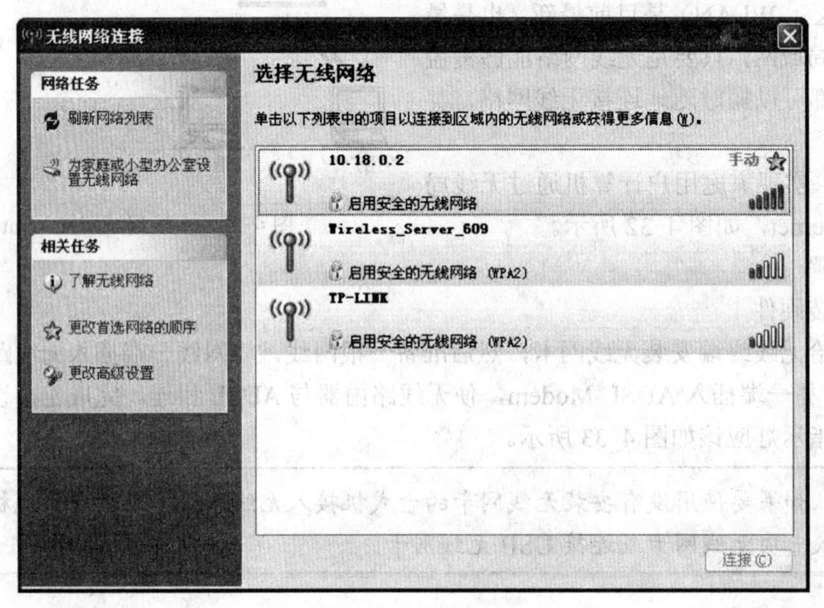

图 4-35 无线网络连接

4.3.5 代理服务器接入

代理服务器是内部网络和 ISP 之间的中间代理，它负责代理用户访问 Internet 的需求和转发网络信息，并对转发情况进行控制和登记。通过代理服务器可以使内部网络与 Internet 实现安全连接。在使用网络浏览器浏览网页信息的时候，如果使用代理服务器，浏览器就不是直接到 Web 服务器去取回网页，而是向代理服务器发出请求，由代理服务器取回浏览器所需要的信息。

1. 代理服务器的工作原理

代理服务器位于客户机和服务器之间，对于远程服务器而言，代理服务器是客户机，它向服务器提出各种服务申请；对于客户机而言，代理服务器则是服务器，它接受客户机提出的申请并提供相应的服务。代理服务器的工作原理如图 4-36 所示。当客户机与 Internet 连接时，客户机访问 Internet 时所发出的请求

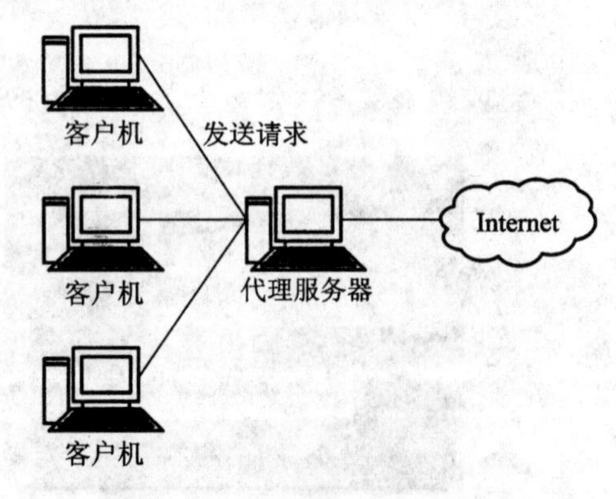

图 4-36 代理服务器工作原理

直接被送到了代理服务器上。然后，代理服务器再向远程服务器提出相应的申请。

2．代理服务器的作用

（1）提高访问速度

通常代理服务器都设置一个较大的硬盘缓冲区，当有外界的信息通过时，同时也将信息保存到缓冲区中，当其他用户再访问相同的信息时，则直接从缓冲区中取出信息，传给用户，因此，它可以节约宽带、提高访问速度。

（2）节省 IP 开销

使用代理服务器时，所有用户对外只占用一个 IP 地址，所以不必租用过多的 IP 地址，可以降低网络的维护成本。

（3）可以作为防火墙

代理服务器可以保护局域网的安全，起到防火墙的作用。这是因为，对于使用代理服务器的局域网来说，在外部看来只有代理服务器是可见的，其他局域网的用户对外是不可见的，代理服务器为局域网的安全起到了屏障的作用。另外，通过代理服务器，可以设置 IP 地址过滤，限制内部网对外部的访问权限。同样，代理服务器也可以用来限制封锁 IP 地址，禁止用户对某些网页的访问。

3．代理服务器的配置

代理服务器的配置包括两部分，即服务器端与客户端。服务器端代理服务器的配置包括用户的创建、管理、监控、账号统计、查询等设置，但这项工作通常由 Internet 服务商负责或者由专门的网络管理员来做；客户端的代理服务器配置由普通用户自己完成。客户端的设置主要是在浏览器上配置代理服务器，从而能够利用代理服务器提供的功能，不同的浏览器配置方式不同。在内部局域网中的每一台客户机都必须拥有一个独立的 IP 地址，而且事先必须在客户机软件上配制指向代理服务器的 IP 地址和服务端口号。

例 4-7　以 Windows XP 操作系统的 IE 浏览器为例，实现用户计算机通过代理服务器访问 Internet。

操作步骤：

（1）查询并记录某代理服务器的 IP 地址和端口号。

（2）选中 IE 浏览器“”并单击鼠标右键，选择“属性”命令打开“Internet 选项”窗口，单击『连接』选项卡，如图 4-37 所示。

（3）单击『局域网设置』按钮，选择“为 LAN 使用代理服务器”。单击『高级』按钮，弹出“代理服务器设置”对话框，可以分别为所需要的网络协议设置代理。在地址栏中输入记录的 IP 地址和端口号，如图 4-38 所示。

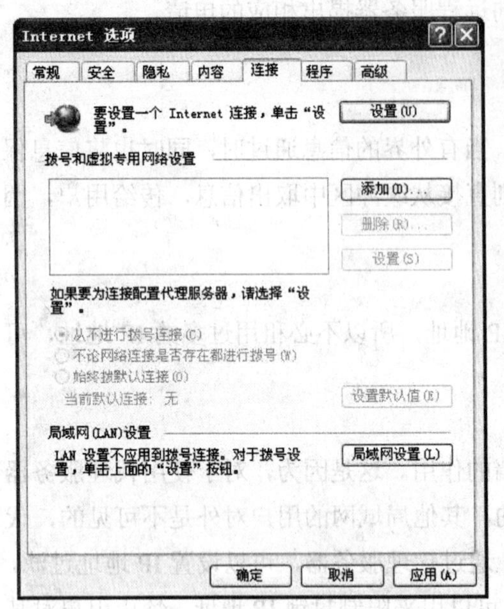

图 4-37 “连接”选项卡

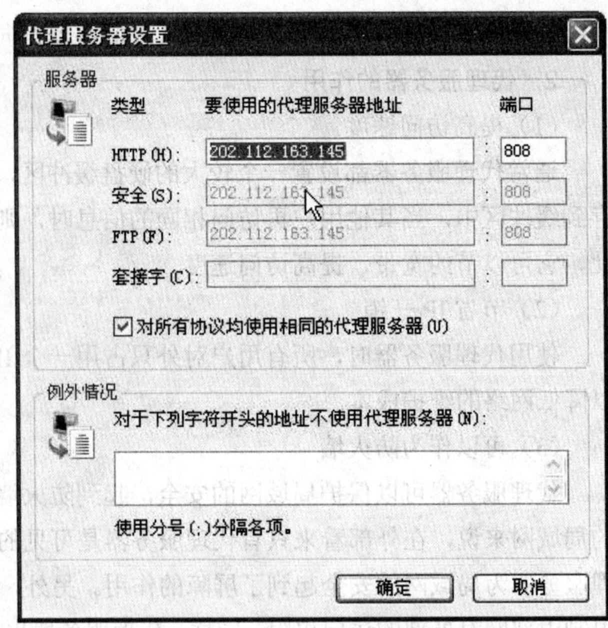

图 4-38 设置代理服务器 IP 和端口

（4）单击『确定』按钮，设置代理服务器成功，此时就可以通过代理连接 Internet 了。

4.4 计算机网络安全概述

据美国 FBI 统计，美国每年因网络安全问题所造成的经济损失高达 75 亿美元，而全球平均每 20 秒钟就发生一起 Internet 计算机侵入事件。在我国，每年因黑客入侵、计算机病毒造成的破坏蒙受了巨大的经济损失。据有关抽样数据显示，仅 2009 年我国被境外控制的计算机 IP 地址就达 100 多万个，被黑客组织篡改的网站多达 4.2 万个。随着 Internet 的广泛应用，尤其是电子商务的兴起，人们对网络安全提出了迫切的要求。

4.4.1 网络安全问题

1. 网络安全概念

网络安全是指网络系统的硬件、软件及其系统中的数据受到保护，不因偶然或恶意的原因而遭到破坏、更改、泄露，保证系统连续可靠地运行，网络服务不中断。网络安全从本质上讲就是网络上的信息安全。

2. 网络安全原因分析

（1）网络系统自身的脆弱性

所谓网络系统的脆弱性是使网络处于异常状态，甚至崩溃、瘫痪等的根源和起因。系统的硬件资源、通信资源、软件及信息资源等，因可预见或不可预见甚至恶意的原因，导致系统受到破坏、更改、泄露和失效。计算机网络由于系统本身可能存在不同程度的脆弱性，为各种动机的攻击提供了入侵或破坏系统的可利用途径和方法。

例如，目前 Internet 普遍使用的标准是基于 TCP/IP 协议。但是由于最初 TCP/IP 是在可信任环境中开发出来的，协议在实际设计的过程中未全面考虑安全问题，因此 TCP/IP 协议自身的脆弱性，不能满足人们所需要的安全性和保密性。

（2）人为的恶意攻击

人为的恶意攻击是计算机网络所面临的最大威胁，主要有两个方面：黑客攻击和计算机病毒。黑客利用网上的任何漏洞和缺陷修改网页、非法进入主机、进入银行盗取和转移资金、窃取军事机密、发送假冒的电子邮件等，造成无法挽回的政治、经济和其他方面的损失。而计算机病毒利用网络作为自己繁殖和传播的载体及工具，造成的危害越来越大。Internet 带来的安全威胁主要来自文件的下载及电子邮件的收发。

（3）内部管理不当

由于信息系统内部工作人员操作不当，特别是系统管理员和安全管理员出现管理配置的操作失误，可能造成重大的安全事故。同来自外部的威胁相比较，来自内部的威胁和攻击更难防范，它也是网络安全威胁的主要来源。

4.4.2 网络攻击

1. 网络攻击方式

由于网络不断更新换代，网络中的安全漏洞无处不在。即便旧的安全漏洞补上了，新的安全漏洞又将不断涌现。网络攻击正是利用这些存在的漏洞和安全缺陷对系统和资源进行攻击。网络攻击分为两类：被动攻击和主动攻击。

（1）被动攻击

被动攻击属于窃密攻击，典型的攻击方式是网络窃听和流量分析，通过截取数据或流量分析，从中窃取重要的敏感信息。被动攻击很难被发现，因此预防很重要，防止被动攻击的主要手段是数据加密传输。

（2）主动攻击

主动攻击涉及修改数据流或创建错误的数据流，它包括假冒、重放、修改信息和拒绝服务等。主动攻击可能改变信息或危害系统，威胁信息完整性和有效性的攻击就是主动攻击。主动攻击通常易于探测但却难于防范，因为攻击者可以通过多种方法发起攻击。

2. 网络攻击案例

（1）电子邮件攻击

电子邮件是互联网上应用十分广泛的一种通信方式。攻击者可以使用一些邮件炸弹软件向目的邮箱发送大量内容重复、无用的垃圾邮件，从而使目的邮箱被撑爆而无法使用。当垃圾邮件的发送流量特别大时，还有可能造成邮件系统对正常的工作反应缓慢，甚至瘫痪。这种网络攻击方式称为“电子邮件攻击”。

（2）特洛伊木马攻击

当用户连接到 Internet 时，一段特殊程序伪装成工具软件或游戏等诱使用户打开邮件附件或从网上直接下载。这段特殊程序可以在 Windows 启动时悄悄地执行，通知攻击者，报告目标主机的 IP 地址以及预先设定的端口。攻击者在收到这些信息后，再利用这个潜伏在其中的程序，就可以任意地修改目标计算机的参数、复制文件、窥视整个硬盘中的内容等，从而达到控制用户计算机的目的。这种攻击方式称为“特洛伊木马攻击”。

（3）浏览器的欺骗攻击

在网上，用户可以利用 IE 等浏览器进行各种各样的网页访问，如阅读新闻组、咨询产品价格、订阅报纸、开展电子商务等。然而一般的用户恐怕不会想到，正在访问的网页已经被黑客篡改过，网页上的信息是虚假的。黑客将用户要浏览的网页的地址改写成黑客自己的服务器地址，当用户浏览目标网页的时候，实际上是向黑客服务器发出请求，那么黑客就可以达到欺骗的目的。这种攻击方式称为“浏览器的欺骗攻击”。

4.4.3 防火墙

1. 认识防火墙

近年来 Internet 服务已渗透到企业网的建设，为了保证企业网的安全，提出了 Intranet 网。Intranet 是在 LAN 和 WAN 的基础上，基于 Internet TCP/IP 协议，采用防止外界侵入的安全措施，在为企业内部服务的同时，也能连接到 Internet 的企业内部网络。一般，通过设置防火墙来保证企业内部的信息安全。防火墙是一种用来加强网络之间访问控制的特殊网络设备，常常被安装在受保护的内部网络与 Internet之间，如图 4-39 所示。防火墙要求所有进出网络的数据流都必须有安全策略和授权。防火墙按照规定好的配置和规则，监测并过滤所有通向外部网和来自外部网的信息。

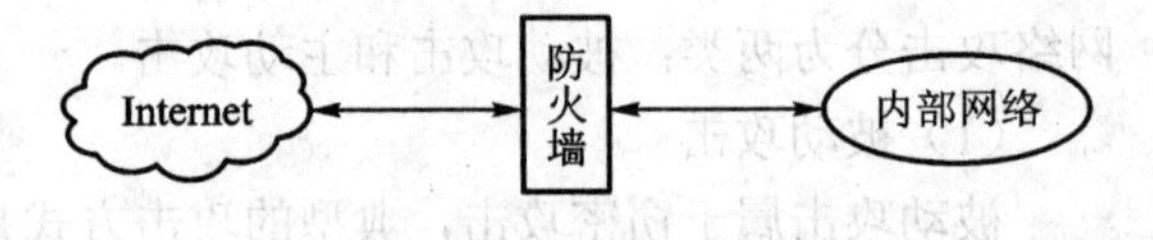

图 4-39　防火墙的位置

目前业界优秀的防火墙产品有 Check Point 的 Firewall-1、Cisco 的 PIX 防火墙、NetScreen 防火墙等，国产防火墙主要有东软 NetEye 防火墙、天融信 NGFW 防火墙、南大苏富特 Softwall 防火墙等。

2. 防火墙类型

（1）包过滤防火墙

包过滤防火墙设置在网络层，可以在路由器上实现包过滤。首先建立一定数量的信息过滤表，信息过滤表是以其收到的数据包头信息为基础而建成的。当一个数据包满足过滤表中的规则时，则允许数据包通过，否则禁止通过。这种防火墙可以用于禁止外部不合法用户对内部的访问，也可以用来禁止访问某些服务类型。

（2）代理防火墙

代理防火墙又称应用层防火墙，它由代理服务器和过滤路由器组成，是目前较流行的一种防火墙。这种防火墙将过滤路由器和软件代理技术结合在一起。

（3）双穴主机防火墙

双穴主机配有多个网卡，分别连接不同的网络。双穴主机从一个网络收集数据，并且有选择地把它发送到另一个网络上。网络服务由双穴主机上的服务代理来提供。内部网和外部网的用户可以通过双穴主机的共享数据区传递数据，从而保护内部网络不被非法访问。

4.4.4 网络安全软件的使用

（1）安装防火墙

有些恶意程序能以提供网络服务的方式运行，因此要留意服务器上打开的所有服务并定期检查。可以用端口扫描器扫描系统所开放的端口，在机器上安装防火墙，建立严格的规则来过滤不希望接收的数据包。

（2）安装防病毒软件

一些好的防病毒软件不仅能杀掉大量的病毒，还能查杀很多的木马和后门程序。这样黑客使用的入侵程序就毫无用武之地了。需要注意的是要定期升级病毒库。

（3）补丁升级和更新

经常访问微软和一些安全站点，下载最新的漏洞补丁，是保障服务器长久安全的方法。最有效的办法是打开系统的自动升级功能。

思考与练习

1．简答题

（1）计算机网络 OSI 参考模型分为几层？Internet 采用的 TCP/IP 模型包含哪几层？

（2）什么是域名服务系统？IP 地址与域名之间的关系是什么？

（3）Internet 的常见应用有哪些？

2．填空题

（1）Internet 最初是由____________发展起来的。

（2）在一个 IP 网络中负责主机 IP 地址与主机名称之间的转换协议称为____________。

（3）C 类 IP 地址用 8 位来表示主机，在一个网络中最多只能连接____________台设备。

（4）ADSL 技术下行信道的速率是____________，上行信道的速率是____________。

3．选择题

（1）在给主机配置 IP 地址时，（　　）能使用?

A．29.9.255.18　　B．127.21.19.109　　C．192.5.91.255　　D．220.103.256.56

（2）TCP/IP 的含义是（　　）。

A．局域网的传输协议　B．拨号入网的传输协议　C．传输控制协议和网际协议　D．OSI 协议

（3）下列选项中，属于 Internet 专有的特点为（　　）。

A．采用 TCP/IP 协议

B．采用 ISO/OSI 7 层协议

C．用户和应用程序不必了解硬件连接的细节

D．采用 IEEE 802 协议

4．操作题

题目　Internet 基本应用

要求：

（1）使用 Windows 的网络故障诊断命令获取所使用计算机网卡的物理地址（MAC 地址）。

（2）用户利用校园网登录 Internet 后，拟采用代理服务器访问互联网，已知代理服务器 IP 地址为 202.112.3.2，端口号为 8080，请在 IE 6.0 中配置使用代理服务器。

5．课外阅读

（1）《计算机网络应用教程》，王洪、贾卓生等编著，机械工业出版社，2007 年 2 月。

（2）《计算机网络技术基础及应用》，王爱民、郑霞等编著，中国水利水电出版社，2009 年 8 月。

应 用 篇

📖 本篇导读

第 5 章　主要介绍系统软件基础知识及 Windows XP 的应用

第 6 章　以 Office 2003 为例介绍办公自动化字处理技术及 Word 应用

第 7 章　以 Office 2003 为例介绍表处理技术及 Excel 应用

第 8 章　以 Office 2003 为例介绍演示文稿技术及 Power Point 应用

第 9 章　以 Internet 为例介绍计算机网络应用

第 10 章　介绍多媒体基础知识以及常用工具软件的应用

第5章　操作系统基础及 Windows 应用

本章学习重点：

- 了解操作系统的发展和分类。
- 了解操作系统的功能，理解处理机管理、存储管理、设备管理和文件管理。
- 了解资源管理器窗口的组成。
- 掌握文件夹与文件的使用及管理。
- 掌握 Windows 的基本操作方法及使用。
- 掌握 Windows 控制面板及附件常用工具的使用。

5.1　基本概念

任何计算机系统都是由硬件和软件两部分组成的，软件又是由系统软件和应用软件组成。操作系统是系统软件的核心，是搭建在硬件平台上的第一层软件，是一个大型的程序系统。从自身的功能来讲，操作系统是用来控制和管理计算机系统的硬件资源和软件资源；从用户使用的角度来说，是用户与计算机之间通信的桥梁，为用户提供访问计算机资源的工作环境，用户通过使用操作系统提供的命令和交互功能实现访问计算机资源的操作，每个程序都要通过操作系统获得必要的资源以后才能执行。

本章以 Windows XP 为基础，介绍操作系统的使用，以及在 Windows 环境下如何组织并管理系统资源，进行文件管理及运行应用程序等。除非特别说明，在以后的叙述中提到的 Windows 都是指 Windows XP，所有案例也都是基于 Windows XP 举例的。

5.1.1　操作系统概述

操作系统是位于应用程序和硬件之间的系统软件，定义了一套标准的接口规则，提供了大量服务，以及用做运行和开发应用程序的系统平台，为用户访问计算机系统资源提供良好的工作环境，使整个计算机系统实现高效率和高自动化。

1. 计算机资源

一个完整的计算机系统由硬件和软件组成，它们统称为计算机的资源。硬件资源是计算机的物质基础，不同类型的计算机其硬件资源是有一定差异的，主要包括处理器（CPU）、内存、外存（硬盘、软盘、光盘、U 盘、移动硬盘）、输入设备（键盘、鼠标、扫描仪）、输出设备（显示器、打印机、耳机、绘图仪）等。软件资源是指各种程序和数据的集合，主要包括系统程序的各个功能模块、应用程序、各种文件和用户文档。

计算机资源按照一定的层次组合在一起，完成各种用户请求。操作系统的主要任务之一是有序地管理计算机中的硬件、软件资源，跟踪资源使用状况，满足用户对资源的需求，协调各程序对资源的使用冲突，为用户提供简单、有效的资源使用方法，最大限度地实现各类资源的共享，提高资源利用率，从而提高计算机系统的工作效率。

2．操作系统接口

操作系统的设计依赖于硬件提供的环境，同时也取决于用户对计算机的使用所提出的目标。根据硬件环境和用户使用的需求，操作系统的设计涉及两个层面上的接口问题：一是它自身所依赖的硬件接口；二是给用户提供的接口。

硬件接口是指硬件层提供的编程接口，这是操作系统设计人员需要掌握的硬件基础，操作系统通过控制这些编程接口达到控制硬件的目的。用户接口是操作系统为用户提供使用计算机的操作接口，这是计算机用户需要掌握的内容，通过操作系统接口，用户可以利用操作系统来控制和访问计算机。

3．操作系统的层次结构

从操作系统对硬件资源和软件资源进行控制和管理的角度，操作系统分为系统层、管理层和应用层。内层为系统层，具有初级中断处理、外部设备驱动、CPU 调度以及实时进程控制和通信等功能。系统层外是管理层，功能包括存储管理、I/O 处理、文件存取、作业调度等。最外层是应用层，是接收并解释用户命令的接口，该接口允许用户与操作系统交互。某些操作系统的用户界面只允许输入命令行，而有些则通过选择菜单和图标来实现操作目的。操作系统控制着所有程序和应用软件的加载和执行，其层次结构如图 5-1 所示。

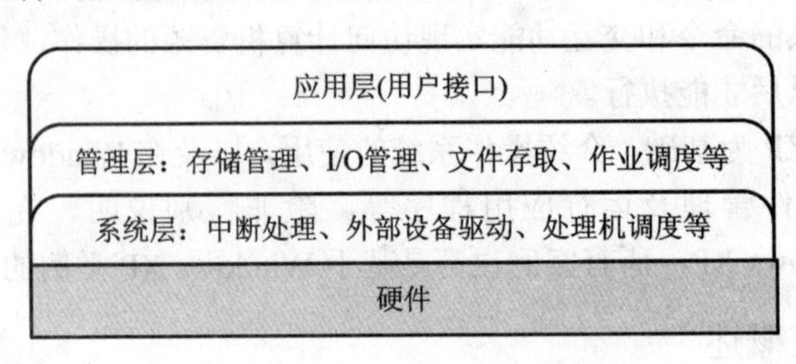

图 5-1　操作系统的层次结构

5.1.2　操作系统的功能

根据操作系统的功能特性可以分别从资源管理和用户使用计算机的两个角度进行分析。从用户使用的角度，操作系统对用户提供访问计算机资源的接口；从资源管理的角度，操作系统用来对计算机的硬件资源和软件资源进行控制和管理，主要包括处理机管理、存储器管理、设备管理和文件管理等 4 部分。

1．处理机管理

处理机即中央处理器（CPU），是计算机系统中的核心硬件资源，主要由运算器和控制器组成。处理器管理主要是指对 CPU 的分配和运行实施有效的控制。CPU 是计算机系统中最重要的硬件资源，任何程序只有占有了 CPU 才能运行，其处理信息的速度比存储器存取速度和外部设备工作速度快，只有协调好它们之间的关系才能充分发挥 CPU 的作用。操作系统可以使 CPU 按预先规定的优先顺序和管理原则，轮流地为外部设备和用户服务，或在同一段时间内并行地处理多项任务，以达到资源共享，从而使计算机系统的工作效率得到最大限度的发挥。

2．存储管理

存储设备是计算机系统的重要资源之一，根据计算机存储系统的物理组织通常分为内存储器和外存储器。计算机需要完成的作业，包括程序、数据以及运行作业的相关信息都必须存储在存储设备上，然后才能被计算机使用。

内存是计算机工作的核心存储设备，是由存储单元组成的一维连续的地址空间，用来存放当前正在运行程序的代码及数据。内存空间一般分为两部分：一部分是系统区，用来存放操作系统程序常驻内存部分；另一部分是用户区，用于存放用户程序和数据，这部分的数据随时都在发生变化。外存是内存的延伸，主要用来长期保存程序、文件或用户文档，只要存储介质完好，其数据可以永久保存。

存储管理实质上就是管理存储空间，主要包括：存储并管理程序、文件或用户文档等数据，以及为程序的运行提供良好的环境，尤其是对内存的控制和管理、内存的分配与回收、扩充内存容量和地址变换等。计算机在处理问题时不仅需要硬件资源，还要用到操作系统、编译系统、用户程序和数据等许多软件资源，而这些软件资源何时放到内存的什么位置、用户数据存放在哪里，这些都需要对内存进行统一的分配并加以管理，使它们既保持联系，又避免互相干扰，合理地分配与使用内存空间。

3．设备管理

操作系统控制外部设备和 CPU 之间的通道，把提出请求的外部设备按一定的优先顺序排好队，等待 CPU 响应。所以，设备管理的主要任务：一是优化设备的调度、提高设备的利用率；二是完成用户提出的 I/O 请求、加快 I/O 信息的传送速度、发挥 I/O 设备的并行性、提高 I/O 设备的利用率，根据各种设备的特性确定相应的分配策略、进行妥善的管理，按照进程的请求把 I/O 设备分配给提出请求的进程；三是控制 I/O 设备和 CPU 或内存之间的数据交换；四是为用户提供一个友好的透明的接口，把用户和设备硬件特征分开，使用户在编写应用程序时不用涉及具体设备，系统按用户要求控制设备工作。

4．文件管理

处理机管理、存储管理和设备管理都是针对计算机硬件资源的管理，文件管理则是对计算机系统的软件资源和用户文件的管理。软件资源主要包括各种系统程序、标准程序库、应用程序以及用户文档资料等。它是一组具有一定逻辑意义、相关联信息（程序和数据）的集合，在计算机系统中将这些信息以文件的形式存储在外部存储器上。所以，对计算机系统中各类软件资源的管理即是对文件的管理。操作系统本身也是一组软件资源，它由一系列系统文件组成，在计算机运行时也要对这些文件进行组织和管理。

操作系统中的文件系统是专门用来负责操纵和管理文件的模块，用户使用计算机时与系统打交道最多的就是文件系统，例如建立文件、查找文件、打印文件等。也就是说文件系统实际上是把用户操作的抽象数据映射成为在计算机物理设备上存放的具体数据“文件”，并提供文件访问的方法和结构。文件系统管理的目的就是根据用户的要求有效地管理文件的存储空间、合理地组织和管理文件，为文件访问和文件保护提供有效的方法和手段；实现按文件名存取，负责对文件的组织以及对文件存取权限、打印等的控制。尤其是当内存不够用时，解决内存扩充问题，即将内存和外存结合起来管理，为用户提供一个容量比实际内存大得多的虚拟存储器。

5.1.3 操作系统的分类

根据操作系统的使用环境和功能特征的不同，操作系统可以分为批处理操作系统、分时操作系统和实时操作系统；从用户使用计算机的角度，操作系统又分为个人计算机操作系统、网络操作系统、分布式操作系统和嵌入式操作系统等多种类型；而从软件产品角度，操作系统又可分为开源操作系统和专属操作系统。

1．批处理操作系统（Batch Processing Operating System）

批处理操作系统是一种早期用在大型计算机上的操作系统，其特点就是用户脱机使用计算机、作业成批处理和多道程序运行。

批处理操作系统要求用户事先把上机解题的作业准备好，包括程序、数据以及作业说明书，然后直接交给系统操作员，并按指定的时间收取运行结果。由系统操作员将用户提交的作业分批进行处理，每批中的作业由操作系统控制执行。其特点是成批处理，单位时间内计算机系统处理作业的个数多、系统资源利用率高；缺点是用户不能直接与计算机交互，调试程序困难，仅适用于成熟的程序。目前，批处理系统已经不多见了。

2．分时操作系统（Time Sharing Operating System）

分时操作系统允许多个用户共同使用同一台计算机的资源，即在一台计算机上连接几台甚至几十台终端机。终端机可以没有 CPU 与内存，只有键盘与显示器，每个用户都通过各自的终端机使用这台计算机的资源，计算机系统按固定的时间片轮流为各个终端服务。由于计算机的处理速度很快，用户感觉不到等待时间，就像这台计算机专为自己服务一样。

在分时操作系统中，分时是指若干道程序对 CPU 运行时间的分享，通过设立一个单位时间片来实现。也就是说 CPU 按时间片轮流执行各个作业，一个时间片通常只有几十毫秒。分时操作系统的主要目的是对联机用户的服务和响应，具有同时性、独立性、交互性和及时性等特点。

分时操作系统是当今计算机系统中使用最普遍的一类操作系统，UNIX 是其典型代表。

同时性是指多个联机用户可以同时使用一台计算机，宏观上是多个用户同时工作，共享系统资源，微观上则是一个 CPU 轮流地按时间片为每个用户作业服务。独占性，由于分时操作系统是采用时间片轮转方法，使一台计算机同时为许多终端用户服务，因此这些用户彼此之间都感觉不到别人也在使用这台计算机，好像只有自己独占一样。交互性是指用户可以同计算机对话，用户从终端输入命令，提出计算要求，系统收到命令后分析用户的请求并执行，然后把运算结果通过显示器或打印机告诉用户，用户根据运算结果提出下一步要求，这样一问一答，直到全部工作完成。及时性是指系统对用户提出的请求及时响应。

3．实时操作系统（Real Time Operating System）

20 世纪 60 年代中期计算机进入第三代，计算机的性能和可靠性有了很大提高，造价大幅度下降，使得计算机应用越来越广泛。随着工业过程控制和对信息进行实时处理的需要产生了实时操作系统。“实时”是“立即”的意思，指对随机发生的外部事件做出及时的响应并对其进行处理；所谓外部事件是指来自于计算机系统相连接的设备所提出的服务请求和采集数据。

实时操作系统以在允许的时间范围内做出响应为主要特征，要求计算机对外来的信息以足够快的速度进行处理，并在被控对象允许时间范围内做出快速响应，其响应速度时间在秒级、毫秒级甚至微秒级或更小。实时操作系统通常用在工业过程控制和信息实时处理方面，如数控机床、电力生产、飞行器、导弹发射、民航中的查询航班和票价、财务处理等。

4．个人计算机操作系统（Personal Computer Operating System）

个人计算机操作系统是随着微型计算机的发展而产生的，用来对一台计算机的硬件和软件资源进行管理，通常分为单用户单任务和单用户多任务两种类型。

单用户单任务操作系统的主要特征是，在一个计算机系统内，一次只能支持运行一个用户程序，此用户独占计算机系统的全部硬件和软件资源。DOS（Disk Operating System）是典型的单用户单任务个人计算机操作系统。

单用户多任务操作系统也是为单个用户服务的，但它允许用户一次提交多项任务。例如，用户可以在运行程序的同时开始另一文档的编辑工作，边听音乐边打字也是典型的例子。Windows 98 等以前版本是典型的单用户多任务操作系统。

5．网络操作系统（Network Operating System）

网络操作系统是在单机操作系统的基础上发展起来的，用于对多台计算机的硬件和软件资源进行控制和管理，提供网络通信和网络资源共享的功能，包括网络管理、通信、安全、资源共享和各种网络应用，提高系统资源的利用率和可靠性。

网络操作系统把计算机网络中的各台计算机有机地连接起来，实现相互通信和资源共享。用户可以使用网络中其他计算机的资源，实现计算机间的信息交换，从而扩大了计算机的应用范围。通常将网络操作系统放在计算机网络系统中的服务器上，最有代表性的网络操作系统产品是：Novell 公司的 Netware，Microsoft 公司的 Windows 2000 Server/Windwos NT / Windows XP 等。

5.1.4 操作系统的工作界面

从用户的角度，操作系统是用户与计算机之间进行交互和通信的接口，通常称为操作系统的工作界面。随着操作系统功能的不断扩充和完善，用户接口更加人性化，呈现出更加友好的界面。为了使用户能灵活、方便地使用计算机资源，操作系统通常采用命令行接口（CLI，Command Line Interpreter）方式和图形用户接口（GUI，Graphical User Interface）方式两种工作界面。

1．命令行界面

命令行界面是指利用操作系统提供的操作命令实现人与计算机之间的信息交流。它由一组操作命令组成，这组命令由操作系统的命令解释程序解释执行。也就是说以一问一答的方式提交任务，即在操作系统的系统提示符下直接输入操作命令，每输入一条命令执行一个任务，通过命令控制计算机的操作。

例 5-1 利用 UNIX 命令完成对文件的复制操作

操作步骤：

$ cp /usr/test/a1.txt /tmp/a2.txt↙

其中：

$ 表示 UNIX 系统提示符；

cp 表示 UNIX 系统中的复制命令；

/usr/test/a1.txt 表示源文件的路径及文件名；

/tmp/a2.txt 表示目标文件的路径及文件名；

$ cp /usr/test/a1.txt /tmp/a2.txt↙ 表示一个命令行。

早期的操作系统都是以命令行的形式提交任务，这种工作方式要求用户必须熟悉这套操作命令，由于不同的操作系统提供的命令不同，每个命令的格式也有差别，显然这种工作方式不方便用户使用计算机。DOS、UNIX 和 NetWare 都是典型的命令行操作界面的操作系统。

在 Windows 环境中也提供了命令行工作方式，通过 Windows 附件组中的“命令提示符”选项，即可以命令行方式提交命令，如图 5-2 所示。

图 5-2 Windows 环境中的命令行工作界面

2．窗口图形界面

窗口图形工作界面是指在系统提供的工作窗口中通过菜单命令或工具按钮完成命令的提交，这种工作界面的最大特点是用户不必死记命令和语法，只要从窗口中选择操作命令或用鼠标单击即可执行操作，非常方便用户操作使用计算机。当前流行的 Windows 系列都是具有窗口图形工作界面的操作系统。

5.2 Windows 应用

Windows 是基于图形界面的多任务磁盘操作系统，它改变了早期 DOS 操作系统的单一任务和以输入命令进行操作的方式。Windows 正如它的名字一样，在计算机与用户之间打开了一个窗口，用户通过这个窗口来使用和管理计算机。

5.2.1 基础知识

1．Windows 的组成

Windows 由系统文件、外部过程文件和一系列应用程序组成。系统文件和外部过程文件随系统一起安装到计算机中，随着 Windows 的启动系统文件直接加载到内存中供用户使用；外部过程文件则放在外存，需要时由外存调入内存使用。应用程序则以独立的软件方式存在，根据用户的需要购买并安装到计算机系统中才能使用，如 Office 套件、VC++、Flash 等。

2．Windows 的基本运行环境

（1）233 MHz Intel Pentium 处理器或更高的 Intel Pentium/Celeron 系列，以及其他兼容处理器；

（2）256 MB 基本内存或更大；

（3）一个光盘驱动器，CD-ROM 或 DVD；

（4）60 GB 硬盘，并且至少有 600 MB 的可用硬盘空间；

（5）支持 600×800 以上分辨率的 SVGA 或更高分辨率的视频适配器（显卡）和监视器；

（6）鼠标、键盘。

3．鼠标操作

在 Windows 环境中大部分操作靠鼠标实现，熟练地掌握鼠标操作，可以提高使用计算机的工作效率。

（1）鼠标的使用

鼠标是 Windows 环境下使用最频繁的输入设备，使用鼠标实现对 Windows 系统的操作既简单又方便。进入 Windows 桌面系统后，就会有一个单箭头的图标“ ↖ ”出现在屏幕上，称为鼠标指针。该指针随着鼠标的移动而在屏幕上同步移动，其指针形状会随着当前执行的任务而发生变化。鼠标操作主要分为如下几种：

移动：移动鼠标时不按任何键，鼠标指针将随着鼠标的移动而移动。

单击：将鼠标停在某一指定对象上，然后按一下鼠标左键或右键。通常情况下，单击鼠标左键为选中对象操作，单击鼠标右键弹出指定对象的快捷菜单。

双击：将鼠标停在某一指定对象上，然后快速按两下鼠标左键，表示打开指定对象窗口或运行应用程序。

拖动：鼠标指针停在某一指定对象上，然后按住鼠标左键拖动鼠标，将对象拖动到某一位置后松开。用这种方法可移动对象、窗口或图标。

指向：将鼠标移动到所要操作的对象上停留片刻，会给出当前对象的功能解释信息。

（2）鼠标指针形状及含义

当鼠标指针指向屏幕的不同部位时，指针的形状会有所不同。此外有些命令也会改变鼠标指针的形状。使用鼠标操作对象不同，鼠标指针形状也不同，如表 5-1 所示。

表 5-1　鼠标指针形状及其功能

指针形状	功 能 说 明
	系统处于“就绪”状态，用于“单击”、“双击”、“选择”、“指向”等操作
?	求助符号，单击对话框中的问号按钮即可变成该指针形状，此时指向某个对象并单击，即可显示关于该对象的解释说明
	指示当前操作正在后台运行
	指示当前操作正在进行，等操作完成后，才能往下进行 注意：当长时间不消失时，可能系统已死机或程序已终止运行，此时应按“Ctrl+Alt+Del”组合键进入 Windows 任务管理器窗口，取消该作业
↔ ↕	指向窗口上/下、左/右两侧边界位置，可上下、左右拖动改变窗口大小
⤢ ⤡	指向窗口四角位置，拖动可改变窗口大小
	移动图片、文本框等对象
	指向已建立超级链接的对象，单击可打开相应的对象

4．键盘的使用

在 Windows 系统中，利用键盘也可以完成对 Windows 系统的操作，即通过键盘输入操作命令。此外，Windows 还定义一些特殊按键和快捷键，使用它们及其组合键可方便、快捷地完成日常操作。特别是在没有鼠标或鼠标出现故障的情况下，了解并掌握键盘的使用是非常必要的。

目前，在许多键盘的空格键左右两侧都有 Windows 专用键“田”，该键在 Windows XP 中有许多用途，尤其是可以和某个键相组合起来成为执行命令的快捷键。

常用的 Windows 组合键及其功能如表 5-2 所示。

表 5-2 常用 Windows 组合键及其功能

按 键	功 能 说 明	按 键	功 能 说 明
⊞	打开或关闭“开始”菜单	⊞ + F1	显示 Windows 帮助
⊞ + D	显示桌面	⊞ + R	打开“运行”对话框
⊞ + E	打开“我的电脑”窗口	⊞ + break	打开“系统属性”窗口
⊞ + F	打开“搜索引擎”窗口	⊞ + M	最小化所有窗口
⊞ + Ctrl + F	打开“计算机搜索引擎”窗口	⊞ + U	打开“工具管理器”窗口

常用的键盘按键及组合键（或称快捷键）的功能说明如表 5-3 所示。

表 5-3 常用键盘键及其功能

按 键	功 能 说 明
F1	显示帮助信息
Esc	取消当前任务
Alt	打开应用程序的对应菜单栏（同 F10）
退格键（Backspace）	返回所选文件夹的上一级文件夹
▤	显示选中对象的快捷菜单
Ctrl + Esc	打开“开始”菜单
Alt + Space	打开窗口的控制菜单
Alt + Enter	打开对象的属性对话框
Shift + F10	打开快捷菜单
Alt + Esc	切换窗口
Alt + Tab	切换任务
Tab/ Shift + Tab	在对话框的控制按钮之间切换
Ctrl + Tab/Ctrl + Shift + Tab	在对话框的不同选项卡之间切换
Ctrl + Space	输入法间切换
Shift +Space	全角/半角间切换
Alt + F4	关闭当前窗口
Ctrl + F4	关闭当前文档
Shift + Delete	物理删除选中对象

5.2.2 桌面

Windows 桌面如同办公桌一样，在办公桌上可以存放各种资源。Windows XP 提供了全新的操作界面，从而使计算机的操作和控制变得更加简单。掌握好 Windows XP 桌面元素的功能和特点，会使操作计算机更加得心应手。

1. 桌面组成

启动 Windows 之后，出现在屏幕上的是用户操作计算机的工作界面，该区域称为桌面。桌面主要由图标、任务栏和“开始”菜单 3 部分区域组成，每个区域又包含若干单元，每个单元称为一个对象或元素，如图 5-3 所示。

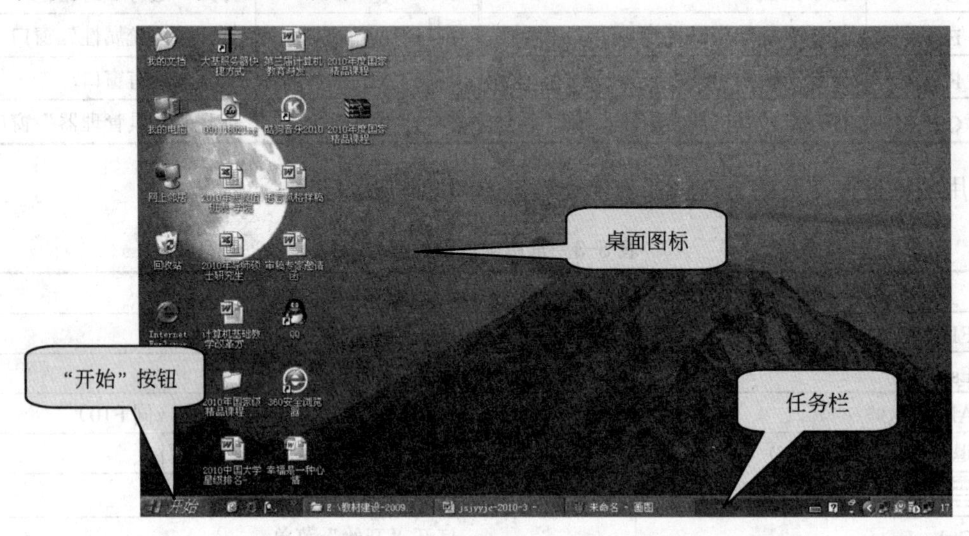

图 5-3　Windows XP 桌面

2. 桌面图标

桌面图标通常分为系统图标、快捷图标、文件夹图标和文件图标，每个图标代表一个对象，这些图标有些是由系统提供的，有些是由用户创建添加的。

（1）系统图标

系统图标是指启动 Windows 后，系统自动加载到桌面上的图标，如我的电脑“”、网上邻居“”、回收站“”以及我的文档“”等，其含义如表 5-4 所示。

表 5-4　系统图标

图　　标	含　　义
我的电脑	代表用户正在使用的计算机，是浏览和访问本地计算机上的所有软件和硬件以及文件等资源的快捷途径之一。双击“我的电脑”图标，打开“我的电脑”窗口。在该窗口中，能看到当前计算机的所有资源。系统用不同的图标表示各种资源，如本地磁盘、CD 驱动器、文件夹等
网上邻居	如果已经连接网络，桌面上就会出现该图标。通过“网上邻居”可以浏览和使用网络中其他计算机资源。双击“网上邻居”图标，打开“网上邻居”窗口。在窗口中双击“整个网络”文件夹弹出“整个网络”窗口。在这个窗口中显示出所有网络中已连接的计算机组名或计算机名，只要用户具有某台计算机的使用权，就可浏览和使用该计算机的资源

续表

图　标	含　义
回收站	它是硬盘中的一个区域，用于存放用户删除的文件和文件夹。它就像现实生活中的储藏室，暂存不用的东西，主要用途是为恢复误删除的文件和文件夹。当删除硬盘上的某个应用程序、文件或文件夹时，它们会被移到"回收站"中，仍然占用硬盘空间，一般称为逻辑删除。如果用户发现是误操作，可以借助"回收站"将其恢复。通过"回收站"窗口中的"清空回收站"命令，可以彻底清除文件释放硬盘空间，这一操作称为物理删除。一旦将文件或文件夹物理删除后，就不能再将其恢复
我的文档	这是一个特殊的文件夹，主要用来存放和管理用户文档和数据，如"图片收藏"、"我的视频"、"我的音乐"等

注意：回收站只保存硬盘上被删除的文件，因此不能利用回收站恢复软盘、U 盘或网络中被删除的文件或文件夹。

（2）快捷图标

快捷图标是一个链接指针，图标上带有一个尖头弯钩，可以链接某个应用程序、文件夹或文件；也可以指向磁盘驱动器、Web 页、打印机等。通过链接指针可以快速访问某个对象，双击图标即可快速打开与其链接的对象。用户也可以根据需要随时增加或删除快捷图标，删除后的快捷图标不影响所链接的对象。

（3）文件夹与文件图标

Windows 系统将所有文件夹用统一的"📁"图形表示，用于组织和管理文件。不论在任何地方只要双击文件夹图标，就会打开下一层文件夹或文件列表。

文件图标对应的是某个程序的文档文件，双击即可打开对应的应用程序及其文档文件。删除文件图标即是删除该文档文件，这与删除快捷图标是不同的。

3. 任务栏

桌面底部即是任务栏，通常是由"开始"按钮、"快速启动"按钮区、"应用程序最小化"按钮区、"系统提示"区等 4 部分组成。Windows XP 提供的任务栏增加了分组列表显示方式，当打开的任务较多时，自动将同一软件形成的多个文档集中显示或隐藏，节省了任务栏空间。

"快速启动"按钮区位于"开始"按钮的右侧，用于显示常用程序的快捷图标，是在安装系统时自动生成的，用户也可以自行增删，用鼠标单击其中的某个图标即可快速打开或运行该对象。

"应用程序"最小化按钮位于任务栏的中间，每当启动一个新程序、打开一个文件或窗口时，系统便向任务栏中增加一个应用程序、文件窗口的最小化按钮。通过此按钮可以进行应用程序间和窗口间的切换。切换时，只要用鼠标单击任务栏上对应的按钮即可使之成为当前工作窗口。所以，只要看一下任务栏中应用程序或窗口的最小化按钮便可知道已打开了哪些窗口或正在运行哪些应用程序，以及当前工作的窗口。

“系统提示”区也称状态栏指示器，位于任务栏的右端，区中有一些小图标称为指示器，代表一些常驻内存的小工具程序，如时钟、输入法状态指示器、音量控制器等，便于用户查看时间与系统资源、设置输入法以及调节音量等操作。此外，还有其他活动和紧急通知图标，如网络连接状态图标、防火墙、计算机监控等图标。该区域中不经常使用的图标，系统将自动隐藏，一旦使用又会重新显示。

4．“开始”按钮

“开始”按钮位于任务栏底部的左侧，单击『开始』按钮，弹出“开始”菜单，这是Windows XP所特有的新型“开始”菜单。通过开始菜单可以访问系统中的所有资源、运行各种应用程序。

新型“开始”菜单将最常用的应用程序组合在一起，初始状态提供IE浏览器和电子邮件等应用程序，以后凡经常使用的应用程序也将随着应用显示在其中。“开始”菜单中只默认显示5个最近频繁使用过的程序名，不常使用的程序名随之被替换掉。当然，用户也可以按自己的要求和习惯自行设置“开始”菜单。只要在任务栏的任意空白处单击鼠标右键，在弹出的快捷菜单中选择“属性”命令，弹出“任务栏和『开始』菜单属性”窗口，通过该窗口可以自行设置“开始”菜单和任务栏。

5．Windows Update

自Windows XP产生以来随着用户量的不断增多，其自身的安全和稳定问题也慢慢暴露出来，要维护计算机的安全就必须及时更新系统。在“开始”菜单左上部的“Windows Update”选项是Microsoft基于Web的新资源站点，利用该站点可以及时、全面和安全地更新Windows XP系统，并提供最新的技术支持。当用户登录到该站点时，该站点会自动检测当前计算机需要更新的内容，用户只需根据提示进行操作就可以自动完成系统更新。

5.2.3 菜单系统

Windows菜单系统是以菜单的形式给出各种命令，用户使用鼠标选中某个菜单选项，相当于输入并执行该命令，这是Windows系统的最大特点之一。也就是说，所有命令都可从菜单中选取，而无须记住这些命令，而且所有菜单都具有统一的格式和使用方式。

1．菜单的类别

在Windows系统中有4类菜单：第一类是应用程序窗口的菜单栏；第二类是菜单栏上菜单项的级联菜单，也称“下拉菜单”，每个下拉菜单中具有一系列菜单命令；第三类是控制菜单，单击窗口的控制按钮即可弹出，每个窗口的控制菜单都相同；第四类是快捷菜单，在桌面或窗口的任意位置单击鼠标右键或选中某个对象后单击鼠标右键，都会弹出快捷菜单，菜单的内容会随着当前对象的不同而不同。

2．菜单项的使用

每种菜单都是由一系列命令组成，这些命令会随着当前操作的对象具有不同的状态。通常将相关任务的命令分为一组，不同命令组用一条线分开。典型的 Windows 菜单命令类型如图 5-4 所示。

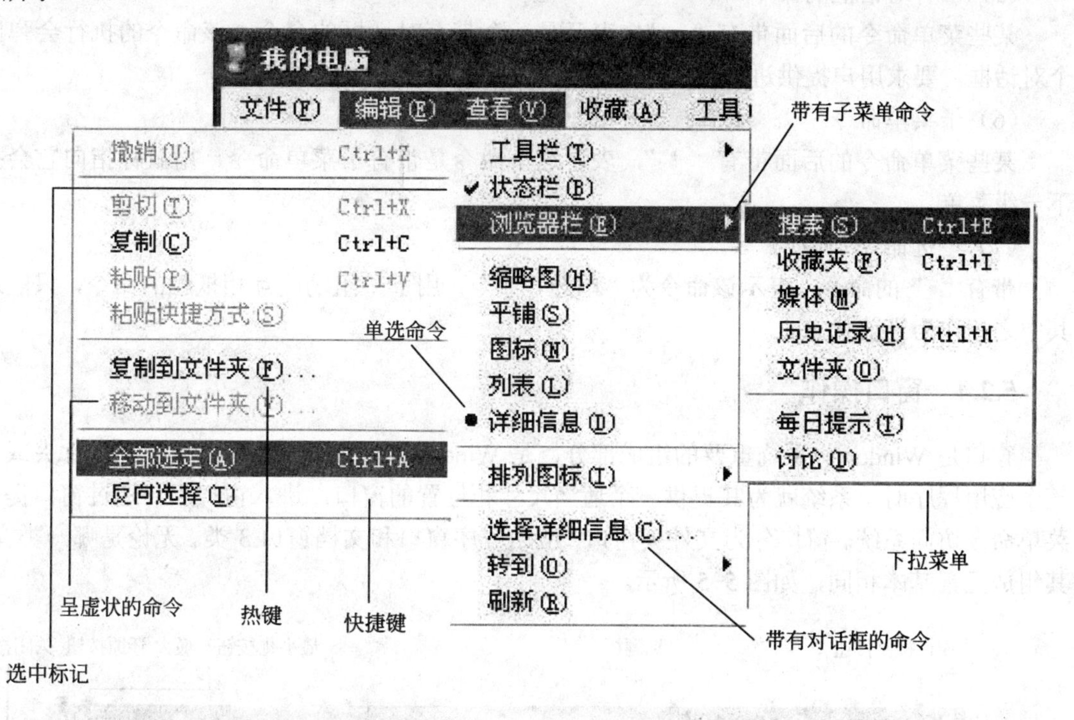

图 5-4　典型的 Windows 菜单命令

（1）呈虚状的命令

在某种情况下，有的菜单命令以灰色出现，这种菜单命令表示在当前是无效的，也就是说是不可执行的，这些命令将随着用户的操作自动激活。

（2）命令的选中标记

菜单命令旁的“√”符号为选中标记，说明此命令正在起作用。这种命令相当于一个开关，单击该菜单命令，就会在选中和非选中之间进行转换。

（3）热键

菜单栏的菜单命令中带下划线的字母是为键盘操作方式而设置的，尤其是当没有安装鼠标或鼠标不能使用的情况下非常方便，这些带下划线的字母称为热键。在键盘上按“Alt” + “带下划线的字母”组合键，可执行相应的操作命令。

在下拉菜单中带下划线的字母是为执行相应命令而设置的，打开“下拉菜单”后直接输入此字母，就可执行相应的命令。

（4）快捷键

某些菜单命令的右边有一组合键（如“Ctrl + P”），称为命令的快捷键，不用激活菜单栏、也不用打开下拉菜单，直接输入快捷键就可执行菜单中的命令。

（5）带有对话框的命令

某些菜单命令的后面带有“…”，表示是一个带有对话框的命令。该命令的执行会弹出一个对话框，要求用户提供进一步的信息才能执行。

（6）子菜单命令

某些菜单命令的后面带有“▸”，表示这个命令是带有子菜单命令，用鼠标指向它会打开下一级菜单。

（7）单选命令

带有“•”的命令，表示该命令为“单选”命令，用于一组功能互相抵触的命令，只能选择其中之一作为当前状态。

5.2.4 窗口操作

窗口是 Windows 系统重要的组成部分，是 Windows 的特点和基础。当打开文件夹或运行某个应用程序时，系统就为其提供一个适当尺寸和位置的窗口。进入窗口后，通过窗口提供的菜单命令访问系统。窗口分为文件夹窗口、应用程序窗口和文档窗口 3 类。无论是哪一类窗口，其组成元素基本相同，如图 5-5 所示。

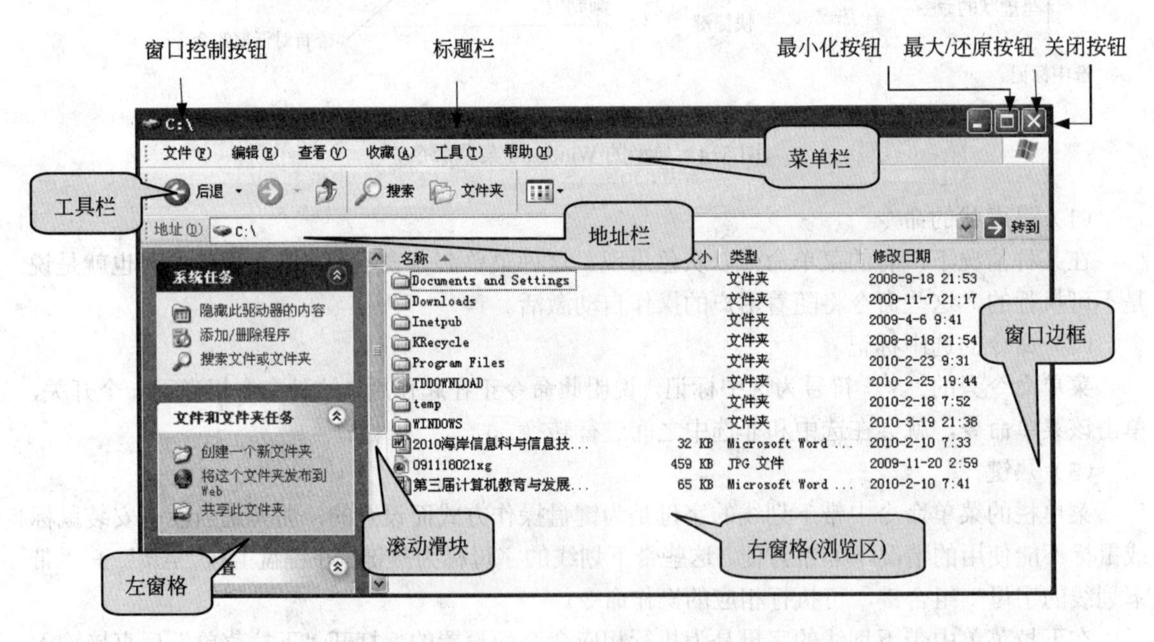

图 5-5 典型“窗口”示例

1. 窗口主要元素及其功能

窗口控制按钮位于窗口的左上角，单击窗口的“控制按钮”弹出窗口控制下拉菜单，通过菜单命令可对窗口进行移动、最大化、最小化或关闭窗口等基本操作。当然，也可以通过窗口右上角的最小化、最大/还原和关闭按钮对窗口进行操作。

标题栏位于窗口的顶部，用于显示应用程序、文档或文件夹的名称。当打开多个窗口时，当前工作窗口只有一个，该窗口标题栏的颜色会比较深，而其他窗口的标题栏呈灰色。

菜单栏集合了应用程序所有的命令，按类别划分为多个菜单项。每个菜单项包含了一系列菜单命令，单击菜单项打开下拉菜单即可使用相应的菜单命令。

工具栏包括某些公共命令按钮和对话框按钮，为图形化的菜单，按类别组合；是使用应用程序命令的快速方式，通常位于菜单栏的下面，通过鼠标点击相应按钮即可执行某个菜单命令。在窗口上是否显示工具栏、显示哪类工具栏，是通过“查看”菜单中的“工具栏”命令设置的。工具栏对管理文件很方便，通常将“常用工具栏”和“格式栏”工具按钮显示在窗口上，其他的工具栏则根据需要随时打开。

状态栏位于窗口的下方，显示当前状态或帮助信息。根据用户当前的操作给出相应的提示信息。

用鼠标点击滚动条上的箭头或拖动滚动条上的“滑块”，可以滚动窗口，以浏览窗口上的全部信息。

2．窗口的基本操作

打开窗口是指运行某个应用程序或打开某个文件夹。打开窗口的方法有许多种：双击桌面上应用程序快捷图标；从“开始”菜单中进行选择；还可以通过“我的电脑”或“资源管理器”找到应用程序后，利用“文件”菜单中的“打开”命令启动。

最大化窗口是指将窗口扩大为整个屏幕。单击窗口『』按钮或用控制菜单中的“最大化”命令使窗口最大化，此时最大化按钮自动变成还原按钮『』。单击还原按钮，窗口又会变成原来的大小。

最小化窗口将窗口收缩到任务栏上，成为一个按钮，表示该应用程序在后台运行，是不活动的窗口。单击窗口『』按钮或使用控制菜单中的“最小化”命令，即可使窗口最小化。

还原窗口是使窗口还原到最大化或最小化之前的状态。最大化还原方法是单击窗口『』按钮，或打开控制菜单选择“还原”命令窗口即可还原。最小化还原方法是单击任务栏上最小化图标，或打开控制菜单，选择“还原”命令。

移动窗口是指将窗口从桌面的一处移到另一处。方法是将鼠标指针移到窗口的标题栏内，按住鼠标左键将它拖动到所需位置松开鼠标键即可。或用控制菜单中的“移动”命令，当鼠标指针呈“✥”状，将其移动到窗口的标题栏上，拖动窗口即可。注意，不能移动最大化或最小化后的窗口。

改变窗口的大小是指根据需要确定窗口在桌面上的大小。方法是将鼠标指针移到窗口的边框上，当鼠标指针变成双箭头“↔”、“↕”或“⤢”时，按住鼠标左键并拖动，向外侧拉为放大窗口，向内侧推为缩小窗口。注意，不能改变最大化或最小化后的窗口。

关闭文档窗口表示结束当前文档的操作，而应用程序仍在运行；关闭应用程序窗口表示结束应用程序的运行，这时在应用程序下运行的其他文档窗口也将被关闭。关闭文件夹窗口表示结束对该文件夹的访问，返回到上一级文件夹或桌面。单击『☒』按钮，或选择控制菜单的“关闭”命令，或选择“文件/关闭”命令都可关闭窗口。关闭最小化的窗口时应先将其激活，再按关闭窗口；或在任务栏上用鼠标右键单击所对应的任务按钮，然后在弹出的快捷菜单中选择“关闭”命令。

窗口之间切换是指将另一个应用程序窗口作为当前活动窗口。由于 Windows 是一个多任务系统，可同时打开多个窗口、运行多个应用程序，而当前处于活动的窗口只有一个。桌面上所有打开的窗口无论是最大化还是最小化，在任务栏上均有图标按钮与之对应。当前活动窗口的标题栏处于高亮深蓝色显示，若想使某个窗口成为当前活动窗口，只要单击任务栏上对应的应用程序按钮或单击该窗口的任何部位即可。若想在所有打开的窗口之间进行切换，可以按住“Alt”键后，反复按“Tab”键，逐一浏览各窗口的标题，当显示所需窗口的图标时松开按键即可。

5.2.5 对话框

对话框是用户与程序之间进行信息交互的窗口，一般来讲在菜单栏中凡是命令后带有“…”的都是带有对话框的命令，表示该命令的执行需要用户提供进一步信息。例如，要打开一个已有文件，当用户选择“打开”命令后，系统就会弹出“打开”命令对话框，要求用户提供要打开文件所在的位置、文件名等信息，只有当输入的信息满足条件该命令才能被执行。

1. 对话框的组成

对话框主要由标题栏、菜单栏、工具栏、选项卡（标签）、命令按钮、单选按钮和状态栏等组成。不同的对话框其组成元素是不一样的，有些还增加了像“进度条”、“滑块”、“树形查看”等元素，这些“元素”使对话框的功能更强。典型的对话框如图 5-6、图 5-7 所示。

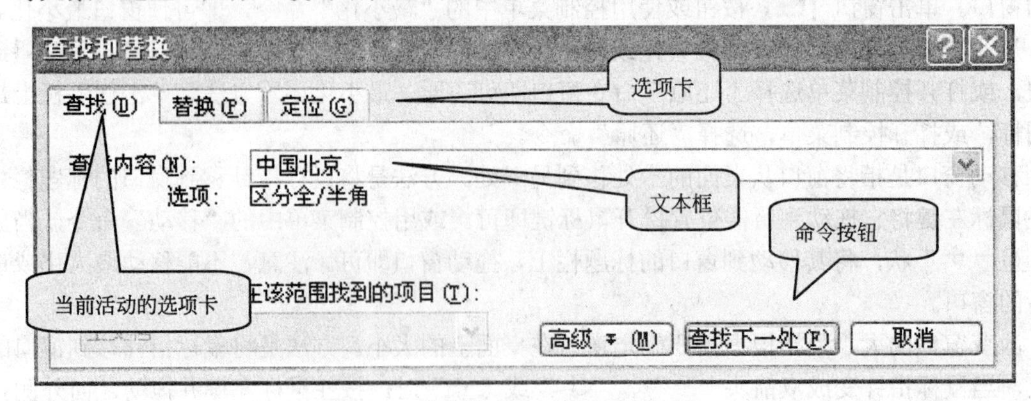

图 5-6 “查找和替换”对话框示意图

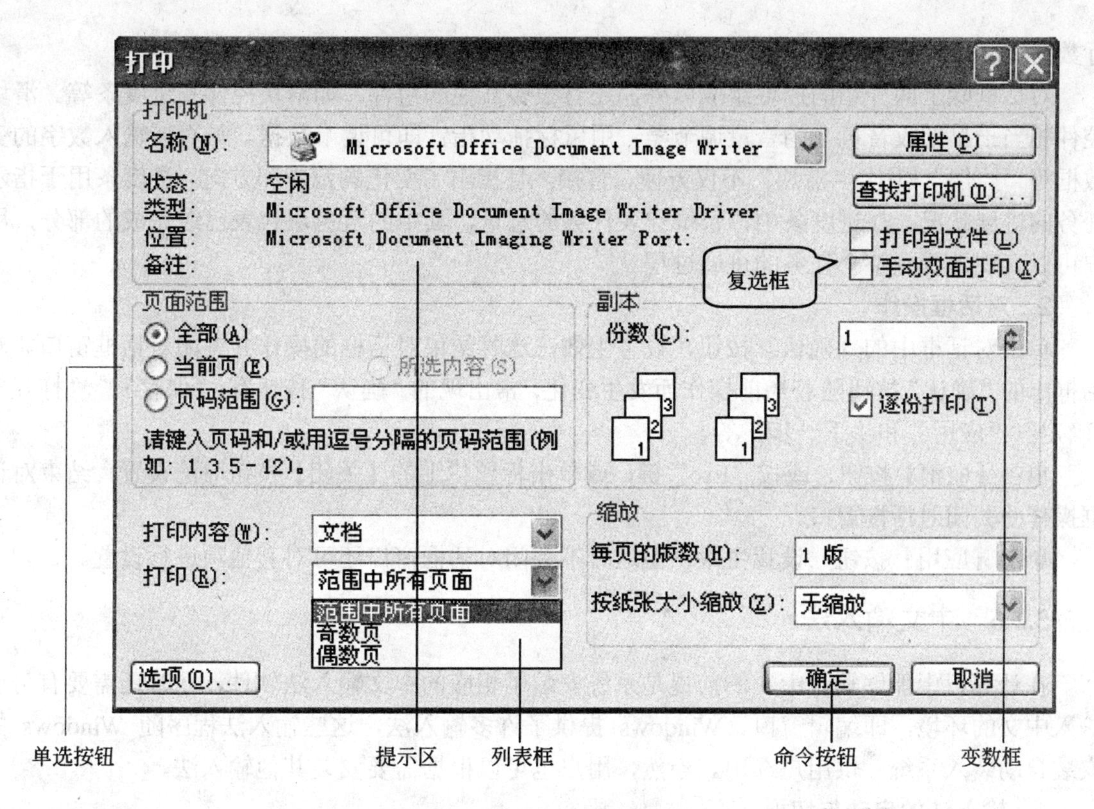

图 5-7 "打印"对话框示意图

其中:

文本框也称编辑框，是用户输入信息的区域，根据使用的命令填入具体的内容。有时在文本框中系统已经提供了默认值，供用户直接选择或修改。

列表框以列表的形式给出一些选项供用户选择，当选项超过列表框的显示范围时，用列表框右侧或下部的滚动条进行上下或左右调整。

复选框相当于一个开关，位于选项说明的前面。单击复选框后，框内带有"✔"，表示该项被选定；再次单击复选框，框内为空，表示取消该项选择。复选框可以多选。

单选按钮是成组出现的，一组单选按钮中同时只能有一个被选中，圆圈中带有黑点为选中状态，否则为未选中。要选中某项，直接单击某个单选钮即可。

命令按钮是操作 Windows 的快捷工具，一个按钮对应一个命令，如"确定"、"取消"命令等，直接单击即可快速执行该命令。

选项卡（也称为标签）是对话框中用得最多的"控件"之一，呈"向外突出"状的代表当前正在使用的标签。单击某一个选项卡，会使其成为当前使用的选项卡。选项卡改变了，对话框的内容也跟着改变，类似于书的标签，单击书签就会显示相应的页面。

变数框也称为数值框，利用它可以输入一个精确的数据，或使用变数框右边的上下按钮进行数据增减，按一下增/减一个单位。

对话框除上面介绍的控件组成以外，还有很多其他的组件，如滑块控件和进度条等。滑块控件相当于早期收音机上的音量调节器，用鼠标拖动指针即可调节数据。与直接输入数字的变数框等“控件”相比，“滑块”不仅方便、直接，且指出了变化的范围和方向。进度条用于指示任务的进展状况。在进度条中，长框代表任务的总量，其中的蓝色块代表已经完成的部分，用户可以直观地看到整个任务的进展过程。

2．对话框操作

单击对话框中的『确认』按钮，设置生效，这时结束对话框的操作并关闭对话框窗口。对话框中的“确认”按钮随着当前操作而发生变化，常出现的“确认”按钮有：“保存”、“打开”、“确定”、“应用”和“下一步”等。

单击『取消』按钮，或按“Esc”键，或单击标题栏上的『关闭』按钮取消设置，结束对话框操作并关闭对话框窗口。

单击『应用』按钮，设置生效，但这时不关闭对话框窗口还可对其他项进行设置。

5.2.6　中文输入法

在计算机中能够输入中文的前提是系统安装了相应的中文输入法软件，同时还需要有可以输入中文的环境，即编辑窗口。Windows 提供了许多输入法，这些输入法程序随 Windows 的安装自动装入系统，供用户选用。当然，用户也可以根据需要安装其他输入法。

1．输入法的启动与切换

要想输入中文，首先要进入编辑状态，如文档编辑、文件重命名等；然后选择某一种中文输入法。可通过 Windows 桌面系统提示栏中的输入法按钮『』实现。

单击『』按钮，弹出“输入法列表”菜单，如图 5-8 所示。

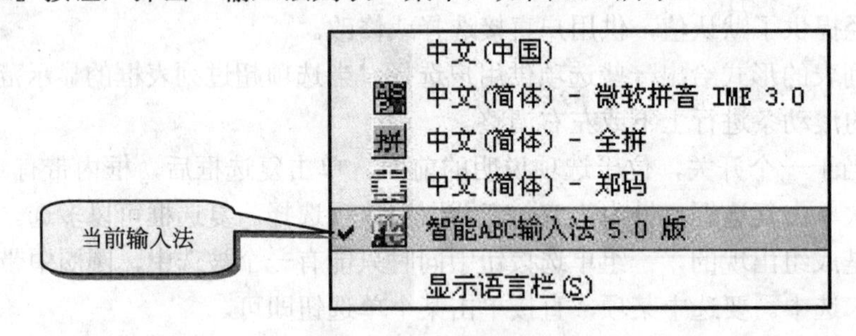

图 5-8　输入法列表菜单

单击输入法对应的按钮即可选中相应的输入法，同时弹出中文输入法提示条，按照输入法提示条的提示输入中文即可。

2．输入法提示条

不论切换到哪一种输入法，系统都会弹出一个中文输入法提示条，利用这个提示条可切换输入状态，如中/英文输入法切换、全角/半角设置等。例如，智能 ABC 输入法提示条如图 5-9 所示。

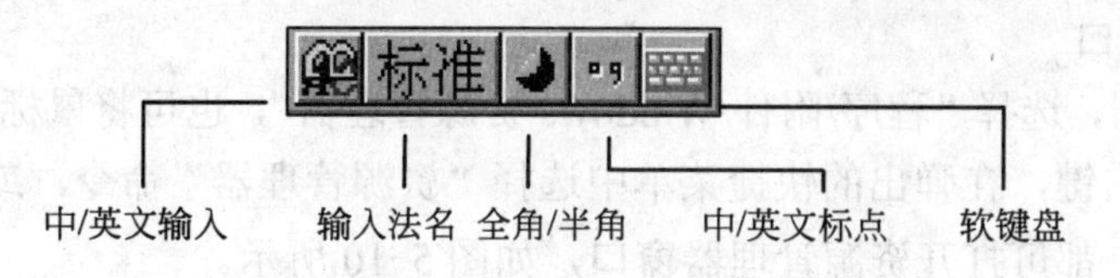

图 5-9 “中文输入法”提示条

单击『中/英文输入』按钮，可在中、英文字符输入间切换。切换到英文输入时，输入法提示条上显示字母『A』。单击全/半角字符『●』/『◗』按钮或按“Shift + Space”组合键，可在全角/半角字符间切换。全角字符占 2 个字节，半角字符占 1 个字节。只有进入英文输入法后，全角/半角字符切换才有意义。单击中/英文标点『·,』按钮或按“Ctrl + .”组合键，可在中文标点状态或英文标点状态间切换。单击『软键盘』按钮，显示软键盘，再次单击即可取消，可以利用软键盘输入字符。

系统默认按“Ctrl + Shift”组合键，可在系统提供的输入法之间进行逐个切换；按“Ctrl + 空格键”组合键，可在中/英文输入法之间进行切换。

5.2.7 帮助系统

无论是初学者还是熟练用户，利用 Windows 提供的联机帮助系统都会受益匪浅，它提供系统帮助、疑难解答、联机入门等，是非常重要的学习和掌握 Windows 的工具和手段，并能提高自学能力。

Windows 的帮助程序是一个公用的支持程序，文件的扩展名为“HIP”，提供以搜寻主题或关键字的方式快速、方便地获得帮助。获取系统帮助的途径有很多，例如，单击『开始』按钮，选择“帮助和支持”子菜单即可打开 Windows“帮助和支持中心”窗口；在系统桌面直接按“F1”键，也可打开帮助窗口。从中选择一个帮助主题，并输入相应的关键词，即可快速得到相应的帮助提示。

5.3 文件管理

利用 Windows 系统的资源管理器可以快速地对文件和文件夹进行组织和管理。资源管理器把我的电脑、回收站、我的文档、网上邻居等资源全部容纳在一个窗口中。通过资源管理器可以方便地对文件、文件夹进行复制、移动等操作，也允许用户以各种方式显示列表文件夹中的内容。当打开一个文件夹后，在窗口中双击程序图标可运行该应用程序；双击文档文件图标可打开该文档；双击文件夹图标可打开该文件夹窗口。

5.3.1 资源管理器窗口

1. 资源管理器窗口

单击『开始』按钮，选择“程序/附件/Windows 资源管理器”，也可将鼠标指针指向“开始”按钮，然后单击鼠标右键，在弹出的快捷菜单中选择“资源管理器”命令，或在任意窗口中单击『文件夹』按钮，都可打开资源管理器窗口，如图 5-10 所示。

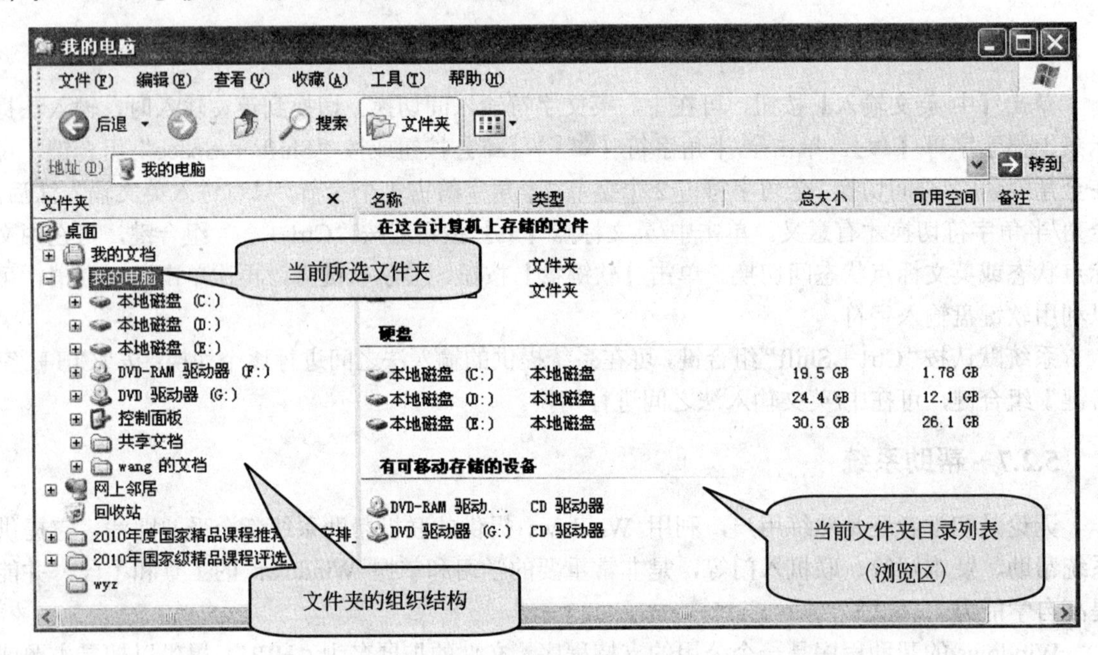

图 5-10 资源管理器窗口

“资源管理器”窗口由标题栏、菜单栏、工具栏、地址栏、浏览区及状态栏 6 部分组成。浏览区通常又分为左、右两个“窗格”。在左窗格中显示文件夹的组织结构，列出了本机所有的资源；在右窗格中显示当前所选文件夹对应的所有资源。两个“窗格”中的滚动条均可独立操作，任何情况下不管左窗格中的活动文件夹是否可见，右窗格显示的总是对应当前活动文件夹中的内容。此例显示的是“我的电脑”所呈现的资源列表，所以对应的窗口标题栏显示的是“我的电脑”标题。

在任何窗口中，只要单击窗口工具栏上的『文件夹』按钮，即可以“资源管理器”左、右两个“窗格”方式浏览资源，再次单击即可关闭左侧窗格。

2. 展开及隐藏文件夹分支

在资源管理器窗口中，双击左侧文件夹图标或单击左窗格中的『⊞』按钮，则显示下一级文件夹（子文件夹），同时“⊞”变“⊟”，再次单击『⊟』按钮，则隐藏其子文件夹，同时“⊟”

又变成“⊞”。

3．设置并改变文件夹列表的显示方式

通过窗口“查看”菜单提供的命令，可以改变文件夹列表的显示方式，如按文件名等方式改变文件或文件夹排列的顺序。或利用『▦·』按钮可以快速改变查看文件夹列表的形式，例如，用“幻灯片”、“缩略图”等某个方式显示文件夹列表，这6种命令相互排斥，即只有一个命令有效，有效命令的左端出现圆点标志。

例如，以缩略图方式显示文件夹文件列表示例，如图5-11所示。

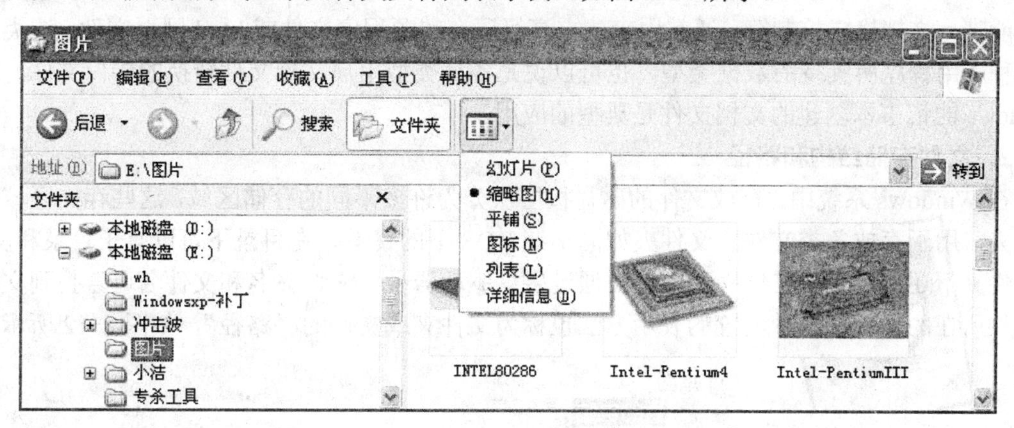

图5-11　以“缩略图”方式查看图片文件夹窗口

5.3.2　认识文件

在计算机系统中，所有软件资源都是以文件的形式存储在外存储器（磁盘、磁带、光盘等）中，需要时再由外存调入内存。文件是软件在计算机内的组织形式，可以是一个系统程序、一段源程序代码、一批数据、一篇文档、一个表格、一幅图片或一段声音等。通过资源管理器，可以很好地组织和管理这些文件。

1．文件分类

根据文件建立和使用的方式不同，对文件有多种分类方法。按文件用途可分为系统文件、库文件和用户文件3类；按文件内容又可分为可执行文件、ASCII码文件（如源程序）、数据文件、图形图像文件、声音文件、文档文件、表格文件以及网页文件等。每种文件都可以通过扩展名加以识别，而且通过扩展名可以知道创建该文件的应用程序的类型。

系统文件主要是指操作系统、各种程序设计语言及其解释程序和编译程序、故障检查和诊断程序等各种软件的应用程序。这些文件是由软件开发商创建或经过运行而产生的，用户可以使用但不能修改，通常以可执行的二进制代码程序形式呈现，也称为可执行文件，对用户来说是不可读的。

库文件主要是指各种标准过程和函数，如Windows系统和C语言的函数库。这类文件允许用户对其进行读取和运行，但不允许对其进行修改。

用户文件是由用户利用应用程序建立的文件，如源程序文件、数据文件、文档文件、表格文件、图形文件等。它们通过不同的应用程序产生相应类型的文件并存储在存储设备中，例如，利用 Windows 记事本建立的源程序文件、利用 Excel 创建的表格文件、利用绘图应用程序建立的图形文件、利用 Flash 建立的 Flash 动画文件或影视文件等。这类文件通常为存档文件，允许用户进行读/写操作。

ASCII 码文件也称纯文本文件，这种类型的文件只允许出现 ASCII 码字符集中的字符信息，且不能带有文档格式控制符。通常用来建立高级语言的源程序文件或 html 网页文件。这类文件是各种应用程序所支持的数据类型，也可以说是各种类型用户文档文件转换的接口文件，通过 Windows 的记事本创建的文档文件是典型的应用。

2．文件存储结构和路径

在 Windows 系统中，存放文件的磁盘按层次分为许多不同的存储区域，这些存储区域称为文件夹，用于存放各类文件。文件夹如同早期 DOS 下的目录，在目录下可以有子目录和文件；在文件夹下还可以有子文件夹和文件。通过磁盘驱动器号、文件夹名和文件名可查找到文件夹或文件所在的位置，这种位置的表示方法也称为文件夹或文件的“路径”，如图 5-12 所示。

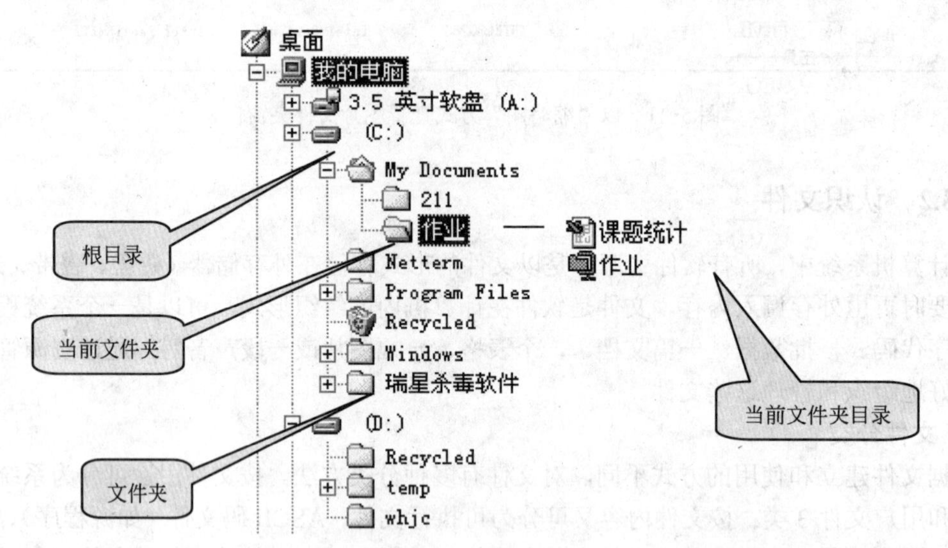

图 5-12　文件夹和文件的结构与路径的表示

5.3.3　文件与文件夹的基本操作

1．文件命名

文件名由文件名称和扩展名两部分组成，两者之间用“．”相连。其中，文件名是由字母、数字、下划线等组成，可以由用户随意命名，通常遵循“见名知意”的原则，便于记忆和管理。

扩展名则由一些特定的字符组成，具有特定的含义，用来标志文件的类型，通常随应用程序自动产生。如“xyz.txt”，其中“xyz”是文件的名称，由用户命名；“txt”是文件的扩展名，既可以由用户建立，也可以取应用程序的默认值（建议用户采用这种方式）。文件名称代表着一个文件实体，扩展名则代表文件的类型。扩展名很重要，当用户用鼠标双击一个文件时，操作系统会根据文件的扩展名决定用什么应用程序打开该文件。所以一般来讲，一个文件的文件名可以任意修改，但扩展名一般不宜修改。在 Windows 系统中通常用统一的图形标志同类型的文件，如表 5-5 所示。

表 5-5　常用的文件说明

图　标	扩 展 名	文 件 类 型	说　明
	COM、EXE	可执行文件	计算机可以识别的二进制编码文件（用户不可读）
	TXT	文本文件	由 ASCII 码字符组成的文件
	DOC、XLS、PPT	文档文件	由 Office 应用程序创建的用户文档文件
	DBF、MDB	数据文件	由一定格式存储的数据库文件
	HTML、HTM	网页文件	由文档、图像、声音等多媒体信息组成的 Web 页文件
	JPEG、BMP	图片文件	以不同格式存储的图片文件（如画图程序生成的文件）
	ZIP、RAR	压缩文件	经过一定算法将信息进行压缩后的压缩包文件
	EXE	自解包文件	由 WinZip 和 WinRAR 压缩包文件产生的可执行文件
	WAV、MPG、MP3	音视频文件	由数字化音视频信息组成的音视频文件
	EXE、SWF、FLA	动画文件	由 Flash 动画制作软件生成的可执行文件、影片文件、源文档文件

注意：如果用户修改了文件的扩展名，当双击该文件时，操作系统按照新的扩展名可能找不到或错误地调用其他应用程序来打开这个文件，从而导致无法正确使用该文件。但是文件的信息并没有被改变，当把扩展名改回原来的扩展名后，该文件仍可以正常使用。

2. 文件夹命名

文件夹又称目录，是 Windows 管理和组织计算机中文件最有效的手段，系统中的所有资源都是按类别以文件夹的方式存放的。例如，安装 Windows 时，系统会自动将与 Windows 相关的所有文件存放在 C 盘的名为“Windows”的文件夹中。用户在使用计算机时，也可以根据所完成的任务将文件分别存放在不同的文件夹中。对文件夹的命名与文件命名一样，可以是英文、中文或中英文混合。一般来说文件夹的名字最好起易于记忆的、便于组织管理的英文或汉语拼音，尤其是便于在不同的操作系统中识别文件夹。

> 注意：在文件夹中不仅可以存放文件还可以存放文件夹，即一个文件夹中包含另一个文件夹，但不允许有相同名字的文件或文件夹。

3．浏览文件和文件夹

在 Windows 系统中，浏览文件或文件夹的方法很多。既可以使用系统附件组中的“资源管理器”，也可以使用“我的电脑”浏览和管理文件、文件夹。

4．对象的选定

对任何文件或文件夹进行操作的前提是先选定要操作的对象，即选定一个或多个文件和文件夹。

（1）选择一个或多个对象

在窗口内选定一个对象，只要将鼠标指针指向该对象并单击；选定连续多个对象时，先单击第一个对象，再按住“Shift”键，并单击最后一个对象；若要选择不连续的多个对象，则按住“Ctrl”键，逐个单击对象。若要选择当前文件夹中的全部对象，则选择窗口“编辑/全部选定”命令或按“Ctrl + A”组合键即可。

（2）反向选择

选择了一部分文件或文件夹后，在“编辑”菜单中执行“反向选择”命令，则取消原来的选择，而原来未被选择的内容都被选择，反向选择可以简化选择操作。

（3）取消选择

按住“Ctrl”键，单击要取消选择的文件即可。如要取消全部选择的文件，在非文件名的空白区单击即可。

5.3.4 文件与文件夹的管理

1．文件与文件夹的建立

（1）新建文件

通常，新建文件是指创建用户文档文件，可以是一篇论文、一个数据表、一幅图片、一个源程序代码文件等。这些文件必须要借助某个应用程序或工具软件才能产生，不同类型的文件使用不同的软件创建。例如，利用 Windows 系统下的记事本可以创建文本文件，即 ASCII 码文件，文件扩展名为“txt”。这种格式的文件是各种应用程序的接口文件，即不论是何种应用程序建立的文件只要存储为文本格式，都可以在其他应用程序中使用，实现数据资源共享。再如，利用 Office 套件可以创建 doc、xls、ppt 等类型的文件；利用画笔、Flash 可以创建图形文件；利用解压缩工具软件建立压缩包和自解包等文件。注意，同一文件夹内不允许创建同类型同名的文件。

（2）新建文件夹

在桌面的任意位置或任何文件夹窗口中，单击鼠标右键，然后在弹出的快捷菜单中选择“新建/文件夹”命令；也可以在文件夹窗口中打开“文件”菜单，选择“新建/文件夹”命令。这时都会出现一个新的文件夹图标，其文件夹名被高亮度显示并以“新建文件夹”作为当前文件夹的名字，处于编辑状态等待用户输入新的文件夹名字。输入新文件夹的名字后，按“Enter”键，新文件夹创建完毕。

双击新文件夹图标进入该文件夹窗口，此时该文件夹为空，可以存放文件或再创建其他的文件夹。注意，同一文件夹内不允许创建两个同名的文件夹。

2．文件和文件夹的编辑

（1）文件或文件夹更名

选中要更名的文件或文件夹，然后按“F2”键；或单击要更名的文件或文件夹，选择“文件/重命名”命令；或在要更名的文件或文件夹上单击鼠标右键，选择快捷菜单中的“重命名”命令。此时名称域内的插入光标变为编辑域，输入新文件名或文件夹名即可。

（2）删除文件或文件夹

选中要删除的文件或文件夹，然后按“Delete”键；或选择“文件/删除”命令；或通过快捷菜单的“删除”命令；或直接用鼠标拖动选中文件或文件夹到回收站中。删除文件或文件夹时，系统将弹出确认框，单击『是』按钮将执行删除操作，单击『否』按钮取消删除操作。

被删除的文件和文件夹只是暂时存放在回收站中，也称逻辑删除。要恢复已删除的文件或文件夹，只要打开回收站窗口，选中要恢复的文件或文件夹，然后单击『还原』按钮即可。对于确实不再需要的文件或文件夹应将其真正从硬盘中清除掉，以免占用磁盘空间。方法是在回收站窗口中选中要彻底删除掉的文件或文件夹，再次执行删除操作，此时称为物理删除。

> 注意：删除文件夹将删除该文件夹内所有包含的文件及子文件夹。如果要删除的文件夹处于打开状态，应先将其关闭，然后再进行删除操作。物理删除后的文件或文件夹是不能再恢复的。

（3）复制文件或文件夹

复制文件或文件夹是指把某文件或文件夹及其所包含的文件和子文件夹产生副本，放到新的位置上，原位置上的文件或文件夹仍然保留。

选中要复制的文件或文件夹，选择“编辑/复制”命令；打开目标文件夹窗口；选择“编辑/粘贴”命令。

（4）移动文件或文件夹

移动文件或文件夹是指移动某一文件或文件夹及其所包括的文件和子文件夹到新的位置。移动操作与复制操作的不同点是，移动后原位置上的文件或文件夹不存在了。

移动文件或文件夹的方法与复制文件或文件夹的方法相类似，所不同的是把“复制”命令改为“剪切”命令。

3. 文件及文件夹属性

每个文件或文件夹根据创建的方式具有不同的属性，了解对象的属性对正确的使用文件或文件夹是很有必要的。在文件夹窗口中，选中某个对象后，通过窗口“文件/属性”命令，或在选中的文件或文件夹上单击鼠标右键，从弹出的快捷菜单中选择“属性”命令，都可以打开“属性”窗口。不同对象的属性窗口提供的选项有所不同，例如查看 D 盘“Webroot\flash”文件夹中“幸福是一种心情”文件的属性，如图 5-13 所示。

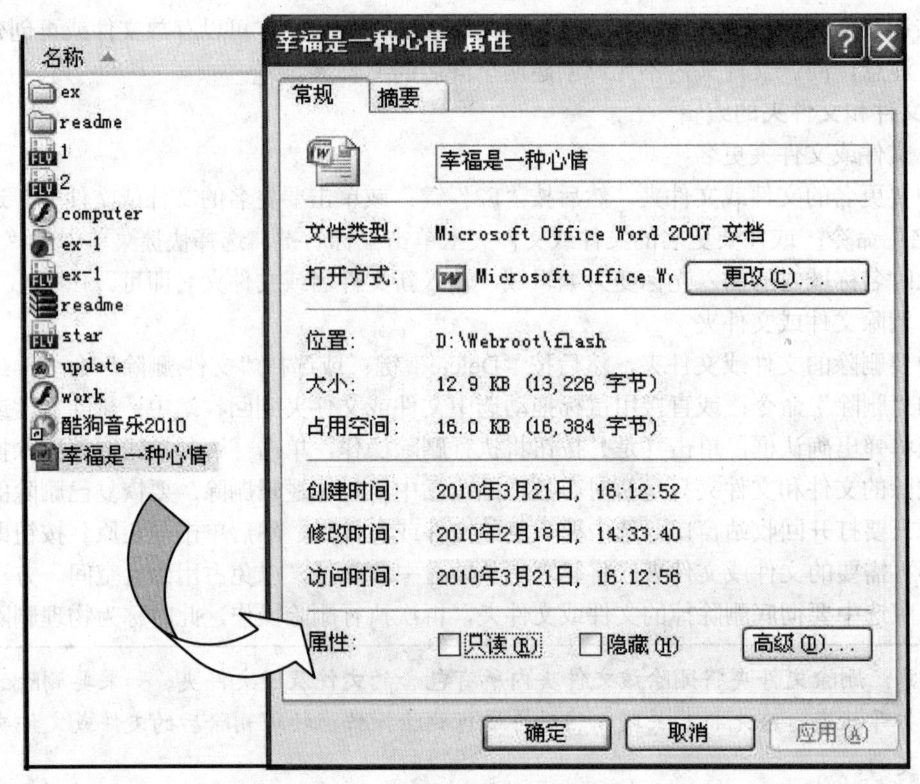

图 5-13　查看文件属性窗口示意图

通过“常规”选项卡可以查看该对象的详细信息，如文件的名称、所在位置、文件大小与类型、创建时间和修改时间等；“摘要”选项卡用来记录标题主题、作者等信息。窗口底部属性区标志该文件的访问方式，用户可根据需要自行设置，复选框的含义如下：

“只读”复选框，用户只能对文件或文件夹进行读操作，不能修改或删除。

“隐藏”复选框，可将该文件或文件夹在窗口内隐藏，而实际上是存在的。

> 注意：在上面的例子中，窗口左侧显示的只有文件名，无文件的扩展名，主要原因是被限制了。如果需要知道文件的扩展名，可以通过恢复设置即可达到。

例 5-2　设置“显示文件扩展名”属性。

操作步骤：

（1）选择文件夹窗口“工具/文件夹选项”命令，弹出“文件夹选项”窗口。

（2）选择“查看”选项卡。

（3）将高级设置区中的“隐藏已知文件类型的扩展名”复选框置无，即不选中。

（4）单击“应用”或“确定”按钮。

这时，文件列表中各个文件就带有文件扩展名了，如图 5-14 所示。

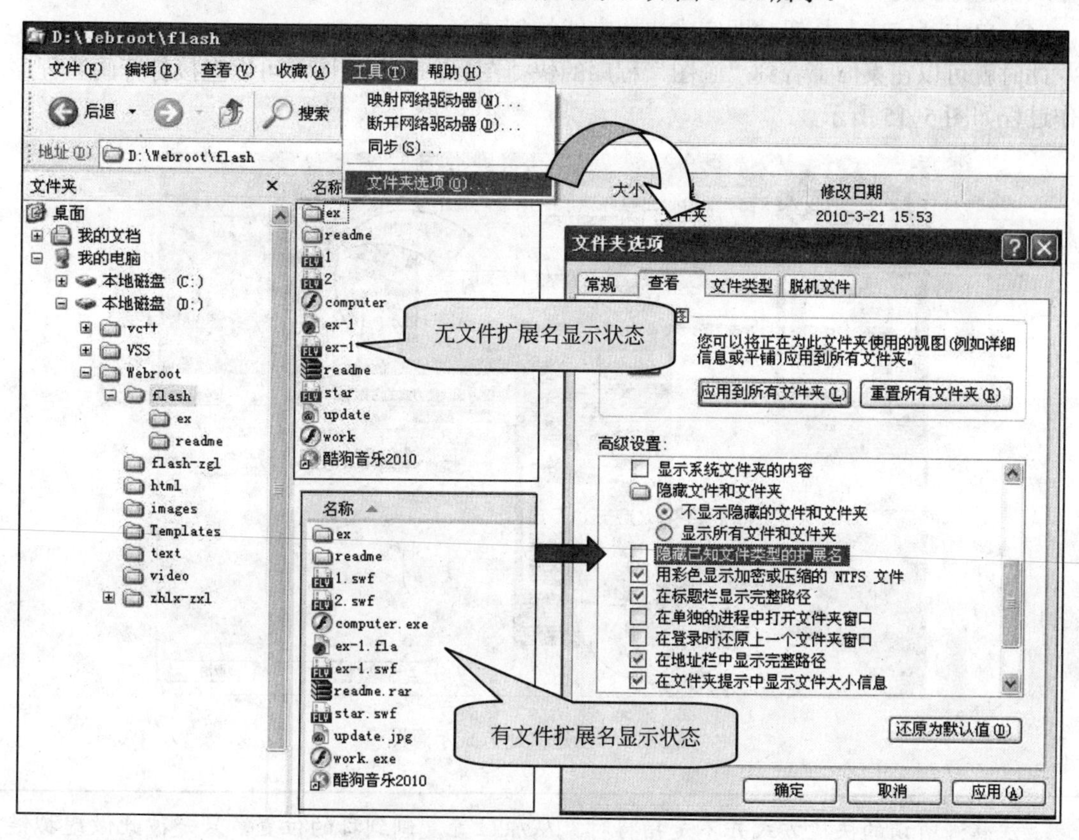

图 5-14　设置文件属性示例

4. 创建快捷方式

在使用计算机工作时，有时需要经常打开某个对象。为了快速寻找一个对象，可以在桌面或任意文件夹窗口中创建该对象的快捷方式，通过快捷方式可以直接访问这个对象，这些对象可以是文件、文件夹、应用程序或用户文档文件。

例 5-3　在桌面上创建画图程序快捷方式。

操作步骤：

（1）在桌面的任意位置单击鼠标右键，在弹出的快捷菜单中选中“新建/快捷方式”，弹出

“创建快捷方式”窗口。

（2）在“请键入项目的位置”文本框输入“画图”程序所在路径及程序名，或单击『浏览(R)...』按钮选择“画图”程序的路径，此例为“c:\windows\system32\mspaint.exe”,然后单击『确定』按钮返回到创建快捷方式窗口。

（3）单击『下一步』按钮弹出“选择程序标题”窗口，在“键入该快捷方式的名称”文本框输入快捷方式的名字，也可以取系统给定的默认名称，此例为“mspaint.exe”。

（4）单击『完成』按钮，即完成快捷方式的创建。

此时就可以在桌面上看到“画图”程序的快捷图标，双击该图标可以直接打开画图程序。操作过程如图5-15所示。

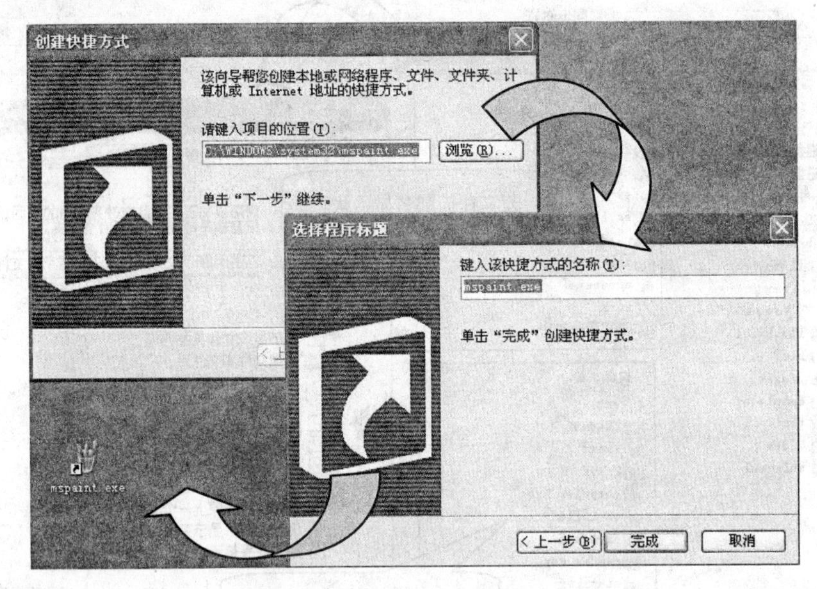

图5-15　创建快捷方式示意图

> 注意：所谓的快捷方式并不是指将对象从原位置复制到目的位置，只是彼此做虚拟链接。激活快捷方式实际仍是激活原位置的对象。所以当删除快捷按钮时，不会影响原来的对象。

5.4　应用程序管理

Windows系统自带一些应用程序，这些程序随着系统的安装自动装入计算机的本地磁盘中，根据需要启动运行即可。除此之外，还有很多在Windows环境下开发的或Windows支持的应用程序，这些应用程序必须单独购买并安装到计算机中才能使用。例如Office套件、WPS、绘图程序、各种语言编译器等。

5.4.1 应用程序的基本操作

1. 应用程序的安装

通常，各种软件都是用打包的方式发行或放在网络中，供用户下载安装使用。对于免费使用的软件，用户要先下载，然后释放打包的软件到本地计算机上，接着运行安装程序。有的安装程序会自动解包并安装，帮助用户完成这个过程。安装程序会随软件一起出售或一同下载。

为方便用户，通常每个应用程序都提供一个安装程序，名为“Setup.exe”。用户可以在安装程序向导的帮助和提示下，方便地将应用程序安装到本地计算机中。运行“Setup”文件，即可启动安装程序。在安装过程中，安装程序会给出提示信息，如提示用户输入软件序列号、接受软件使用协议或更改应用程序的安装路径、选择是否装入各种组件或者为新的应用程序指定配置等，然后根据用户给出的回答自动安装。安装过程中将引导用户一步一步地进行，直到全部完成。对于可选项，建议用户使用系统默认值。有的安装程序在安装过程还会提供安装信息，使用户知道安装程序正在进行的工作以及整个安装过程。

2. 应用程序的卸载

卸载应用程序是指将已经安装在硬盘中的软件从系统中清除掉，所做的工作相当于安装程序所做工作的逆向操作。通常系统都提供卸载（Uninstall）功能选项，从而能够自动卸载应用程序。

打开控制面板，然后双击『添加/删除程序』图标弹出“添加或删除程序”窗口，在窗口的浏览区列出系统中已安装的所有应用程序。选中想卸载的程序，再单击『更改/删除』按钮，应用程序将自动调用卸载程序进行应用程序的卸载。

3. 启动与关闭应用程序

Windows 系统提供了多种运行程序的方式，如双击应用程序的快捷图标；双击应用程序图标；或从“开始”菜单的“运行”对话框输入应用程序名启动。此外，Windows 系统还提供了命令行方式运行应用程序，这种方式尤其支持对命令行工作方式提交任务的系统，如 DOS 或 UNIX 系统。

4. 应用程序间的切换

应用程序间的切换是指将另一个已打开的应用程序切换到当前工作窗口，尽管 Windows 是一个多任务操作系统，允许同时打开多个应用程序，但是当前工作的程序只能有一个，其他的都在后台运行。当需要将某个已运行的程序作为当前工作窗口时，就需要切换到当前工作状态。

当前运行的应用程序窗口标题栏以高亮深蓝色显示。切换方法有多种：单击任务栏上的『应用程序最小化』按钮；单击应用程序标题栏；如果应用程序窗口在桌面上是重叠的，单击应用程序可见的任何部分；按住“Alt”键，然后反复按“Tab”键，直到找到要运行的应用程序时释放“Alt + Tab”组合键。

5.4.2 认识剪贴板

1．剪贴板

剪贴板是 Windows 在内存中开辟的一块临时存储区，用于在 Windows 应用程序之间、文件之间和多文档之间传送信息。之所以把这一区域称为剪贴板，是因为用户既可以将某一环境中的信息放到这一区域，又可以随时将这一区域的信息粘贴到新的区域中。被送入剪贴板的信息将一直保留到有新的信息送入或关闭系统。借助剪贴板，用户可以在不同窗口、不同应用程序之间进行信息的传递与交换。

任何窗口的菜单栏中的"编辑"菜单都具有"剪切"、"复制"和"粘贴"命令及对应的工具按钮。利用"剪切"或"复制"命令可以将任意信息送入剪贴板，这些信息可以是一段文字、一张表格、一个文件、文件夹、一幅图画等，然后再利用"粘贴"命令将剪贴板上的信息粘贴到目标点。

> 注意：复制与剪切的区别是，前者操作后选中的数据在原处还存在，而后者操作后选中的数据在原处不存在了。

2．使用剪贴板捕获屏幕

许多 Windows 屏幕捕获程序可以将屏幕的内容当成一张图片保存起来，也能通过剪贴板实现屏幕捕获。当捕获了屏幕的图像后，该图像在剪贴板中以位图的格式保存，可以利用画图等图形图像处理程序进行编辑，并以对象方式插入到任意应用程序文档中，也可以存储成图像文件。

例 5-4 利用画图程序将捕获的屏幕作成 JPEG 图像文件。

操作步骤：

（1）进入要捕获的屏幕，然后按"Print Screen"键（按"Alt+Print Screen"组合键捕获屏幕上活动窗口中的内容），此时整个屏幕信息被放入剪贴板。

（2）启动画图应用程序，选择"编辑/粘贴"命令，将剪贴板信息粘贴到画图程序的文档中。

（3）根据需要对图像进行编辑。

（4）编辑完成后，选择"文件/另存为"命令，弹出"另存为"对话框，输入保存文件的相关信息，选择文件保存类型为"JPEG"格式，单击『保存』按钮。

（5）单击『☒』按钮，关闭画图程序。

5.4.3 应用程序间的数据交换

应用程序间的数据交换，主要目的是实现数据资源共享，Windows 支持剪贴板、动态数据交换（DDE）和对象的链接与嵌入（OLE）等多种数据交换方式。其中剪贴板是实现数据交换的存储区域，几乎所有的应用程序都访问 Windows 的剪贴板。对象嵌入和对象链接技术是

Windows 系统提供的在不同应用程序之间共享数据的方法。

1. 对象嵌入

对象嵌入是指将原文档中的信息插入到目标文档中，嵌入文档的对象是原文档对象的副本，编辑完成后形成一个整体，与原文档没有关系。

2. 对象链接

对象链接是指在插入目标文档对象与源文档的内容建立“链”的关系，将它们相互联系起来。修改源文档对象时，另一文档的相应内容也随之改变，保持了数据的一致性。目标文档的对象不是源文档的对象副本，而是共用一个对象。对象链接主要用于在多个文档中使用相同的信息，修改某一数据后，其他文档自动修改，不需要再一一改动，方便使用、提高数据的可靠性。

5.5 Windows 系统环境设置

Windows 系统环境设置主要是指对桌面、显示器和打印机等的设置与管理操作。通过环境设置可以节省时间，设计个人风格的桌面和环境，可以改变日期和时间的格式；也可以改变语言、键盘和鼠标的设置；还可以设置窗口颜色、字体以及桌面背景等。Windows 系统配备了打印系统，使用户对打印机的操作变得非常简单。

5.5.1 桌面管理

桌面是一个特殊的文件夹，对应着 C 盘的一块硬盘空间，不需要通过“资源管理器”进行操作和浏览。当在桌面文件夹中添加了程序、快捷方式、文件夹或文档等内容后，桌面会随添加的内容而改变。通常，桌面的路径是“c:\windows\desktop”。

1. 设置桌面风格

桌面风格指显示不同的桌面背景、图标、颜色、字体大小、鼠标指针、声音事件和屏幕保护等的配置方案。例如，显示属性包括设置颜色和显示分辨率等。分辨率是屏幕上“横向”和“纵向”所显示的像素数量，分辨率越高则显示内容越多，通常有 640×800、800×600、1 024×768 和 1 280×1 024 几种。当绘图时，可将显示的颜色调至最高；在编辑文档时，可将显示分辨率调高以显示更多的信息。

启动 Windows 系统后，桌面按默认系统的设置显示。可在桌面上的任何位置单击鼠标右键，在弹出的快捷菜单中选择“属性”命令；也可以通过“控制面板/外观和主题/显示”选项，都可以弹出“显示属性”窗口。

显示属性窗口中有 5 个选项卡，选择不同的选项卡进入不同的设置环境。其中，“桌面”选项卡的功能主要是确定桌面背景；“屏幕保护程序”选项卡的功能是设置屏幕保护，当长时间不使用计算机时可进行屏幕保护，该程序按照设定的方式动作，避免显像管长时间地工作，从而使显示器得到保护；“外观”选项卡的功能是设置窗口各个部分的颜色和阴影、字体大小和风格;“设置”选项卡的功能是设置颜色和显示分辨率。

设置结束会出现需要重新启动计算机的提示对话框，重新启动计算机后，设置生效。

2. 设置“开始”菜单

“开始”菜单中各子菜单中的命令实际上是启动特定程序的快捷方式。设置方法：单击『开始』按钮，选择“设置/任务栏和开始菜单”命令；或用鼠标右键单击任务栏，在弹出的快捷菜单中选择“快捷菜单/属性”命令，进入“任务栏属性”对话框后，再选择“开始菜单程序”选项卡，接下来按提示进行操作即可。

3. 重新排列图标

在桌面的空白区域单击鼠标右键，选择快捷菜单“排列图标”命令，从下拉菜单中选择桌面对象的排列方式，可以按名称、大小、类型和修改时间等方式排列图标。当桌面上的图标很多时，通过“自动排列”命令可以使桌面更加整洁。

4. 设置“任务栏”

在“任务栏属性”对话框中，选择“任务栏选项”选项卡可对其进行设置。可以添加任务栏按钮，直接将程序拖动到快捷按钮区。

任务栏通常位于桌面的底部，可以将任务栏拖动到屏幕的上端、左侧或右侧；还可改变任务栏的高度。方法是将鼠标指针指向任务栏的空白区内，按住鼠标左键直接移动任务栏到指定位置后松开鼠标按键即可。

5.5.2 控制面板的应用

控制面板是Windows系统的强大工具之一，使用“控制面板”可以自定义计算机工作环境、提供系统支持，包括创建用户、安装新硬件、添加和删除程序、更改屏幕外观、网络和Internet设置、性能和维护，以及许多其他项目。

1. 控制面板窗口

单击『开始』按钮，选择“设置/控制面板”命令弹出“控制面板”窗口。当然，也可以通过双击桌面上的『我的电脑』图标，在“我的电脑”窗口的左窗格中，单击『控制面板』，也可打开“控制面板”窗口。单击窗口中的每一个项目都会弹出该项目对应的功能选项，根据需要进行选择。控制面板窗口如图5-16所示。

2. 控制面板应用

例5-5 删除系统已经安装的“MySQL Server 5.0”应用程序。

操作步骤：

(1) 单击『开始』按钮，选择“设置/控制面板”命令，弹出“控制面板”窗口。

(2) 单击『添加/删除程序』，弹出“添加或删除程序”窗口。

(3) 单击窗口左侧上端的『更改或删除程序』(这是系统默认选项)，从窗口右端选择所要删除的程序，本例为“MySQL Server 5.0”，选中后系统呈蓝色底，同时激活“更改”和“删除”按钮，如图5-17所示。

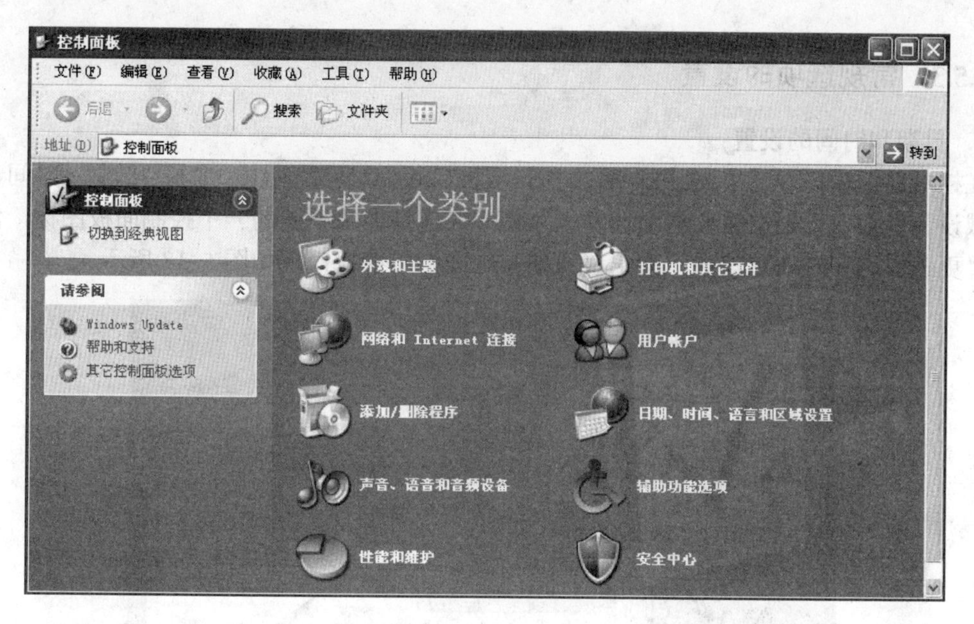

图 5-16 “控制面板”窗口

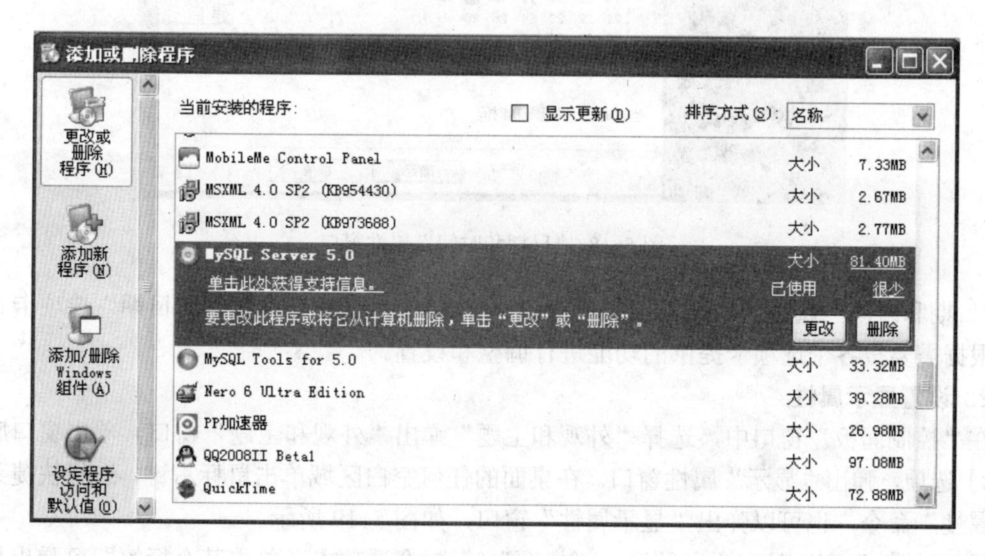

图 5-17 “添加或删除程序”窗口

（4）单击『删除』按钮，弹出确认操作对话框窗口，单击『是』按钮即开始进行删除文件操作。

（5）单击『☒』按钮，关闭“更改/删除”窗口，回到控制面板窗口。

（6）单击『☒』按钮，关闭“控制面板”窗口，结束删除程序操作。

5.5.3　常规选项的设置

1．日期和时间的设置

在控制面板窗口中，单击『日期、时间、语言和区域设置』图标弹出“日期、时间、语言和区域设置”窗口。根据需要从中选择一个任务或选择窗口下面的一个控制面板图标，例如，选择“更改日期和时间”任务，弹出“日期和时间”属性窗口，如图 5-18 所示。

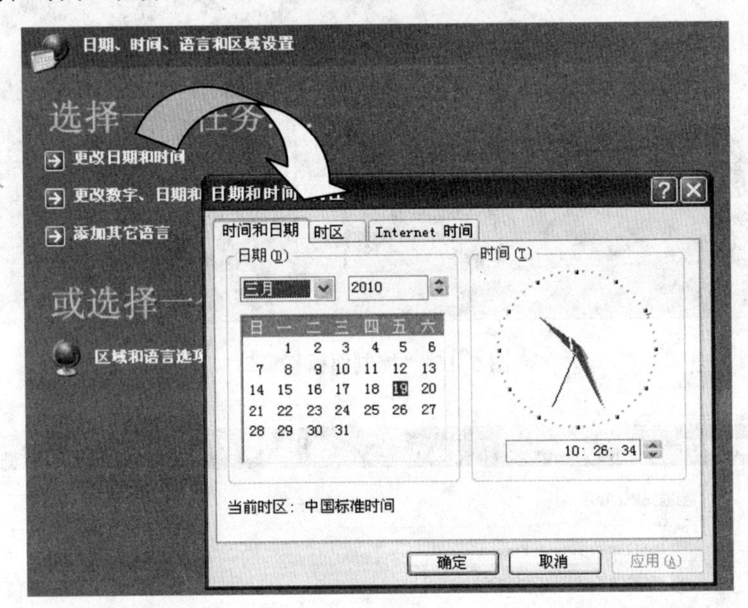

图 5-18　“日期和时间”属性窗口

“日期和时间”属性窗口按功能划分为 3 个选项卡，默认为“时间和日期”选项卡。用户可以根据需要按各个选项卡提供的功能进行调整和设置。

2．设置显示属性

在“控制面板”窗口中，选择“外观和主题”弹出“外观和主题”窗口，单击窗口底部的『显示』选项，弹出“显示”属性窗口。在桌面的任何空白区域单击鼠标右键，选择快捷菜单中的“属性”命令，也可以弹出“显示属性”窗口，如图 5-19 所示。

“显示属性”窗口具有“主题”、“桌面”等 5 个选项卡，单击某个标签即可弹出相应选项卡，分别用来设置桌面、屏幕保护程序、外观及屏幕分辨率。用户可以根据需要进行设置和调整，设置完成后单击『确定』按钮。

3．打印机的设置

打印机是计算机的一个重要输出设备，可将用户文档、图形、表格、程序与运行结果打印出来。使用打印机之前，首先要安装打印机，将打印机与计算机连接，即连接好打印机与计算机之间的端口电缆，接通电源线，确保打印机与计算机之间的物理连接正确。打印机的安装过程很大程度上依赖于所用打印机的制造厂商和型号。

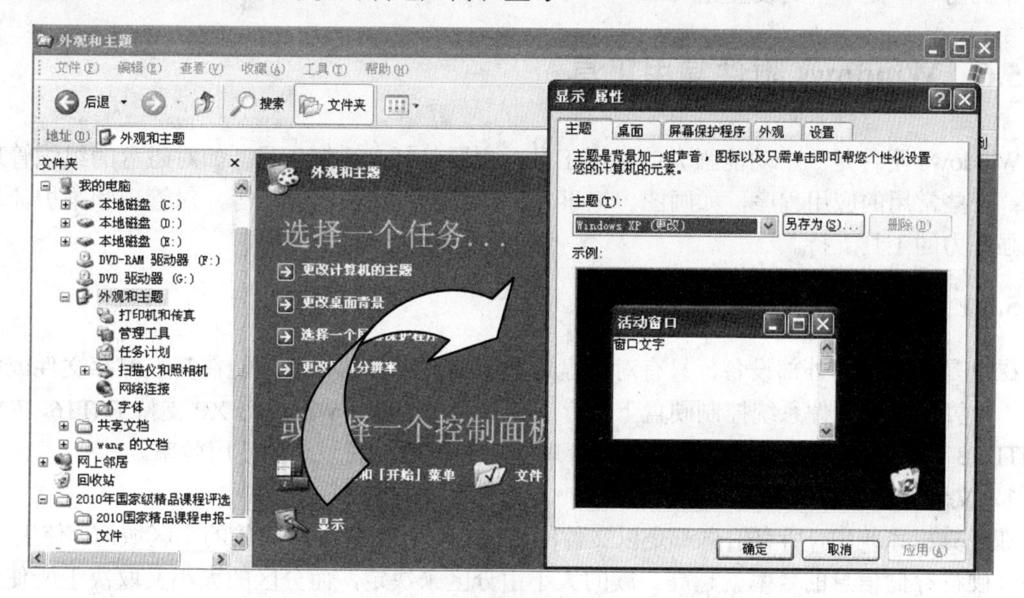

图 5-19　设置显示属性

> 提示：窗口底部的“应用”按钮，初始状态为呈虚状，是不可用的，该按钮会随着用户操作自动激活。“应用”按钮与“确定”按钮的区别：单击『应用』按钮执行操作，但不退出当前应用程序窗口；单击『确定』按钮，执行操作后退出当前应用程序窗口。

安装好打印机之后，还要安装相应的打印机驱动程序才可使用。由于 Windows 自身有一个庞大的驱动程序库，除非是新型号的打印机，一般使用 Windows 自带的驱动程序库就可以安装各种类型的打印机驱动程序。如果在安装 Windows 系统以前，打印机已经连接在本地计算机上，Windows 系统在安装期间会自动识别并安装打印机的驱动程序；如在安装 Windows 系统之后连接的打印机，则需要通过控制面板添加打印机驱动程序。安装好打印机驱动程序后，就可以使用打印机了。

例 5-6　在 Windows 环境中添加打印机驱动程序。

操作步骤：

（1）单击『开始』按钮，选择“设置/控制面板/打印机和其他硬件/添加打印机”命令，或者单击『开始』按钮，选择“设置/打印机和传真/添加打印机”，都可弹出“添加打印机向导”窗口。

（2）根据系统提示，进行选择，单击『下一步』按钮继续；每一步系统都会给出提示，以协助用户安装打印机。

（3）就这样一步一步完成选择打印机端口、安装打印机软件、命名打印机等操作，根据“添加打印机向导”提示直到设置完成。

5.6 Windows 附件常用工具

Windows 附件是一个功能强大的常用工具，主要包括：系统工具，如对磁盘的组织管理和维护；一些常用的应用程序，如画图、记事本、计算器；通信、娱乐等，对管理和维护计算机提供强有力的工具支持。

5.6.1 磁盘的管理与维护

磁盘是计算机的外部设备，只有对硬盘进行了分区和格式化后才能在其上保存文件或安装程序。计算机使用文件系统控制硬盘上保存文件信息的方式，Windows XP 支持 FAT16、FAT32 或 NTFS 3 种文件系统。了解和掌握磁盘管理会更有效地提高系统的使用效率。

1．文件系统简介

在计算机系统中，所有信息都是以文件的方式存储在磁盘上称为簇的小区域内，使用“簇”越小，硬盘存储信息的效率就越高。簇的大小由分区来决定，而分区的大小又取决于所使用的文件系统。

（1）FAT16 系统

FAT16 最初在 DOS 系统中使用，大多数操作系统都支持这种文件系统，适合与其他操作系统双重引导计算机和小分区（最大分区为 2 GB）。当硬盘分区在 1~2 GB 时，簇的大小为 32 KB，即使 1 KB 的文件也要占用 32 KB 空间。显然，磁盘利用率小，浪费磁盘空间；当分区较大时，访问速度明显减慢。

（2）FAT32 系统

FAT32 是 FAT16 的更新版本，可提高磁盘性能并增加可用的磁盘空间，广泛使用在 Windows 98 系统中。Windows 9x 以上支持 FAT32 文件系统，不支持 512 MB 以下的分区，可将≤2 TB 硬盘分为一个分区。当分区≤8 GB 时，簇为 4 KB；分区≤16 GB 时簇为 8 KB；分区≥32 GB 时，簇固定为 32 KB。显然，磁盘利用率高；在大分区上，性能比 FAT16 明显提高。FAT32 主要缺点是与 Windows NT 不兼容。

（3）NTFS 系统

NTFS 最初是在 Windows NT 系统中引入，用于 Windows NT 系统的高级文件系统。它支持文件系统故障恢复，尤其是大容量存储媒体和长文件名等各种功能；并支持面向对象的应用程序。

NTFS 除了具备 FAT 文件系统功能外，还具有文件更安全；更好的磁盘压缩性能；把信息存储在非常大的硬盘上，最大达 2 TB；具有数据恢复功能。其缺点是只有 Windows NT/2000 和 Windows XP 系统支持 NTFS 文件系统，Windows 98 则无法识别 NTFS 分区。

2．硬盘分区

分区是指将一个物理硬盘逻辑地划分为多个区域，每一个区域都可以像一个独立的磁盘一样被访问，如将一个物理硬盘分为C盘、D盘和E盘。它们只代表了硬盘被分为的3个区，而不是在计算机上有3个硬盘。在MS-DOS、Windows 9x中，使用“FDISK”命令对硬盘进行分区。

在Windows XP中，可以用两种方式进行磁盘分区：一种是没有安装Windows XP的情况，在这种情况下可以借助Windows XP的安装程序对硬盘进行分区；另一种情况是已经安装了Windows XP系统，在这种情况下可以使用Windows XP的“计算机管理”工具对硬盘的分区进行管理。

如果对已经存在的分区分配不满意可以将已存在的分区删除，但要注意一旦执行删除操作，其分区中的信息也将全部清除掉。选中已存在的一个逻辑驱动器，选择快捷菜单中的“删除逻辑驱动器”命令，经过系统确认后就可以完成分区的删除操作。物理上连续的没有建立分区的磁盘空间会作为一个整体显示，可以对它们重新划分。

通过“计算机管理”窗口可以查看计算机上的分区信息。选择“开始/设置/控制面板/性能和维护/管理工具/计算机管理”，单击左窗口列表中的『磁盘管理』就可以看到计算机上的分区信息，如图5-20所示。

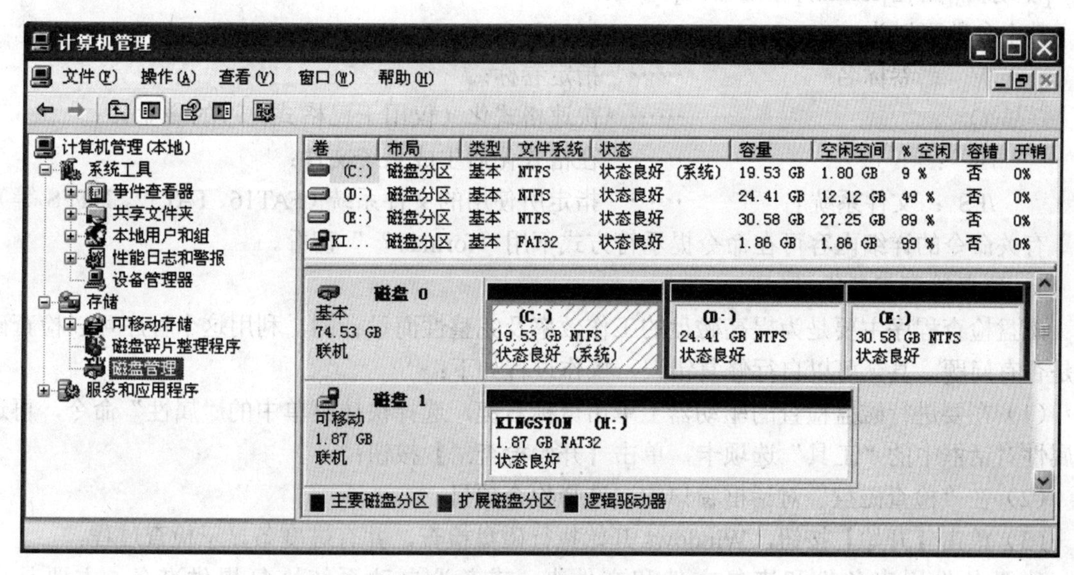

图5-20 “计算机管理”窗口

系统分别用不同的颜色标记各个区域，分区主要包括主分区、扩展分区两种形式。

主分区主要用来启动计算机系统，当系统有两个以上的主分区时，系统默认由第一个主分区作为启动分区，当希望其他主分区作为启动分区时，可先选择该主分区，单击鼠标右键，选择快捷菜单中的“将磁盘分区标为活动的”命令来完成。

扩展分区是指一个硬盘中除主分区之外的所有硬盘空间。不管是DOS还是Windows系统，一个硬盘中只能存在一个扩展分区。

逻辑驱动器可以在扩展分区中建立。方法是：在选取已建立的扩展分区上单击鼠标右键，选择快捷菜单下的“创建”命令。将扩展分区划分成多个（由用户按硬盘剩余空间的大小和实际需要来确定）可用空间，再经“立即更改”、“格式化”等操作后，便可将一个扩展分区分割成多个逻辑驱动器。

每台计算机上都有至少一个磁盘驱动器，通过“我的电脑”窗口可以查看该计算机上已经安装的磁盘驱动器。例如，在图 5-20 中包含 3 个逻辑硬盘（C: D: E: ）和一个可移动磁盘（H 盘）。

3. 磁盘格式化

硬盘分区后，还要对磁盘进行格式化，然后才能使用。格式化的目的是对磁盘进行参数设置，如确定磁盘格式化的文件系统和卷标等。

在“我的电脑”窗口中，选中要格式化的驱动器图标后单击鼠标右键，在弹出的快捷菜单中选择“格式化”命令。注意，当对磁盘格式化后，磁盘上的原有数据将全部删除。

此外，在命令提示符方式下也可以用“format”命令对磁盘进行格式化，其命令格式为：

[驱动器][路径]format [驱动器：] /参数。

其中参数可以为：

/V ：卷标名 …… 指定卷标；

/Q ： …… 快速格式化（仅用于已格式化过的磁盘）；

/S ： …… 在格式化后生成系统文件；

/FS ：文件系统名 …… 指定所使用的文件系统（FAT16、FAT32、NTFS 等）。

有关命令的详细内容可在命令提示符方式下用“format/？”查看。

4. 磁盘检查与备份

磁盘检查程序主要是为提高磁盘的工作效率及完整性而设计的，利用这个程序可以检查磁盘是否有问题，甚至可以自行修复错误，操作过程如下：

（1）在要进行磁盘检查的驱动器上单击鼠标右键，选择快捷菜单中的“属性”命令，再选中属性对话框中的“工具”选项卡，单击『开始检查…』按钮；

（2）在“检查磁盘”对话框窗口中，选择检查项目；

（3）单击『开始』按钮，Windows 开始执行磁盘检查，并有进度条显示检查过程。

磁盘备份用来备份和恢复文件和文件夹，或者为自动系统恢复提供准备。主要是为了防止系统出现故障而丢失或破坏文件和文件夹设计的，利用这个程序可以备份和恢复磁盘上的文件和文件夹。

5. 磁盘碎片整理

随着系统的使用，一般磁盘（特别是硬盘）都会产生许多零碎的空间，一个文件可能保存在硬盘上几个不连续的区域（簇）中。在对磁盘进行读写操作时，如删除、复制和创建文件，磁盘中就会产生文件碎片，它们将影响数据的存取速度。通过对磁盘碎片的整理，有助于提高磁盘性能，可重新安排信息、优化磁盘，将分散碎片整理为物理上连续的空间。利用 Windows

提供的磁盘碎片整理工具“磁盘碎片整理程序”，可以进行磁盘碎片整理，其操作过程如下：

（1）启动“磁盘碎片整理程序”

在要进行磁盘整理的驱动器上单击鼠标右键，选择快捷菜单中的“属性”命令，在属性对话框中选中“工具”选项卡，单击『开始整理』按钮，即启动“磁盘碎片整理”程序；也可以通过“开始/所有程序/附件/系统工具/磁盘碎片整理程序”命令进入“磁盘碎片整理程序”窗口。

（2）磁盘整理

在“磁盘碎片整理程序”窗口中选择要整理的磁盘，单击『碎片整理』按钮。Windows 开始执行碎片整理，在整理的过程中，程序会用不同的颜色表示不同类型的磁盘扇区动态演示整理的进度。由于硬盘空间较大，所以整理磁盘要花一定的时间。整理完后系统给出提示窗口，用户可以通过“查看报告”了解磁盘整理的情况。

> 注意：在整理磁盘碎片的时候，应关闭所有的应用程序，不要进行读写操作。如果对整理的磁盘进行了读写操作，磁盘碎片整理程序将重新开始整理，加大运行时间。整理磁盘碎片的时间间隔要控制合适，一般对读写频繁的磁盘分区一周整理一次为好。

6．磁盘清理

系统工作一段时间后，会产生很多垃圾文件，如程序安装时产生的临时文件、上网时留下的缓冲文件、删除软件时剩下的 DLL 文件或强行关机时产生的错误文件等。利用 Windows 提供的磁盘清理工具，可以轻松而又安全地实现磁盘的清理，删除无用的文件。

（1）单击『开始』按钮，选择“所有程序/附件/系统工具”中的“磁盘清理”命令；

（2）在“选择驱动器”窗口中，选择要清理的驱动器，然后单击『确定』按钮；

（3）在“磁盘清理”窗口中列出需要清理的内容，确认后单击『确定』按钮，在弹出的提示窗口中选择“是”开始磁盘的清理。

> 注意：清理程序先扫描磁盘，找到需要清理的内容。稍后便列出清单，显示要删除的文件类型以及各类文件所占用的磁盘空间量，单击某一项可以查看该项的详细信息。每一项内容前有一个方框，其中标有对钩，表明接下来的操作就是要删除这些内容，如果不想删除某项内容，可以单击项目前的方框，将对钩取消。

5.6.2　记事本的使用

“记事本”是 Windows 系统为用户提供的用来创建简单文本的编辑器，常用来查看或编辑 ASCII 文件，所创建的文件默认扩展名为“txt”。尤其是方便用户编辑源程序或网页（html）文件。

单击『开始』按钮，选择“程序/附件/记事本”命令，进入“记事本”应用程序窗口，如图 5-21 所示。

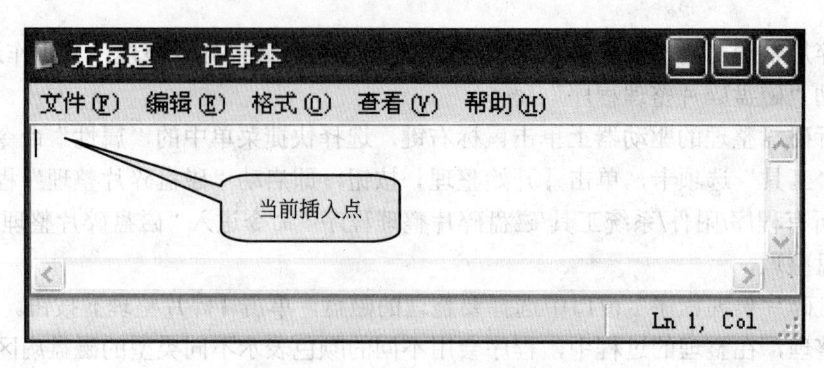

图 5-21 “记事本”应用程序窗口

此时，即可在当前插入点处输入文本内容。因为“记事本”仅支持文本格式，所以不能在文档中插入非文本内容，也不能保存特殊格式及进行格式编排。利用“格式”菜单中的“字体”命令，可以进行简单的文字字体的设置。

利用记事本创建的文档文件，常常用做各种类型文档文件之间的转换文件。例如，利用 Word 创建的“DOC”类型的文件，只能在 Word 中打开；而利用“记事本”创建的文本文件却可以在 Word 中打开。如果想使在 Word 中创建的文档文件在记事本中打开，则必须在 Word 中将文档文件存储成文本格式的文件，即文档文件扩展名为“txt”。

5.6.3 画图工具的使用

“画图”工具是 Windows 提供的图形编辑程序，具有一套完整的绘图工具和色彩块，主要用于创建图形、艺术图案等各种类型的图形文件。利用“画图”程序还可以查看和编辑扫描的照片。

单击『开始』按钮，选择“程序/附件/画图”命令，进入“画图”应用程序窗口，如图 5-22 所示。

画图应用程序窗口主要由菜单栏、工具箱、画布和色彩调色板等 4 部分组成。窗口左边的工具箱含有一套绘图工具，单击其中的图标按钮可绘制相应的图形。当指定了选择区域后，工具箱下方的选择框将随着工具按钮的选择发生变化。例如，图 5-22 选定的是“椭圆”按钮工具，此时选择框分别表示空心椭圆、实心椭圆和不带边框的实心椭圆，当前处于实心椭圆状态。

通过鼠标的左、右键来选择调色板中的色彩，所选定的色彩出现在色彩调色板最左边的色彩提示框内。在调色板中，当鼠标指针指向某一个色彩按钮后，单击鼠标左键表示所绘图形边框的颜色，单击鼠标右键表示所绘图形实心的颜色。

画布是绘制图形的编辑区，通过“图像”菜单的“属性”命令，可以对画布尺寸、度量单位和调色板的类型等进行设置。画布尺寸的默认值是 320×240 个像素组成的栅格，左上角的坐标为（0, 0），右下角坐标为（319, 239）。移动光标时，光标所在坐标值可在窗口底部状态栏的右边框中显示出来。

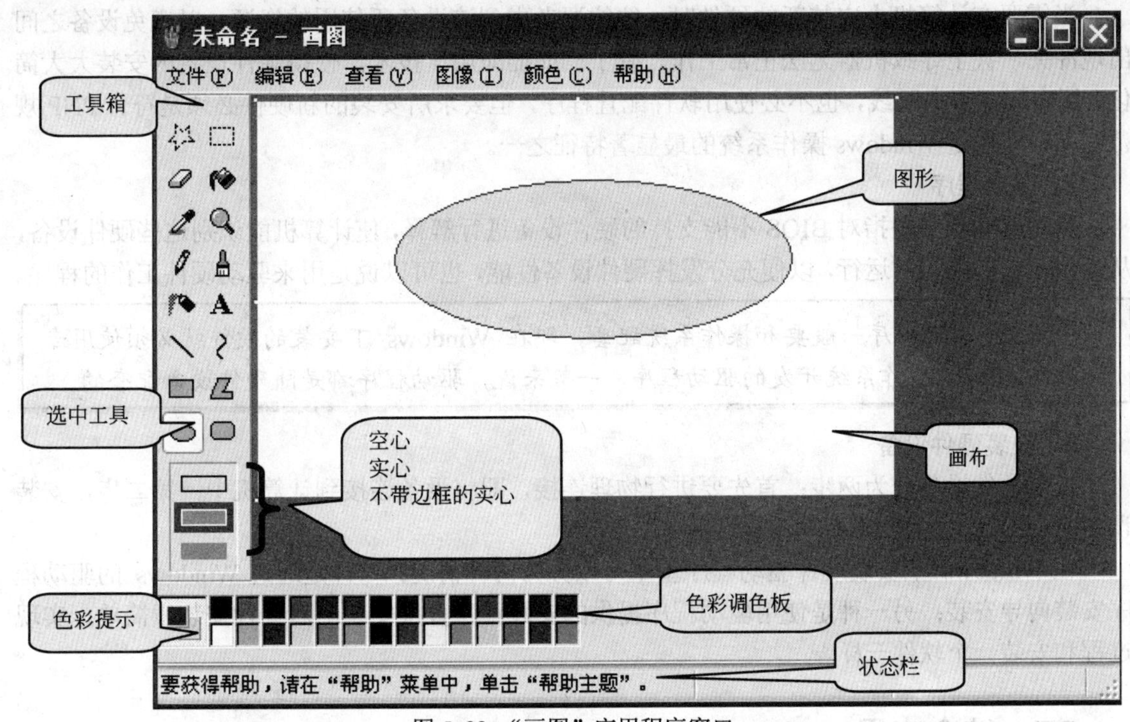

图 5-22 “画图”应用程序窗口

图形制作完成后，应将其存储成图形文件保存起来以备使用。选择“文件/保存或另存为”命令，都可以弹出“保存为”对话框，根据需要设置并填入文件名等信息。

利用画图程序可以存储多种格式的图形文件，最常见的有 BMP 和 JPEG 格式。通过“画图”程序制作的图形默认格式为 24 位位图文件，文件扩展名为 BMP。也可以存储成其他格式的图形文件，包括单色位图文件、16 色位图文件、256 色位图文件、JPEG 格式文件和 GIF 格式文件等。BMP 类型的图形文件占用存储空间较大，不宜作为网络中的图形文件。所以，一般应将画图程序制作的图形存储成“JPEG”类型的文件，它占用较少的存储空间。

5.6.4 其他应用

Windows 内置了驱动程序库，基本可以涵盖已有的即插即用硬件设备。随着硬件安装过程的简化，在 Windows 中安装硬件基本已经“傻瓜化”了，即使是不太了解硬件的用户也可以在安装向导的帮助下安装和配置硬件设备。

1. 即插即用

即插即用（PNP 结构体系）是微软公司在开发 Windows 95 时，为克服用户因需调整硬件设定造成的困扰而开发出的一项新功能。这是一项用于自动处理微型计算机硬件设备安装的工业标准，由 Intel 和 Microsoft 联合制定。

当需要在计算机上安装新的硬件时，往往要考虑到该设备所使用的资源，以避免设备之间出现冲突，甚至导致机器无法正常工作。有了“即插即用”技术，使得硬件设备的安装大大简化，用户无须再做跳线，也不必使用软件配置程序，但要求所安装的新硬件必须是符合PNP规范，即插即用是Windows操作系统的最显著特征之一。

2．驱动程序

所谓驱动程序是指对BIOS不能支持的硬件设备进行解释，使计算机能识别这些硬件设备，从而保证它们的正常运行，以便充分发挥硬件设备性能，也可以说是用来驱动硬件工作的程序。

> 注意：驱动程序一般要和操作系统配套，即在Windows下安装的硬件就必须使用专门为Windows操作系统开发的驱动程序。一般来说，驱动程序都是随硬件设备配套的。

3．安装硬件设备

安装硬件设备分为两步：首先要进行物理连接，即将设备连接到计算机中；第二步，安装设备驱动程序。

在Windows下安装硬件驱动程序基本可以分为两种情况：一种是通过Windows的驱动程序安装向导安装；另一种是使用驱动程序提供的安装程序直接安装。后一种安装很简单，实现过程和安装一个软件一样。

5.7 综合应用

题目 Windows基本操作

要求：

（1）在资源管理器窗口的d盘根目录下创建一个名为“text”的文件夹。

（2）在桌面上创建“text”文件夹的快捷方式，并更改“text”文件夹名为“text-wang”。

（3）查找“d:\webroot”中以“邀请函”为开头名字的所有“jpg”图形文件，并将其复制到“d:\text”文件夹中。

（4）将d:\webroot”中的“ex-1.doc”文件移动到“d:\text”文件夹中，并更改“ex-1.doc”文件为只读文件。

（5）关闭所有打开的窗口。

操作示意：

（1）创建文件夹

• 单击『开始』按钮，选择“程序/附件/Windows 资源管理器”命令，进入资源管理器窗口。

• 单击窗口左侧的『我的电脑』，再单击『本地磁盘 (D:)』，进入d盘根目录。

• 打开“文件”菜单，选择“新建/文件夹”命令，进入文件夹建立状态。

• 在提示的“新建文件夹”编辑框里输入“text”，并在窗口的任意位置单击鼠标结束文件夹建立。

（2）在桌面上创建“text”文件夹的快捷方式并更名

• 单击窗口底部任务栏左侧的『』按钮切换到桌面，在桌面任意空白处单击鼠标右键，选择快捷菜单中的“新建/快捷方式”命令，弹出“创建快捷方式”窗口。

• 单击『浏览』按钮，选择 d 盘 text 文件夹，单击『确定』按钮；或直接在“请输入项目位置”文本框输入“d:\text”，都可以返回到“创建快捷方式”窗口。

• 单击『下一步』按钮，弹出“选择程序标题”窗口，在“键入该快捷方式的名称”文本框中输入快捷方式的名称“text”，单击『完成』按钮，此时便在桌面上创建了“text”文件夹的快捷按钮『』。

• 选中“text”文件夹的快捷按钮，将鼠标指针指向快捷按钮的“text”文字上并单击鼠标左键，“text”文字变为可编辑状态，输入“text-wang”即可更改快捷按钮名字。

（3）查找并复制文件

• 单击『开始』按钮，选择“搜索/文件或文件夹”命令进入“搜索结果”窗口，在“你要查找什么”栏选择“所有文件和文件夹”进入搜索文本输入窗口，在“全部或部分文件名”文本框中输入“d:\webroot\邀请函*.jpg”，如图 5-23 所示。

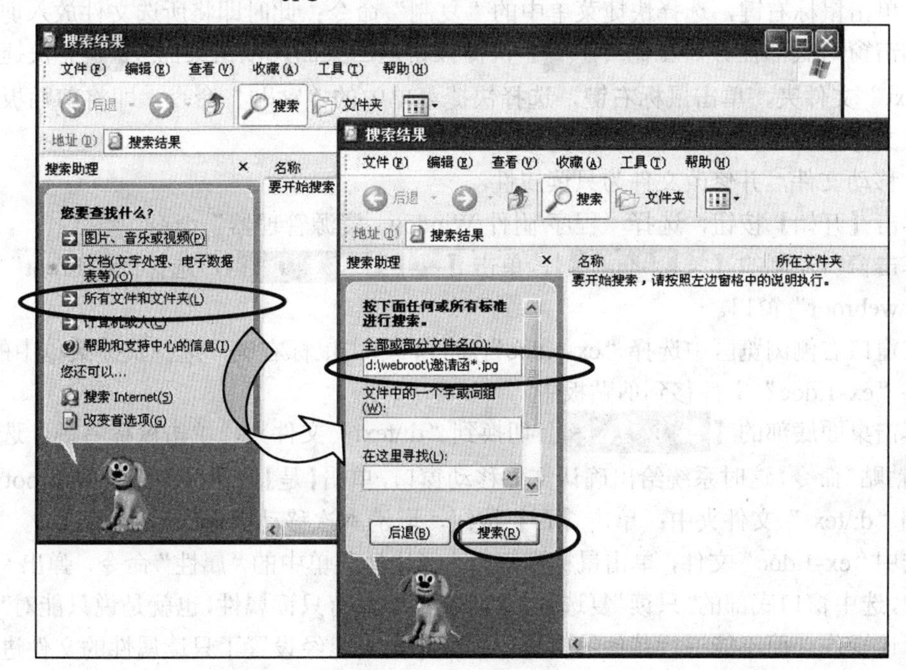

图 5-23　搜索窗口

• 单击『搜索』按钮，即在窗口区给出搜索结果；此时，在窗口左侧栏给出已找到 3 个文件提示，右侧是以缩略图的形式给出查找结果，如图 5-24 所示。

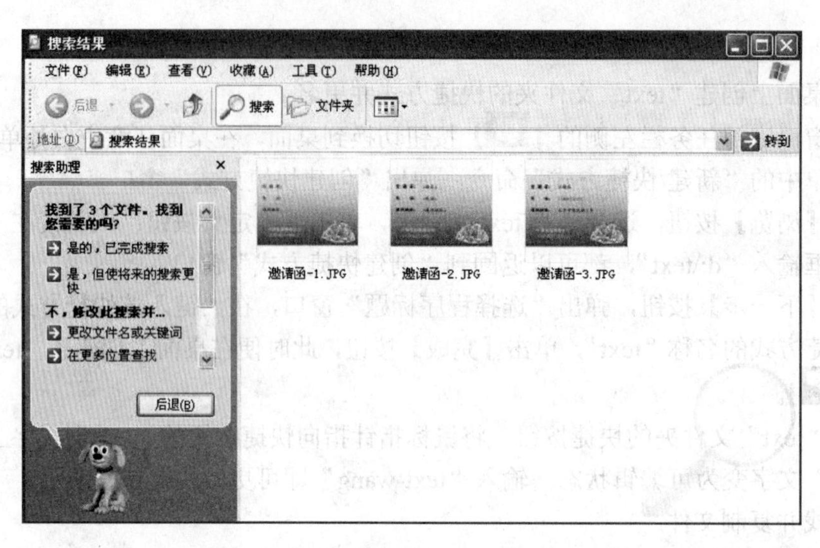

图 5-24　搜索结果示意

• 单击第一个文件图标，按住“Shift”键，再单击最后一个文件图标，即选中查找出的 3 个文件；单击鼠标右键，选择快捷菜单中的“复制”命令；此时即将所选文件放入剪贴板中。

• 单击窗口底部任务栏左侧『』快捷按钮返回桌面；双击桌面『』快捷图标即打开“d:\text”文件夹，单击鼠标右键，选择快捷菜单中的“粘贴”命令，即将剪贴板中的文件复制到该文件夹中。

（4）移动文件，并修改文件为只读属性

• 单击『开始』按钮，选择“程序/附件/Windows 资源管理器”命令。

• 单击窗口左侧的『我的电脑』，单击『本地磁盘 (D:)』，选择“webroot”文件夹，进入“d:\webroot”窗口。

• 在窗口右侧浏览区中选择“ex-1.doc”文件，单击鼠标右键，选择快捷菜单中的“剪切”命令，将“ex-1.doc”文件移到剪贴板中。

• 单击桌面底部的『D:\text』切换到“d:\text”文件夹，单击鼠标右键，选择快捷菜单中的“粘贴”命令，这时系统给出确认文件移动窗口，单击『是』按钮，即将“d:\webroot\ex-1.doc”文件移到“d:\text”文件夹中；单击『否』按钮，取消本次移动操作。

• 选中“ex-1.doc”文件，单击鼠标右键，选择快捷菜单中的“属性”命令，弹出“ex-1.doc”属性窗口，选中窗口底部的“只读”复选框，这时文件即具有只读属性，也就是说只能对“ex-1.doc”文件进行读操作，而不能进行其他编辑操作；如果要对已经设置了只读属性的文件进行编辑操作，系统会弹出“另存为”对话框，需要将新修改的内容以一个新文件进行保存。

（5）关闭所有打开的窗口

• 此时，在窗口的任务栏底部会显示所有已打开窗口的名字，在某个名字上单击鼠标右键即可弹出窗口快捷菜单，选择“关闭”命令，即可关闭该窗口，就这样一个一个地进行，直到所有窗口关闭完成；当前打开的是关闭“D”盘窗口，如图 5-25 所示。

图 5-25　关闭窗口示意

思考与练习

1．简答题

（1）分别从计算机角度和用户角度考虑，操作系统的基本功能有哪些？

（2）各种应用软件运行的基础是什么？

（3）安装应用程序的主要步骤有哪些？

（4）当系统没有连接打印机的情况下，是否可以安装打印机驱动程序？

2．填空题

（1）操作系统提供的工作界面有________和________两种方式。

（2）回收站是________盘中的一块区域，通常用于________逻辑删除的文件。

（3）控制面板是________的集中场所。

3．选择题

（1）操作系统是管理和控制计算机（　　）资源的系统软件。

A．CPU 和存储设备　　B．主机和外部设备

C．硬件和软件　　D．系统软件和应用软件

（2）（　　）操作系统允许在一台主机上同时连接多台终端，多个用户可以通过各自的终端同时交互地使用计算机。

A．网络　　B．分布式　　C．分时　　D．实时

（3）下面对操作系统功能的描述中，说法不正确的是（　　）。

A．CPU 的控制和管理　　B．内存的分配和管理

C．文件的控制和管理　　D．对计算机病毒的防治

（4）在计算机系统中，操作系统是（　　）。

A．处于系统软件之上的用户软件　　B．处于应用软件之上的系统软件

C．处于裸机之上的第一层软件　　D．处于硬件之下的低层软件

4．操作题

题目　Windows 基本操作

要求：

（1）对个人磁盘进行格式化；

（2）在个人磁盘上分别创建 3 个文件夹，分别存放作业、电子教案和图片；

（3）对所用计算机进行磁盘碎片整理；

（4）安装打印机驱动程序。

5. 网上练习与课外阅读

（1）请在网上查阅有关设备管理的试题，然后编写一道自己感兴趣并有意义的相关试题，写出完整的题目以及答案；

（2）《计算机操作系统教程》，张尧学等，清华大学出版社，2002 年 2 月；

（3）《操作系统实用教程（第二版）》，任爱华、王雷编著，清华大学出版社，2004 年 1 月。

第6章　字处理——Word 应用

本章学习重点：

- 了解办公自动化基础知识。
- 了解字处理的基本编辑操作。
- 了解典型字处理软件 Word 的使用。
- 熟练掌握 Word 文档编辑。
- 熟练掌握图文混排技术与格式编排技巧。
- 熟练掌握 Word 的邮件合并等特色应用。
- 熟练掌握文档的目录创建与打印。

6.1　基础知识

随着计算机应用的普及使现代办公涉及的范围更宽、更广，计算机字、表处理已成为办公自动化的必要组成部分，同时还增加了对图形、图像、语音等多种媒体信息的处理。这些都需要用到各种类型的办公软件，而不同的办公软件所处理的数据类型也是不同的。为了方便用户的使用和维护，一些办公软件都以应用程序包的方式呈现。目前，最典型的办公软件主要有两个产品：一是 Microsoft 公司推出的支持办公自动化的应用程序包“Office 套件”；二是香港金山公司推出的 WPS，它吸取了 Word 软件的优点，在功能和操作方式上与 Word 相似，成为国产字处理软件的杰出代表。

本章以 Office 的 Word 2003 为例介绍文字编辑的基本知识和应用技巧，后续内容中所有案例都是基于 Word 2003 实现的，为书写方便简写为 Word。通过本章学习，熟练掌握文档的建立、编辑、排版与打印等应用技巧。

6.1.1　基本概念

字处理是指对文字信息进行加工处理的过程，计算机字处理是指利用计算机在某种编辑软件窗口中创建文档并将文档以文件的形式保存在磁盘上，再经过按特定的格式编排、打印、输出的过程。而字处理软件正是为实现这一功能而设计的计算机应用程序，用户只有在字处理应用程序文档窗口中，才能实现文档的建立、编辑、排版与打印等操作。

1．字处理软件概述

字处理软件的种类很多，如，WS、WPS、Word 等，这些字处理软件的基本功能是相同的，但对文档信息处理的范围、文档格式编排和操作方式有很大区别。所以，字处理软件分为基本应用和高级应用。基本应用主要包括文档的建立、编辑、排版与打印；高级应用包括文档格式设置，图、文、表混排技术，添加艺术字及文档页面格式设置等。不同的字处理软件提供的功能是不一样的，但基本操作是大同小异。

Word 应用程序是运行在 Windows 环境下的集文字、图形、表格、打印技术为一体的典型字处理软件，是办公自动化的理想工具，其自身主要从 Word 6.0 开始，到现在已发展到 Word 2003、Word 2007 等版本。每个版本主要从功能上和用户使用界面上有所突破，更加方便和人性化。考虑到实验室的运行环境，本书以 Word 2003 为实验平台，介绍其字处理应用。有了此基础，用户很容易掌握更高版本的使用。

2．字处理软件的运行环境

由于字处理软件是在不同的系统环境下开发的，所以不同的字处理软件运行的环境也是不同的。如，WS 是在 DOS 环境下运行的；VI 是在 UNIX 环境下运行的；WPS 最早是在 DOS 系统下运行的，后来的版本在 Windows 下也能运行；而 Word 则是运行在 Windows 环境下的集文字、图形、表格与排版为一体的字处理应用程序。

3．启动 Word

启动 Word 是指将 Word 系统的核心程序“Winword.exe”文件调入内存，同时进入应用程序及文档窗口，为用户提供创建文档的工作环境。启动 Word 的方法有很多，例如，选择“开始/程序/Microsoft Office /Microsoft Office Word 2003”，或者直接单击桌面 Word 快捷方式，或者通过打开已有的 Word 文档文件以关联的方式，都可以启动 Word。启动 Word 后，屏幕显示 Word 应用程序工作窗口。

4．关闭 Word

关闭 Word 分两种情况，一是指关闭 Word 应用程序，二是指关闭 Word 文档。

单击 Word 应用程序窗口右侧的『☒』按钮，或在“文件”菜单中选择“退出”命令等，都可结束 Word 应用程序的运行，即关闭 Word 应用程序窗口。此时所有文档窗口都被关闭，如果有未被保存的文档，系统会弹出“是否保存文档”询问对话框，用户可以根据需要进行相应的选择。退出 Word 窗口后，若想再对文档进行操作，必须再次启动 Word 应用程序。

单击 Word 文档窗口右侧的『×』按钮，或在“文件”菜单中选择“关闭”命令等，可结束 Word 当前文档的编辑操作，即关闭 Word 文档窗口。此时 Word 应用程序仍在运行，用户可以继续创建或编辑其他文档。

6.1.2 Word 应用程序窗口

启动 Word 后即进入 Word 应用程序窗口，同时系统自动创建文档编辑窗口并用“文档 1”命名，表示用户可以进行文档编辑工作了。每创建一个文档便打开一个独立的窗口，分别用“文档 2、文档 3”命名，如图 6-1 所示。

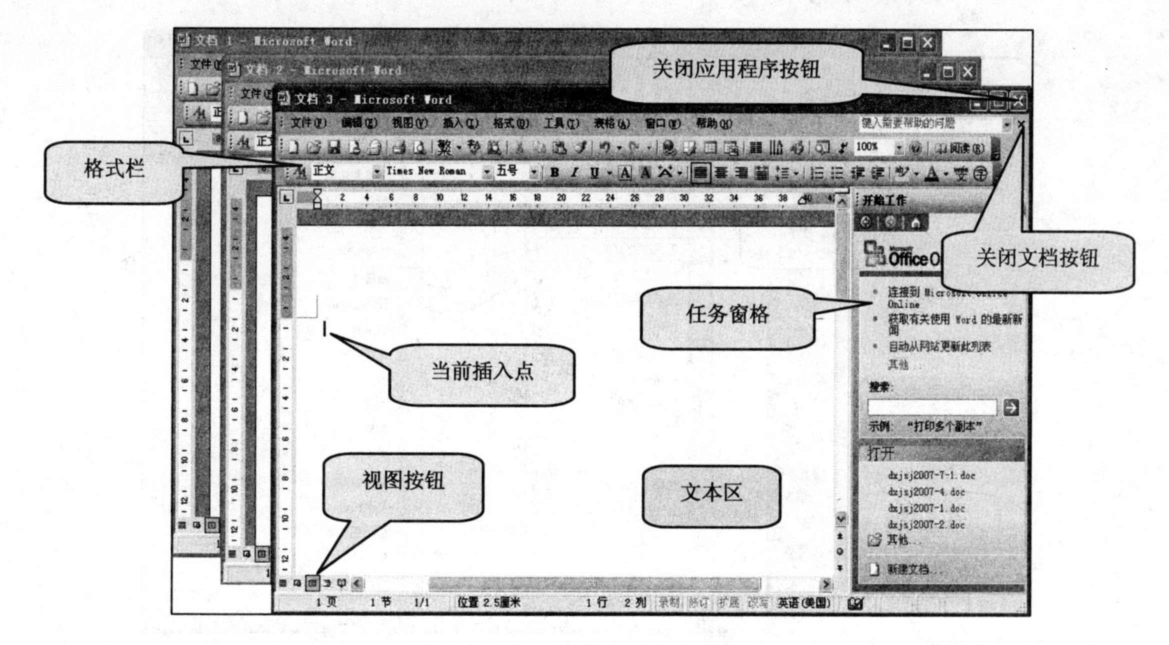

图 6-1　Word 应用程序与文档窗口

显然，Word 窗口继承了 Windows 特色，主要由标题栏、菜单栏、工具栏、格式栏、文本区、状态栏、窗口控制按钮、视图按钮及任务窗格等组成。在此仅介绍 Word 中的特色选项的应用，其他的见 Windows 窗口操作。

1. 工具栏

工具栏由一系列按钮组成，按功能分成组，这些按钮用来代替菜单中的命令，每个按钮对应一个命令。通过工具按钮可以加快对命令的选择，当鼠标指向某个按钮时，该按钮的命令名称就会在按钮旁显示，如“打开”、“保存”、“打印预览”、“剪切”等命令。

Word 提供了丰富的工具按钮，由于受屏幕空间的限制，通常只把一些常用的工具按钮显示在窗口上。工具按钮在窗口上处于隐藏状态还是显示状态是由“视图”菜单中的“工具栏”菜单中的选项状态所决定的，当选项左边有“√”号时表示有效，即该类工具按钮显示在窗口上，否则不显示，如图 6-2 所示。

由图可以看到窗口中有“常用”、“格式”和“绘图”3 个工具栏，且绘图栏位于窗口的底部。显然，用户可以根据需要进行设置。

2. 格式栏

格式栏中的工具按钮用来快速进行字体或段落的设置，有些按钮带有下拉菜单，打开后根据需要从中选择即可，对于同一个字符可以同时设置多种格式，如同时设置文字为斜体和下划线两种格式。格式栏如图 6-3 所示。

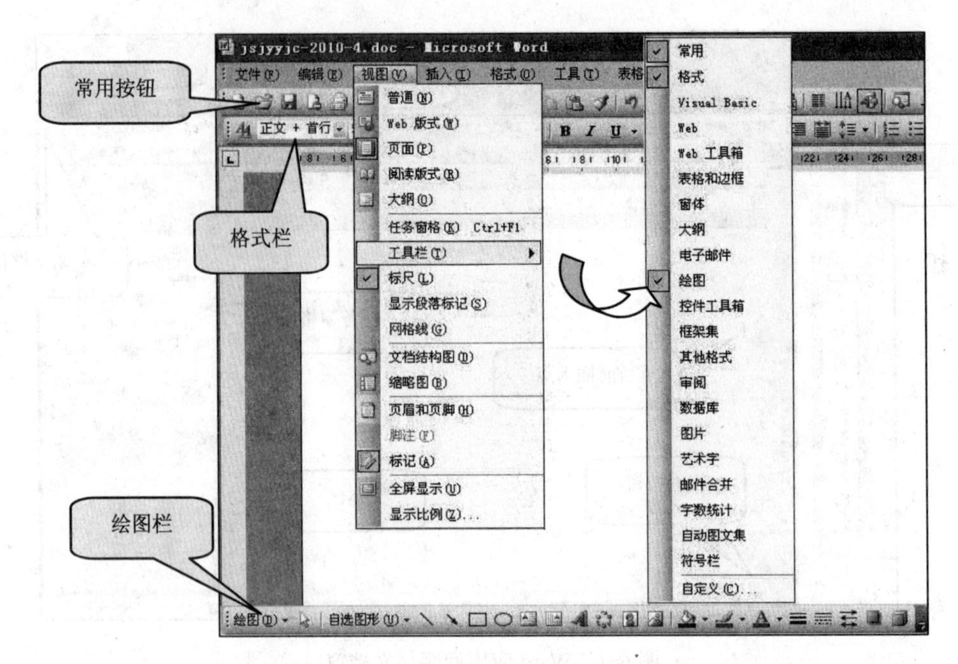

图 6-2　工具栏示意

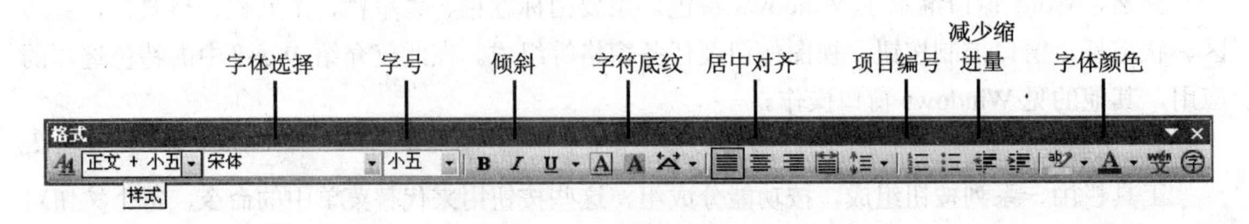

图 6-3　“格式栏”示意

格式栏左边的“样式”窗口是 Word 提供的标准格式模板，在文档中经常使用的字符或段落的格式，通过引用“样式”中的模板可简化文档格式编排，对于已有的样式允许重新设置，也可以制作新的文档样式。样式定义好后，文档中的任何字符、段落都可以引用，系统默认样式为“正文”。“样式”最典型的应用就是“标题”的引用，通过标题的设置可以创建文档目录，具体使用见目录与样式的应用描述。

3．文本区

文本区是输入、编辑文档文本的区域，“ | ”为当前插入点。进入文档窗口后，插入点位于当前文档当前页的第一行第一列位置上，此时即可输入正文。利用 Word 2003 的即点即输功能，用户可以根据自己的需要，在文档文本区的任意位置通过双击鼠标左键确定新的正文插入点。

4．视图按钮

视图按钮用于切换文档页面的显示方式，通常有普通视图、Web 版式视图、页面视图、大纲视图及阅读版式 5 种方式，用户可以根据自己的需要进行选择。编辑文档一般应选择“页面视图”，而大纲视图适用于对长文档的编辑，尤其是浏览和调整文档结构。

6.1.3 任务窗格

1．认识任务窗格

“任务窗格”是 Office 2003 的新增功能，为 Office 应用程序提供常用命令窗口，如同一个快捷菜单，集合了应用程序的一些常用操作命令，包括对文档内容与文件的操作命令、帮助命令、信息检索命令以及样式和格式等命令。通过“任务窗格”窗口提供的各个命令，用户可以在处理当前文档文件的同时，快速地执行其他命令。

2．打开任务窗格

在 Office 应用程序窗口中选择“视图/任务窗格”命令，或单击 Word 格式栏最左端『A』按钮，都可以打开任务窗格窗口。通常，打开后的“任务窗格”窗口位于应用程序窗口的右端。单击“任务窗格”窗口右边的『▼』按钮，弹出“任务窗格”下拉菜单，给出了当前应用程序所提供的任务菜单，每个任务菜单提供一组相关的操作命令，可以让用户节省大量查找命令的时间，从而提高工作效率。下拉菜单命令选项左侧的“✓”表示当前所选中的任务菜单，如图 6-4 所示。

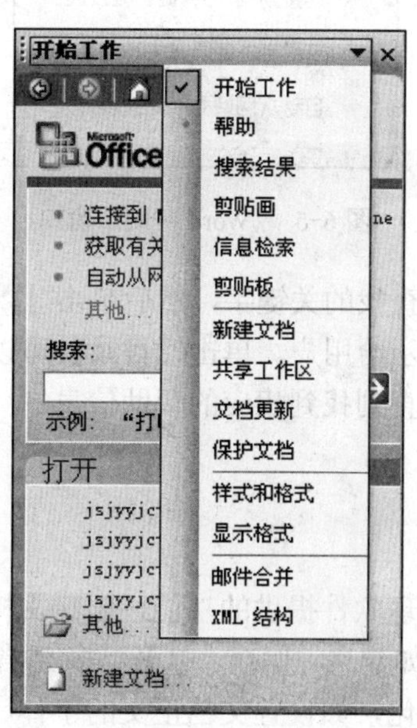

图 6-4 “任务窗格”窗口及下拉菜单示意

> 注意：在不同的 Office 应用程序下，“任务窗格”下拉菜单中所提供的命令有所不同。

6.1.4 Word 帮助系统

Word 提供了功能很强的帮助系统，既可以通过“目录”级联菜单查找，也可以通过关键字搜索查找。所有这些 Word 都提供联机在线帮助，以支持用户快速找到相应的帮助说明。这些帮助信息类似于一本简单的操作说明书，具有很多的应用案例，是自我学习的好帮手。

选择“帮助/Microsoft Office Word 帮助”，或直接选择任务窗格下拉菜单中的“帮助”命令，或直接按“F1”键，都可以打开 Word 帮助窗口，通常位于 Word 窗口的右侧。在 Word 帮助窗口中列出了可以获取帮助的内容和方法，如图 6-5 所示。

图 6-5 “Word 帮助”窗口

在“搜索”文本框中输入要查找的关键字，然后单击『→』按钮，系统即开始按指定的关键字进行查找，并将查找结果显示给用户。单击『目录』可以打开目录列表下级菜单，再选择相应的主题，就这样一级一级地直到找到相应的帮助信息。

6.2 文档基本操作

文档基本操作是指利用字处理软件提供的功能，创建文档并对文档进行组织管理和控制的过程，主要包括：文档的创建，如建立、保存、打开、多文档之间的操作；文档的编辑，如增、删、改、查找与替换；文档格式化，如设置文档正文的字体、字号、段落间距等。

6.2.1 创建文档

1. 新建文档

新建文档是指通过计算机的输入设备将信息输入到计算机内存中，再将内存中的信息经编排后以文件的形式存放到磁盘中，这一过程称为新建文档。这里的“信息”是指计算机所能处理的一切数据，包括数字、中/西文字符、表格、图形、图像等。而将信息输入到计算机内存中需借助于某个编辑软件（如字处理软件），通过编辑软件的应用程序文档窗口实现文档的建立，不同的编辑软件所能接受处理的数据类型是不同的。例如，记事本应用程序只能处理纯文本字符数据；而 Word 不仅可以处理文本字符数据，还可以处理表格或图形、图像等非文本字符数据。

在 Word 中建立一个新文档可以使用“文件”菜单中的“新建”命令、常用工具栏中的『』按钮或用组合键“Ctrl+N”等多种方法。

单击『』按钮或按“Ctrl+N”组合键，在 Word 应用程序窗口建立一个空文档窗口供用户输入文本。以后每单击一次“”按钮或按“Ctrl+N”组合键就出现一个新文档窗口，并依次取名为“文档 2”、“文档 3”、……这是建立新文档最方便的方法。

还可以根据系统提供的文档模板来建立新文档，这些模板既可来自本机上的、也可以来自网站上的。模板是一种特殊文件，为文件提供标准格式，利用它可以快速建立具有标准格式的文档。无论是新建文档文件还是模板文件，都可以从已有的模板中选取一个样式作为当前文档的模板。当然，Word 提供的文档模板不一定完全适合用户要建立的文档样式，可选择系统默认的标准模板（空文档），按自己的要求建立文档。系统自动建立、单击『』按钮或用组合键提供的文档采用的都是默认标准模板，即文档正文以 A4 作为页面、纵向编排，中文为宋体、英文为 Times New Roman、字号为五号。

2. 建立文档正文

建立文档正文是指输入文档内容的过程，这些信息既可以直接由输入设备输入，也可以通过插入文件或剪贴板粘贴的方式获得。插入的文件可以是 Word 文件，也可以是 Word 支持的其他格式的文件，如纯文本文件、图形文件或表格文件等。

（1）输入正文

打开 Word 后，一般文档编辑窗口状态栏的当前输入方式为西文状态。如果要在文档中输入西文字符，直接在窗口的插入点键入西文字符即可；如果要输入中文就要由西文状态切换到中文方式，然后就可以按要求输入相应的信息。当输入的数据到达一行的右页边距时，Word 会自动折回到下一行（软回车），折回点取决于页面设置中确定的纸张大小；当需要新起一个自然段时，按“Enter”键。

通过选择“插入/符号”命令，可以输入键盘上没有的特殊符号，如，拉丁语、片假名/平假名、各种数学符号等。

用鼠标或“←”、“↑”、“→”、“↓”键移动插入点，或拖动滚动条滑块，可以在屏幕上/下、左/右移动正文，查看未在屏幕上显示的内容。

（2）插入一个文件

在文档中插入一个文件是指将另一个文件的全部内容插入到当前文档的插入点处，要求该文件必须是 Word 支持的格式文件，包括文档文件、图形文件等。

首先在文档中设置插入点，打开“插入”菜单，选择“文件”命令弹出“插入文件”对话框。按对话框要求选择要插入文件的信息，如文件所在位置、文件类型、文件名等，最后单击『确定』按钮，选中的文件被插入到当前文档的插入点处。

（3）插入图片

首先，在文档中设置插入点，打开“插入”菜单，选择“图片”命令弹出“插入图片类别”下拉菜单，在菜单中选择要插入的图形类别并单击该项。例如，选择图片来自“剪贴画”，便弹出“插入剪贴画”图形库窗口，从中选择即可；如果选择图片“来自文件”，弹出“插入图片”文件选择窗口，确定所要插入图形文件的相关信息，如文件所在位置、文件类型、文件名等，单击『插入』按钮，所选图形文件插入到当前文档的插入点处。

3. 保存文档

新建的文档和正在编辑窗口编辑的信息均存放在内存中，随着系统的关闭这些信息将自然消失。为使这些信息不被丢失而长期使用，或不因出现掉电及其他问题而破坏，应将输入的信息以文件的形式保存在磁盘上。也就是说将文档信息由内存传送到外存，该过程为写操作称为保存文档，即建立磁盘文件。

若保存的是一个新建的文件，选择“保存/另存为”命令、单击『』按钮或按“Ctrl+S”组合键后，都弹出“另存为”对话框，由用户选择保存文件的类型、文件所在的位置，填入文件名等有关参数，如图 6-6 所示。若要保存的是一个已保存过的文件，需要用当前的内容覆盖以前的内容，选择“保存”命令、单击工具按钮或按组合键后，系统会立刻将当前编辑的文件存盘，而不弹出对话框。

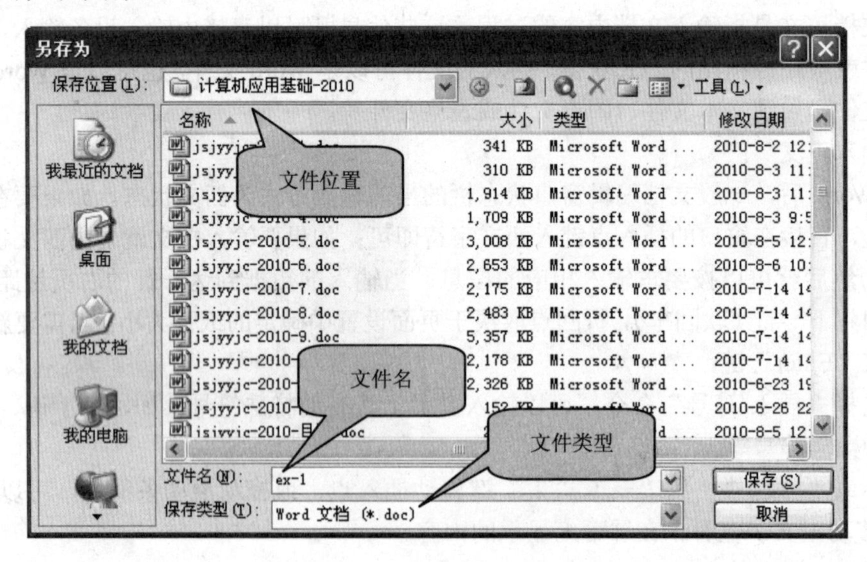

图 6-6 “另存为”对话框

“另存为”命令是指建立一个当前文件的副本，相当于文件的复制操作。通常在由一个文件产生另一个文件或需要保持原文件时采取这种方式。选择“另存为”命令后，屏幕弹出“另存为”对话框，在“保存类型”框选择文件类型，系统缺省为 Word 文档；在“保存位置”框选择文件存放的磁盘及相应的文件夹；在“文件名”框输入文件名，也可以在文件目录列表浏览区选择一个已有的文件名作为当前文件的名字，此时意味着要用当前文件覆盖掉已有文件；最后单击『保存』按钮进行保存操作。

另存为窗口左列是访问特定文件夹的快捷按钮，只要单击相应快捷按钮即可进入相应的文件夹；窗口右上方是一系列工具按钮，其功能如表 6-1 所示。

表 6-1　常用工具按钮

工具按钮	功　能
	保存位置返回到桌面
	返回到上一级目录
	搜索 Web
	删除选定的文件夹或文件
	创建文件夹同时进入该文件夹中
	设置文件及文件夹浏览方式
工具(L)	常用工具栏下拉菜单

注意：“另存为”命令是指由一个文件产生另一个文件，而“保存”命令是用新编辑的文档取代原有的文档，不产生文件副本。每次保存文件后，文档窗口仍处于打开状态，允许继续对文档进行编辑。结束编辑操作时应关闭该文档文件。

利用“常用工具栏”下拉菜单中的“常规选项”命令，可以为文档创建有关保存文件的附加选项，如，保留备份、自动保存时间间隔设置等。例如，为防止他人打开自己的文件，可以为文件设置密码。方法是：在“另存为”对话框窗口中，选择“工具”下拉菜单中的“安全措施选项”命令弹出“安全性”对话框，在“打开文件时的密码”文本框输入密码，单击『确定』按钮弹出“确认密码”对话框，再次输入密码并确定，如图 6-7 所示。

4．打开文档

打开文档是指将磁盘上已有的 Word 文件或 Word 支持的文件调入 Word 应用程序窗口进行编辑，即执行读操作将文件由外存调入内存，每打开一个文件建立一个 Word 应用程序和文档窗口。

使用“文件”菜单中的“打开”命令、单击『』按钮、用组合键“Ctrl+O”或“Ctrl+F12”都可以打开文档。不论用哪一种方式，操作后屏幕都弹出“打开”对话框，在对话框中设置文件的类型、文件所在的位置和文件名等信息，其操作方式与保存文档类似。

在 Word 应用程序“文件”菜单底部的列表中，列出了 4 个最近打开的文档文件名。要打开列表中的某个文件，只需用鼠标单击该文件名或直接键入对应文件名旁的数字即可。当然，文件列表会随着用户创建或编辑的文件而不断更新。

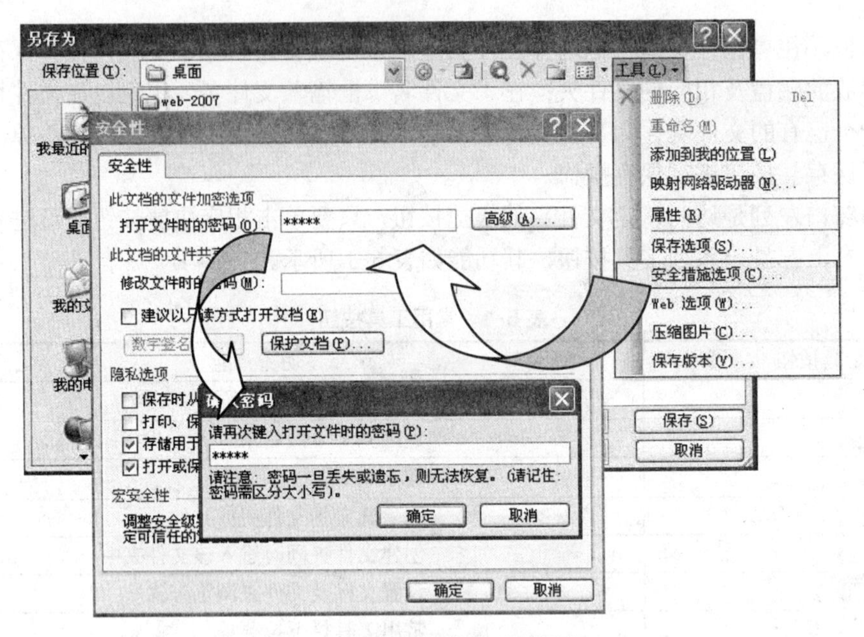

图 6-7　创建文件密码对话框窗口

如果要打开的文档文件具有密码，系统会弹出“密码”输入框，只有输入正确的密码，才能打开该文件进入文档编辑窗口。若输入的密码不正确，弹出“密码不正确，无法打开该文档”消息框，打开文档操作失败。

5. 多文档之间的操作

在 Word 应用程序中允许同时打开多个文档，实现多文档之间的数据交换、在多文档中进行编辑等。例如，要同时创建 3 个文档，反复单击『 』按钮 3 次，分别创建 3 个文档编辑窗口。当前活动文档窗口的标题栏呈高亮显示，只有处于当前活动的窗口才能进行编辑操作。每创建一个文档，系统便在 Windows 桌面状态栏上建立一个对应的按钮，便于在各文档间进行切换。要想使某个文档作为当前活动窗口，直接点击状态栏上的文档按钮即可。建议不用的文档窗口应及时关闭。

例 6-1　在当前文档中插入另一个文件中的部分数据。

当需要在一个文件中插入另一个文件中的部分数据时，应分别将两个文件打开，前者为目标文档文件后者为源文档文件，假定这两个文档文件都是由 Word 创建的。

操作步骤：

（1）利用 Word 分别打开源文档文件和目标文档文件；

（2）单击 Windows 状态栏上『源文档文件』按钮，置源文件为当前文档，选中所要的数据，单击『复制』按钮，将数据置于剪贴板上；

（3）单击 Windows 状态栏上『目标文档文件』按钮，置目标文件为当前文档，确定当前插入点，选择“编辑/粘贴”命令或单击『粘贴』按钮，将剪贴板中的数据插入到当前文档的插入点处。

注意：通常称这一操作为多文档之间的数据共享，在编辑文档时经常用到，既可以在同一应用程序的不同文档之间进行，也可以在不同应用程序的文档之间进行，这也是Windows 系统的主要特点之一。

6．关闭文档

关闭文档是指结束对当前文档的编辑工作，返回到 Word 应用程序窗口，这时仍然可以对其他未关闭的文档进行操作。单击文档窗口『✖』按钮，或在“文件”菜单中选择“关闭”命令都可以关闭文档窗口。如果对当前文档进行过编辑操作而未保存过，或是一个新建的文档，在关闭文档时系统会弹出“询问”对话框。单击『是』按钮，保存当前文档同时关闭文档窗口；单击『否』按钮，不保存对当前文档的编辑操作，但关闭文档窗口，此时文档内容是前一次保存的结果；单击『取消』按钮，取消“关闭”文档的操作，返回到文档编辑窗口。

6.2.2 插入对象

插入对象是指将另一个应用程序文档以独立的对象方式嵌入到当前文档的插入点处。双击该对象即可关联打开对应的应用程序文档窗口，编辑该对象。即在 Word 应用程序窗口中以对象方式编辑另一个应用程序的文档，如在 Word 中插入 Excel 工作表、插入画笔图片、插入数学公式等。该操作通过“插入”菜单的“对象”命令实现。

注意：通过嵌入对象产生的文档是以图片的方式插入在文档中，若想修改，需要双击插入的对象，即可打开嵌入对象的编辑窗口进行操作。

1．在 Word 文档中插入 Microsoft Excel 工作表

首先要打开 Word 文档文件，确定插入点；选择“插入/对象”命令，弹出插入“对象”对话框，如图 6-8 所示。

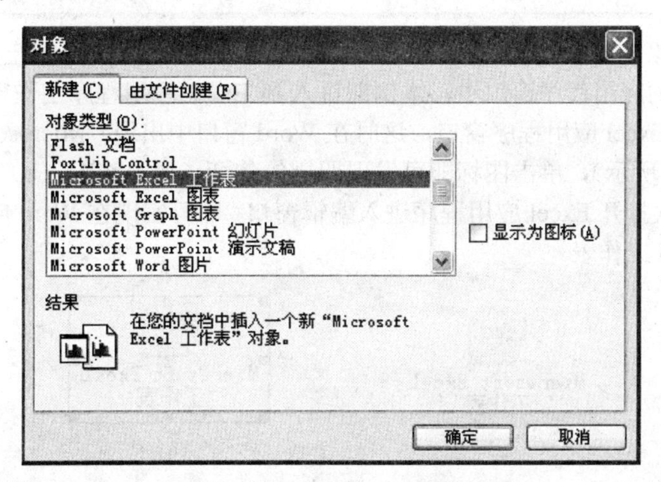

图 6-8 插入“对象”对话框窗口

窗口中有“新建”和“由文件创建”两个选项卡，当前默认为“新建”选项卡，在“对象类型”列表区中给出了允许插入的对象类型。窗口右侧“显示为图标”复选框，表示以图标方式显示所插入的对象。

例如，选择插入的对象类型为“Microsoft Excel 工作表”，单击『确定』按钮，即产生虚框的表，如图 6-9 所示。

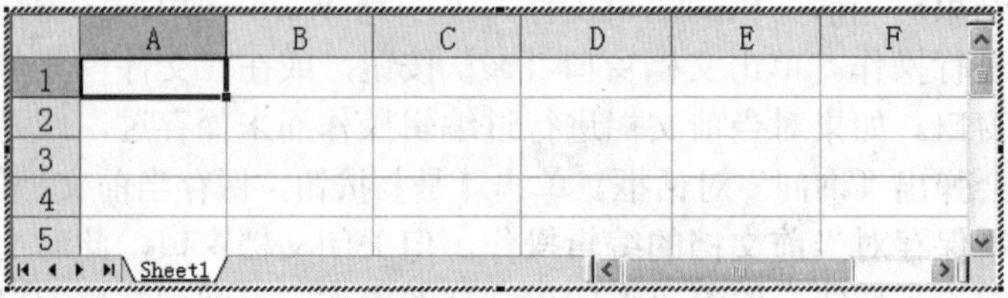

	A	B	C	D	E	F
1						
2						
3						
4						
5						

Sheet1

图 6-9　在 Word 中嵌入 Excel 工作表

此时，就如同在 Excel 中一样建立并编辑数据，直到完成后用鼠标在虚框外任意地方单击，即可结束插入对象操作返回到 Word 文档中。所建立的表以位图方式插入在 Word 文档中，如图 6-10 所示。

学号	姓名	性别	年龄		
090001	张晓薇	女	21		
090002	刘玉兰	女	22		
090003	赵威威	男	21		
090004	田晓霞	女	20		

图 6-10　在 Word 中嵌入 Excel 工作表产生结果示意

注意：图 6-10 旁边的虚表格是否存在，取决于图 6-9 虚框的设置。

如果选中“对象”窗口旁的“显示为图标”复选框，插入的对象不产生虚框的表，而是直接进入到选中对象的应用程序窗口中，本例即进入到 Excel 应用程序工作窗口中，编辑制作完成工作表后，关闭 Excel 应用程序窗口，这时在 Word 窗口中出现“Microsoft Excel 工作表”图标（如图 6-11（a）所示），单击图标即可发现四周的句柄（如图 6-11（b）所示），显然呈位图方式。双击即可再次打开 Excel 应用程序进入编辑窗口，即可实现在 Word 应用程序中以嵌入对象的方式编辑 Excel 工作表。

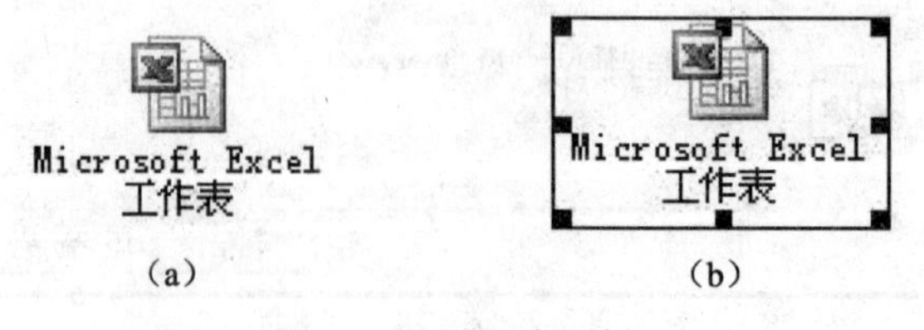

图 6-11　显示为图标

2. 在 Word 文档中插入数学公式

在文档中插入数学公式，首先要确认在系统中安装了“公式编辑器”。然后在文档中设置插入点，选择“插入/对象”命令弹出“对象”对话框，在“对象类型”列表区选择“Microsoft 公式 3.0”，单击『确定』按钮弹出“公式编辑器”工具栏，同时给出一个虚框，当前插入点定位在虚框内，等待用户输入公式，如图 6-12 所示。

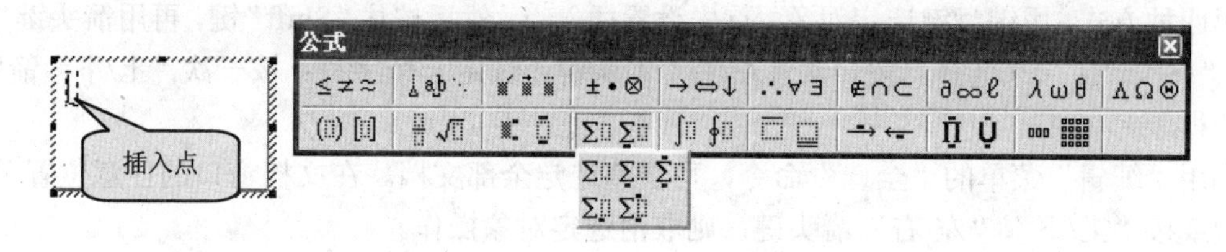

图 6-12 “公式编辑器”窗口及工具栏

此时，可根据需要选择并输入公式，输入完后在 Word 文档的任何位置单击鼠标，即结束公式的输入，输入的公式以对象方式插入到当前文档的插入点处，双击该对象就会再次启动“公式编辑器”工具栏，继续进行编辑。

在“公式编辑器”工具栏上排列着两行共 19 个按钮，将鼠标箭头停留在某一按钮上，会自动显示各按钮的提示信息，如图 6-12 所示。顶行的按钮提供 150 多个数学符号，其中许多符号在标准 Symbol 字体中没有，所以这里可以提供许多特殊符号。底行的按钮用于插入模板或结构，包括分式、根式、求和、积分、乘积和矩阵等符号。工具栏上的模板有 120 多个，以分组方式显示，可以通过嵌套模板方式（即把模板插入到另一个模板中）创建复杂的多级化公式，但嵌套的模板不能超过 10 级。

6.2.3 编辑文档

文档编辑是指对文档中已有的字符、段落或整个文档进行“增、删、改”操作。“增”是指在已有内容的文档中添加新内容；“删”是指将某些内容从文档中清除掉；“改”是指将某些内容置换成新的内容，或将某些内容由文档的一处移到另一处等。这些操作都是通过“编辑”菜单中的命令或工具按钮实现的，但无论是进行哪一种操作，操作前都必须先选定操作的对象，然后才可以进行相应的操作。

“编辑”菜单中的“剪切”、“复制”、“粘贴”命令，对应工具栏中的『』、『』、『』按钮，其含义是：剪切，从文档文件中删除选定的对象，并将其置于剪贴板上；复制，为选定的对象产生副本，放到剪贴板上；粘贴，将剪贴板上的信息粘贴到当前文档的插入点处，如果剪贴板是空的，该命令无效。

1. 选定对象

选定对象的方式很多，主要介绍如下几种：

第一种方式，将鼠标移到需编辑部分的首部，按鼠标左键拖动鼠标指针到要编辑部分的末尾松开鼠标键，则被选定的部分以反相方式显示，表示该部分已被选中。

第二种方式，将鼠标移到需编辑部分的首部，按住“Shift”键，再单击需编辑部分的尾部，则首尾之间的部分被选中。

第三种方式，将鼠标指针移至欲选定行的最左端（此时鼠标指针变成指向右上方的箭头），按鼠标左键，便选定了该行。若按住左键上下拖动鼠标，可选定多行。

第四种方式，用键盘键选定对象。首先设置插入点，然后按住“Shift”键，再用箭头键“←”、“↑”、“→”、“↓”来选择。按一次“左/右”箭头键，选定一个字符；按一次“上/下”箭头键，选定一行。

利用“编辑”菜单的“全选”命令，可快速选定全部文档。在文档窗口的任意位置单击鼠标左键或按“上/下”、“左/右”箭头键，则取消选定对象操作。

2. 移动对象

首先选定操作对象，单击『 』按钮，将选中的对象从文档当前位置删除掉，同时将信息置于剪贴板上。然后，确定对象插入点，单击『 』按钮。这时便通过剪贴板将文档中的某些内容从一处移动到另一处。

移动正文还有一个简单的方法，即选定对象后，将鼠标置于该部分并按住鼠标左键，此时鼠标箭头旁出现一条虚线和一个虚框。然后拖动鼠标直接到插入点处后松开鼠标按键，选中的对象便移动到新位置上。这种方法适合于少量数据对象在本页中的移动。

3. 修改对象

对已有的内容进行修改时，通常是选定对象后直接键入新内容，便用新内容替代选定的对象；也可以在选定对象后，按先删除后输入的方式进行。

4. 复制对象

复制对象是指将选中的对象产生副本，通常用于文档中反复出现的信息通过复制操作而简化数据的重复输入。选定对象后，单击『 』按钮将其复制到剪贴板。然后确定插入点，单击『 』按钮，即可实现对象的复制。

5. 删除对象

选定对象后，单击『 』按钮将其置于剪贴板上，也可按“Del”键删除。两者的区别是：前者将删除掉的数据放到剪贴板上，可以用于数据资源共享。

6.2.4 文档编辑高级应用

1. 基本概念

查找和替换是 Word 提供编辑文档的高级应用。查找是指从文档中根据指定的关键字找到相匹配的字符串，进行查看或修改。这些关键字可以是文档中的一个字符、一个字符串、一个单词或单词的一部分，也可以是词组、句子、制表符、特殊字符或数字等。替换是指用新字符串代替文档中查找到的旧字符串。

通过“查找和替换”窗口实现对文档的高级编辑。选择“编辑/查找”或“编辑/替换”命令，弹出“查找和替换”窗口，也可按“Ctrl+F”或“Ctrl+H”组合键都可弹出“查找和替换”窗口。通常分为简单查找与替换和带格式的查找与替换两种情况。

2．简单查找与替换

简单查找与替换是指按系统默认值进行操作，要查找和替换的文字不限定格式。系统默认的“搜索范围”为全部文档、区分全/半角。

例 6-2 将文档中所有的“北京”置换成“哈尔滨”。

操作步骤：

（1）打开要替换文本的 Word 文档。

（2）选择“编辑/替换”命令，弹出“查找和替换”对话框，此对话框在查找和替换过程中始终出现在屏幕上。对话框的上方有 3 个选项卡，“查找”选项卡定义要查找的关键字；“替换”选项卡定义替代的字符串；“定位”选项卡用于定义查找区域的起始点，系统默认从文档开始处查找。随着不同选项卡的选定，“查找和替换”对话框中的信息也会发生变化。

（3）置“替换”选项卡为当前工作状态，在“查找内容”文本框输入“北京”，在“替换为”文本框输入“哈尔滨”，系统自动激活“查找下一处”等按钮，如图 6-13 所示。

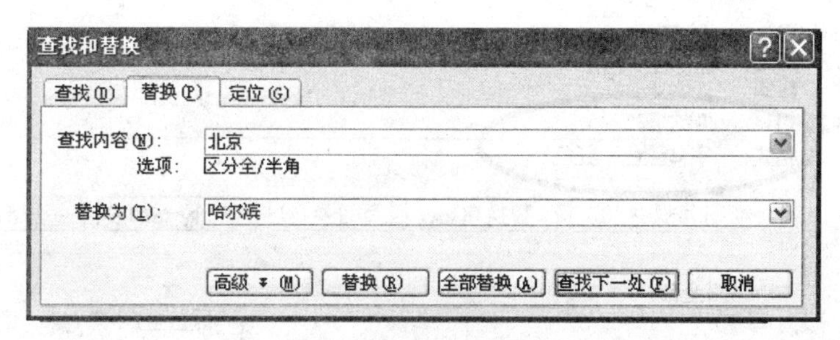

图 6-13 “查找和替换”对话框

（4）单击『查找下一处』按钮，这时插入点定位在文档中查找区域内的第一个与关键字相匹配的字符串上，对找到的目标以反相方式显示。

（5）单击『全部替换』按钮，即将文档中所有相匹配的关键字进行替换，同时给出完成操作消息框。单击『确定』按钮返回到“查找和替换”窗口，单击『关闭』按钮结束查找和替换操作，同时关闭“查找和替换”对话框返回到 Word 文档窗口。

注意：为保证“替换”操作的正确性，通常不采用“全部替换”方式，而是通过“查找下一处”方式定位到相匹配的字符串后，查看该字符串是否是要进行替换的关键字。确认后再单击『替换』按钮；如果不是要进行替换的字符串，继续单击『查找下一个』按钮，跳过当前匹配的字符串定位到下一个相匹配的字符串继续进行，直到全部完成。

3．带格式的查找与替换

带格式的查找与替换是指查找与替换的对象带有格式控制，如搜索的对象是否区分大小写、是否使用通配符等；替换的对象是否带有颜色格式或特殊字符等。

例 6-3 仍参考例 6-1，只是将文档中所有已经替换的“哈尔滨”置换成红色的“哈尔滨”。

操作步骤：

（1）打开要替换文本的 Word 文档；

（2）选择“编辑/替换”命令，弹出“查找和替换”对话框，置“替换”选项卡为当前工作状态；

（3）在“查找内容”文本框输入“哈尔滨”，在“替换为”文本框输入“哈尔滨”，单击图 6-14 底部的『高级』按钮，打开高级格式设置窗口；

（4）单击『格式』按钮，选择“字体”命令弹出“查找字体”对话框；

（5）设置“所有文字”的字体颜色为红色，单击『确定』按钮返回到“查找和替换”对话框；此时，可以看到在替换文本框中字体的颜色用红色标志，如图 6-14 所示；

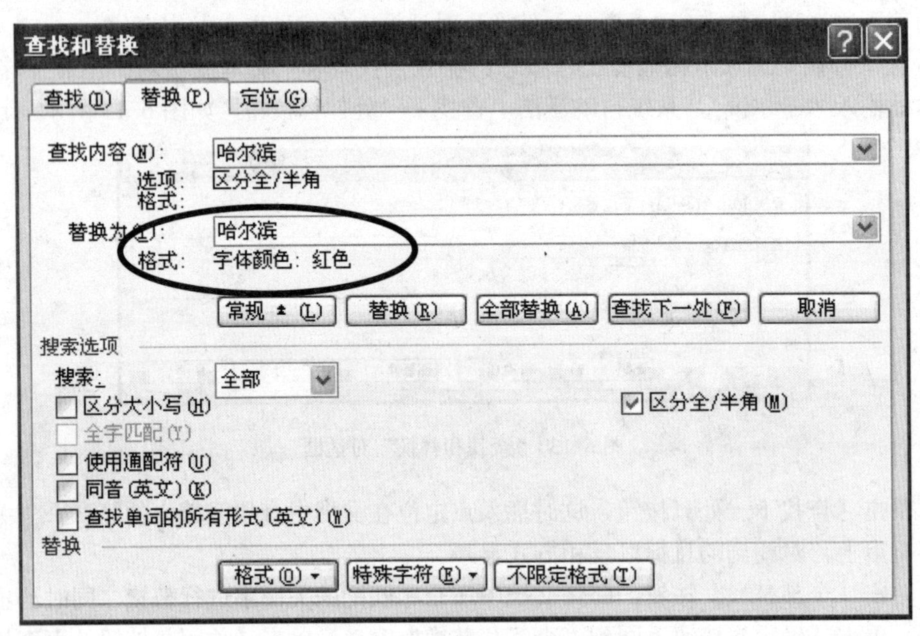

图 6-14 带格式的查找与替换

（6）单击『全部替换』按钮，系统便将文档中所有不带有颜色的“哈尔滨”替换成红色的“哈尔滨”。

6.3 表格的制作与编辑

表格是由行和列组成的若干方框的集合，每一个方框称为一个单元格，可以在单元格中填充数字、文字或图形等。对表格中的数据，Word 还提供了计算、排序、格式编排等功能。

6.3.1 创建表格

1. 建立表格

Word 提供了 3 种创建表格的方法：一是利用表格菜单中的“插入表格”命令；二是利用工具栏中的『▦』按钮；三是利用“笔”绘制表格，这种方式尤其适合于创建非标准格式的表格。

例 6-4 利用工具按钮创建表格。

操作步骤：

（1）在 Word 文档中设置表格插入点（通常位于一行的行首）；

（2）单击 Word 应用程序窗口『▦』按钮，弹出由行列组成的空白表，将鼠标指针定位在第一行第一列的单元格上并开始拖曳，随着鼠标的拖动在空白表格的底部显示选定的行列数，直到满足要求时松开鼠标按键。这时便在文档插入点处插入一个空表，接下来就可以往单元格中填写数据了。

例 6-5 利用“笔”绘制表格。

操作步骤：

（1）进入 Word 文档中；

（2）选择“表格/绘制表格”命令或单击『▦』按钮，弹出“表格和边框”工具栏；这时绘制表格『▦』按钮处于被按下的状态，鼠标指针在文档窗口中显示为铅笔形状；

（3）在需要插入表格的位置按下鼠标左键并向右下方拖动鼠标，直到适当位置后松开鼠标按键，就可以得到一个表格的外框，用户可以根据自己的需要绘制其他的表格线，直到满足要求为止，如图 6-15 所示。

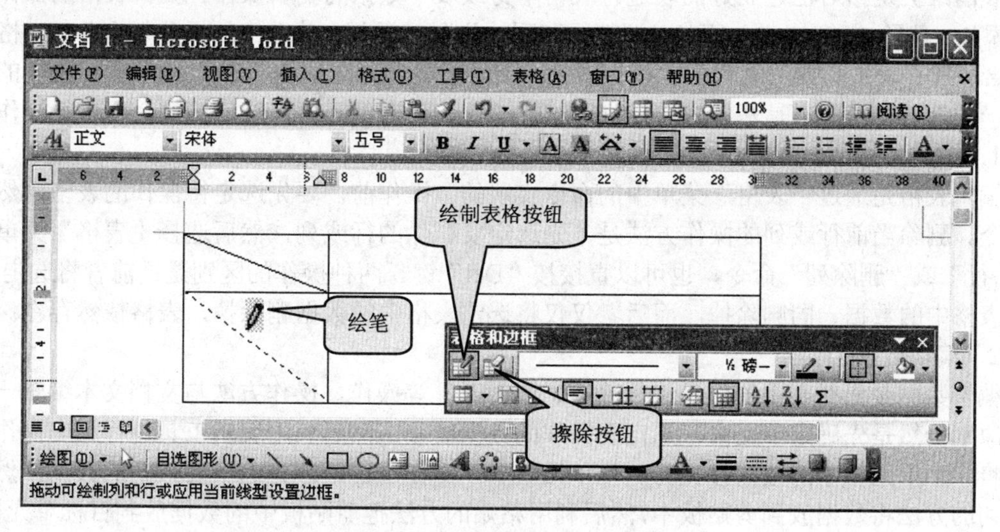

图 6-15 利用“笔”绘制表格

注意：在绘制表格当中，表格线是以虚点显示，一旦绘制完成松开鼠标按键后即产生实线。利用『』按钮可以擦掉已经绘制的表格格线。

2．输入与编辑数据

插入空表后，当前插入点定位在表格的第一行第一列的单元格处，这时便可以向单元格中填入数据。数据可以直接由键盘输入，也可以插入一个文件或剪贴板上的数据。如果输入的数据不正确，可以采用文档编辑的方法对表格数据进行相应操作即可。

常用单元格定位操作与按键的对应关系如表6-2所示。

表6-2　单元格定位操作与按键的对应关系

命　令　键	操 作 功 能
按“Tab”键	插入点移动到下一个单元格
按“Shift + Tab”组合键	插入点移动到前一个单元格
按“Alt + Home”组合键	插入点移动到当前行的第一个单元格的首列
按“Alt + End”组合键	插入点移动到当前行的最后一个单元格的首列
按“Alt + Page Up”组合键	插入点移动到当前列的第一行单元格的首列
按“Alt + Page Down”组合键	插入点移动到当前列的最后一行单元格的首列
按“↑”/“↓”键	插入点在当前列的上/下单元格按“行”移动
按“←”/“→”键	插入点在当前行的左/右单元格按“位”移动

6.3.2　表的维护

表的维护是指对已建立好的表进行表格本身或表中数据的编辑操作。编辑表格的操作主要有：添加、删除或移动一行（列）、调整行和列的位置或间距、单元格的拆分与合并、表格的拆分与合并等；表中数据的编辑主要是指对文本的“增、删、改”，其操作方法与文档正文的编辑操作一样。所有操作都是基于先选定进行维护的行、列或单元格，然后施加命令进行操作。

1．编辑表格

编辑表格是通过“表格”菜单中的命令实现的。操作前，要先选定待操作的表格，然后施加命令。删除当前行或列的操作方法是，先选定要删除的行或列，然后选择“表格”菜单中的“删除行”或“删除列”命令，也可以直接按“Del”键。两种操作的区别是：前者将选定的行/列与表格中的数据一同删除掉，而后者仅仅将选定表格中的数据删除掉，表格依然存在。

2．编辑数据

编辑数据是指对表中的信息进行“增、删、改”等操作，操作方法与文档文本编辑一样。操作原则仍然是先确定单元格，选定要操作的数据对象，然后利用编辑工具进行相应操作。例如，将一个单元格中的数据移到另一个单元格中。操作过程是：先选中要移动的数据，然后利用剪切的方法将数据放到剪贴板中，然后利用粘贴的方法把剪贴板中的数据放到目标单元格中。

3．表格数据格式化

表格数据格式化是指对表中数据进行格式设置，如字形、字体、字号、对齐方式等。其操作方法与文档格式化操作一样，也是通过“格式”菜单中的“字体”与“段落”命令实现，操作前一定要先选定操作的数据对象，然后再进行格式化操作。

4. 表格的特殊应用

在 Word 2003 中，表格的排版更加方便灵活。用户可以在页面上通过拖动表格对象句柄来移动、缩放表格，也可以通过“表格属性”对话框设置表格与文档文字的环绕方式。

（1）移动表格

单击表格左上角的“⊞”符号，选中整个表格。然后按住鼠标左键，当鼠标指针旁带有一个呈虚状的方框时，将表格拖动到所需位置，即实现表格的移动。

（2）缩放表格

当鼠标位于表格中时，在表的右下角有一个“□”符号，称为句柄。当鼠标位于句柄上时变成“↘”箭头，此时按住鼠标左键并拖动句柄可以缩放表格。

（3）设置表格与文字的环绕

选中表格或将当前插入点置于表格中，打开“表格”菜单，选择“表格属性”命令弹出“表格属性”对话框，如图 6-16 所示。

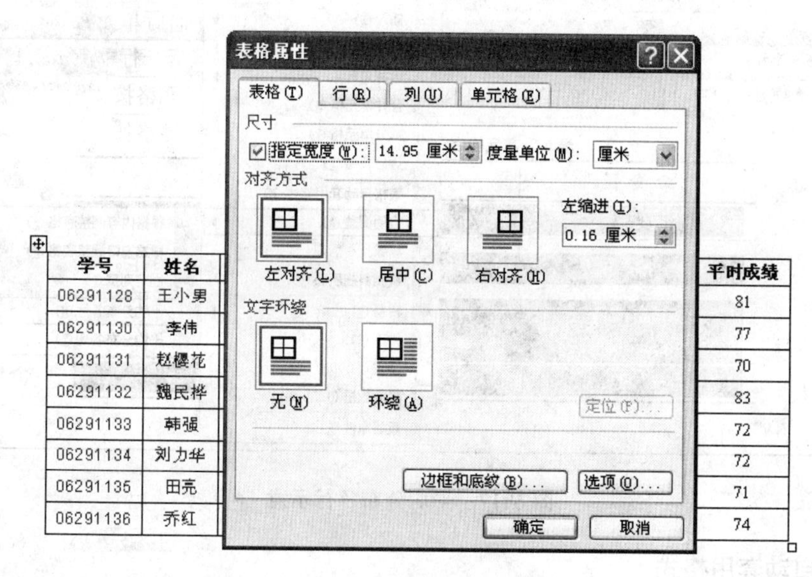

图 6-16 “表格属性”对话框

在“对齐方式”区中选择表格在文档中的对齐方式，在“文字环绕”区中确定是否与文字环绕，设置完成后单击『确定』按钮设置有效。通过『边框和底纹』按钮，可以调整表格的特殊效果。利用“表格属性”窗口，还可以设置“行/列/单元格”的各种属性，方法相同。

6.3.3 表格格式化

表格格式化是指对表格进行格式设置，如设置单元格的行高与列宽、表格格线的宽度或颜色、添加单元格背景颜色等，这些都是通过“表格”菜单中的命令实现的。当然，也可以利用“表格/表格自动套用格式”命令，对表格整体进行格式化。所以说表格格式化就是指对已有的表格按用户实际要求进行格式设置及美化工作的过程。

1. 基本操作

通过“表格”菜单中的“表格自动套用格式”命令，可以按系统给定的模板样式快速建立各种样式的表格；也可以利用“表格和边框”对话框建立表格并对表格进行各种各样的设置；或利用“表格”菜单中的命令，通过组合或拆分单元格命令，建立非标准格式的表格等。

例 6-6 平分表中的各行。

操作步骤：

（1）选中表格或选中表格中要平分的行；

（2）打开“表格”菜单，选择“自动调整/平均分布各行”命令，如图 6-17 所示。

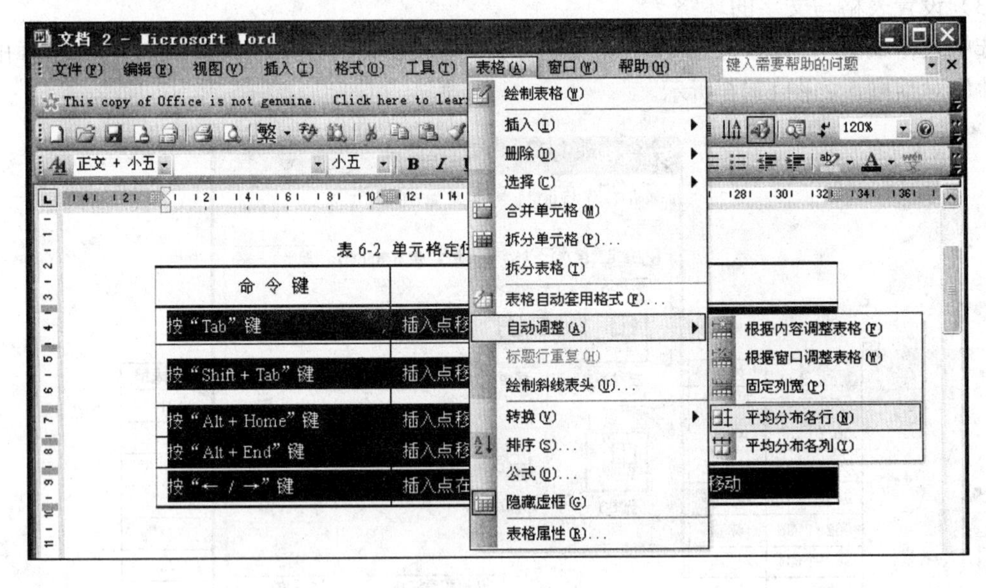

图 6-17 平均分布各行示意

2. 表格自动套用格式

选定要进行格式套用的表格，打开“表格”菜单，选择“表格自动套用格式”命令，在“格式”列表框中列出了系统所提供的表格模板样式，随着用户的选择在“预览”区显示出当前选中的样式示例供用户参考。单击『确定』按钮，表格配置上选定的格式。

例 6-7 利用“表格自动套用格式”对表 6-3 进行美化。

操作步骤：

已建立初始表格如表 6-3 所示。

表 6-3 学生档案表

编　号	姓　名	性　别	家庭住址
1009211	张建华	男	济南朝阳大道 103 号
1009212	刘伟杰	男	哈尔滨道里区西 8 道街 22 号
1009213	王　浩	女	北京宣武门内南街 118 号
……	……	……	……

（1）选中表格；

（2）选择“表格/表格自动套用格式”命令，弹出“表格自动套用格式”对话框；

（3）从系统给出的模板选择一种满意的样式，此例为“列表型 8”，如图 6-18 所示；

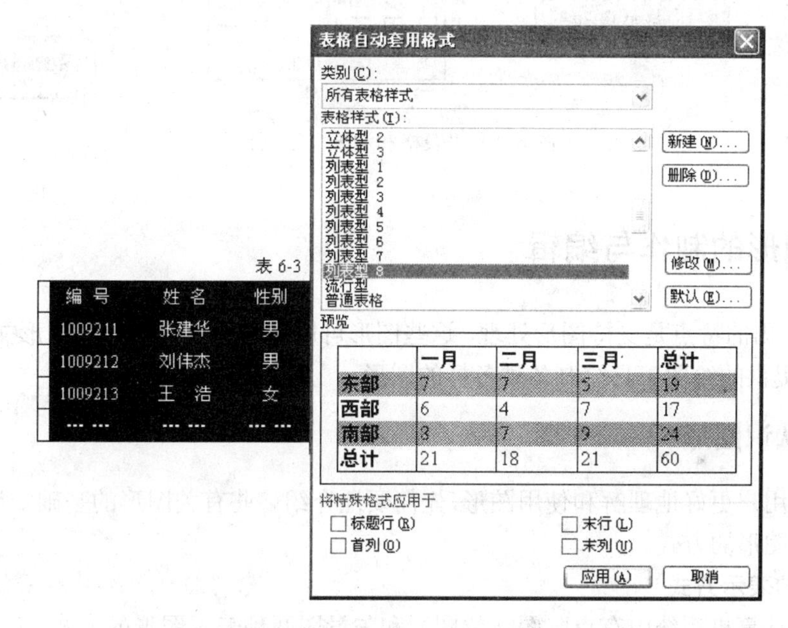

图 6-18　选择“表格自动套用格式”中的“列表型 8”

（4）单击『确定』按钮结束操作，此时，选中的表格按系统模板样式给出，如表 6-4 所示。

表 6-4 学生档案表

编　号	姓　名	性　别	家庭住址
1009211	张建华	男	济南朝阳大道 103 号
1009212	刘伟杰	男	哈尔滨道里区西 8 道街 22 号
1009213	王　浩	女	北京宣武门内南街 118 号
……	……	……	……

3. “表格和边框”工具栏的使用

利用“表格和边框”工具栏提供的按钮，可以快速绘制表格、设置表格的外围框线、调整表格的线条粗细、选择线型、设置表格底纹颜色、绘制表格及对表格数据快速排序等。

单击 Word 窗口工具栏中的『』按钮，打开“表格和边框”工具栏，当前展开的是“边框线”。如果当前插入点不位于表格中，打开“表格和边框”工具栏时，工具栏上的一些按钮呈虚状，当插入点进入表格中后，虚状的按钮自动激活。

单击各按钮旁的『』符号，弹出对应于该项的选择框，从中选择即可。如要设置表格边框线，首先选择表格，然后单击『』按钮，弹出“边框线”列表框，从中选择即可，如图 6-19 所示。注意：每个按钮相当于一个开关，单击选中、再次单击即取消。

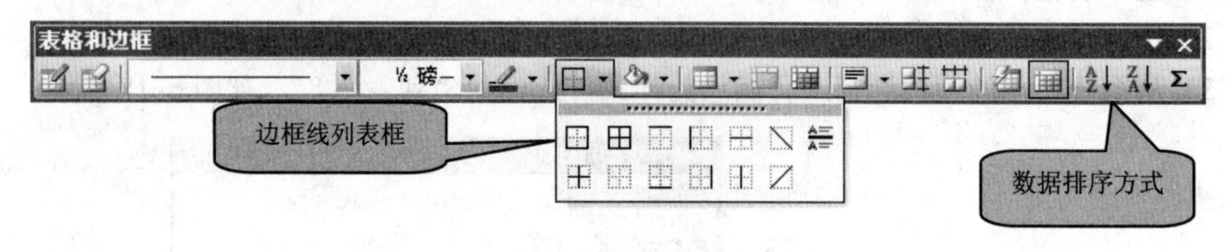

图 6-19 “表格和边框”工具栏

6.4 图形的制作与编辑

Word 最突出的特点是支持图形处理，这些图形可以是其他软件制作的图形文件，也可以利用 Word 自身提供的绘图工具绘制各种各样的图形。

6.4.1 认识图形

为了便于用户更好地理解和使用图形，先简要地介绍一些有关图形的基础知识以及在 Word 中创建和使用图形的方式。

1. 图形的表示方式

通常，在计算机系统中有点阵图（位图）和矢量图两种表示图形的方式。

点阵图是由一个一个的像素点组成，正如计算机的屏幕是由 800×600 或 1 024×768 个像素点组成一样，点阵图中的每一个像素点，计算机都必须分配一定长度的存储空间来存储它的颜色信息。日常生活中所见到的图（典型的是用数码相机拍摄的照片）和扫描仪扫描后得到的图形都属于点阵图。

矢量图是由一套绘图规则所决定的。矢量图文件记录的是这套规则和描述图中每一个线条、圆弧、角度的形状和维数生成过程的信息。通常所见到的 CAD 图形、Visio 生成的 VSD 类型的图形都是矢量图。

显然，矢量图的原理和点阵图截然不同。点阵图记录的是图形绘制好以后整张图中每一像素点的具体信息，而矢量图记录的是绘制该图形的方法和步骤。因此，点阵图占用的存储空间比矢量图大得多。这两种图形的表示方式各适用于不同种类的图片。对于照片、图像、彩色图画等颜色丰富的图片，显然用点阵图表示比较好；对于绘制的图形、填充图案这些由可描述几何元素构成的色彩数较少的图形，则用矢量图。

2. 在 Word 中生成和使用的图形的表示

与图形的两种表示相对应，在 Word 中也有 Word 自绘图形和图片两种图形。自绘图形是指利用 Word 自带的图形处理程序生成的图形，属于矢量图。图片是指利用其他图形处理软件生成的图形，经过链接、嵌入、粘贴等方式插入到 Word 文档中的图形，它们中的绝大多数是图像和画面，多用点阵图表示。

在 Word 中，自绘图形和图片的编辑方法是不一样的。自绘图形的创建和编辑是利用 Word 提供的绘图工具完成的，而图片则是在其他图形处理软件中编辑好后，通过链接、嵌入或粘贴等方法导入到 Word 文档中。

6.4.2 绘制图形

利用 Word 图形处理程序提供的绘图工具栏，可以绘制各种各样的图形。

1. 绘图工具栏

单击 Word 工具栏中的『』按钮，或选择“视图/工具栏/绘图”命令，即可弹出绘图工具栏，一般位于文档窗口的底部，如图 6-20 所示。“绘图”工具栏由一系列按钮或带有下拉菜单的按钮组成，一些常用的图形工具以按钮的方式放在工具栏中。利用这些工具按钮可以绘制各种各样的图形，如：椭圆、弧线、任意多边形、各种标注、流程图和文本框等，还可在图形中添加文字，并对制作的图形进行美化等操作。

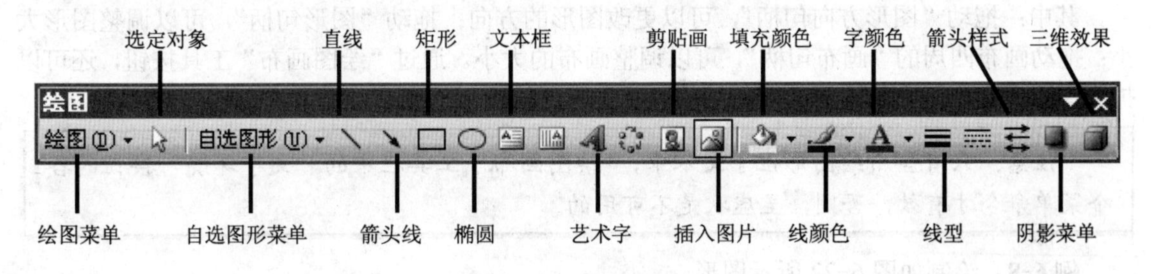

图 6-20　绘图工具栏

最左侧的“绘图”菜单集合了 Word 绘图的所有功能，如图形与文字的环绕方式、各个图形对象对齐方式等。在“自选图形”菜单中，提供了多种类型的图形组，每一组又有多种格式，利用这些图形可以快速建立常用的标准图形。“填充颜色”是指图形内部和图案背景的颜色；“线颜色”指线条、外框、图案前景的颜色；“字颜色”指文字的颜色；“线型”指线的形状与线的粗度。利用“三维效果”工具，可以设置图形的立体感效果；利用“剪贴画”可以插入各种图形；利用“艺术字”按钮，可以创建各种形状的艺术字。

2. 制作图形

首先将鼠标移到文档窗口需要绘图的位置，然后用户可以直接单击绘图工具栏中的任意图形按钮即显示绘图画布区，系统在画布区中显示“在此处创建图形” 提示文字，同时弹出“绘图画布”工具栏。这时鼠标变成“+”字，按住鼠标左键并拖曳，即按所选图形进行绘制。当图形形成后，松开鼠标按键即图形绘制完成。此时，图形的周围有一些小圆点，称为图形句柄，图形处于选中状态，在图形旁任意处单击鼠标左键小圆点消失。

通过图形句柄可以调整图形的大小，当鼠标位于句柄上时鼠标指针自动变成“↔、↕、⤢或⤡”，此时，按住鼠标左键向外拖动即可放大图形，向内拖动缩小图形。当鼠标位于图上指针变为“✥”形状时，按住鼠标左键可以拖动图形到任意位置。画布四周的“┏、━、┓、┛、┃、┗”称为画布调整句柄，用来调整画布的大小，如图 6-21 所示。

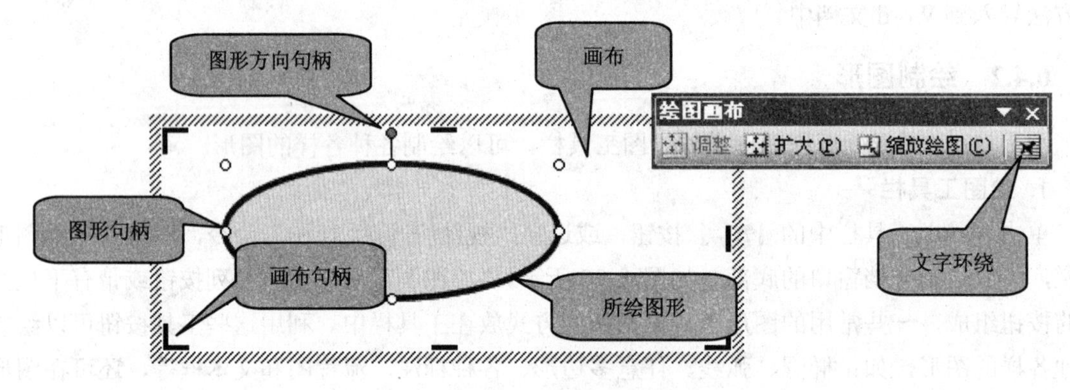

图 6-21　绘制“椭圆”画布窗口

其中：拖动“图形方向句柄”，可以更改图形的方向；拖动“图形句柄”，可以调整图形大小；拖动画布四周的“画布句柄”，可以调整画布的大小。通过“绘图画布”工具按钮，还可以扩大图形、实现画布与图形的一起缩放以及设置所绘图形的文字环绕方式。

> 注意：只有当所绘图形位于文本中，“绘图画布”工具栏中的“文字环绕”按钮的各个菜单命令才有效，否则，呈虚状是不可用的。

例 6-8　绘制如图 6-22 所示图形。

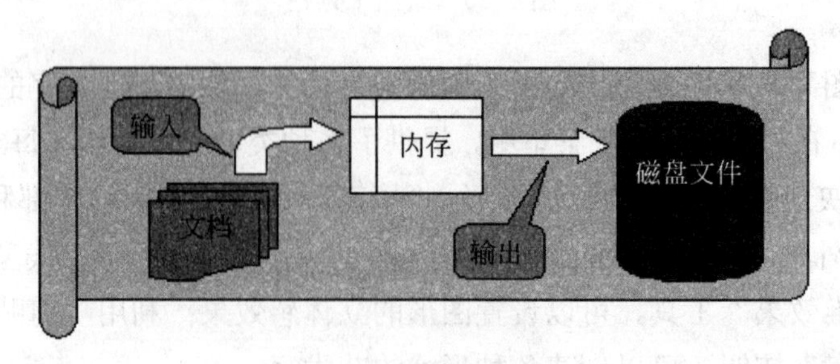

图 6-22　图形样例

操作步骤：

（1）在文档中确定图形插入点。

（2）制作“横卷形”图形。单击“绘图”工具栏“自选图形 / 星与旗帜”下拉菜单中的『』图形，出现矩形画布；拖动鼠标在画布中绘图，图形建立后松开鼠标按键。通过画布句柄调整图形与画布之间的空隙，使之合理。

（3）填充颜色。单击绘图栏『』按钮旁的下拉箭头，在弹出的“填充色”列表框中选择“灰色–25%”。

（4）制作“多文档”图形及添加文字“文档”。单击“自选图形/流程图”下拉菜单中的『』图形，然后拖动鼠标在“横卷形”图形上绘图，图形建立后松开鼠标按键；单击『』按钮，为图形填充“浅橙色”。再选中“多文档”图形，单击鼠标右键，选择快捷菜单中的“添加文字”命令，这时，当前插入点位于多文档图形内，输入文字“文档”。选中文字“文档”，将其设置为居中对齐。

（5）再以同样的方式制作“内存”和“磁盘”图形。并通过“绘图”工具栏中的『』按钮修改“磁盘”图形的边线为 1.5 磅。

（6）建立连接。分别单击“自选图形/箭头总汇”下拉菜单中的“”和“”图形，然后拖动鼠标在“横卷形”图形中绘制箭头，图形建立后松开鼠标按键。

（7）插入脚注。再以同样方式绘制“标注”图形，并在图形上添加文字。

（8）拖动句柄调整各个图形到适当大小及在“横卷形”图形上的位置。

（9）整合各个图形为一个对象。选中“横卷形”图形，然后按住“Shift”键，分别单击其他图形；所有图形选中后，将鼠标置于图形中，当鼠标指针呈“”时单击鼠标右键，选择快捷菜单中的“组合”命令，如图 6–23 所示。到此，图形制作完成。

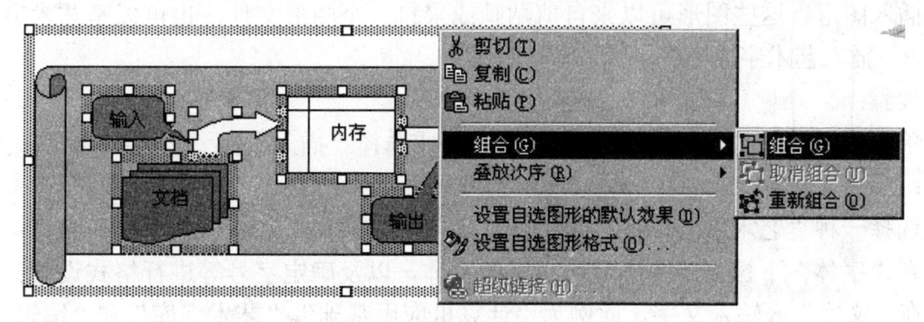

图 6–23　组合图形样例

6.4.3　图片操作

图片操作是指对插入或粘贴到文档中的图形进行编辑，如裁剪与缩放图形、为图形加边框、设置图形格式、改变对比度、设置图片与文字的环绕方式等。这些操作是通过“图片”工具栏完成的。

1．启动“图片”工具栏

打开“视图”菜单，选择“工具栏/图片”命令，启动“图片”工具栏，如图 6-24 所示。

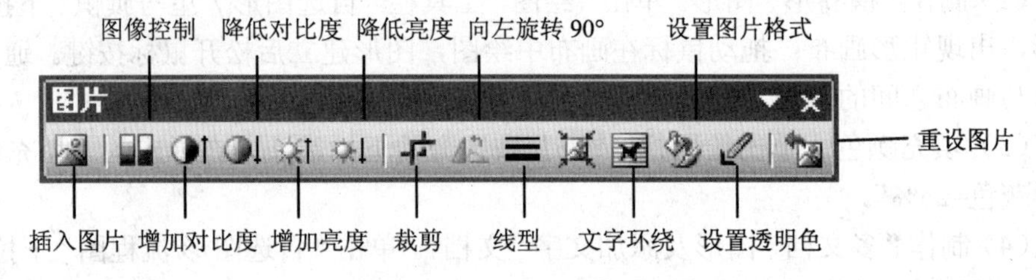

图 6-24 “图片”工具栏及按钮功能

用户可以在文档中插入任意其他软件制作的图片，利用“图片”工具栏提供的功能对图片进行操作，体验各个工具按钮的功能含义。

2．编辑图形

通常，对于非 Word 创建的图形不能在 Word 中直接编辑。双击某一图形后，Word 自动启动创建该图形所用的应用程序，并将该图形调入绘图文档窗口以供编辑。编辑方法取决于绘图应用程序，编辑结束后自动关闭图形应用程序并返回到 Word 文档窗口。

利用“图片”工具栏中的按钮，可以对以图形文件方式插入到 Word 中的图片进行快速编排。编排时首先要选中编辑的图片，系统自动打开“图片”工具栏，接下来按要求选择适当的工具按钮进行操作即可。

3．插入图形

利用“图片”工具栏左側的『』按钮，或使用“插入”菜单中的“图片”命令，都可以在文档中插入图形。这些图形可以来自剪贴画或来自一个图形文件，也可以是艺术字等。

例 6-9 插入艺术字。

操作步骤：

（1）单击“绘图”工具栏中的『』按钮，或选择“插入/图片/艺术字”命令，打开艺术字库窗口；

（2）选择一种“艺术字”样式后，单击『确定』按钮弹出“编辑艺术字”窗口；

（3）在“字体”下拉菜单中确定艺术字的字体，以及确定字号等进行格式设置；

（4）在“文字”区输入文字，此例为“计算机应用基础”，“艺术字库”和“编辑‘艺术字’文字”窗口如图 6-25 所示；

（5）单击“编辑‘艺术字’文字”窗口的『确定』按钮，艺术字创建完毕，即可将“计算机应用基础”艺术字插入在文档插入点。

艺术字是以图片方式插入到文档插入点处，双击艺术字可再次进入“编辑‘艺术字’文字”窗口，可以再次对文字进行编辑。

单击艺术字，自动激活“艺术字”工具栏如图 6-26 所示。通过“艺术字”工具栏可以对艺术字进行各种设置。

图 6-25 “艺术字库”与“编辑‘艺术字’文字”窗口

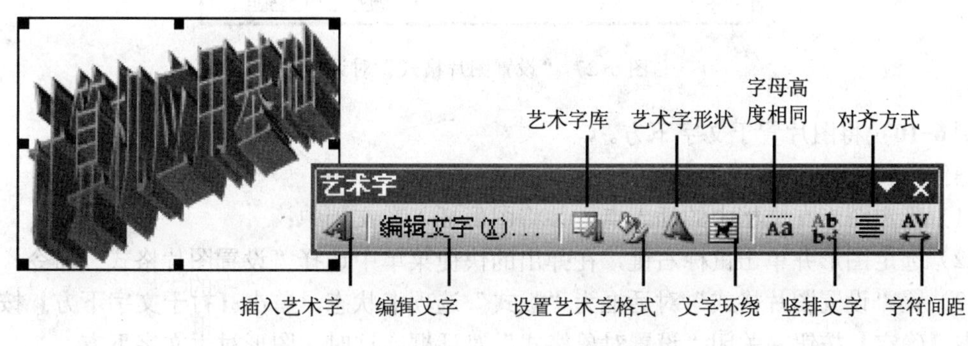

图 6-26 “艺术字”工具栏及按钮功能

6.4.4 图文混排

图文混排是 Word 的主要特色之一，常常用来设置文档编排的特殊效果。通常有 3 种混排方式：嵌入方式、图形环绕文字方式和层次方式。这些效果都是通过“设置对象格式”对话框实现的。

将鼠标指针位于图形上，单击鼠标右键，选择快捷菜单中的“设置对象格式”命令，弹出“设置对象格式”对话框，如图 6-27 所示。

对话框的上方有 6 个选项卡，分别用于设置图形对象的格式，包括图形颜色与线条、图形的大小、图形的版式等。

当前选中的是“版式”选项卡，其中“嵌入型”方式是指嵌入的图片与文档中的文字一样占有实际位置，它在文档中与上下左右文本的相对位置始终保持不变；“四周型”和“紧密型”是指文字环绕图形的方式，一旦设置，图片在文档中将随着文字的移动而移动；“衬于文字下方”

与“浮于文字上方”是指将图片作为文字的背景与前景，即图文的层次方式。通过这些设置，可以使文档正文编排得美观、更富有想象力。

图 6-27 “设置图片格式”对话框

例 6-10 将图片置于文字下方。

操作步骤：

（1）确定图形在文档中的插入点，并将图形插入在文档中；

（2）选定图形并单击鼠标右键，在弹出的快捷菜单中选择“设置图片格式”命令；

（3）置“设置图片格式”对话框为“版式”选项卡状态，单击『衬于文字下方』按钮，然后单击『确定』按钮，关闭“设置对象格式”对话框，这时，图形衬于文字下方。

由于图形衬于文字下方使得字迹模糊，可以利用图形的冲蚀效果达到理想状态。

（4）选中图形启动“图片”工具栏；也可选择“视图/工具栏/图片”命令启动；

（5）单击图片工具栏中的『▇』按钮弹出“图像控制”下拉菜单，选择“冲蚀”命令，如图 6-28 所示。设置图形为冲蚀状态后的图形衬于文字下方的效果如图 6-29 所示。

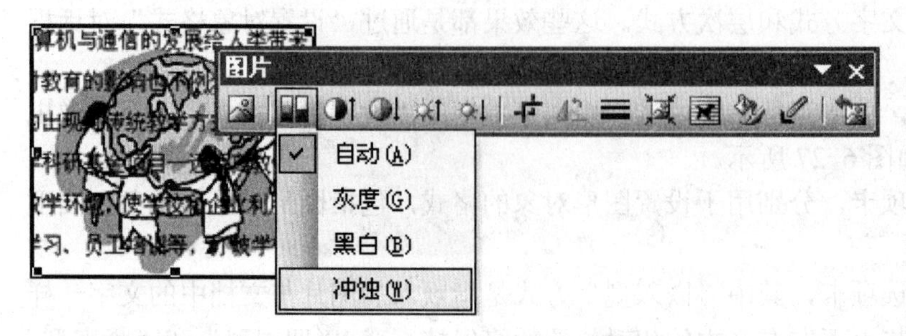

图 6-28 图形衬于文字下方　　　　图 6-29 设置图形“冲蚀”效果示意

6.5 Word 特色应用

为了提高排版的效率，Word 提供了一系列的高效排版功能，包括样式、模板与文档目录的创建等。

6.5.1 样式

样式是一整套预先调整好的文本格式，不同的样式用不同的名字标志。例如，一篇文档有各级标题、正文、页眉和页脚等，它们都有各自的字体大小和段落间距，并以其样式名存储以便使用。一旦样式定义好后，即可应用于一段文本、一个标题、几个文字等。引用样式最大的好处是保证文档外观具有统一规范的格式，而且易于掌握。

使用样式的主要优势：一是若文档中有多个段落应用了某个样式，则当修改该样式后，文档中所有运用该样式的文本格式都会自动调整；二是在长文档中便于创建大纲和目录。

1. 应用样式

首先将插入点定位在要使用样式的段落，从格式栏的“样式”框选择已有的样式，这是应用样式最简单的方法。选择“格式/样式和格式”命令，或者单击『A4』按钮，都可以打开“样式和格式”任务窗格，在“请选择要应用的格式”列表框中列出了系统提供的所有已有的样式，单击某个样式名，即将该样式应用到所选段落。

2. 新建样式

用户也可以根据自己的需要创建满足个人需求的样式。方法是单击“样式和格式”任务窗格的『新样式...』按钮，弹出“新建样式”窗口，根据需要设定相应的参数，如图 6-30 所示。

> 注意：“新建样式”窗口底部的两个复选框，选中“添加到模板”是指新创建的样式添加到系统模板库中，以便再次使用；选中“自动更新”是指当再次修改新创建的样式后自动更新该样式的格式。

参数设定好后，单击『确定』按钮，样式创建完成。这时在“请选择要应用的格式”列表框中就会出现刚刚创建的样式名。

3. 清除样式

对于已经应用了格式的文本段落，不需要时可以清除掉。方法是：将插入点定位在要清除样式的段落，单击“请选择要应用的格式”列表框中的“清除格式”命令，如图 6-30 左侧所示；或者选择“编辑/清除/格式”命令，都可删除已应用的格式。

4. 修改和删除样式

可以直接应用 Word 的内置样式，也可以修改它们使其适应自己的需要。一旦更改，所有应用该样式的文本都会随着样式的更新而更新。对于不再需要的样式也可以从样式库中删除掉。

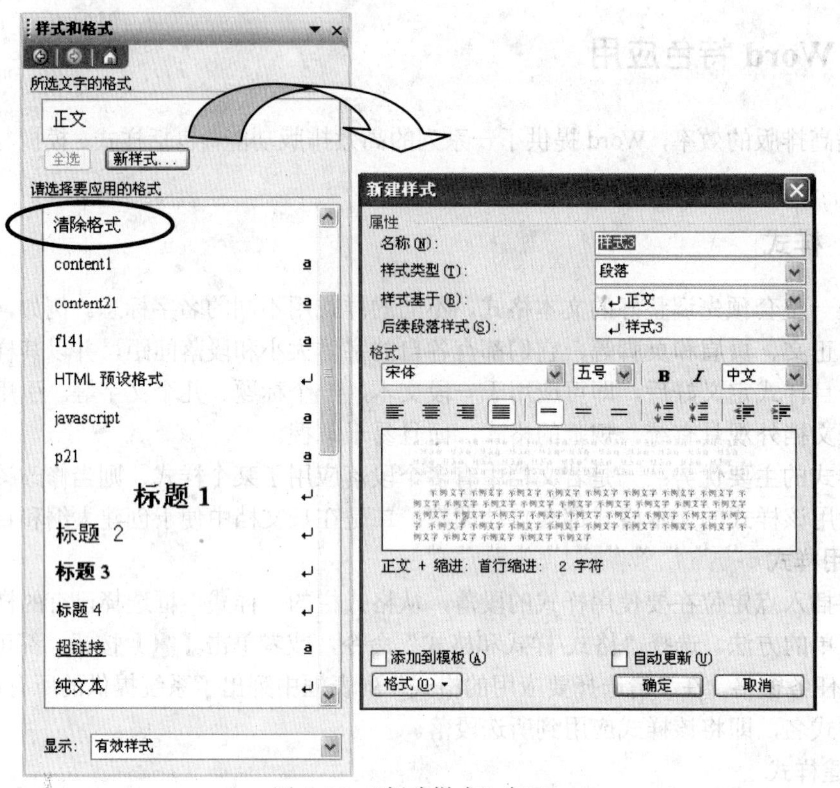

图 6-30 “新建样式”窗口

方法是：单击『 』按钮，选择“样式和格式”任务窗格；从列表中选择要修改的样式，并在它上面单击鼠标右键，弹出“编辑样式”快捷菜单，如图 6-31 所示。

图 6-31 修改和删除样式窗口

选择“修改”命令弹出“修改样式”对话框，根据需要重新设置样式的格式。设置完成后，单击『确定』按钮，样式修改完成，系统用新格式替代原有格式。选择“删除”命令弹出“删除样式”询问对话框，单击『是』按钮，将该样式从系统中删除掉；单击『否』按钮，删除样式操作取消，不删除所选样式。

注意：随着样式名的删除，文档中应用该样式的文本其格式自动取消。

6.5.2 目录

编写的书稿、论文或长篇的文档文件，一般都应该有目录，以使用户对文档的内容和整体层次结构有一个清晰的了解，也便于用户阅读。

1. 创建目录

创建目录最简便的方法就是利用标题样式，即在文档中对于要显示在目录中的每一级都应用不同的样式，如章标题、节标题等；然后利用“插入/引用/索引和目录”命令即可创建目录。通常，目录分为 3 级，使用相应的“标题 1”、“标题 2”和“标题 3”样式来格式化。当然也允许使用其他几级标题样式，还可以使用自己创建的样式。

2. 应用示例

例 6-11 利用已有标题样式创建书稿文档目录，假定书稿页码从 156 开始。

操作步骤：

（1）选中要使用“标题 1”样式的文本段落，如“第 6 章办公自动化应用基础”标题。从格式栏的“样式”框选择“标题 1”；或者进入“样式和格式”任务窗格，在“请选择要应用的格式”列表框中单击『标题 1』样式名，即将该样式应用到所选标题段落。

（2）再用同样的方法，选中“6.1 综述”应用“标题 2”样式，创建第二级目录。

（3）再用同样的方法，选中“6.1.1 Office 2003 基础知识”应用“标题 3”样式，创建第三级目录。

（4）接下来，用同样的方法将三级目录分别应用到各个级别的标题文本中。

（5）确定所抽取目录存放的位置，例如将插入点定位在文档的尾部。

（6）选择“插入/引用/索引和目录”命令，弹出“索引和目录”对话框，如图 6-32 所示。

（7）设置“目录”选项卡有效，并设置相应参数，如在“格式”下拉框中选择目录格式，在“显示级别”数字文本框输入目录级别等，单击『确定』按钮设置有效。创建的目录样式如图 6-33 所示。

6.5.3 邮件合并

在现实工作中，经常会遇到将一份信件同时寄给许多不同的朋友或客户，而信件的主体内容是一致的，仅仅是每个朋友或客户的基本信息不同，如，姓名、电话或地址等。这时就可以利用 Word 提供的邮件合并功能，轻松方便地完成这项任务。

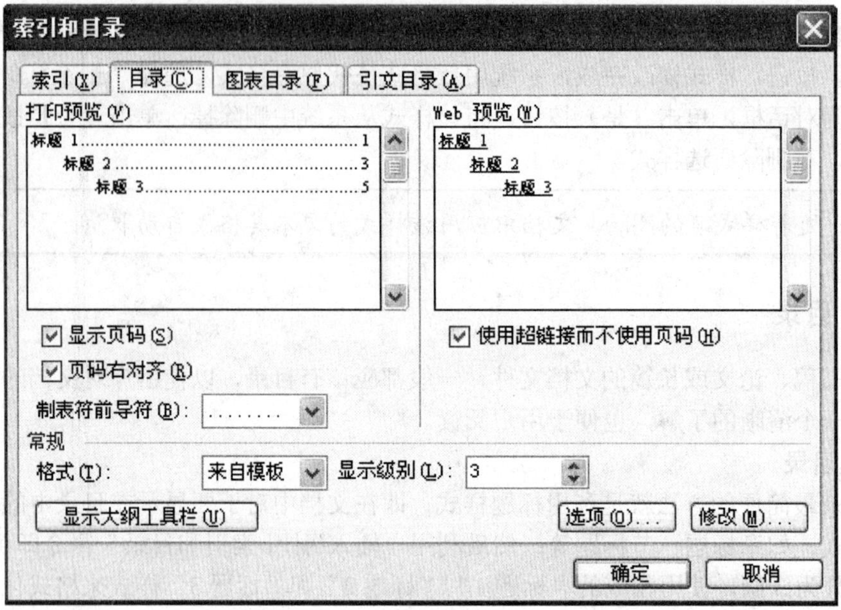

索引和目录

索引(X) | 目录(C) | 图表目录(F) | 引文目录(A)

打印预览(V)

标题 1……1
标题 2……3
标题 3……5

Web 预览(W)

标题 1
标题 2
标题 3

☑ 显示页码(S)
☑ 页码右对齐(R)
制表符前导符(B): ……
☑ 使用超链接而不使用页码(H)

常规
格式(T): 来自模板　显示级别(L): 3

显示大纲工具栏(U)　选项(O)...　修改(M)...

确定　取消

图 6-32 “索引和目录”窗口

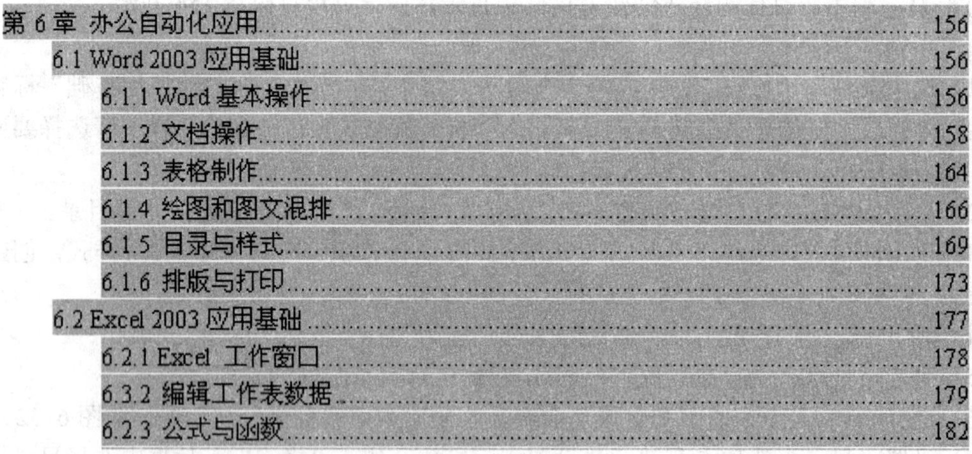

第 6 章 办公自动化应用……156
6.1 Word 2003 应用基础……156
6.1.1 Word 基本操作……156
6.1.2 文档操作……158
6.1.3 表格制作……164
6.1.4 绘图和图文混排……166
6.1.5 目录与样式……169
6.1.6 排版与打印……173
6.2 Excel 2003 应用基础……177
6.2.1 Excel 工作窗口……178
6.3.2 编辑工作表数据……179
6.2.3 公式与函数……182

图 6-33 创建的目录示意

1. 邮件合并的基本组成

（1）主文档

完成邮件合并首先要创建主文档，即含有具体主体内容的文档文件，类似于一个公司制作的邀请函、通知书或个人的求职信等，上面标有填写地区编号的方格、公司地址、电话、收件人的名字和地址等。当然，也可以添加一些图案，以增添美感。

在 Word 邮件合并的功能中，可以建立包括信函、电子邮件、信封、标签、目录等 5 种不同类型的主文档。

（2）数据源

在建立主文档之后，就可以创建收件人的信息资料文档，也称为邮件合并的数据源。数据源文档主要是存放各个不同的收件人的姓名、电话、通信地址等数据记录，通常用表格的方式存放，用户可以随时增加、删除或修改数据记录值。

数据源可以是“doc”、“xls”或“mdb”等类型的文件。

2. 邮件合并基本步骤

建立好主文档和数据源，就可以进行邮件合并了，主要有如下 6 个步骤：

（1）选择文档类型；

（2）选取开始文档　主文档可设定为当前文档、模板或现有文档；

（3）选择收件人，即数据源；

（4）撰写信函　添加收件人信息到信函中，一般有 5 种方式：地址块、问候语、问候语向导、电子邮件、其他项目（数据源中的数据字段）；

（5）预览信函；

（6）完成合并及生成合并文档。

3. 邮件合并示例

例 6-12　利用邮件合并功能，制作录取通知书。

操作步骤：

（1）创建主文档和数据源

- 打开 Word 创建主文档，文件名为“lqtzs.doc”，文档格式如图 6-34 所示；

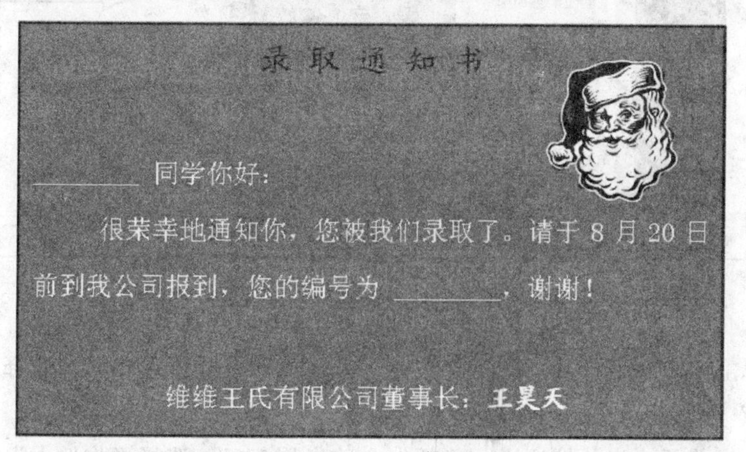

图 6-34　邮件合并主文档示意

- 打开 Excel 创建数据源文档，含有 7 条记录，文件名为“lqtzs-sjy.xls”，数据如表 6-5 所示。

表 6-5　合并邮件数据源

编　　号	姓　　名	性　　别	电　　话	通 讯 地 址
100001	王晓东	男	13801232111	北京市黄花街 5 号
100002	张含蓄	男	13910223011	上海市丘陵街 1 号
100003	赵赢利	男	13510211345	天津市北华街 6 号
100004	田　英	女	13002256789	海南阳光大道 7 号
100005	韩酷了	男	13910661079	贵州春桥小街 7 号
100006	裘颖连	女	13801234567	长春黑桥胡同 8 号
100007	徐小康	男	13510211357	广州长江红路 1 号

由图 6-34 可以看出，本例有两个地方是邮件合并所用的信息，一是学生名字，二是每个人的编号。所以邮件合并需要替换的数据为“姓名”和“编号”两个字段。

（2）启动 Word，打开“lqtzs.doc”文件进入邮件合并主文档窗口。

（3）进行邮件合并

第 1 步，选择“工具/信函与邮件/邮件合并”命令，进入“邮件合并步骤 1/6”，选择“文档类型”为“信函”，如图 6-35 所示。

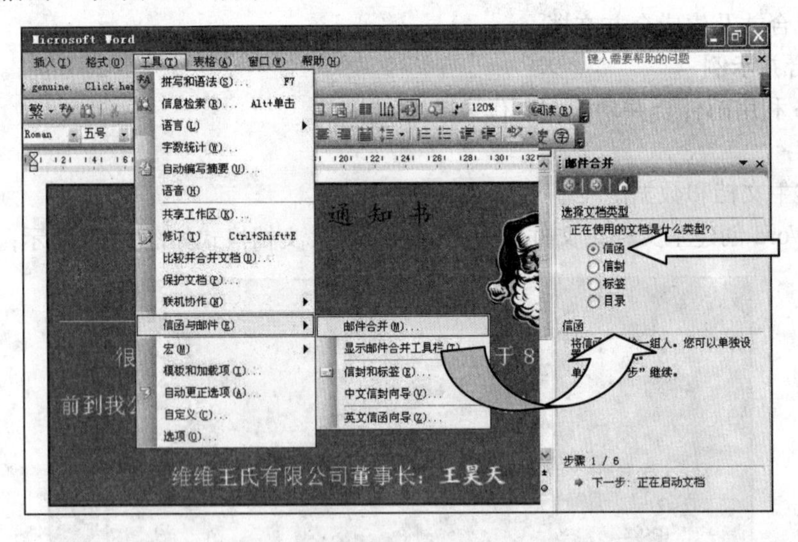

图 6-35 “邮件合并步骤 1/6”——选择文档类型

第 2 步，单击窗口右下角『下一步』按钮进入“邮件合并步骤 2/6”，选择“开始文档”为“使用当前文档”作为信函文档，如图 6-36 所示。

第 3 步，单击『下一步』按钮进入“邮件合并步骤 3/6”，选择“收件人”，如图 6-38 右侧所示；单击『浏览』按钮弹出“选取数据源”对话框，选中“lqtzs-sjy.xls”后单击『打开』按钮，弹出“选择表格”对话框窗口，如图 6-37 所示。

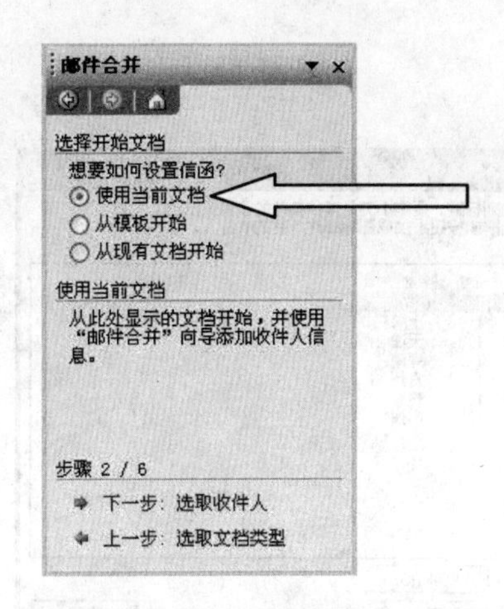

图 6-36 “邮件合并步骤 2/6”——选择开始文档

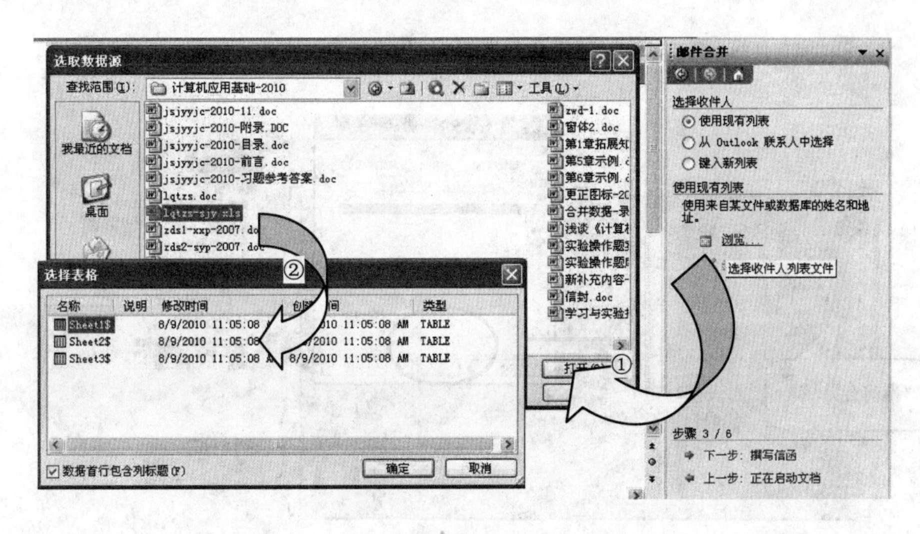

图 6-37 “邮件合并步骤 3/6”——选取数据源

单击『确定』按钮，弹出“邮件合并收件人”对话框窗口，此时可以根据需要在已给出的数据列表中选择所需数据，选择完后单击『确定』按钮，结束收件人选择；此时在“邮件合并步骤 3/6”窗口激活“编辑收件人列表”按钮，用户可以再次进入重新选择收件人，如图 6-38 所示。

第 4 步，单击『下一步』按钮进入“邮件合并步骤 4/6”（如图 6-39 右侧所示），撰写信函，即选择信函合并域，如，地址、姓名和电话等；这时应先在邮件合并主文档中确定合并域，即鼠标指针定位在填写姓名的位置；单击『其他项目』进入“输入合并域”对话框窗口，选择“姓名”域后单击『插入』按钮，此时合并域位置用“《姓名》”取代，如图 6-39 所示；单击输入合并域窗口的『关闭』按钮结束操作。再用同样的方法插入“编号”合并域，就这样一个一个的填入信函，直到完成进入下一步。

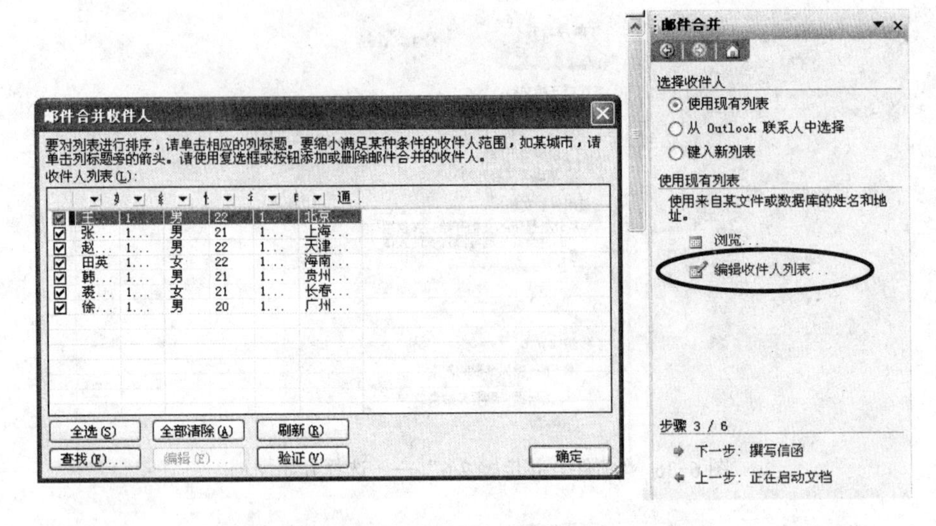

图 6-38 “邮件合并步骤 3/6”——选择收件人

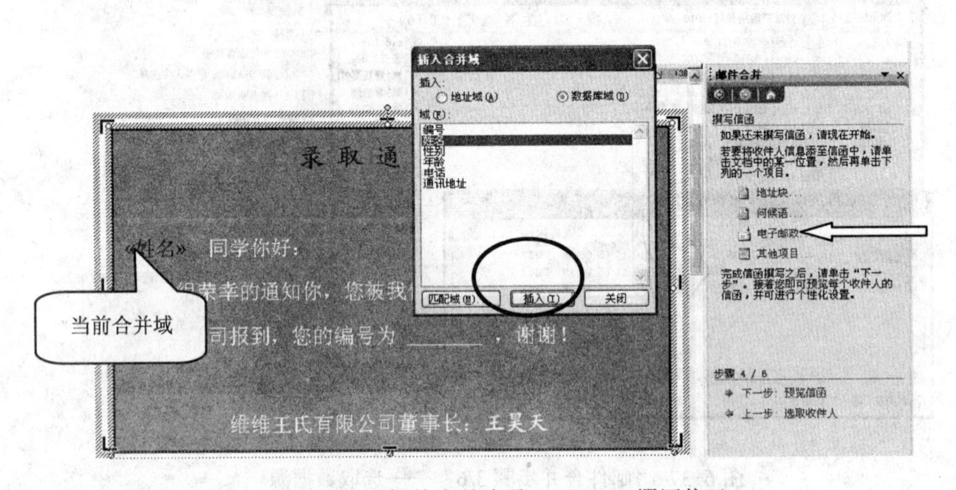

图 6-39 “邮件合并步骤 4/6”——撰写信函

第 5 步，单击『下一步』按钮进入“邮件合并步骤 5/6”（如图 6-40 右侧），预览信函，其效果如图 6-40 所示。

通过单击『<<』按钮和『>>』按钮，可以向前或向后滚动浏览邮件合并后的数据效果；此时用户可以看到，文档正文中凡是插入合并域的位置，数据会随着操作发生变化，这就是邮件合并的效果，也是邮件合并的特色。

第 6 步，继续单击『下一步』按钮进入“邮件合并步骤 6/6”，如图 6-41 所示。

邮件合并提供“打印”与“编辑个人信函”两种格式的合并方式；单击“编辑个人信函”弹出“合并到新文档”对话框窗口，选择要合并的记录，如图 6-42 所示。

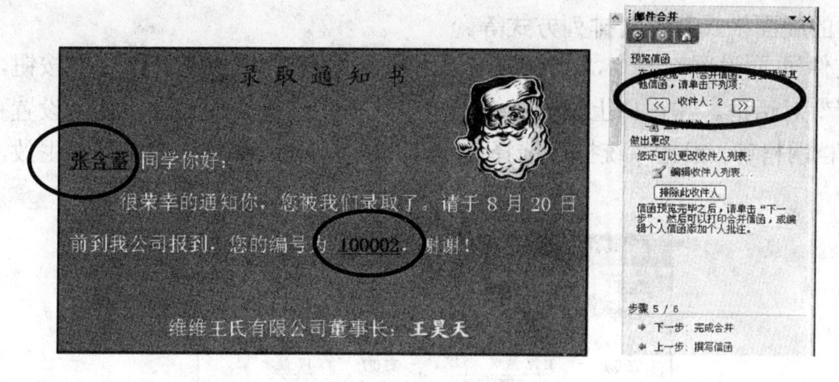

图 6-40 “邮件合并步骤 5/6”——预览信函

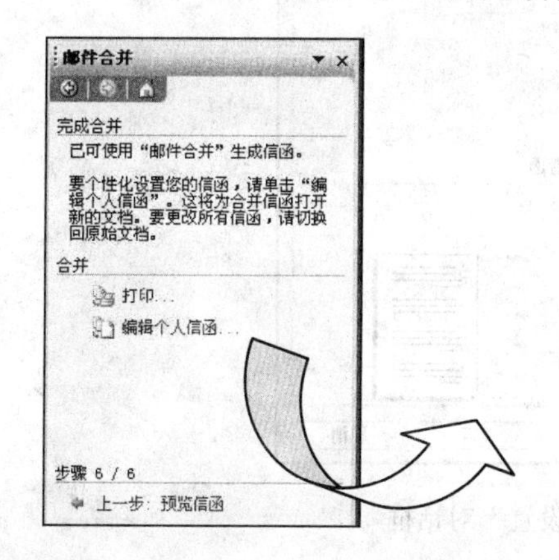

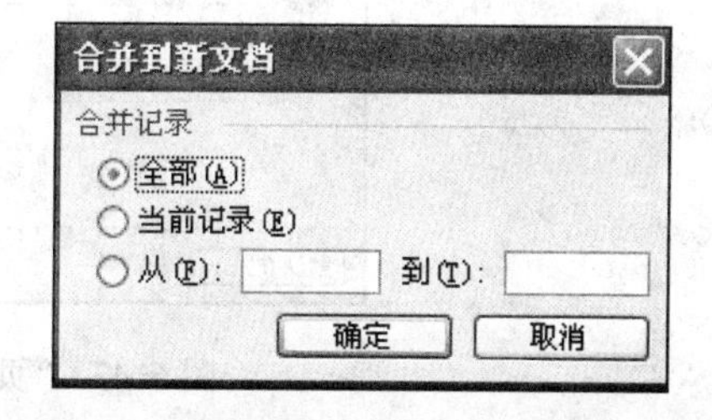

图 6-41 “邮件合并步骤 6/6”——完成合并　　　　图 6-42 合并邮件

根据需要进行选择，此例选择“全部”，单击『确定』按钮，生成合并文档文件，系统以“字母 1”、“字母 2”、……命名，用户可以通过“另存为”将该文档存储为自己所命名的文档文件，此例保存文件名为“lqtzs-hbsj.doc”。

到此，邮件合并全部完成。

6.6 文档的排版与打印

文档建立好后就可以按要求进行格式编排，如文档的页面设计、文档正文的格式编排、图文表的混排方式、页眉页脚的设置等。通常，文档排版采用先整体、后局部的方式进行，经过文档格式编排好后，就可以打印出具有标准格式、漂亮美观的文档。

6.6.1 文档排版

1. 页面设置

页面设置将决定文档正文每页的行/列数、每行的字符数；打印文档的纸张大小、纸张来源、页边距；文件的版面格式及正文排列方式等。

选择“文件/页面设置”命令，或单击“页眉和页脚”工具栏中的『📖』按钮，都可以弹出“页面设置”对话框。在窗口上方有4个选项卡，分别用于页面设置，如，设置页边距、纸张、版式和文档网格等，根据系统提示选择设定，设定后单击『确定』按钮设置生效，如图6-43所示。

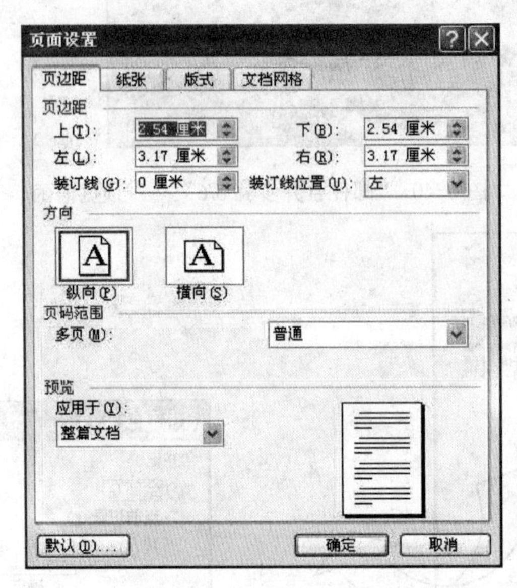

图6-43 “页面设置”对话框

2. 文档格式编排

页面格式设置好后，就可以对文档格式进行编排，如，文档正文的字体与字号、段落的对齐方式、公式中的特殊符号、文字的上/下标、插入页眉页脚等。

首次进入Word文档窗口时，系统默认的中文字体是宋体、英文字体是Times New Roman、字号为五号，段落格式为两端对齐、单倍行距等。

> 注意：格式编排既可以在创建文档时采用先设置后输入的方法，也可以引用系统默认格式采用先输入后设置的方法进行。建议采用后一种方式，因为文档正文的格式在开始时难以完全确定，通过编排、查看才能确定最佳格式。

文档格式编排应本着先整体后局部的原则进行，主要包括如下5个过程。

（1）对文档进行总体设置。选择“编辑/全选”命令，设置文档为“正文”、字体为“宋体”、字号为“五号”、段落为“两端对齐”和“首行缩进”等。

（2）对个别段落进行设置。选中段落，按要求设置即可，如设置段落分栏。

（3）对个别字符进行设置。如字母大/小写、字符的上标/下标、首字母下沉、脚注等。

（4）应用“标题样式”创建目录标题。

（5）插入表格或图形并对其进行设置，如表格与文档正文的编排方式，图形与文档正文的混排方式等。

3. 字符格式编排

字符指汉字、英文字母、标点符号、数字及某些特殊符号和标记等。这些字符在屏幕上显示的格式和打印机输出的格式取决于对字符格式的设定和编排。

通过 Word 应用程序窗口格式栏中的控制按钮、“格式”菜单中的“字体”命令或键盘命令都可以进行字符格式编排。方法是先选定要编排格式的对象，对象可以是一个或多个字符、一个或多个段落、或整个文档，然后施加命令。例如，通过应用程序窗口格式栏中的控制按钮可以快速为选定的字符进行“加粗、倾斜、加下划线”等设置。

通过字体命令进行格式编排的方法是先选定要编排格式的对象，然后选择“格式/字体”命令，弹出“字体”设置对话框，如图 6-44 所示。

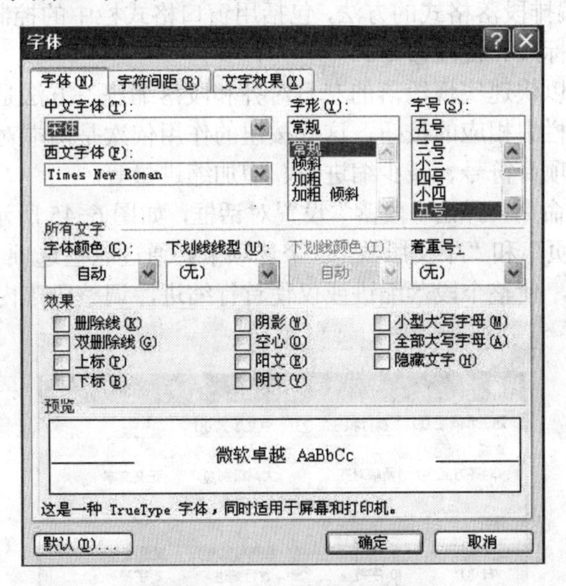

图 6-44 “字体”设置对话框

在对话框的上方有“字体”、“字符间距”和“文字效果”3 个选项卡，设置的效果随时在“预览”区中显示以供参考。

在“字体”选项卡对话框的“效果”区有一系列复选框，用于对文档字符特殊效果的设置，如字符的上标/下标、阴影、空心、小型大写字母或全部大写字母等。单击某个复选框，使其带有“√”表示设置有效。

Word 提供了丰富的字体，分为中文字体和西文字体两组。每一组又有多种字体，可以在“字体”区的文本框中键入对应的字体名称，或者单击字体下拉菜单从字体表中选择。Word 提供常规、倾斜、粗体及粗体加倾斜 4 种字形，分别用“数码”或“字号”来定义字的大小。数码方式是数字越大字越大，字号方式与数码方式正好相反，是字号越小字越大。

Word 为文档字符提供多种颜色，其中“自动”选项的设置为黑色，这是系统的缺省设置。改变字符的颜色可使文档以彩色方式显示，增添文档信息的色彩。

Word 提供缩放、间距和位置 3 种字符间距，间距和位置是以磅值为单位的，字符间距有标准、加宽和紧缩 3 种方式，字符位置也有标准、提升和降低 3 种方式。用户可根据需要进行设置，建议采用系统默认设置值。

“文字效果”选项卡是 Word 可以为文档文字增添特殊的动态效果，如赤水情深、礼花绽放等，一旦设定被选中的文字便带有动态效果，增强了文字的特殊效果。

4. 段落格式编排

段落是由一定数量的文字和段落标记组成的。段落标记是指每个自然段结束的符号，也就是硬回车符。段落的格式编排是指对段落之间的段间距、文字对齐方式、缩进、制表位、添加编号或项目符号等编排的过程。

Word 提供了 4 种编排段落格式的方法，包括用窗口格式栏中的控制按钮、通过格式菜单中的“段落”命令、使用标尺和键盘命令。

格式栏工具按钮可以快速实现段落的左右对齐和段落缩进。方法是先选择需要对齐的一个或多个段落，单击格式栏中相应的按钮，这些按钮的作用依次是两端对齐、居中、右对齐、分散对齐、行距、编号、项目符号、减少缩进量、增加缩进量等。

选择“格式/段落”命令，弹出“段落”设置对话框，如图 6-45 所示。在对话框上部有“缩进和间距”、“换行和分页”和“中文版式”3 个选项卡。通过这些选项卡控制段落的格式设置，如改变段落的对齐方式，使整个段落缩进或仅使首行缩进，调整段落内的行间距和段落之间的间距等。

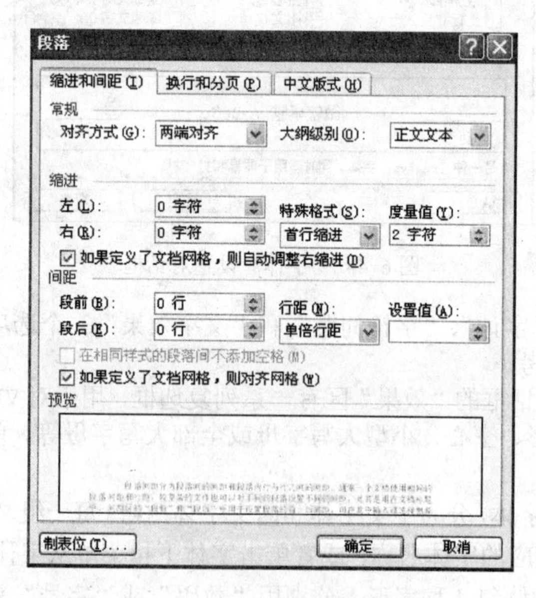

图 6-45 “段落”设置对话框

段落间距分为段落间的间距和段落内行与行之间的间距。通常一个文档使用相同的段落间距和行距，较复杂的文件也可以对不同的段落设置不同的间距，尤其是用在文档标题中。间距区的“段前”和“段后”框用于设置段落的前、后间距，可在其中输入或选择想要的值，单位是磅。“行距”框用于调整段落内行与行之间的间距，如果在“行距”框内选择了“最小值”或“固定值”，需在“设置值”文本框内输入或选择间距值。“对齐方式”框用于设置段落左对齐、右对齐、居中对齐、两端对齐或分散对齐等。

通过“特殊格式/首行缩进”功能，可以实现中文文档每个段落前空 2 个汉字字符的设置。

所有操作都是先选中要进行设置的段落对象，然后打开“段落”设置对话框，在对话框的相应栏中选择相应的命令或输入数值即可。

5. 页眉和页脚设置

页眉和页脚是打印在文档每一页上的说明性信息，可以是文字、图片、日期、时间或页码等。页眉打印在每页顶部的页边距中，页脚打印在每页底部的页边距中。建立页眉和页脚后，Word 自动根据设置将其插入到相应页上，同时调整文档页边距以适应页眉页脚。

选择“视图/页眉和页脚”命令弹出“页眉和页脚”工具栏，同时插入点定位在“页眉和页脚”设置区中，如图 6-46 所示。

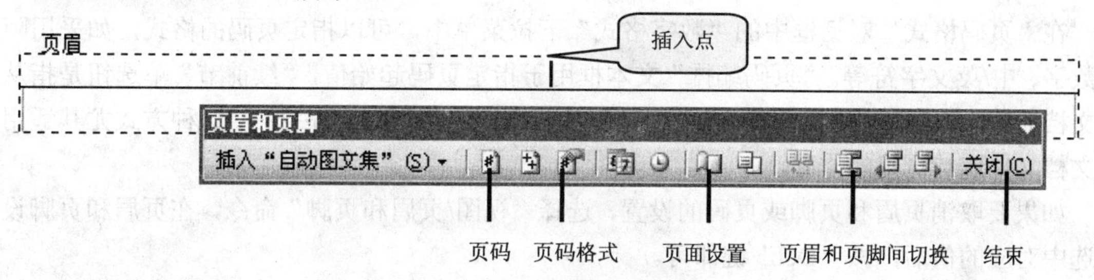

图 6-46 “页眉和页脚”工具栏

直接在插入点处输入或粘贴所需要的信息，如，文档标题等，也可通过“页眉和页脚”工具栏上的按钮直接点击插入当前日期和时间、页码等。

通常各页的页眉和页脚均相同，也可以设置不同的页眉和页脚。如在奇数页页眉插入章节名，在偶数页页眉插入书的标题等。这时需要在页面设置中先设置页眉和页脚为“奇/偶页不同”，然后再进入页眉和页脚设置。这时自然在页眉编辑区左上角出现“奇数页页眉或偶数页页眉”提示，实现设置不同的页眉和页脚。当然，也可以在一个长文档中根据章节不同设置多个节，每个节的页眉或页脚设置不同的内容或编号。

对页眉和页脚中的数据也可以进行格式设置，如字体、字号、对齐方式、页码的格式、图形的水印等，这些设置与前面介绍对文档的操作方法相同。

6. 页码设置

页码设置是打印文档前必不可少的一项工作，建立好的页码可以随时更新。页码可以当做页眉和页脚中的一部分插入到文档中。

选择“插入”菜单中的“页码”命令，弹出“页码”设置窗口。在“位置”下拉菜单中选择页码的位置，在“对齐方式”下拉菜单中选择页码对齐方式。单击“格式”按钮，或单击“页眉和页脚”工具栏中的『』按钮，弹出“页码格式”对话框，如图 6-47 所示。

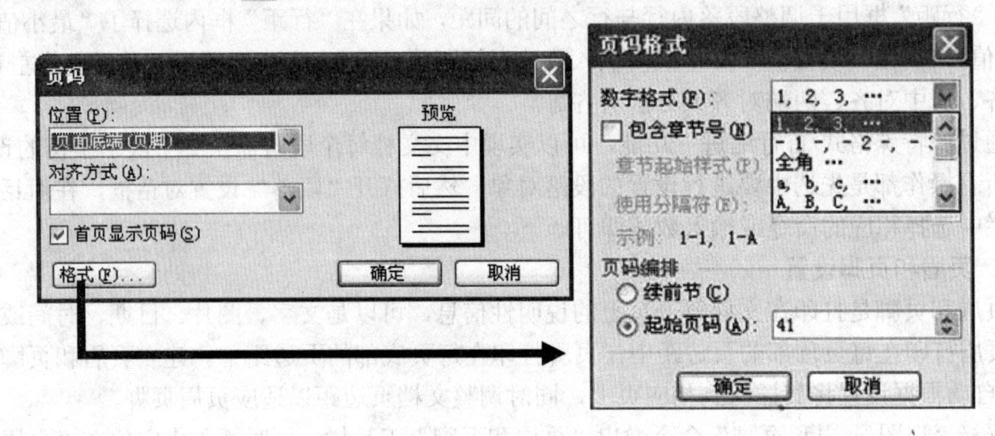

图 6-47 “页码”与“页码格式”对话框

在“页码格式”对话框中的“数字格式”下拉菜单中，可以指定页码的格式，如采用阿拉伯数字、中/英文字符等。“页码编排”文本框用于指定页码起始值，“续前节”单选钮是指从当前文档的第 1 页顺序排列；“起始页码”是指从一个固定值开始顺序排列，这种方式尤其适用于多文档文件连续页码的排列。

如果要取消页眉和页脚或页码的设置，选择“视图/页眉和页脚”命令，在页眉和页脚设置区选中对应的值后，按“Del”键即可。

6.6.2 打印文档

文档格式编排好后，便可以打印文档。通常打印前应通过“打印预览”命令在屏幕上观察整个文档的打印实际效果，如果不满意可以再进行设置，直到满意为止后再打印。选择“文件/打印”命令弹出“打印”对话框，如图 6-48 所示。

单击“名称”下拉菜单显示本机已安装的本地打印机和网络打印机的型号，从中选择打印机即可，一般采用系统的默认设置。在“页面范围”列表框中有 4 个单选钮，用于定义打印的范围，如全部文档、当前页、所选内容或按指定范围打印。还可以设置打印去向，Word 允许用户将文档直接输出到打印机上，也允许将文档输出到一个文件，这一操作类似于保存文件操作。系统默认输出到当前连接设置的打印机。在“份数”文本框中设置打印份数。此时，如果要打印多份并选择“逐份打印”，文件将逐份打印；如果没有选择“逐份打印”，打印将逐页进行，即先打印完第一页的份数，再打印第二页的份数，直至所有页打印完成。最后单击『确定』按钮即可执行打印操作。

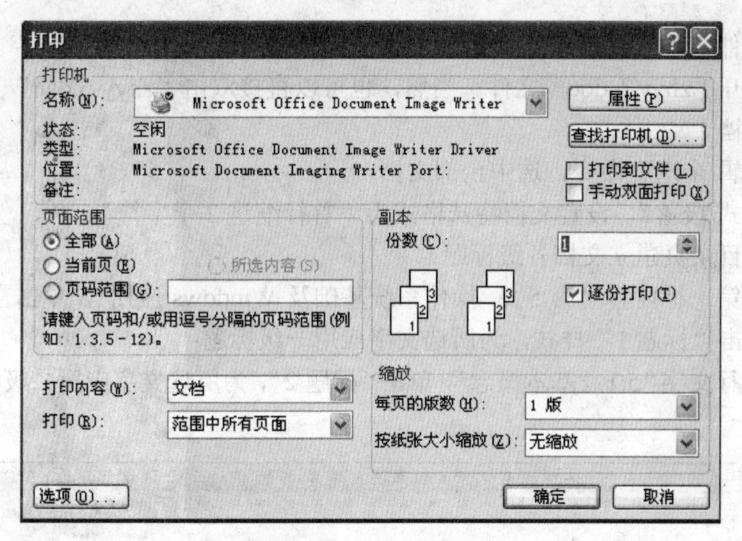

图 6-48 “打印”对话框

> 注意：可直接单击 Word 应用程序窗口常用工具栏中的『』按钮打印。此种方式不能进行参数设置，只能一次打印一份整个文档。

6.7 综合应用

题目　对已有文档“D:\text\zhyy-6. doc”进行格式编排。

要求：

（1）对原文档进行整体格式编排，设置文档特殊格式为“首行缩进 2 个字符”；

（2）建立文档各级标题分别为“标题 1”、“标题 2”和“标题 3”；

（3）添加奇数页页眉为“计算机应用基础”，居中对齐；添加偶数页页眉为“当前日期”，右对齐；

（4）添加页脚为“页码”，页码格式为数字、外侧对齐；即奇数页页脚页码右对齐，偶数页页脚页码左对齐；页码格式为数字，从 1 排列；

（5）在文档前插入文档目录页，页码格式为大写字母；

（6）在文档目录页创建文档目录；

（7）保存文档为“D:\text\zhyy-6-xin.doc”。

操作示意：

（1）打开“zhyy-6. doc”文档

• 单击『开始』按钮，选择“程序/Microsoft Office/Microsoft Office Word 2003”命令，进入“Word”应用程序窗口；

• 选择“文件/打开”命令弹出“打开”窗口，选择“D:\text\zhyy-6.doc”文件，单击『打开』按钮即可打开“zhyy-6.doc”文件。当然，也可以直接双击“zhyy-6.doc”文件打开。

（2）编排文档

• 选择“编辑/全选”命令，选中全部文档；

• 选择“格式/段落”，设置文档特殊格式为“首行缩进 2 个字符”。

（3）为创建目录页建立文档各级标题

• 选中文档第一行内容“第 5 章 操作系统基础及 Windows 应用”，单击『 』按钮打开“任务窗格”，单击“标题 1”样式，为所选文字应用一级标题；

• 选中第二行文字“5.1 基本概念”，单击“标题 2”，为所选文字应用二级标题，如图 6-49 所示；

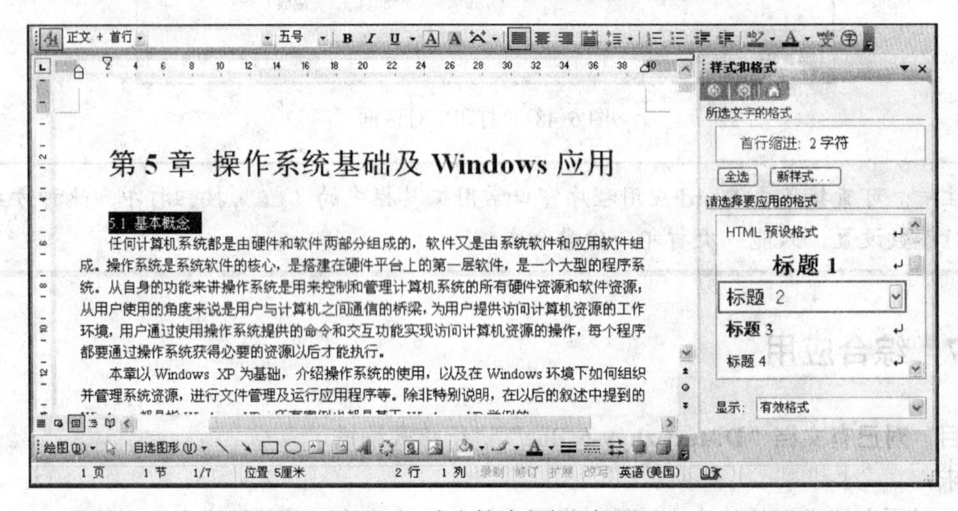

图 6-49 为文档建立各级标题

• 再选中文档“5.1.1 操作系统概述”，单击“标题 3”，为所选文字应用三级标题；

• 接着再选中“5.1.2 操作系统功能”，由于该标题与前面的“5.1.1 操作系统概述”是同一级，所以直接单击“标题 3”；

• 就这样将文档中的各个标题应用各级标题样式，直至完成。

（4）添加页眉

根据题目要求分别为奇数页和偶数页添加不同的页眉，所以应将文档页面设置为奇偶数页不同。

• 插入点定位在文档正文区，选择“视图/页眉和页脚”命令，进入页眉设计窗口，同时打开“页眉和页脚”工具栏；单击“页眉和页脚”工具栏上的『 』按钮，弹出“页面设计”对话框窗口，选择“版式”选项卡，选中“奇偶页不同”，单击『确定』按钮，返回到页眉编辑区，此时页眉编辑区左上角出现“奇数页页眉”或“偶数页页眉”（取决于当前插入点所在的页面为奇数页还是偶数页），如图 6-50 所示。

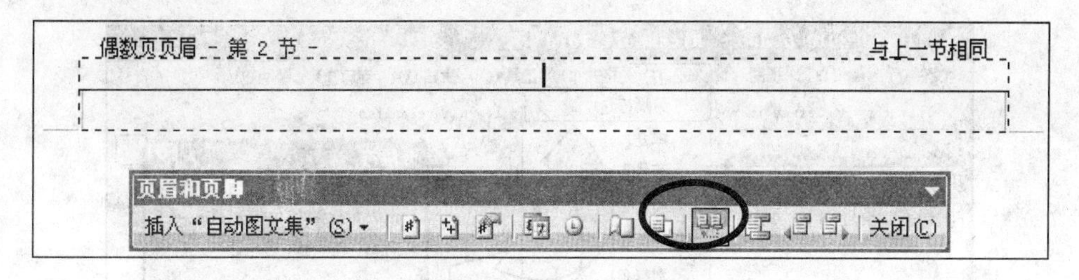

图 6-50　奇偶数页设置对话框

> 注意：在插入页眉和页脚时一定要注意节与节之间的关系。此例，由于新插入的目录页是以新的一节方式建立的，所以在插入页眉和页脚中会出现“与上一节相同”提示。根据题目要求此目录页与正文的页码格式不同，就要单击链接到前一个『』按钮，断开与前一节的关联。

- 单击『』按钮设置偶数页页眉为日期，选中日期，单击 Word 应用程序窗口工具栏『』按钮，设置日期右对齐；
- 单击『』按钮进入奇数页页眉，输入“计算机应用基础”、居中对齐。

> 注意：在“奇偶页相同”情况下，『』按钮用于在页眉与页脚之间切换，『』与『』按钮无作用；在“奇偶页不同”情况下，『』按钮用于在奇数与奇数页、偶数与偶数页的页眉与页脚之间切换；『』与『』按钮分别表示奇数页页眉、偶数页页眉或奇数页页脚、偶数页页脚。

（5）添加页脚

- 单击『』按钮返回到“奇数页页眉”设置状态，单击『』按钮，进入奇数页页脚设置，单击『』按钮插入页码，选中页码，单击 Word 应用程序窗口工具栏『』按钮，设置页码右对齐；
- 单击『』按钮，进入偶数页页脚设置，单击『』按钮插入页码，选中页码，单击 Word 应用程序窗口工具栏“”按钮，设置页码左对齐；
- 单击『』按钮弹出“页码格式”设置窗口，设置页码格式为数字、起始页码为“1”；
- 单击『关闭』按钮，关闭“页眉和页脚”工具栏，结束页眉和页脚的设置。

（6）在文档前插入目录页，并设置页码格式为大写字母。

- 将鼠标插入点定位在文档第一页第一行左侧第一个字符的位置，选择“插入\分隔符”命令弹出“分隔符”窗口，如图 6-51 所示。
- 选择“分节符类型”中的“下一节”，然后单击『确定』按钮，便在文档前以新的一节插入一个新页；
- 当前插入点定位在新页的首行，输入“目录”并设置“目录”为“华文中宋”、“二号字”、居中对齐；

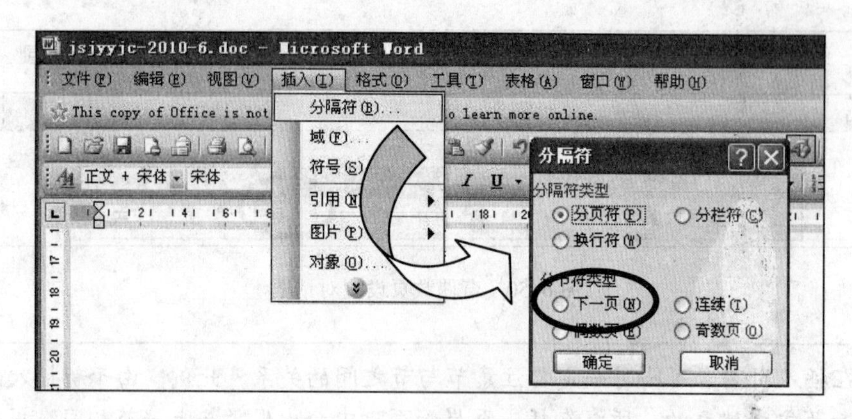

图 6-51　分隔符窗口

• 将当前插入点定位在新页的第二行第一列，选择“插入/引入/索引和目录”命令，弹出“索引和目录”窗口，置“目录”选项卡有效，选择目录格式为“来自模板”、“显示级别”为“3”级，单击『确定』按钮，文档目录抽取完成；

• 选择“视图/页眉和页脚”命令弹出“页眉和页脚”设置窗口，单击『 』按钮切换到“页脚”设置窗口，单击『 』按钮插入页码，再单击『 』按钮弹出“页码格式”设置窗口，在“数字格式”栏选择页码格式为大写字母“A，B，C，…”，在“页码编排”栏选择起始页码为“A”，如图 6-52 所示；单击『确定』按钮，目录页页码设置完。

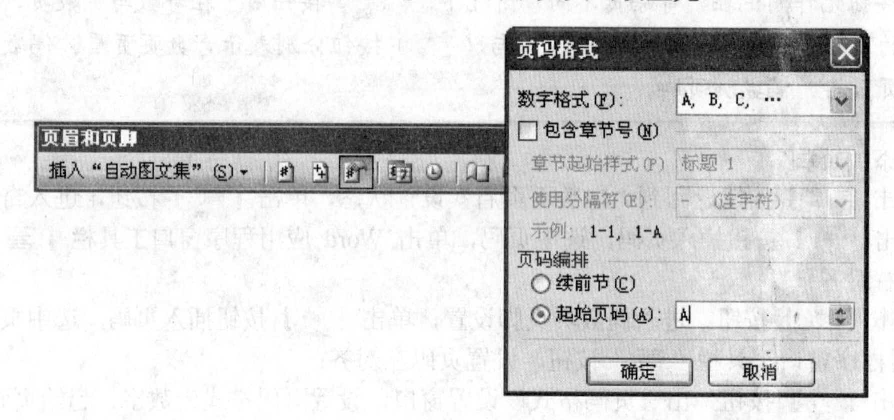

图 6-52　设置页码格式

（7）创建目录

• 选择“插入/引用/索引与目录”，弹出“索引和目录”对话框，单击“目录”选项卡，进入目录设置窗口。

• 选择目录格式为常规格式、显示级别为 3，单击『确定』按钮，抽取目录完成，其目录样式如图 6-53 所示。

目　录	A
第 5 章　操作系统基础及 Windows 应用	1
5.1　基本概念	1
5.1.1　操作系统概述	1
5.1.2　操作系统的功能	2
5.1.3　操作系统的分类	3
5.1.4　操作系统的工作界面	4
5.2 Windows　应用	5
5.2.1　基础知识	5
5.2.2　桌　面	6

图 6-53　目录样式

（8）保存文档

选择“文件/另存为”，保存新文件为“D:\text\zhyy-6-xin.doc”。

思考与练习

1. 简答题

（1）Office 套件的功能特点主要有哪些？

（2）在字处理中，基本编辑操作有哪些？各种操作的含义是什么？

（3）保存文档的含义是什么？需要提供哪些参数？

2. 填空题

（1）用 Word 建立的文档扩展名为________；

（2）在 Word 中，要输入希腊字母 Ω，应使用________菜单；

（3）Word 提供________种工作视图，编辑文档常使用________视图；

（4）在 Word 中，图文混排的环绕方式为“嵌入型”是指________；

（5）进行邮件合并应具有________和________。

3. 选择题

（1）Word 文档不能保存成（　　）文档。

A．HTML 类型　　B．DOC 类型　　C．BMP 类型　　D．TXT 类型

（2）在 Word 的编辑状态共新建了两个文档，没有对该两个文档进行“保存”或“另存为”操作，则（　　）。

A．两个文档名都出现在“文件”菜单中　　B．两个文档名都出现在“窗口”菜单中

C．只有第一个文档名出现在“文件”菜单中　　D．只有第二个文档名出现在“窗口”菜单中

（3）在 Word 中，当前输入的文字显示在（　　）。

A．当前行的行首　　B．文档的开头　　C．文档的尾部　　D．插入点的位置

（4）在 Word 中，若删除单元格，应先选择单元格，然后（　　）是错误的操作。

A．按“Del”键

B．单击鼠标右键，选择快捷菜单中的“删除单元格”命令

C．利用“表格/删除/单元格”命令

D．按“BackSpace”键

（5）在（　　）视图方式下，才能插入页眉和页脚。

A．普通　　B．大纲　　C．页面　　D．Web 版式

4．操作题

题目　利用 Word 创建一份用户报告，至少 2000 字，内容与格式自定。

要求：

（1）在文档前插入文档封面，页面标有“用户报告”等信息，无页码；

（2）创建样式与二级目录，文档目录插在文档封面后，页码格式为大写字母；

（3）在文档中插入任意图片，并设置图文混排环绕方式为“四周型”；

（4）在文档中插入日常生活安排表，并用“表格自动套用格式”美化表；

（5）添加奇数页页眉为“计算机应用基础”，添加偶数页页眉为“当前日期”；

（6）添加页脚为“页码”，文档正文页码格式为数字，从 1 排列、且居中对齐。

5. 网上练习与课外阅读

（1）搜索国产字处理软件发展状况，了解 WPS 基本使用；

（2）《Word 2003 教程》，戴建耘等编著，电子工业出版社，2007 年 12 月。

第7章 电子表格——Excel 应用

本章学习重点：

- 了解电子表格基础知识。
- 掌握 Excel 工作表的建立与编辑。
- 熟练掌握单元格引用。
- 理解并掌握 Excel 公式与函数的应用。
- 熟练掌握 Excel 数据处理。
- 熟练掌握 Excel 图表的创建与编辑。
- 掌握 Excel 工作表的打印。

7.1 Excel 基本知识

Excel 是 Office 套件中的一个通用的电子表格软件，集电子表格、图表、数据库管理于一体，支持文本文字和图形编辑，具有功能丰富、用户界面良好等特点。利用 Excel 提供的函数计算功能，用户不用编程就可以完成日常办公的数据计算、排序、分类汇总及报表等。尤其是相对、绝对和混合引用技术的引入，使对大量数据的操作变得更加简单直观；自动筛选技术使数据库的操作变得更加方便，为用户提供了便利条件，是实施办公自动化数据库应用理想的应用软件之一。

7.1.1 Excel 工作窗口

Excel 主要由工作表、图表和数据库 3 部分组成，工作表以行、列方式组织和显示数据；图表使数据生成各种形式的统计图，利用统计图观察数据的分布状态；数据库能存储大量数据，并实现对数据的分类汇总、统计、分析和计算。

运行“Excel.exe”文件即进入 Excel 应用程序及文档窗口，其窗口界面风格继承 Windows 风格，与 Word 很相似，由菜单栏、工具栏、编辑栏、状态栏、任务窗格和若干个工作表组成，如图 7-1 所示。

1. 工作簿

在 Excel 中，用来储存并处理数据的一个或多个工作表的集合称为工作簿，即一个或多个工作表构成一个工作簿文件，其文件扩展名为 XLS。工作簿的保存、打开、关闭等操作继承了 Windows 的文件操作方法。

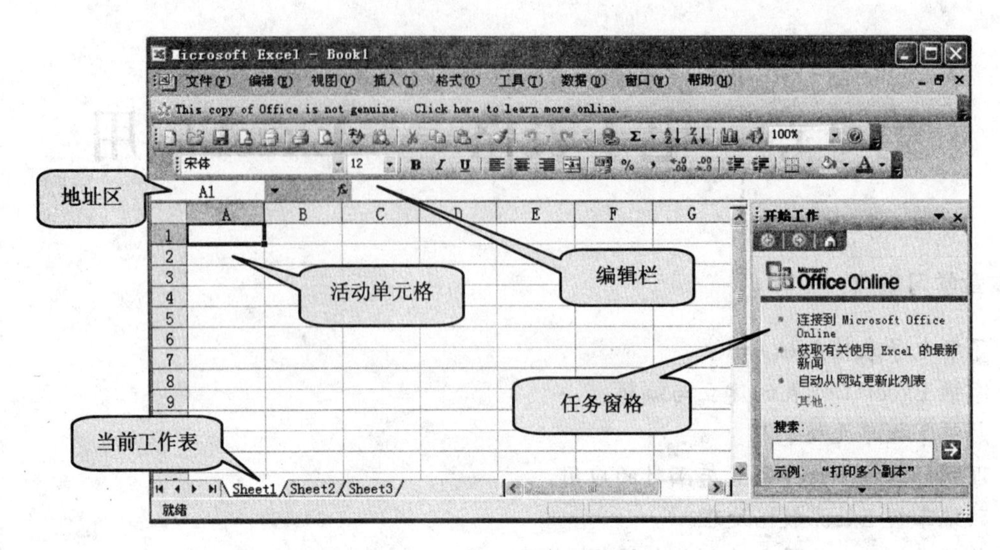

图 7-1　Excel 的工作界面

一个工作簿就类似于一本书，一本书是由若干页组成，同样，一个工作簿也由许多“页”组成。在 Excel 中，把“书”叫做工作簿，即一个文件；把“页”叫做工作表（Sheet），是文档正文数据区域。当第一次打开 Excel 时，默认工作簿文件名为 Book1，由 3 个工作表组成，分别以 Sheet1，Sheet2，Sheet3 命名，当前活动窗口为第一个工作表（Sheet1）。

2. 工作表

工作表是 Excel 存储数据的基本单位，在 Excel 中的所有操作都是在工作表中进行的。单击工作表的名字，可以实现同一工作簿中不同工作表之间的切换。也可以根据需要随时插入新的工作表或删除已有的工作表。

在 Excel 中，每张工作表最多可以由 65 536 行、256 列组成。列号由英文字母 A、B、C、…、AA、AB、AC、…等排列，行号由数字 1、2、3、…等顺序排列。可想而知，这样大的一张表会如何打印呢？所以说每张工作表又可以看做是一本书，页的大小取决于页面设置中纸张的选择，如 A4 或 B5 等。

3. 单元格

每张工作表是由列和行所构成的“存储单元”组成，这些“存储单元”称为“单元格”。输入的所有数据都显示在“单元格”中，这些数据可以是一个字符、一串字符段落、一组数字、一个公式或一个图形等。

每个单元格都有其固定的地址，如“A3”就代表了“A”列、第“3”行的单元格。同样，一个地址也唯一地表示一个单元格，如“B5”指的是“B”列与第“5”行交叉位置上的单元格。用鼠标直接单击某个单元格即可选中该单元格，也可以直接在地址区输入单元格地址定位到指定单元格，这时它会被粗框线包围，该单元格称为活动单元格，输入的数据直接存放在该单元格中。

4. 编辑栏

编辑栏是 Excel 与 Office 其他应用程序窗口的主要区别之一，主要用来输入、编辑单元格或图表的数据，也可以显示活动单元格中的数据或公式。

编辑栏由引用区域、复选框和数据区 3 部分组成。引用区域用于显示当前活动单元格的地址或单元格区域名，也称为地址区；复选框用来控制数据的输入；数据区用于编辑单元格中的数据。随着活动单元数据的输入，复选框被激活，出现『✕』、『✓』和『fx』3 个标记按钮。其中，单击『✕』按钮表示取消本单元格数据的输入；单击『✓』按钮表示确认单元格数据的输入；单击『fx』按钮进入到“编辑公式”状态，弹出“插入函数”对话框窗口，根据需要选择或输入公式即可。

5. 选择和使用单元格区域

单元格区域是一组单元格，一个单元格区域可以小到只有两个单元格，也可以大到是整个工作表。在 Excel 中，单元格区域有很多不同的用途，如把选定区域单元格的内容都删去，或将该区域移动到另一个区域。

（1）选定连续的单元格区域

先将鼠标指向欲选区域中的第一个单元格，再按住鼠标左键并沿着要选定区域的对角线方向拖曳鼠标到最后一个单元，释放鼠标键就选定一个连续的单元格区域。也可以先选定区域的第一个单元格，按住“Shift”键，然后使用方向键扩展选定的单元格区域。

（2）选定互不相邻的单元格区域

首先选定第一个单元格或区域，然后按住“Ctrl”键并单击需要选定的其他单元格，直到选定最后一个单元格或区域，再释放“Ctrl”键。也可以打开“编辑”菜单，选择“定位”命令，在定位窗口的“引用位置”文本框中输入完整的单元格引用。例如，要选取不相邻的区域 A2:B5 和 E2:G5，在引用位置文本框中输入“a2:b5，e2:g5”，按『确定』按钮即可选中这两个区域。当然，也可以直接在编辑栏的地址区输入“a2:b5，e2:g5”来确定。

（3）选定单元格、整行、整列或整个工作表

用鼠标直接单击某个单元格，即可选定该单元格；单击某一行号或列号选定该行或该列；用鼠标单击工作表左上角的空白按钮，即行号与列标相交处，或者使用组合键“Ctrl+A”可选定整个工作表，即该工作表的所有单元格。

7.1.2 Excel 数据类型

Excel 允许向单元格中输入中文、英文、数字和公式等各种数据。这些数据在单元格中以文本、数字、逻辑值和出错值等 4 种类型显示。各种类型的数据都具有其特定的格式，Excel 以不同方式存储和显示各单元格中的数据。

1. 文本型数据

文本包括任何字母、数字、汉字和键盘符号的组合，每个单元格最多可包含 32 000 个字符。如果单元格列宽容不下文本字符串，可占用相邻的单元格显示。如果相邻单元格中已有数据，

就截断显示，但数据仍然是存在的，可以通过加宽单元格显示。

2. 数字型数据

对于输入的数值、公式或函数产生数字型数据，即数字。数字可用货币计数法、科学计数法或其他格式表示。若单元格容纳不下一个未经格式化的数字时，就用科学计数法显示该数据。日期和时间也是数字，具有特定的格式。例如，10:00 AM、2007 年 5 月 2 日等。

3. 逻辑型数据

在单元格中可以输入逻辑值 True 和 False，通常用于书写条件公式。有些公式表达式也可以返回逻辑值。例如，在 A2 单元格输入 60，B2 单元格输入 80，然后在 C2 单元格输入公式“=A2>B2”，结果“FALSE”显示在 C2 单元格中。

4. 出错值

出错值是指在单元格中输入或编辑的公式数据有错误，由系统自动识别并显示的提示信息，以示纠正。常易出现的错误信息及含义如表 7-1 所示。

表 7-1　常见出错信息及含义

序号	错误提示	含　义	示　例
1	####	单元格数据长度溢出	加宽单元格即可正常显示
2	#DIV/0!	除数为 0	若 K11 为 0 值，则“=A6/K11”出错
3	#VALUE!	数据类型有错	若 A1=22、B1=ABC，则“=A1+B1”出错
4	#NAME?	无效的地址域	“=A5*z1a+D5”，其中 z1a 无效
5	#REF!	单元格引用无效	若 C1 单元格为“=A1+B1”，当删除 A1 时导致此错误
6	#N/A	数据操作的区域有误	=RANK(G11,$G$2:$G$10,0)，其 G11 不在指定范围内

7.1.3　输入与编辑数据

在 Excel 的工作表中可以存储不同类型的数据，如数字、文字、时间、日期、公式、图形、图表等，各种数据以不同的方式展现。通常，Excel 以 3 种方式确认输入数据的类型，当在单元格中以输入“=”号开始的数据时，系统认为输入的数据是一个数学表达式，即公式；当以“'”开始的数据或直接输入文字时表示为文本型数据，且左对齐，尤其是当用数字作为文本数据类型时，用此方式决定输入数据的类型极为方便；直接输入的数字系统默认为数值型数据，右对齐。

1. 输入数值型数据

直接在活动单元格中输入数据，输入数据同时出现在活动单元格和编辑栏的数据区中。数值可以是整数、小数、分数或科学计数（如 4.09E+13），在数值中可出现正号、负号、百分号、分数线、指数符号以及美元符号等数学符号。如果键入的数值太长，单元格中放不下，Excel 将自动拓宽该单元格。采用科学计数的方式，可以减少显示的位数或减少小数位数以适应键入的内容，但在公式区以完整的数据格式显示。

当输入的数据超出单元格长度时，数据在单元格中会以“#####”出现，此时需要人工扩展单元格的列宽，以便能看到完整的数值。对任何单元格中的数值，无论 Excel 如何显示它，在系统内部总是按实际键入的数值形式表示。当一个单元格被选定后，其中的数值即按键入时的形式显示在编辑栏的数据区。默认情况下，数值型数据在单元格中右对齐。

2. 输入文本型数据

Excel 自动识别文本数据，并将文本数据左对齐。文本数据可以是字母、字符（包括大小写字母、数字和符号）的任意组合。如果要将一个数值或日期以文本数据的方式存储，就需要在输入该数据之前置一个单引号“'”即可。例如，在一个单元格中输入“'55”，则数值 55 将作为文本数据输入且左对齐。

注意：单引号并不出现在该单元格中，只出现在编辑栏的数据区中，表示该文本数据由数字 55 组成，没有量的含义。若想在一个单元格中以多行方式输入数据，只需在换行点按“Alt+Enter”组合键即可。

3. 数据“自动填充”

利用 Excel 提供的“自动填充”功能，可以在工作表的单元格中键入重复或递增的数据。“填充柄”位于当前活动单元格或一个选择区域范围的右下角，将鼠标指向单元格右下角时鼠标指针变为黑色的十字形图标“+”，表明“自动填充”功能已生成，拖曳鼠标即可施加操作。建立一系列的标签、数值或日期，只需拖动该指针经过拟填充的单元格后松开鼠标即可。伴随拖动，Excel 将在一个弹出框中显示该序列中的下一个值，松开鼠标即填充生效。

例如，在 A5 单元格中输入“星期一”，然后选中 A5 单元格，将鼠标置于 A5 单元格的右下角，当鼠标指针变为“+”形状时按住鼠标左键并向右拖动，随着拖动在下一单元格（B5、C5、…G5）中自动用“星期二、星期三…星期日”填充，松开鼠标按键即结束自动填充操作。再如，在 G6 单元格输入数字“1”，将鼠标置于 G6 单元格的右下角，当鼠标指针变为“+”形状时，同时按住“Ctrl”键与鼠标左键并向右或向下拖动，随着拖动在下一单元格中自动用“2、3、4…”数值填充。由此，可以想出日常生活中一些有规律的数据，如月份、年份、生肖、时间等都可以利用“自动填充”功能快速得到。

Excel 提供很多类型的序列，包括数字序列、时间序列和月份序列等。如果有两个单元格开始序列，在拖动填充柄之前选定它们，Excel 会自动计算出这两个单元格之间的差异，然后把它们应用到生成的序列中。例如，在 A1 单元格输入数字“0”、在 A2 单元格输入数字“5”，选中 A1 与 A2 两个单元格，将鼠标置于 A2 单元格的右下角，当鼠标指针变为“+”形状时，按住鼠标左键并向下拖动，随着拖动，在下一单元格中自动用数字“10、15、20…”填充，因为 A1 与 A2 两者之差为 5。

利用“自动填充”功能复制单元格中的数据时，遵循“自动填充”的规则，这些规则有些是 Excel 中已经设置的，直接引用即可；有些则可以根据用户的需要进行自定义。当向下或向右拖动填充柄时，“自动填充”功能依据开始时选择的单元格范围中数据的结构，确定数据递增的方式。

4. 单元格数据的格式化

Excel 提供单元格格式化功能，以实现对单元格数据属性的设置。选择“格式/单元格”命令弹出“单元格格式”对话框，如图 7-2 所示。

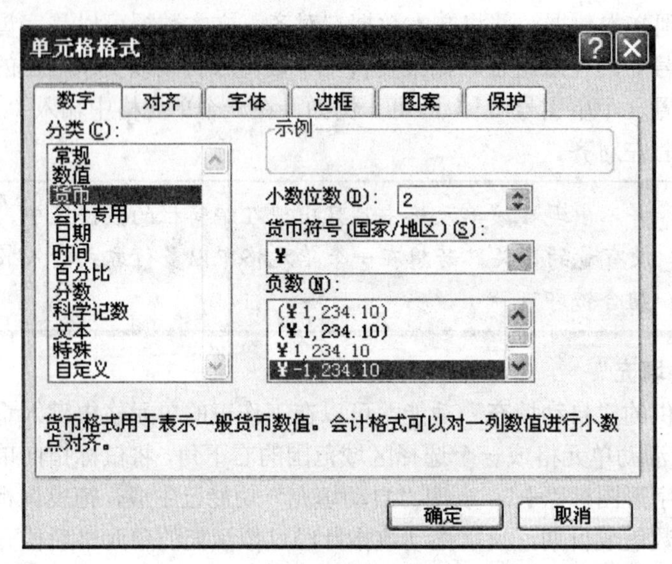

图 7-2 “单元格格式”对话框

该对话框有 6 个选项卡，分别用于对单元格数据的格式设置，如“数字”选项卡主要用于设置数据的类型；“对齐”选项卡用于设置数据对齐的方式；“字体”选项卡用于设置文字的字形与字号；“边框”选项卡用于设置单元格是否带有边框线以及线型；“图案”选项卡用于设置单元格底纹等。图 7-2 所示单元格数据为数字选项卡的“货币”格式，其数字有两位小数位数、货币符号选择人民币“￥”型，同时具有负值格式。

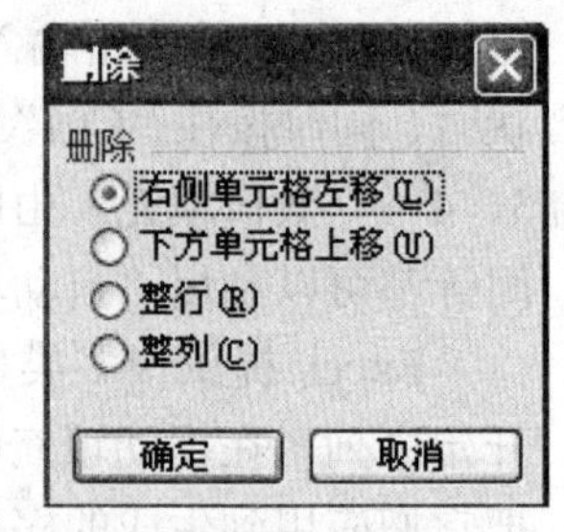

图 7-3 “删除”对话框

5. 编辑数据

在 Excel 中编辑数据的方法与编辑文本数据一样，都需要先选中编辑的单元格数据区域，这个数据可以是单元格中的一个、一段或整个单元格数据，也可以是一个或多个单元格区域，然后进行相应的操作即可。

> 注意：如果选中的是整个单元格或若干单元格区域，且进行删除操作，系统会弹出“删除”对话框，询问是整行/列删除、还是右侧单元格左移等，意味着连同单元格一起删除掉，如图 7-3 所示。

在许多应用程序中，“删除”与“清除”含义相同，但在 Excel 中，这两个命令有显著差别。“清除”如同是用橡皮擦掉单元格中的内容或格式，而“删除”则是把单元格本身及其内容一起删掉。

6. 应用示例

例 7-1 根据表 7-2 格式建立学生成绩表，文件命名为“d:\text\ex-1.xls”。

表 7-2 学生成绩表

学号	姓名	数学	外语	计算机	总成绩	平均成绩
02005001	张华	75	56	85		
02005002	赵卫	80	70	85		
02005003	田小影	85	95	93		
02005004	兰田英	45	75	65		
02005005	董辰	75	80	75		
02005006	蔡凡量	80	65	71		
02005007	王成杰	95	90	96		
02005008	刘迎男	55	90	80		

操作步骤：

（1）打开 Excel，进入工作表窗口，即“Sheet1”。

（2）选择“文件\保存或另存为”命令，弹出“另存为”窗口，保存文件为“d:\text\ex-1.xls”。

（3）单击工作表 A1 单元格，根据表格样例输入学生成绩表的各个字段名及数据。

（4）选中 A1～G9 单元格，单击鼠标右键，选择快捷菜单中的“设置单元格格式”命令，弹出“单元格格式”对话框，置对齐选项卡的水平对齐为居中、垂直对齐为居中。

（5）单击选中字段名“学号”～“平均成绩”，单击格式栏填充颜色按钮『』，选择“黄色”，为字段名添加背景颜色。

（6）单击保存按钮『』，保存文件；再单击窗口关闭按钮『』，关闭 Excel 及文档。

到此，学生成绩表创建完成。

7.1.4 工作表的格式化

一个好的工作表不仅要有鲜明、详细的内容，而且应有实际、庄重、漂亮的外观。整齐的工作表格式可以更好地体现工作表的内容。

1. 设置单元格格式

通过 Excel“格式”菜单中的“单元格格式”命令可以控制单元格数据的外观，包括设置单元格中数字的类型、文本的对齐方式、字体、单元格的边框、图案及单元格的保护。

选择“格式/单元格”命令，弹出“单元格格式”对话框，在此对话框中可以进行单元格格式化操作。“单元格格式”对话框具有 6 个选项卡，每个选项卡提供不同的功能，其“对齐”和“图案”选项卡状态如图 7-4 所示。

通过“数字”选项卡中的“分类”列表框，可以选择单元格数据的类型，如常规、数值、货币、日期、百分比或文本等。通过“对齐”选项卡可以设置文本的对齐方式、合并单元格、设置单元格数据的自动换行等功能。Excel 默认的文本格式是左对齐，而数字、日期和时间是右对齐，更改对齐方式不会改变数据类型。

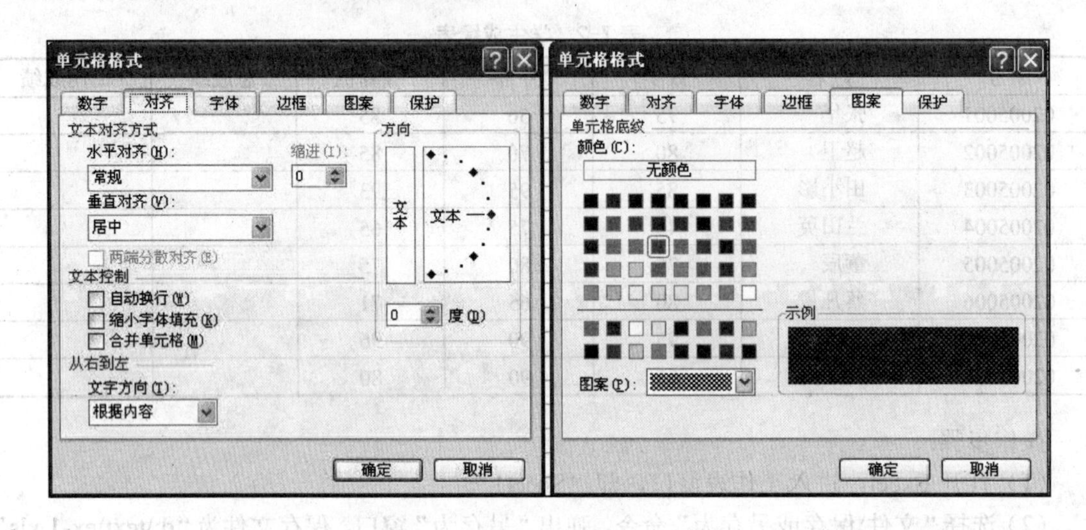

图 7-4 “单元格格式”对话框的“对齐”与“图案”选项卡状态

通过“字体” 选项卡可进行单元格数据的字体、字形和字号设置，设置方法与 Word 相同，注意要先选中操作的单元格数据，再施加命令。

通过“边框”选项卡提供的样式或通过边框『田·』按钮，可以为单元格添加边框，这样才能打印出具有实线的表格。因为初始创建的工作表表格没有实线，工作窗口中的格线仅仅是为用户创建表格数据方便而设置的，要想打印出具有实线的表格，必须要进行设置。

通过“图案”选项卡，可以设置单元格底纹的颜色或图案，以增强表格的真实感效果，随着选择，会在示例窗口给出样例，最后单击『确定』按钮设计有效。

2. 设置工作表的格式

设置工作表的列宽和行高可以利用“格式”菜单中的“行/列”命令进行，但最快捷的方法是利用鼠标操作。把鼠标指向拟要改变列宽（或行高）的工作表的列（或行）编号之间的竖线（或横线），当鼠标指针变成“↔”（或“↕”）时按住鼠标左键并拖动鼠标，将列宽（或行高）调整到需要的宽度（或高度），释放鼠标键即可。随着拖动，系统会给出当前的行高或列宽值。

也可以利用格式菜单中的“自动套用格式”命令设置工作表的格式，这是 Excel 提供的快速进行表格格式化的工具之一，通过格式套用可以产生具有实线的、美观的报表。引用时要先选定表格数据区域，选择“格式/自动套用格式”命令，在弹出的“自动套用格式”窗口中选择合适的样式即可。

7.2 公式与函数

公式与函数是 Excel 主要特色之一，既可以手动使用单元格引用、运算符或函数创建简单或复杂的公式，还可以利用 Excel 提供的丰富内置和插入式的函数来创建。而函数是预先定义好的公式，可以作为公式中的一个运算对象，也可以作为整个公式来使用，用来进行数学、文字、逻辑运算，或者查找工作区的有关信息等，运算结果得到一个值。

7.2.1 单元格引用

工作表的每个单元格都对应着一个唯一的列标和行号，称为单元格地址。单元格引用就是单元格的地址表示，通常分为相对地址、绝对地址和混合地址 3 种。而单元格地址根据它被复制到其他单元格时是否会改变，又可分为相对引用、绝对引用和混合引用 3 种。

1. 相对地址与引用

相对地址是指直接用列标和行号组成的单元格地址，如 A6、H8、WW12 等都是对应单元格的相对地址。

相对引用是指把一个含有单元格地址的公式复制到一个新的位置，对应的单元格地址发生变化，即引用单元格的公式而不是单元格的数据。表示在用一个公式填入一个区域时，公式中的单元格地址会随着改变，自然单元格中的数据也就发生变化。利用相对引用可以快速实现对大量数据进行同类运算。

2. 绝对地址与引用

绝对地址是指在列标和行号的前面加上“$”字符而构成的单元格地址，如“$A$22”是指第 A 列第 22 行交界处单元格的地址，它的相对地址是 A22。

绝对引用是指在把公式复制或填入到新位置时，使其中的单元格地址与数据保持不变。例如，在单元格 F2 中输入“=$C$2+$D$2+$E$2”，在单元格 F3 中引用 F2，其结果 F3 与 F2 的值相同。也就是说，不仅引用单元格地址，同时还引用单元格的数据。

3. 混合地址与引用

混合地址是指在列标或行号之一采用绝对地址表示的单元格地址，如，“$G8”或“G$8”都是混合地址，它们一个列标采用绝对地址，一个行号采用绝对地址。也就是说在混合地址中，若列标为绝对地址，则行号就为相对地址，反之亦然。

混合引用是指在一个单元格地址中，既有绝对地址引用又有相对地址引用。例如，单元格地址“$G2”表示保持“列标”不发生变化，而“行”随着新的复制位置发生变化。同样道理，单元格地址“G$2”表示保持“行号”不发生变化，而“列标”随着新的复制位置发生变化。

4. 三维地址

前面所说的单元格地址表示只限于在同一个工作表中的引用，若要引用不同工作表中的单元格，则必须在单元格地址前再加上工作表名和后缀“！”字符，称为单元格的三维地址，即工作表、列标和行号。例如，“Sheet1!K6”表示 Sheet1 工作表中的第 K 列第 6 行的单元格的相对地址，“Sheet5!$G$12”表示 Sheet5 工作表中的第 G 列第 12 行的单元格的绝对地址。又如，假定当前工作表为 Sheet1，则单元格地址“H10”和“Sheet1！H10”是完全等价的。

5. 单元格区域地址

对于工作表中的一个矩形区域，可以用它的左上角单元格地址和右下角单元格地址联合起来表示该区域的地址，两者之间用“：”字符分开。例如，“E5:H12”表示该区域左上角为 E5 单元格，右下角为 H12 单元格，包含有 4 列、8 行共 32 个单元格。又如，“B10:F10”表示该区域同在第 10 行中，列标从 B 到 F 的共 5 个单元格。

单元格区域地址也可以是三维的，只要在其前面加上工作表名和“！”字符即可。

7.2.2 公式

公式是电子表格的核心，意指一个等式，也称为表达式，计算结果为一个值。公式由运算对象和运算符按照一定的规则连接而成。运算对象可以是常量（即直接表示的数字）、文本数据或逻辑值，如 123、–55 为数字数据常量，“男”为文本数据常量；也可以是单元格引用（单元格地址），如“A1”或“H$6”；甚至可以被命名为单元格区域或函数，如“SUM(A1:E10)”。运算符包括算术运算符、文本运算符和关系运算符 3 种类型，如表 7-3 所示。

表 7-3 Excel 运算符及应用示例

类 别	操作符	用 途	应用示例	优先级	运算结果
算术运算符	–	负号	= –67	最高	一个常数值
	%	百分号	= G6 %	同级	
	^	乘方	= D4 ^ 3		
	*	相乘	= B5 * C3	同级	
	/	相除	= 80 / E3		
	+	相加	= A1 + B1	同级	
	–	相减	= A3 – 60		
文本运算符	&	连接	= D2 & Beijing		一个字符串
关系运算符	=	等于	= B2 = C2	同级	逻辑值 “TRUE”代表“真”值 “FALSE”代表“假”值
	>	大于	= G3 > E6		
	<	小于	= A6 < A20		
	>=	大于或等于	= 30 >= B6		
	<=	小于或等于	= E8 <= 60		
	<>	不等于	= G2 <> B2		

1. 引用公式

在单元格中输入公式要以“=”号开始，表示要输入的数据是个公式。Excel 通过“=”号区分输入的数据类型，使用运算符来分割公式中各项。在一个运算符或单元格引用中不能包含空格，如“>=”不能写成“>　=”、“A1”不能写成“A　1”。输入完成后按回车键公式生效，

Excel 将公式存储在系统内部，显示在编辑栏的数据区中，而在包含该公式的单元格中显示计算结果。当公式中相应单元格的数值改变时，由公式生成的单元格中的值也将随之改变。

利用算术运算符，可以完成基本的算术运算，运算结果产生一个常数值。关系运算符用来比较两个数据并产生逻辑结果，用“TRUE”代表“真”值，用“FALSE”代表“假”值。例如，在单元格中输入“=5>8”，结果为“FALSE”。文本运算符“&”用于将一个或多个文本连接成为一个组合文本。例如，在 B3 中的数据为“North”，在 D3 中的数据为“west”；在 E3 中输入“=B3&D3”，结果为“Northwest”。

注意：在一个公式引用中，可以包含多个操作符，组合或复杂的表达式。例如，C5=1、C2=8、C6=80，则公式“= 16 + C5 * C2^2 + 50% >= C6”结果为“TRUE”。在这个表达式中既有算术运算、又有关系运算，它们是按照运算符的优先级分别进行运算。

2. 运算符的优先级

Excel 规定运算符的优先级别为：算术运算最高、其次是文本运算，最后是关系运算。其中，算术运算的优先级从高到低依次为：“–”、“%和^”、“*和/”，最后为“+和–”；6 种关系运算具有同等的级别，具体可参见表 7-3。对于同级的运算按照自左向右的方式顺序依次进行。

3. 应用示例

例 7-2 根据“例 7-1”所建立的学生成绩表“ex-1.xls”，利用公式及单元格引用计算学生总成绩和平均成绩。

操作步骤：

（1）进入“d:\text”，双击“ex-1.xls”，打开学生成绩表文件；

（2）单击 F2 单元格，确定插入公式计算结果的单元格为当前工作单元格；

（3）输入公式“=C2+D2+E2”并按回车键，计算出第一个学生“张华”的总成绩；

（4）选中 F2 单元格，将鼠标指向该单元格右下角，当鼠标指针变成“+”时拖曳鼠标直到 F9 单元格后松开鼠标按键，利用自动填充功能计算出其他学生的总成绩；

（5）选中 G2 单元格，输入公式“=(C2+D2+E2)/3”并按回车键，计算出第一个学生“张华”的平均成绩；

（6）选中 G2 单元格，将鼠标指向单元格右下角，当鼠标指针变成“+”时拖曳鼠标直到 G9 单元格后松开鼠标按键，利用自动填充功能计算出其他学生的平均成绩。

当然，此例也可以利用系统提供的函数计算，但往往在实际应用中有很多计算公式需要用户自己去建立。典型的应用就是单位的实发工资，需要根据每个单位具体奖励条例和扣除项目而确定数学表达式。

7.2.3 函数

函数是预先定义好的公式，可以作为公式中的一个运算对象，也可以作为整个公式来使用，用来进行数学、文字、逻辑运算，或者查找工作区的有关信息等，运算结果得到一个值。根据函数的类型不同，得到的函数值也不同，如数学函数运算结果得到一个量值，两个字符串进行相加运算会得到另一个字符串，而由关系运算符建立的表达式，运算结果是一个逻辑值。

1. 函数类别

Excel 提供了一个庞大的函数库，提供多种类型功能完备且易于使用的函数库，每种类别中都包含多个函数，有 400 多个。利用函数可以完成各种计算，从简单的求和运算到双精度资产分期结算等都可以实现，常用函数如表 7-4 所示。

表 7-4　常用函数列表

函数名	类别	功能	示例
SUM(x1,x2,…)	数值计算	求 x 所表示的一组数值之和	=SUM(A1:A33)
AVERAGE(x1,x2,…)	数值计算	求 x 所表示的一组数值的平均值	=AVERAGE(K1:K33)
RAND()	数值计算	返回 0 到 1 之间的一个随机数	=RAND()
SUMIF(x,y,z)	数值计算	根据指定条件求和	=SUMIF(B3:E5, “>50”,B3:E5)
COUNT(x1,x2,…)	统计	求 x 所表示的一组数值的个数	=COUNT(B2:H8)
COUNTIF(x,y)	统计	统计满足给定条件的单元格个数	=COUNTIF(B2:F2, “<60”)
MAX(x1,x2,…)	统计	求 x 所表示的一组数值中的最大值	=MAX(K1:K33)
MIN(x1,x2,…)	统计	求 x 所表示的一组数值中的最小值	=MIN(K1:K33)
RANK()	统计	返回一个数字在数字列表中的排位	=RANK(G5,$G$5:$G$9,0)
IF(x,y,z)	逻辑	当 x 为真时执行 y 操作，否则，执行 z 操作	=IF(D2>90, “优秀”, “ ”)
AND(x1,x2,…)	逻辑	对多个函数值进行交集计算，当所有参数的逻辑值为真，返回 TRUE，否则，返回 FALSE	=AND(A1>100,A2=“王”)
OR(x1,x2,…)	逻辑	对多个函数值进行并集计算，当任何一个参数逻辑值为真，返回 TRUE，否则返回 FALSE	=OR (A1>100,A2=“王”)
NOW()	日期与时间	返回系统当前日期和时间	=NOW()
TODAY()	日期与时间	返回系统当前日期	=TODAY()
YEAR(x)	日期与时间	返回 x 所表示日期中的年份	=YEAR(D2)，其 D2 为 2010-8-8
MONTH(x)	日期与时间	返回 x 所表示日期中的月份	=MONTH(D2)
DAY(x)	日期与时间	返回 x 所表示日期中月的当天数	=DAY(D2)

2. 函数组成

函数由函数名和一对括号组成，括号中是函数的参数，括号前后不能有空格。参数可以是数字、文字、逻辑值、数组或单元格的引用，也可以是常量或公式。函数中还可包含其他函数，即函数的嵌套使用。如假定当前时间为 2011 年 4 月 6 日上午 10 点多，使用函数 NOW（），则返回机器系统内当前的日期和时间为“2011-4-6 10:18”，表示为 2011 年 4 月 6 日 10 点 18 分；若使用函数“=YEAR（NOW（））”，则返回函数值为 2011。

同输入公式的操作相同，直接在单元格中输入函数即可，如在单元格中输入“＝SQRT（9）”，则函数“＝SQRT（9）”显示在编辑栏的数据区中，函数值“3”显示在单元格中。也可以使用系统提供的函数库完成，通过单击编辑栏『fx』按钮进入“插入函数”窗口。在“插入函数”窗口的选择类别中选择函数类型；在选择函数列表区中选择函数；最后单击『确定』按钮即进入所选函数指南对话框，接着按提示进行即可。利用函数最突出特点就是可以简化公式的建立。

3. 函数应用

例 7-3 利用函数对“例 7-2”计算学生的总成绩和平均成绩，即用“=SUM(C2:E2)”代替“=C2+D2+E2”公式，用“=AVERAGE(C2:E2)”代替“=（C2+D2+E2）/3”公式。

操作步骤：

（1）单击 F2 单元格，确定插入求和结果的单元格为当前工作单元格。

（2）单击自动求和『Σ』按钮进入参数选择，根据当前位置系统自动取左侧栏数据为求和参数，可以看到系统已经选中了“C2:E2”单元格，按“回车键”求和结果出现在 F2 中。

（3）单击 G2 单元格，确定插入平均成绩的单元格为当前工作单元格。

（4）单击『fx』按钮弹出“插入函数”窗口，在“插入函数”窗口的选择类别中选择“常用函数”；在选择函数列表区中选择“AVERAGE”函数；单击『确定』按钮，进入“AVERAGE”函数参数选择对话框。

（5）由对话框可以看到，系统已在 Number1 文本框给出求平均参数“C2:F2”，并在右侧给出求平均成绩“=108”，显然不对。

（6）修改“C2:F2”为“C2:E2”，此时求平均成绩为“=72”，如图 7-5 所示。

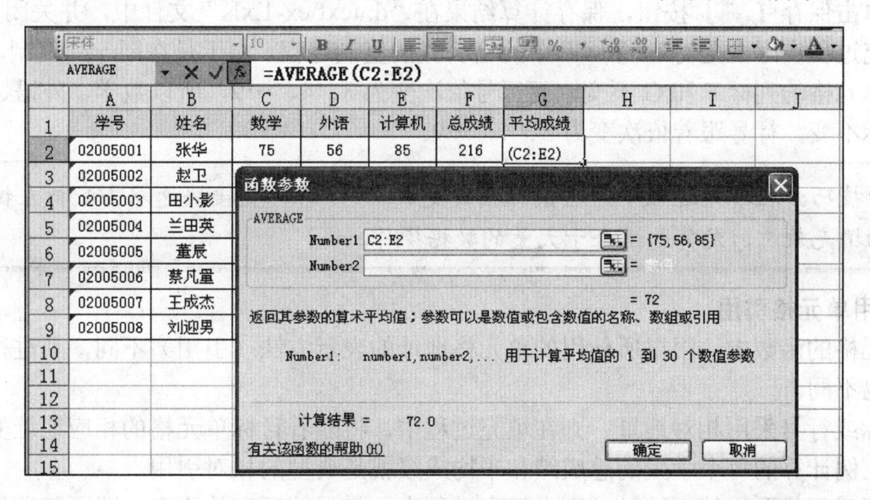

图 7-5 “平均”函数窗口

结果正确，单击『确定』按钮完成计算，即在 G2 单元格中显示求平均成绩为“72”。

> 注意：当参数不正确时，可以直接在“Number1 文本框”中输入参数的有效地址，当然也可以单击 Number1 文本框右侧『』按钮进入“函数参数”选择窗口。此时，既可以输入参数有效地址，也可以通过鼠标拖曳方式确定参数有效区域，其拖曳的区域用一虚框线围住，同时在编辑窗口、单元格内以及函数参数窗口的文本框显示拖曳过的地址。确定好参数范围后，再次单击“函数参数”文本框右侧『』按钮返回到“函数参数”选择窗口。

4．自动填充输入函数

从图 7-5 可以看到共有 8 名学生，要求出每个学生的总成绩，都需要像在 F2 中一样输入公式，完成对“F3:F9”、“G3:G9”中每个单元格的计算。本例利用公式共需要进行 8 次求和运算，这是很快就会完成的。但如果需要计算 800 名、8 000 名，甚至是几万名学生的成绩，利用上述方式还是很有难度的，而且都是一些重复性的计算。这时就需要使用 Excel 提供的单元格引用自动填充操作，这是 Excel 的突出特色。

可以看出每个求和或求平均成绩公式中的数学、外语、计算机参数，具有其列标不变、而行号依次递增，并与总成绩和平均成绩的单元格位置相对应的特征。所以应采用相对引用自动填充功能，在完成 F2 单元格公式“=SUM（C2:E2）”的输入后，很容易完成其他单元格中总成绩公式的输入。

例 7-4 利用自动填充功能，计算出所有学生的总成绩和平均成绩。

操作步骤：

（1）选中 F2 单元格，然后将鼠标指针指向 F2 单元格的右下角，当鼠标指针变成“+”时，按住鼠标左键往下拖曳到 F9 单元格，随着拖曳，在相应单元格中出现求和结果。

（2）再选中 G2 单元格，用同样的方法完成对所有学生平均成绩的计算。

（3）单击保存『』按钮，保存计算结果在“d:\text\ex-1.xls”文件中，并关闭文件。

此填充过程实际上是对 F2 和 G2 单元格公式的复制过程，由于是在同一列复制，总成绩和平均成绩单元格的列标 F 和 G 不变，而行号依次变为 3、4、…9，所以数学、外语、计算机单元格的列标不变，行号跟着依次变为 3、4、…9。

> *应用技巧：在填充过程中，当鼠标指针变成“+”时，直接快速双击鼠标左键，也会实现自动填充效果，尤其是适合于大量的数据操作。*

5．应用单元格引用

在单元格的函数中，根据所使用的单元格地址的表示方法（引用）不同，其进行单元格填充的效果也不同。

若列标或行号采用相对地址，则在填充过程中，将随着目标单元格的相应地址变化而同步变化，如上例计算的每个学生的总成绩和平均成绩就是典型的相对引用。

若列标或行号采用绝对地址，则在填充过程中，将保持所有值不变，即不随着目标单元格的地址变化而变化，都为同一个计算结果。若在 F2 单元格的公式为“=SUM($C$2:$E$2)”，则在向下填充过程中，该公式始终保持不变，每个单元格的值都等于 F2 单元格的值 240。用鼠标单击总成绩列中的任一个单元格，从文本编辑框就能看到对应的公式，公式中的数学、外语、计算机的行号都是总成绩单元格 F2 的地址，所以值是不变的。

当移动、复制或填充带有函数公式的单元格内容时，对所含地址的不同引用的处理与对不带函数公式时的处理情况完全相同。

工作表的每个单元格包含格式、公式、值、批注等各种属性，当复制一个单元格或区域内容之后，再用鼠标单击被复制到的目标位置，然后可以单击“复制/选择性粘贴”选项，从打开的“选择性粘贴”对话框中进行适当选择进行分属性的粘贴，使之所复制的数据有效。

例 7-5 仍以“ex-1.xls”为例，增加 3 个字段，即“不及格数”、“排名”和“评语”，同时利用函数计算出每名学生的不及格数、在本序列中的排名及评语，排名按平均成绩计算；利用选择性粘贴复制带有公式计算结果的单元格区域形成一个新工作表；在新工作表中只具有学号、姓名、总成绩、平均成绩、不及格数、排名和评语 7 栏数据。

操作步骤：

（1）打开“d:\text\ex-1.xls”文件。

（2）分别在 H~J 列输入“不及格数”、“排名”和“评语”3 个字段；选中“H1:J9”，单击边框『田▾』按钮为单元格区域设置边框线，保持格式与其他列一致。

（3）单击 H2 单元格，输入函数“=COUNTIF(C2:E2,"<60")”后按回车键，统计结果为数字“1”，即本学生有 1 门课程不及格；然后将鼠标指向 H2 单元格右下角，当鼠标指针变成“+”时，快速双击鼠标左键自动填充到 H9 单元格，计算所有学生的不及格数。

（4）单击 I2 单元格，输入函数“=RANK(G2,$G$2:$G$9,0)”后按回车键，得到数值 6，即排名，表示 G2 单元格数值“72”在 G2 至 G9 单元格数值的排名为第 6；然后将鼠标指向 I2 单元格右下角，当鼠标指针变成“+”时，快速双击鼠标左键自动填充到 I9 单元格，计算所有学生的排名。

（5）单击 J2 单元格，输入函数“=IF(G2>90,"优秀"," ")”后按回车键，结果为空，表示 G2 单元格数据不满足条件，不显示内容；也可以单击 J2 单元格后单击『fx』按钮弹出“插入函数”窗口，选择函数类别为“逻辑”型、“IF”函数，进入“函数参数”定义窗口，在条件区域分别输入条件为“G2>90”，条件成立显示“优秀”，条件不成立为“空”，如图 7-6 所示。

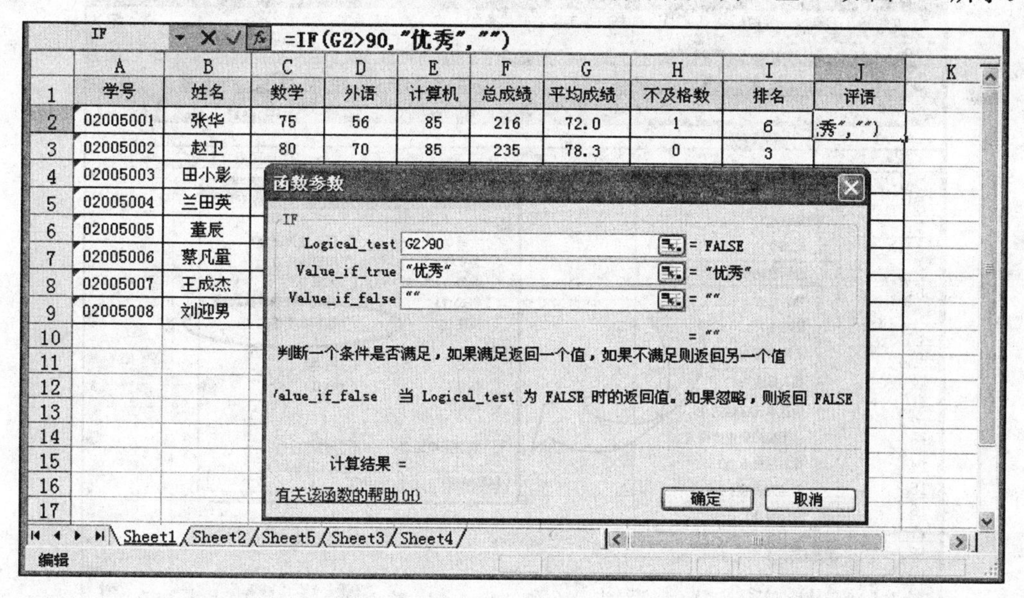

图 7-6 条件函数应用示例

（6）然后将鼠标指向 G2 单元格右下角，利用自动填充功能完成对其他学生的评语。此例只有 G4 与 G8 单元格数据满足条件，即在 G4 与 G8 单元格自动填入“优秀”评语，如图 7-7 所示。

J2 =IF(G2>90,"优秀","")

	A	B	C	D	E	F	G	H	I	J
1	学号	姓名	数学	外语	计算机	总成绩	平均成绩	不及格数	排名	评语
2	02005001	张华	75	56	85	216	72.0	1	6	
3	02005002	赵卫	80	70	85	235	78.3	0	3	
4	02005003	田小影	85	95	93	273	91.0	0	2	优秀
5	02005004	兰田英	45	75	65	185	61.7	1	8	
6	02005005	董辰	75	80	75	230	76.7	0	4	
7	02005006	蔡凡量	80	65	71	216	72.0	0	6	
8	02005007	王成杰	95	90	96	281	93.7	0	1	优秀
9	02005008	刘迎男	55	90	80	225	75.0	1	5	

图 7-7 IF 函数应用示例

（7）选中“A1:B9”单元格区域，按住“Ctrl”键后，再单击“F1”，拖曳鼠标至“J9”，选中“F1: J9”区域；单击复制『』按钮，将所选区域存入剪贴板中。

（8）单击『Sheet2』切换到新工作表 Sheet2 中；选中 A1 单元格并单击鼠标右键，在弹出的快捷菜单中选择“选择性粘贴”命令，弹出“选择性粘贴”对话框窗口，如图 7-8 所示。

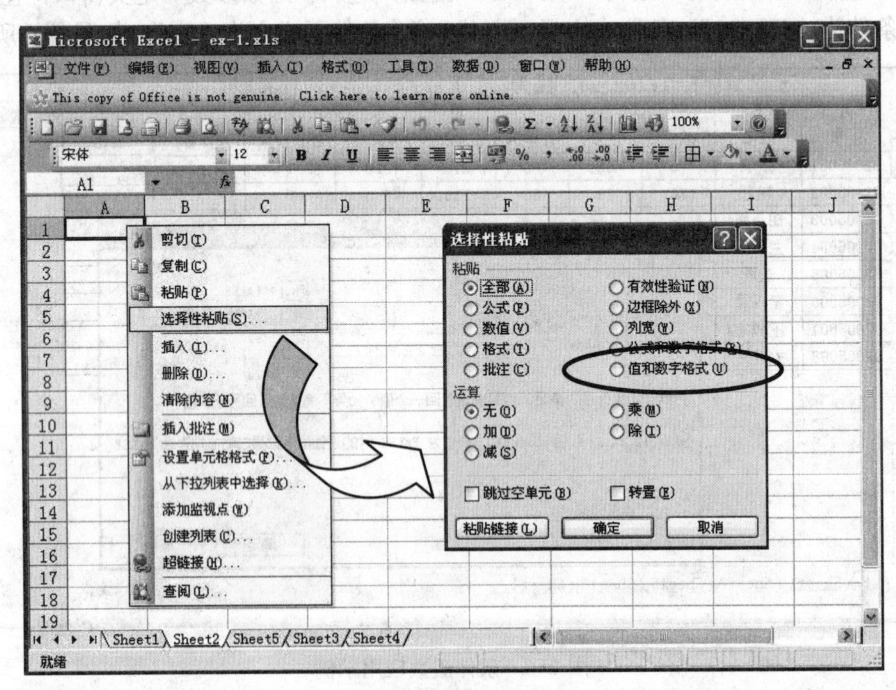

图 7-8 “选择性粘贴”窗口

注意：在“选择性粘贴”窗口的粘贴区给出了粘贴数据的各种格式，根据题意在此选择“值和数字格式”，单击『确定』按钮，此时便将所选数据粘贴到新位置；可以看到，新粘贴上的数据格式与源数据格式不一致，需要进行统一。

（9）选中 Sheet1 表中“A1:B9”、“F1:J9”，单击格式刷『』按钮，在进入 Sheet2 表中，当鼠标指针指向“A1”时，拖曳到 G9 松开鼠标按键；这时两个表具有相同的格式，新工作表只有学号、姓名、总成绩、平均成绩、不及格数、排序及评语 7 列。

（10）单击保存『』按钮，保存数据；单击『』按钮，关闭应用程序及文档文件。

7.3 Excel 数据处理

利用 Excel 提供的数据库管理功能可以实现对大量数据的编辑、排序、分类汇总和打印报表等工作。在 Excel 中，数据库是存储在工作表中的数据表格，按行和列进行组织，其中行称为记录，列称为字段。同其他数据库管理系统类似，Excel 可以定义以行、列结构组织起来的关系型数据库，支持数据库操作，通过数据库将大量数据按照其相关特性组织起来，以实现数据的组织和管理。

7.3.1 数据库应用

1. 建立数据库

Excel 数据库是行、列数据的集合，这些数据具有统一的格式和规则。建立数据库时，每列的数据类型是相同的，而且数据库内不能有空白的行或列。

打开一个新的工作簿，或在现有工作簿中打开一张新的工作表。首先为数据库的每个字段指定一个列标题名字，对列标题下面单元格中的数据进行格式化，包括指定数值格式（如货币格式、日期格式）、对齐方式或其他格式选项等。

注意：在 Excel 中，每个数据库必须存储在工作表中，而在一个工作表中可以包含多个数据库。在“ex-1.xls”文件中，表 Sheet1 中有一个数据库含有 10 个字段、8 条记录，第一行的学号、姓名、数学、外语、计算机、总成绩、平均成绩等均称为字段名。

2. 输入数据

建立了数据库字段格式后，就可以直接在列标题下面添加记录，一个记录一个记录的输入直到所有记录输入完成。也可利用“数据/记录单”命令，来添加、删除、修改和查询记录。操作方法与单元格数据的编辑相同，要先选中数据对象或单元格，然后再施加命令。

例 7-6 利用记录单添加新记录到“d:\text\ex-1.xls”中。

操作步骤：

（1）首先打开“d:\text\ex-1.xls”，将插入点定位在 Sheet1 表格区域的任意单元格上；

（2）选择“数据/记录单”命令弹出记录单“Sheet1”对话框窗口，显示表格区域的第一个记录数据，单击右侧『新建』按钮，刷新记录单数据为空，按字段要求输入新记录数据，如图7-9所示；

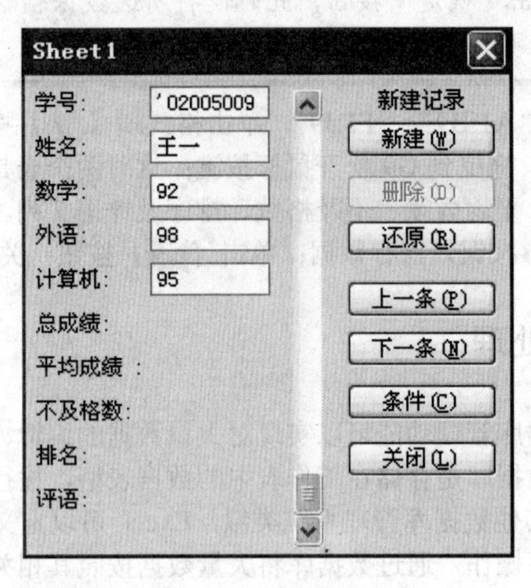

图 7-9 添加新记录

请注意在“学号”文本框输入的数据格式“'02005009”，使其产生文本数值“02005009”。

（3）如果还需要继续添加新记录，只要单击『新建』按钮就可继续进行，直到所有数据添加完成；

（4）单击『关闭』按钮，添加新记录完成，即将所输入的新记录插入在表格末尾处，同时自动进行相应单元格的计算，如图 7-10 所示；

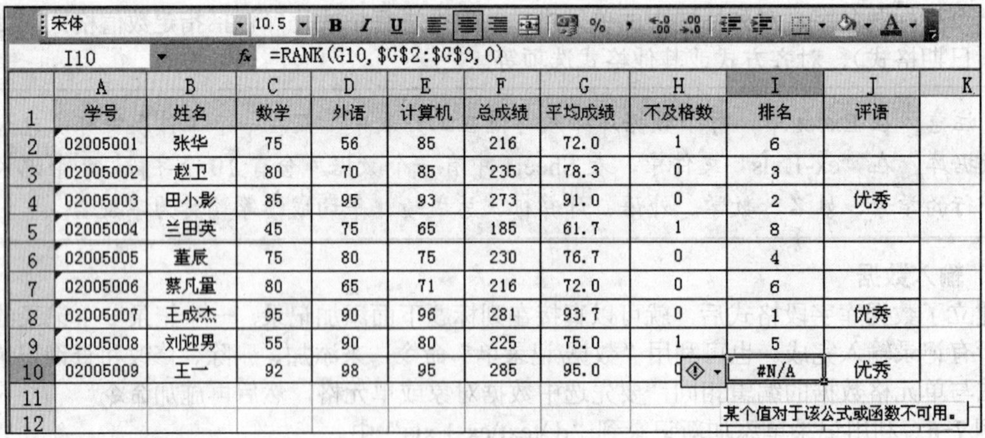

宋体 10.5 B I U %

I10 fx =RANK(G10,$G$2:$G$9,0)

	A	B	C	D	E	F	G	H	I	J	K
1	学号	姓名	数学	外语	计算机	总成绩	平均成绩	不及格数	排名	评语	
2	02005001	张华	75	56	85	216	72.0	1	6		
3	02005002	赵卫	80	70	85	235	78.3	0	3		
4	02005003	田小影	85	95	93	273	91.0	0	2	优秀	
5	02005004	兰田英	45	75	65	185	61.7	1	8		
6	02005005	董辰	75	80	75	230	76.7	0	4		
7	02005006	蔡凡量	80	65	71	216	72.0	0	6		
8	02005007	王成杰	95	90	96	281	93.7	0	1	优秀	
9	02005008	刘迎男	55	90	80	225	75.0	1	5		
10	02005009	王一	92	98	95	285	95.0	0	#N/A	优秀	
11											
12											

某个值对于该公式或函数不可用。

图 7-10 添加记录结果示意

此时，可以看到 I10 单元格数据发生错误，点击单元格左侧的信息提示，显示“某个值对于该公式或函数不可用”；其出错原因是因为增加了一个新记录，该记录并不在“RANK”函数的数据区中，所以应将数据区由原来的“$G$2:$G$9”变为“$G$2:$G$10”。

（5）选中 I2 单元格，重新输入公式为“=RANK(G2,$G$2:$G$10,0)”并按回车键，此时表中数据发生了变化，再利用自动填充功能计算“I3:I10”单元格数据；

（6）单击保存『』按钮，保存数据；单击『』按钮，关闭应用程序及文档文件。

通过记录单右侧的按钮，可以对已有记录进行编辑。尤其是当表中记录较多时，还可以通过条件查询的方法，直接定位到所要记录。方法是单击『条件』按钮后，弹出一空记录单，用户可以按任意字段进行条件筛选。如在总成绩文本框输入“>240”，表示查找总成绩高于 240 的学生记录；然后单击『下一条』按钮，直接定位在第一个满足条件的记录上，再单击『下一条』按钮，又定位在第二个满足条件的记录上，直到没有满足条件的记录为止。

> 注意：如果不是从第一条记录开始查找的，还需要单击『上一条』按钮，查找当前记录之前的记录是否满足条件。

7.3.2 数据排序

1. 基本概念

排序是指对已有的数据按某个字段名作为分类关键字，重新组织记录的排列顺序。Excel 允许对整个工作表或对表中指定单元格区域的记录按行或列进行升序、降序或多关键字排序。按列排序是指以某个字段名或某些字段名为关键字重新组织记录的排列顺序，这是系统默认的排序方式。按行排序是指以某行字符的 ASCII 码值的顺序进行排列的，即改变字段的左右顺序。实现排序主要经过确定排序的数据区域、指定排序的方式和指定排序关键字 3 个步骤。这些操作都是通过“排序”命令完成的。

2. 应用示例

例 7-7 对“d:\text\ex-1.xls”文件的 Sheet1 表数据按学生“总成绩”以“升序”方式排列数据，当总成绩相同时，再以“学号”为第二关键字以“降序”方式排列。

操作步骤：

（1）选定要排序的数据区域，若是对所有的数据进行排序，则不用全部选中排序数据区，只要将插入点设置在所要排序的数据区域中，再选择“数据/排序”命令后，系统自动选择该数据库中的所有记录。

（2）选择“数据/排序”命令，弹出“排序”对话框，如图 7-11 所示。

Excel 允许最多指定 3 个关键字作为组合关键字，分别是主要关键字、次要关键字和第三关键字。当主要关键字相同时，次要关键字才起作用；当主要关键字和次要关键字都相同时，第三关键字才起作用。单击『选项』按钮进入“排序选项”窗口，用来确定排序方式，即按列排序还是按行排序，系统默认为按列排序。

（3）指定排序关键字。打开相应关键字下拉菜单，从菜单中选择作为关键字的字段名，这些字段名是系统根据选择的排序数据范围自动提取产生的。本例选择“总成绩”字段名作为主要关键字，并以升序方式排列数据；选择“学号”作为次要关键字，以降序方式排列。

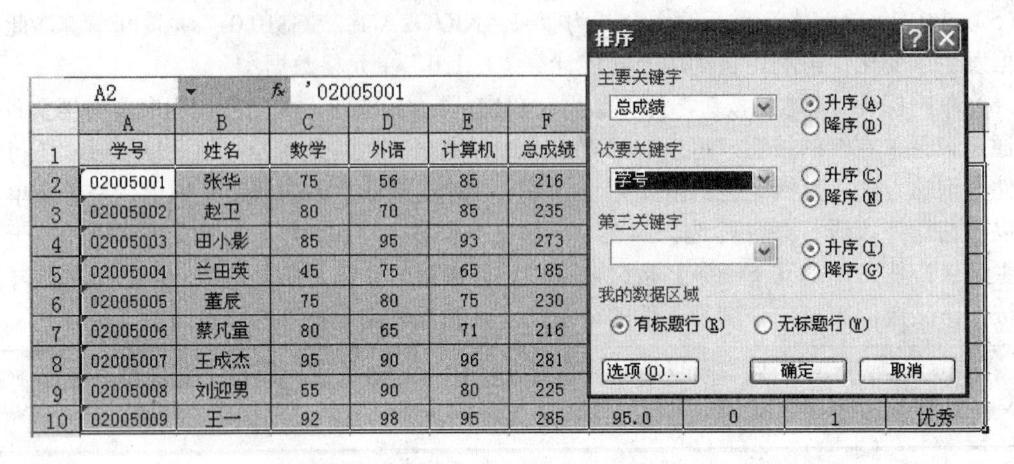

图 7-11 “排序”对话框

（4）确定排序数据带有标题行，也就是按字段名进行排序。

（5）单击『确定』按钮排序数列产生，数据已经按照排序关键字的要求重新进行排列了，即用新的排列数据替代了原有数据。

> 注意：由于在此例中选择了两个不同类型的字段作为排序关键字，这时系统会给出“排序警告”提示用户以何种方式处理。其中“以文本形式存储的数字排序”是指按文本字符的 ASCII 码值进行排列。

利用 Excel 窗口工具栏中的『AZ↓』和『ZA↓』按钮可以快速对工作表中的数据进行排序，此时默认按照第一个字段以“升序”或“降序”进行排列。

7.3.3 数据筛选

筛选是指从数据表中将不符合某些条件的记录暂时隐藏起来，在数据库工作表中只显示符合条件的记录，供用户使用和查询。Excel 提供了“自动筛选”和“高级筛选”两种工作方式。“自动筛选”是按简单条件进行查询；“高级筛选”是按多种条件组合进行查询。

1. 自动筛选

“自动筛选”一般又分为单一条件筛选和自定义筛选两种方式。单一条件筛选是指筛选的条件只有一个，即按某个字段名的唯一值；自定义筛选是指筛选的条件有两个或在某个条件范围内，即按某个字段名的多值条件筛选。

例 7-8 仍以“ex-1.xls”为例，筛选出学生“外语”成绩在 80～90 分之间的数据。

操作步骤：

（1）确定要筛选的数据库字段名区域，即选中所有字段名“学号、姓名、… …”。

（2）选择“数据/筛选/自动筛选”命令，此时每个列标题（字段名）旁都出现了一个▼按钮，表示激活“自动筛选”功能。

（3）单击“外语”字段名的列标题旁的▼按钮出现一个筛选条件列表框，根据此题选择“自定义”筛选方式，弹出“自定义自动筛选方式”对话框，填入筛选条件外语在80～90分之间的记录，如图7-12所示。

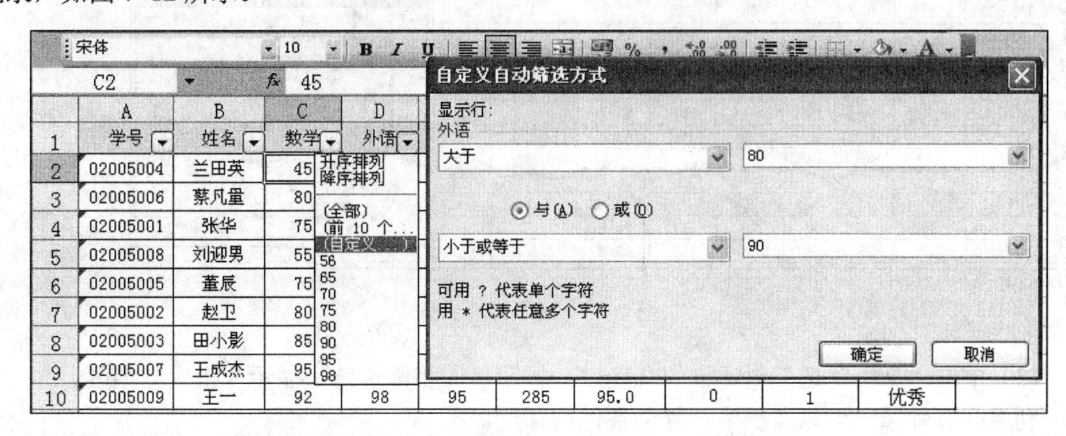

图 7-12 “自定义自动筛选方式”对话框

（4）单击『确定』按钮，显示满足条件的记录，共2个；不满足条件的记录被隐藏起来；可以通过复制与粘贴的方法将其保存在其他位置或工作表中，以备使用；单击筛选条件列表框中“全部”可以恢复原有的所有数据记录。

可通过多个筛选条件箭头选择多个筛选条件。如果数据库中记录很多，这个功能非常有用。筛选完成后，若再次选择“自动筛选”命令，将取消自动筛选状态。

2. 高级筛选

如果要在一张工作表中筛选出满足多个字段条件的记录，就需要用高级筛选方法，即按多种条件的组合进行查询的方式称为高级筛选，一般分为3步进行：一是指定筛选的条件区域；二是指定筛选的列表数据区；三是指定存放筛选结果的数据区。

例 7-9 仍然是以“ex-1.xls”为例，利用高级筛选，筛选出“外语>=80”与“计算机<90”的所有记录。

操作步骤：

（1）首先建立条件区域，定义“外语>=80”和“计算机<90”，由于两个条件是与的关系，所以写在同一行，即对应的逻辑运算公式为“AND（外语>=80，计算机<90）”；若条件不在同一行出现，则表示逻辑“或”的关系，如果本例表示计算机的条件“<90”不在M2而是在M3的单元格中，则对应的逻辑运算公式为“OR（外语>=80，计算机<90）”。

（2）选择“数据/筛选/高级筛选”弹出“高级筛选”对话框，在列表区域输入或确定列表区域地址“$A$1:$J$10”，在条件区域输入或确定条件区域地址“$L$1:$M$2”、在方式区选择筛选结果存放位置，此例选择将筛选结果复制到其他位置“$A$13:$J$13”，如图 7-13 所示；

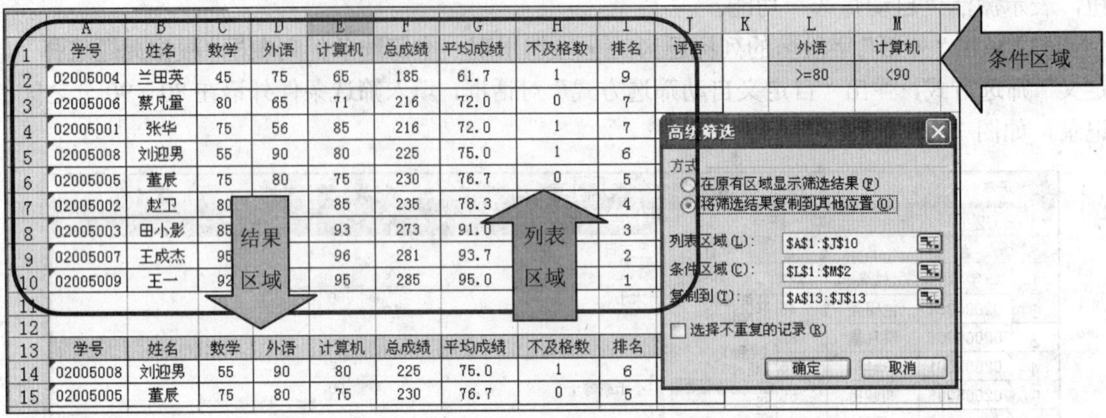

	A	B	C	D	E	F	G	H	I	J	K	L	M
1	学号	姓名	数学	外语	计算机	总成绩	平均成绩	不及格数	排名	评语		外语	计算机
2	02005004	兰田英	45	75	65	185	61.7	1	9			>=80	<90
3	02005006	蔡凡量	80	65	71	216	72.0	0	7				
4	02005001	张华	75	56	85	216	72.0	1	7				
5	02005008	刘迎男	55	90	80	225	75.0	1	6				
6	02005005	董宸	75	80	75	230	76.7	0	5				
7	02005002	赵卫	80		85	235	78.3		4				
8	02005003	田小影	85		93	273	91.0		3				
9	02005007	王成杰	95		96	281	93.7		2				
10	02005009	王一	92		95	285	95.0		1				
11													
12													
13	学号	姓名	数学	外语	计算机	总成绩	平均成绩	不及格数	排名				
14	02005008	刘迎男	55	90	80	225	75.0	1	6				
15	02005005	董宸	75	80	75	230	76.7	0	5				

图 7-13　高级筛选示意

（3）单击“高级筛选”对话框的『确定』按钮，即将筛选结果显示在指定数据区。

利用高级筛选，可以实现多种复杂条件的筛选。

7.3.4　数据的分类汇总

Excel 提供分类汇总功能，实现对指定字段的数据进行自动运算的操作。执行分类汇总前，要求先对数据执行排序操作，排序后将各个相同字段组合归类在一起，当执行分类汇总时，就可以对各个组合执行运算。

1. 分类汇总应用

例 7-10　统计学生档案表中男生和女生各有多少人。

操作步骤：

（1）打开学生档案工作表文件“ex-2.xls”；

（2）选中数据区，选择“数据/排序”命令，弹出“排序”对话框，主要关键字选择“性别”、升序，相同性别的再选择次要关键字按“学号”进行升序排列；

（3）选择“数据/分类汇总”命令，弹出“分类汇总”对话框，如图 7-14 所示；

（4）在“分类字段”文本框选择字段名，如性别（此操作的作用是指定分类汇总要以哪个字段来划分组合，要求分类汇总的字段必须是数值，否则，分类汇总的结果为 0）；在“汇总方式”文本框选择数据汇总的方式，如计数（此操作的作用是指定分类汇总要用哪种函数计算上一步中各个组合的内容）；在“选定汇总项”列表区选择要进行计数的字段，如性别（此操作的作用是指定分类汇总计算步骤 1 中各个组合里要做分类汇总的字段）；其他复选框的确认，一般采用系统默认值；

（5）单击『确定』按钮，汇总完成，得到汇总结果为男生 65 人、女生 20 人，总计 85 人。

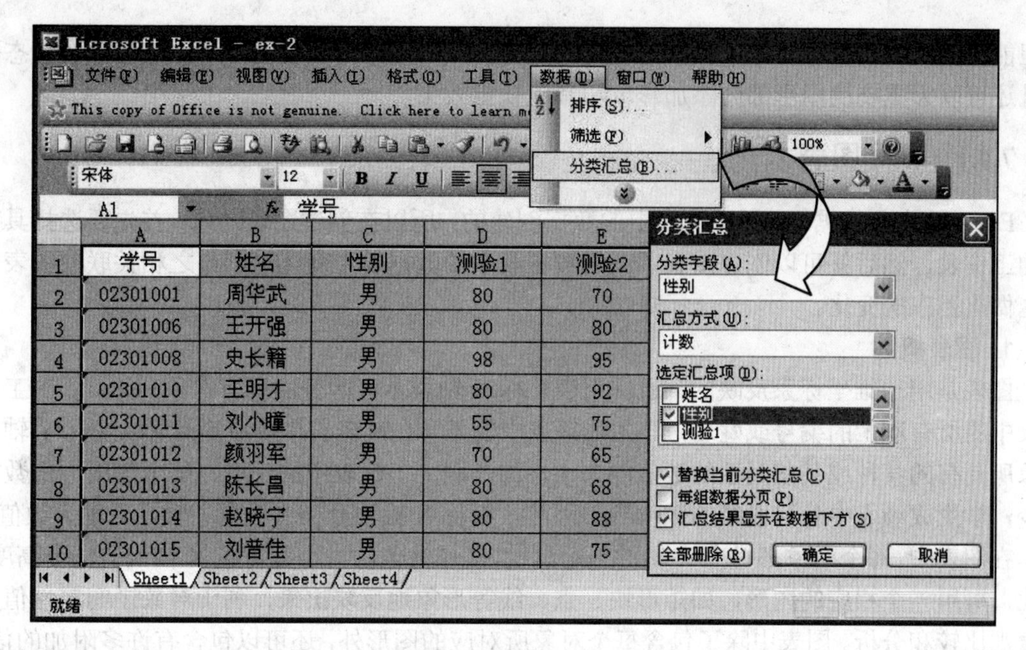

	A	B	C	D	E
1	学号	姓名	性别	测验1	测验2
2	02301001	周华武	男	80	70
3	02301006	王开强	男	80	80
4	02301008	史长霜	男	98	95
5	02301010	王明才	男	80	92
6	02301011	刘小瞳	男	55	75
7	02301012	颜羽军	男	70	65
8	02301013	陈长昌	男	80	68
9	02301014	赵晓宁	男	80	88
10	02301015	刘普佳	男	80	75

图 7-14　分类汇总示意

分类汇总结果分为 3 个层次，最里层是记录层，中间是单项小计层，最外层是总计层。单击每条小计左边的减号按钮时，则『-』变成『+』号，使得最里层的记录隐藏起来，记录层全部隐藏时，再次单击“加号”按钮时，又会展现隐藏的记录，如图 7-15 所示。

1 2 3		A	B	C	D	E	F	G	H	I
	1	学号	姓名	性别	测验1	测验2	测验3	总成绩	平均成绩	
+	67		**男 计数**	65						
+	88		**女 计数**	20						
-	89		**总计数**	85						

图 7-15　分类汇总结果示意

2. 退出分类汇总

当对分类汇总操作结束后，若要删除汇总信息，可以在分类汇总表中的任何一个单元格或区域内，再次打开“分类汇总”窗口，单击窗口底部的『全部删除』按钮，此时数据表又恢复为汇总前的状态。

7.4　图表应用

图表是数据的图形化表示，使得原本枯燥无味的数据变得层次分明、条理清楚，是企事业最常使用的数据报表方式之一。利用图表可以更加直观地表现数字，更容易被人们所接受。它不但能够帮助人们很容易地辨认数据变化的趋势，如，人口增长状况、学生成绩分布状态等，而且还可以为重要的图形部分添加彩色和其他视觉效果。

7.4.1　创建图表

Excel 图表是依据 Excel 工作表中的数据创建的，所以在创建图表之前，首先要选择具有数据的工作表，然后就可以创建图表了。当数据表中的数据发生变化时，与之相关联的图表也会随之做出相应的变化。

1. 图表概述

图表是用二维坐标系反映的，通常用横坐标 X 轴表示可区分的所有对象，如，职工工资工作表中的所有职工的编号或姓名，学生成绩表中的学号、姓名、总成绩等；用纵坐标 Y 轴表示对象所具有的某种或某些属性的数值的大小，如，职工工资表中的工资、奖金等属性值数据的多少，学生成绩表中各科成绩的数值等。因此，常称 X 轴为分类（类别）轴，Y 轴为数值轴。

在图表中，每个对象都对应 X 轴的一个刻度，其属性值的大小都对应 Y 轴上的一个高度值。因此，可用一个相应的图形，如矩形块、点、线等形象地反映出来，利于对象之间属性值大小的直观比较和分析。图表中除了包含每个对象所对应的图形外，还可以包含有许多附加的信息，如图表名称、坐标轴名称、坐标系中的刻度线、对象的属性值等。

2. 图表类型

在 Excel 中提供两类图表，一种称为标准类型，共有 14 种；另一种称为自定义类型，有 20 种。通过“图表向导的图表类型”对话框可以看到所有的图表类型，这些类型都可以供用户选择使用。

3. 创建图表

在 Excel 中创建图表主要是两个过程，一是建立图表的源数据，即数据表；二是利用图表向导进行创建操作，只要根据图表向导所示的步骤，一步一步地就可以很轻松地完成想要的图表。

例 7-11　利用图表向导创建学生成绩数据图表。

操作步骤：

（1）打开“d:\text\ex-1.xls”文件，复制“Sheet1”表中数据到“Sheet4”。

（2）选择“插入/图表”命令，或单击『』按钮，弹出“图表向导-4 步骤之 1-图表类型”对话框。

该对话框有两个选项卡，一个是系统提供的标准类型的图表，每一种类型又提供多种子图表类型；另一个是“自定义类型”的图表；系统缺省模式为“标准类型”的图表。此例选择“标准类型中的折线图”，如图 7-16 所示。

（3）单击『下一步』按钮，弹出“图表向导-4 步骤之 2-图表源数据”对话框，确定图表源数据。通常 Excel 会根据用户当前选定的数据单元格在数据区域给出一个数据区域范围，如果不正确可以更改；也可以直接在数据区域文本框输入单元格区域地址，如$b1:$e$9；此例是通过单击数据区域右侧的『』按钮，进入数据区域通过拖曳鼠标选定“Sheet4！B1:E10”区域，如图 7-17 所示。

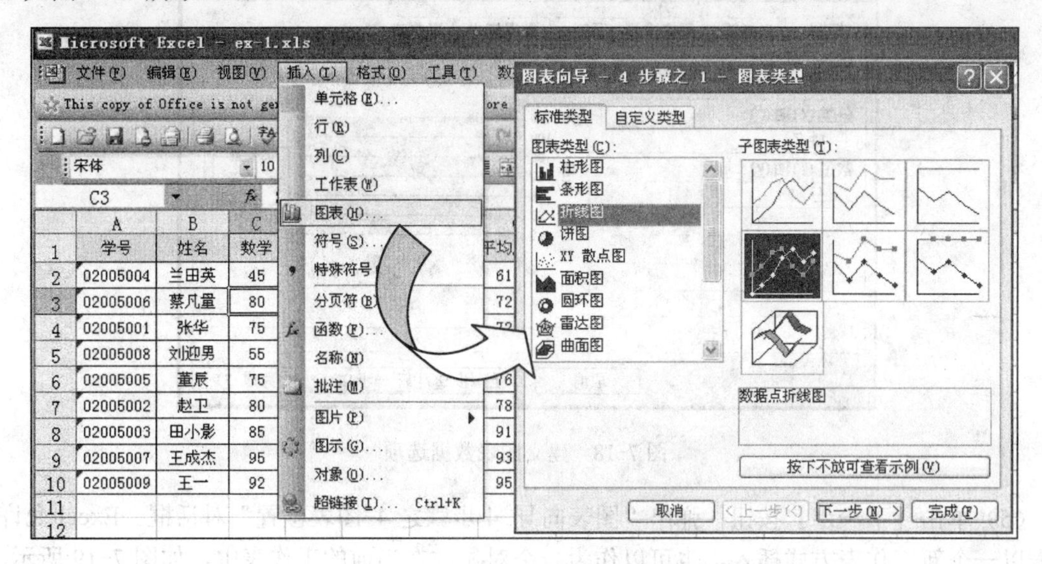

图 7-16　进入图表向导对话框

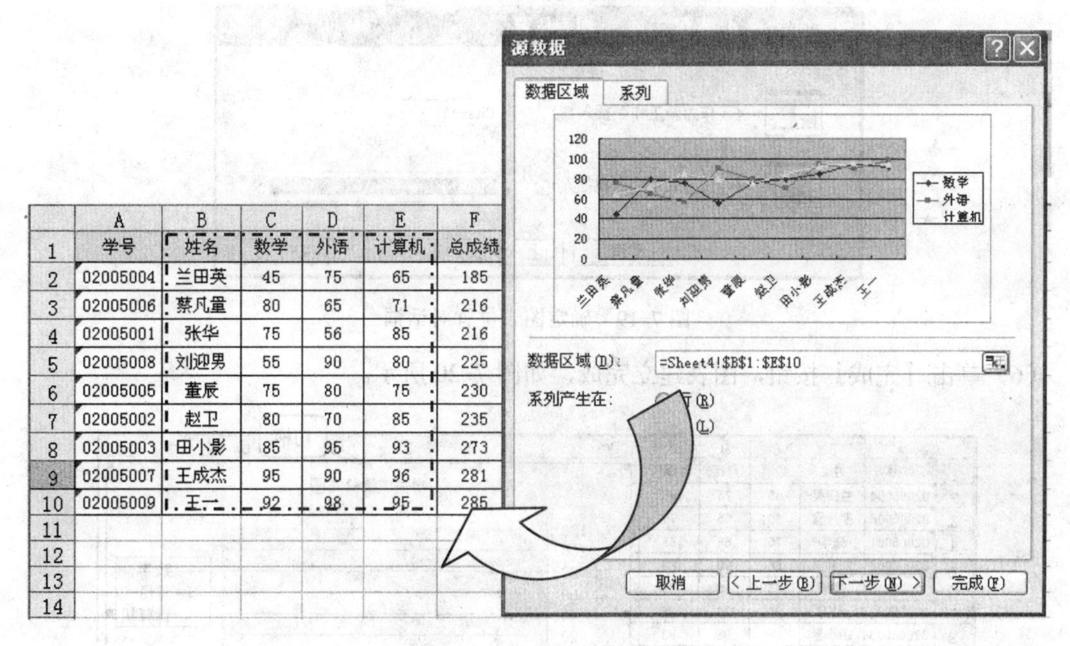

	A	B	C	D	E	F
1	学号	姓名	数学	外语	计算机	总成绩
2	02005004	兰田英	45	75	65	185
3	02005006	蔡凡量	80	65	71	216
4	02005001	张华	75	56	85	216
5	02005008	刘迎男	55	90	80	225
6	02005005	董辰	75	80	75	230
7	02005002	赵卫	80	70	85	235
8	02005003	田小影	85	95	93	273
9	02005007	王成杰	95	90	96	281
10	02005009	王一	92	98	95	285
11						
12						
13						
14						

图 7-17　选择图表源数据

（4）确定源数据之后，单击『下一步』按钮，弹出“图表向导-4 步骤之 3-图表选项”对话框，用来确定图表相关信息，如图表的标题、分类轴、数据标志等参数。此例，输入图表标题为“学生成绩分布图”，分类轴为“姓名”，数值轴为“分数”，如图 7-18 所示。

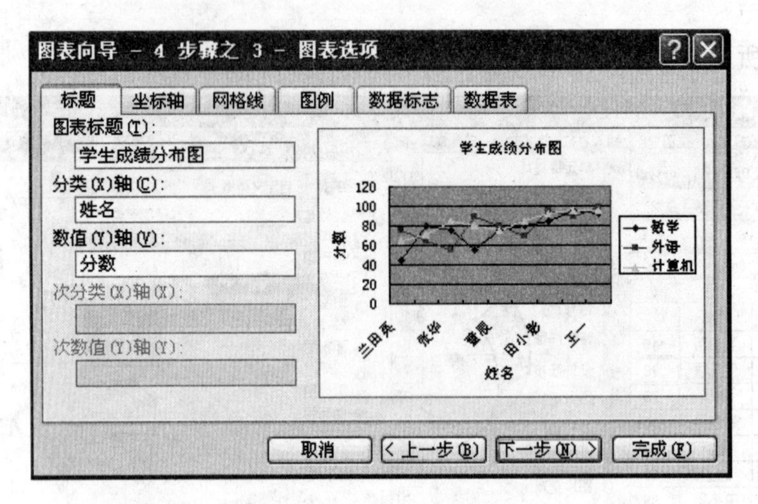

图 7-18　建立图表数据选项

（5）单击『下一步』按钮，弹出“图表向导-4 步骤之 4-图表位置”对话框。Excel 允许将图表以一个新工作表方式插入，也可以作为一个对象放在当前的工作表中，如图 7-19 所示。

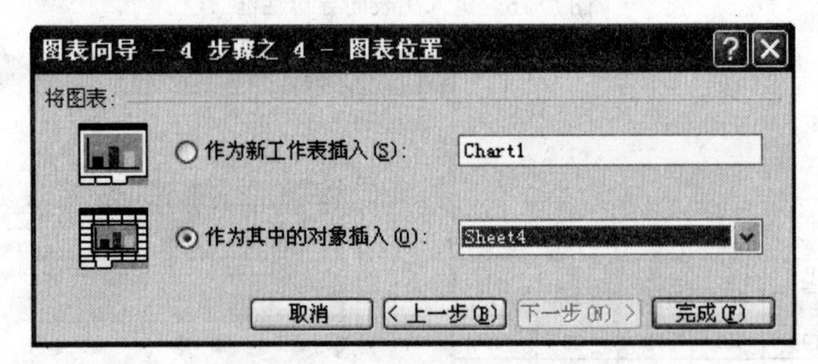

图 7-19　确定图表位置对话框

（6）单击『完成』按钮，图表建立完成，如图 7-20 所示。

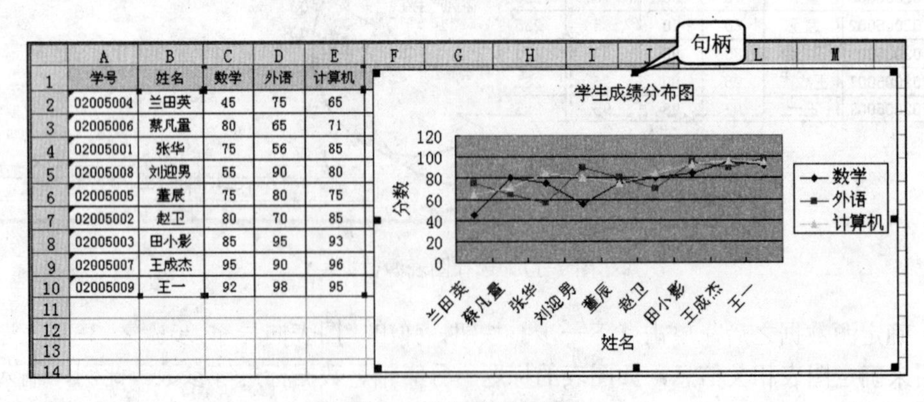

学号	姓名	数学	外语	计算机
02005004	兰田英	45	75	65
02005006	蔡凡量	80	65	71
02005001	张华	75	56	85
02005008	刘迎男	55	90	80
02005005	董展	75	80	75
02005002	赵卫	80	70	85
02005003	田小影	85	95	93
02005007	王成杰	95	90	96
02005009	王一	92	98	95

图 7-20　学生成绩图表

注意：拖曳图表四周的句柄可以放大或缩小图表，以更好地观察数据分布状况。

7.4.2 编辑图表

Excel 允许在建立图表之后对整个图表进行编辑，“图表”菜单中的命令就是专门为编辑图表而设计的，初始 Excel 窗口没有“图表”菜单，该菜单是随着图表的建立自动产生的。当选中图表后，会自动激活“图表”菜单。

1. 图表格式化

利用“图表”工具栏可以快速实现图表格式化，例如，对图表中的不同部件进行编辑，更改图表图形等。“图表”工具栏上的大多数按钮都与“图表”菜单中某个命令相对应。既可编辑图表标题的内容，也可修改其字体、对齐方式和背景图案。如果选择了数据标志选项卡，还可以改变其数值格式。随着图表的选中，会自动激活“图表”菜单和“图表”工具栏，根据需要进行操作即可。

例 7-12 修改学生成绩数据图表，由原来的折线图更改为柱形图，且按行显示，即查看每科成绩分布的情况。

操作步骤：

（1）选择“图表/图表类型”命令弹出“图表类型”对话框；

（2）在图表类型区选择图表为“柱形图”，单击『确定』按钮，即将折线图改为柱形图；由柱形图表可以更清楚地看到每个学生课程学习状况。当然，也可以通过图表工具栏的图表类型按钮进行选择，如图 7-21 所示。

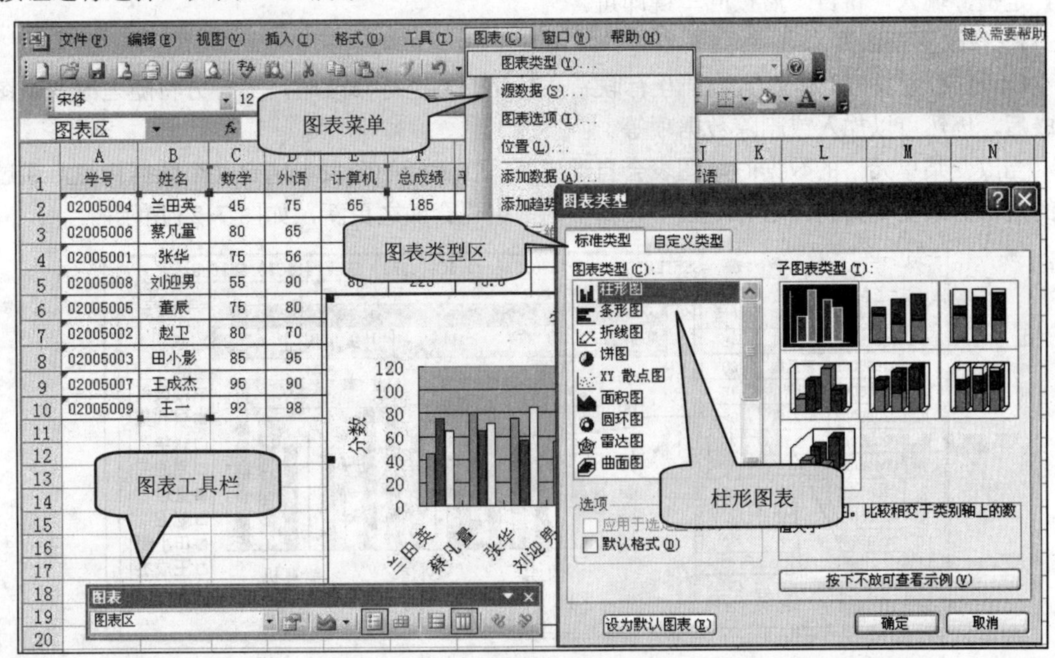

图 7-21 图表类型窗口

（3）选择“图表/源数据”命令弹出“源数据”对话框，将原来的按列系列产生数据变成按行显示。当然，也可以直接单击图表工具栏上的『 』按钮实现，如图 7-22 所示。

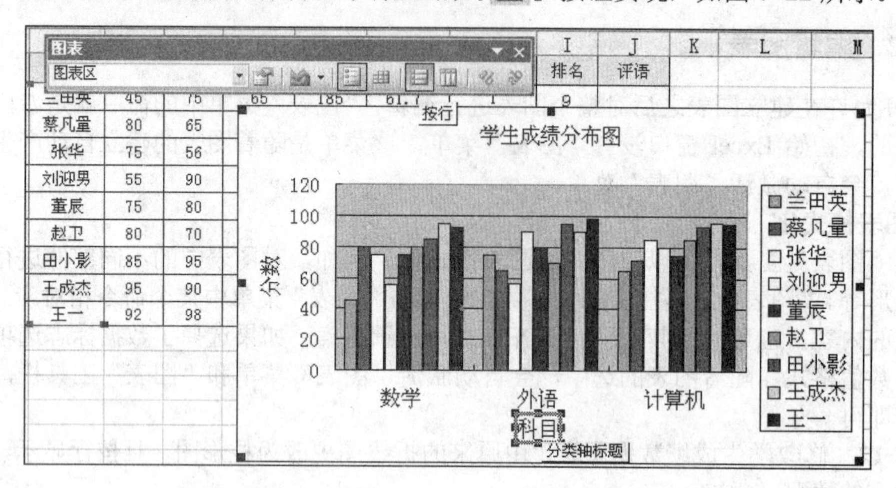

图 7-22 更改源数据产生系列及分类轴标题

这时，就可以很清楚地看到学生学习成绩的分布状况，以利于教学。注意：随着源数据坐标轴的变化，相应分类轴标题也应变化。此列应将原来的“姓名”坐标名改为“科目”。方法是利用图表工具栏的图表区，选择“分类轴标题”自动定位在“学生名单”上，或直接单击『姓名』定位，输入“科目”后按回车键即可。

2. 修改图表数据

Excel 的图表与工作表的数据互有联系，对任一方进行修改时，另一方将随之改变。图表完成后，仍然可以加入或删除数据项等。

当改变某单元格的数据时，图表会自动更新。在激活的图表中选定某个数据标记，通过顶端的尺寸柄改变其高度，这时对应单元格中的数据也会随之更新，如图 7-23 所示。

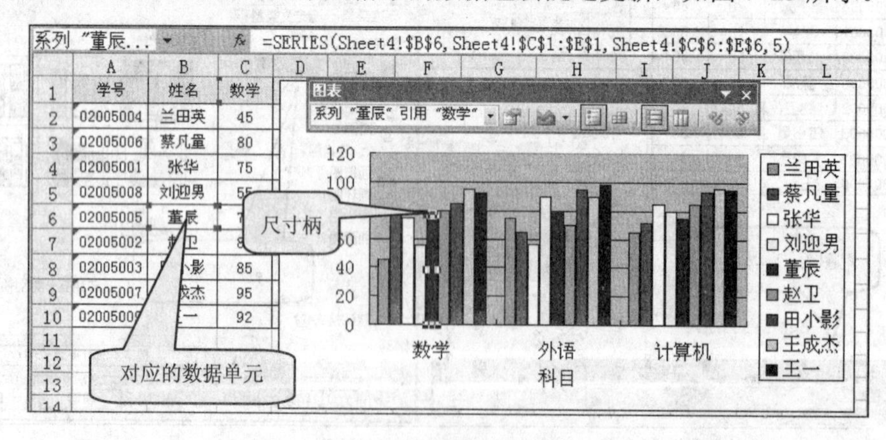

图 7-23 更新绘图数据

> 注意：删除某单元格（或区域）中的数据，Excel 会自动从图表中删除数据点的标记。但是直接在图表中通过选定要删除的图表项，再按“Del”键来删除某个数据点（或系列），这时工作表中的单元格数据不受影响。

3. 创建特殊效果

Excel 允许在图表中添加特殊效果，以增强图表的表现力。

例 7-13　为学生成绩数据图表创建特殊效果。

操作步骤：

（1）为图表添加背景色。选中图表，选择“格式/图表区”弹出“图表区格式”对话框，单击『填充效果』按钮，弹出“填充效果”对话框，选择第一个“纹理”效果后，单击『确定』按钮，退出“填充效果”对话框，再单击『确定』按钮，退出“图表区格式”对话框，此时图表应用所设置的效果，如图 7-24 所示。

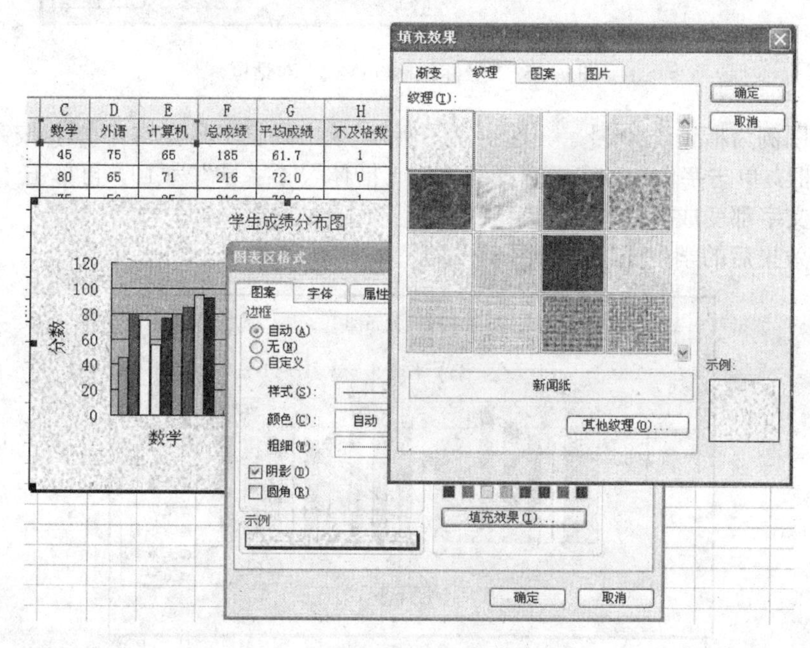

图 7-24　为图表添加背景图案

（2）更改数值轴标题“分数”为逆时针斜排。选中数值轴标题“分数”，单击图表工具栏最右边的『』按钮即可。

（3）为数值轴标题“分数”添加背景色及阴影。选中数值轴标题“分数”，单击图表工具栏的『』按钮，弹出“坐标轴标题格式”对话框，选择“黄色”及“阴影”复选框，单击『确定』按钮，数值轴标题“分数”添加背景色为黄色及阴影，如图 7-25 所示；再用同样的方法为“科目”添加背景色“黄色”及阴影。

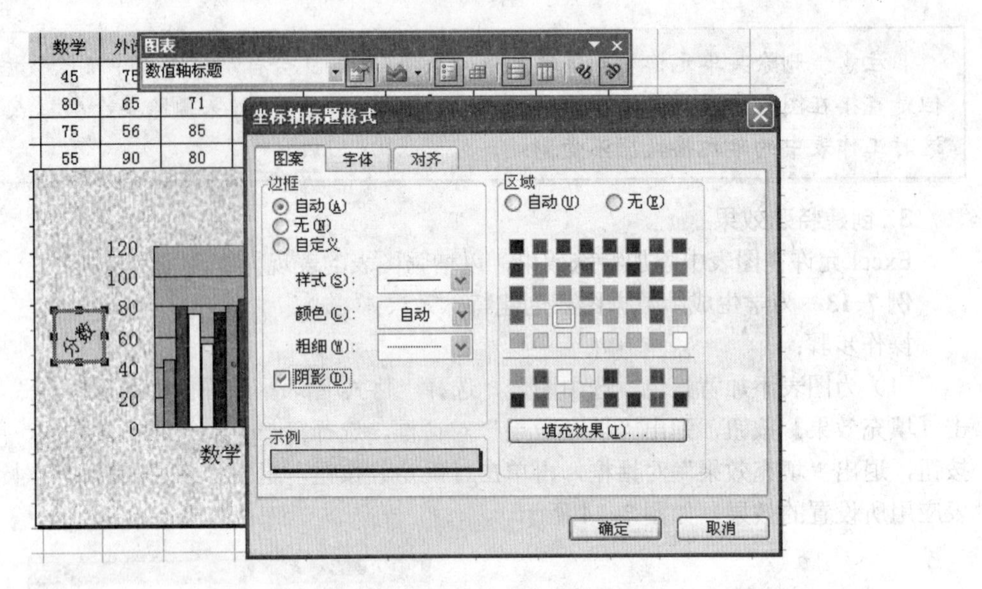

图 7-25 “坐标轴标题格式”对话框

（4）更改图例为楷体、10 号字。选中“图例”，单击图表工具栏的『』按钮，弹出“图例格式”对话框，单击字体选项卡，选择字体为“楷体”、“字号”为 10，再单击『确定』按钮，图例中的所有文字都变成楷体、10 号字了。

设置特殊效果后的学生成绩数据图表样式，如图 7-26 所示。

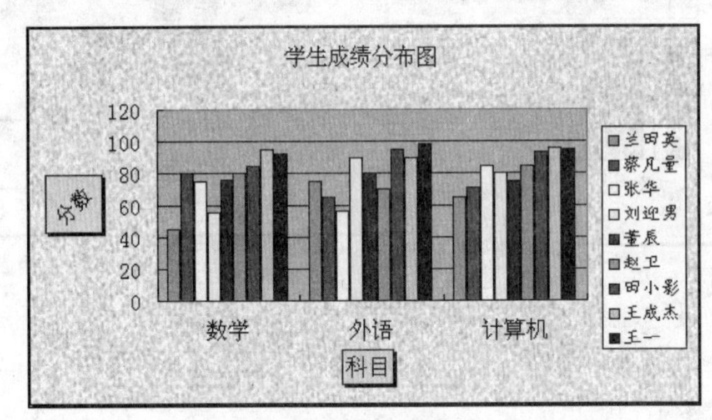

图 7-26 为图表添加特殊效果

对于已经制作好的图表，还可以添加数据或趋势线，以增强数据流的状态。这些是通过图表菜单中的“添加数据”和“添加趋势线”命令实现的，用户可以自行练习。

7.5 打印工作表

当完成对 Excel 工作表的输入、编辑、格式化等操作后，就可以打印工作表文档了。Excel

提供了各种选项来设置打印工作表的属性，如，页面设置、页边距设置、页眉/页脚设置等，也可以对工作表进行整体设置。

7.5.1 页面设计

打印 Excel 文档与 Word 文档的操作基本是相同的，但设置的方式有一定差异，主要取决于页面设计。由于 Excel 是以多个工作表组成一个工作簿文件，工作簿就类似于一本书。而每一个工作表又是由 65 535 行*256 列组成的，用户可以想象出这张表有多大，所以把每个工作表又看成是一本书。打印 Excel 文档实际上是打印一个个工作表，所以对 Excel 文档的打印设置就是指对工作表的页面设置，需要分别设置每个工作表的打印属性，然后再分别打印每个工作表。

选择“文件/页面设置”命令，弹出“页面设置”对话框，对话框具有 4 个选项卡，分别用于对打印页面进行设置，缺省设置为“页面”选项卡状态，如图 7-27 所示。

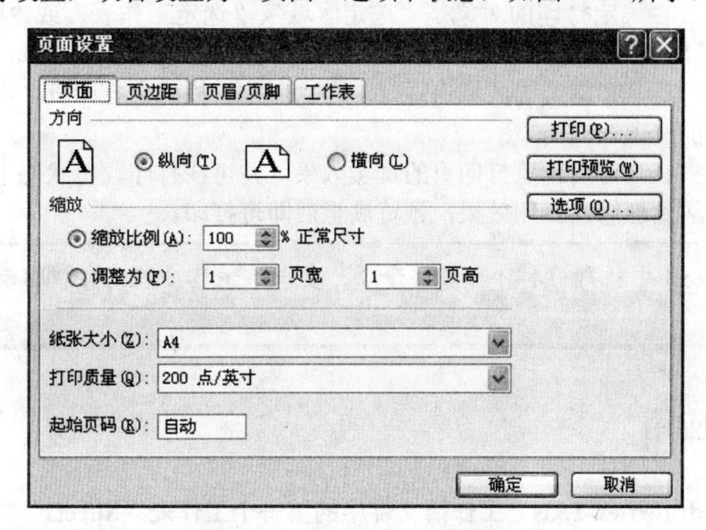

图 7-27 “页面设置”对话框

其中，“页面”选项卡用于设置打印的纸张型号，如，A4、B5 等；打印文档的方向，即纵向打印数据，还是横向打印数据；一旦纸张大小确定好，工作表就按照该纸张进行分页。“页边距”选项卡用于设置纸张的“上、下、左、右”边距、页面居中对齐方式。“页眉/页脚”选项卡用于设置工作表的页眉或页脚，如，工作表名称、页码、时间或日期等。“工作表”选项卡用于设置分页打印的信息，如每页的行标题或列标题（这项功能对于打印区域超过一页的非常重要），设置工作表的网格线和打印的数据区域等。

7.5.2 打印与打印预览

选择“文件/打印”命令，弹出“打印内容”对话框，如图 7-28 所示。

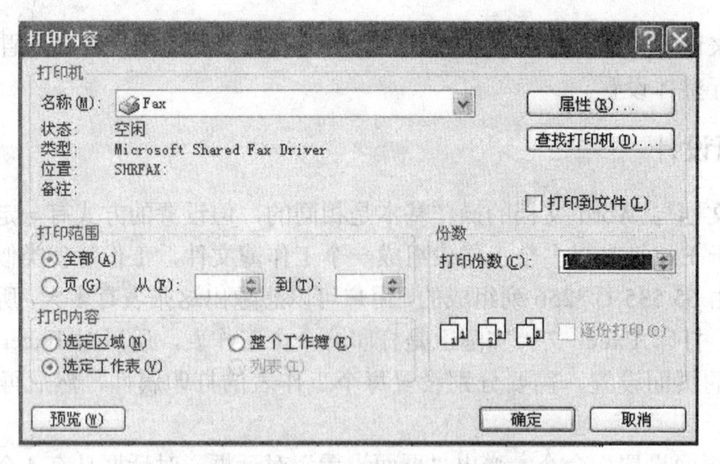

图 7-28 “打印内容”对话框

在“打印内容”栏确定打印的对象是“选定区域”、“选定工作表”或“整个工作簿”（建议不选此项），系统默认为“选定工作表”。在“打印范围”栏确定所选区域，是打印所选工作表的“全部”内容，还是在指定的区域内进行。在“名称”栏确定打印机，当然还可以设置打印的份数等其他功能选项。

单击『预览』按钮，可以预览打印页的真实效果，并可在打印预览状态下调整页边距、进行页面设置等，以达到理想的打印效果，预览满意后即可打印。

> 注意：在 Excel 中执行“打印预览”命令，要求系统已安装打印机驱动程序，否则，不能执行该命令。

7.6 综合应用

题目 打印“d:\text\ex-1.xls”工作簿文件中的第一个工作表“Sheet1”。

要求：

（1）为打印工作表设置纸张大小为 A4、纵向打印；

（2）设置页眉为“学生成绩表”、居中对齐，并在页眉右侧添加制作日期；

（3）设置页脚为“页码”、居中对齐，且页码格式为显示当前是第几页共有多少页；

（4）设置每页打印标题行。

操作示意：

（1）打开“d:\text\ex-1.xls”文件，单击“Sheet1”置要打印的工作表为当前活动工作表。

（2）选择“文件/页面设置”命令弹出“页面设置”对话框，选择“纸张大小”为 A4、纵向打印。

（3）单击“页面设置”窗口上的“页眉/页脚”选项卡，进入页眉/页脚设置对话框；单击『自定义页眉』按钮，弹出“页眉”设置对话框；单击右侧空白处，再单击日期『』按钮，添加日期在页眉的右侧；单击中部并输入“学生成绩表”；选中“学生成绩表”，单击『**A**』按钮，弹出“字体”设置对话框，设置为“楷体”、“加粗”、“16”号；单击『确定』按钮返回到页眉设置对话框；再单击『确定』按钮返回到“页面设置”对话框，如图 7-29 所示。

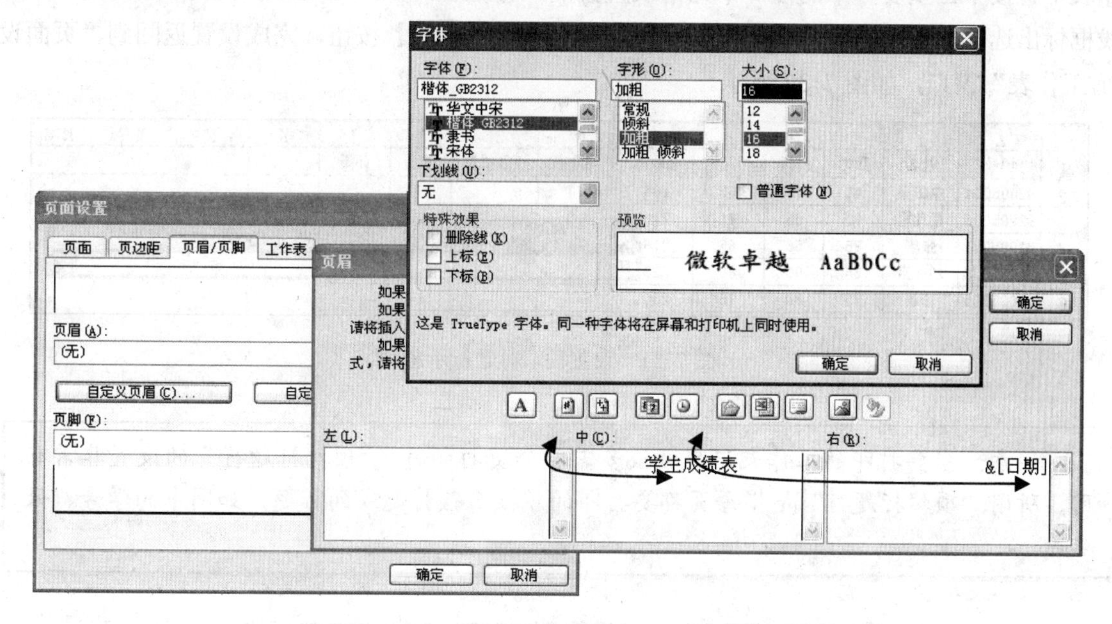

图 7-29　页眉设置

（4）单击『自定义页脚』按钮，弹出“页脚”设置对话框，单击中部空白处，单击页码设置『#』按钮，再单击『确定』按钮，返回到页面设置对话框。

（5）根据题意设置页脚页码的格式，打开“页脚”下拉菜单，选择“第 1 页，共? 页”格式，这时便可以看到设置的状态，如图 7-30 所示。

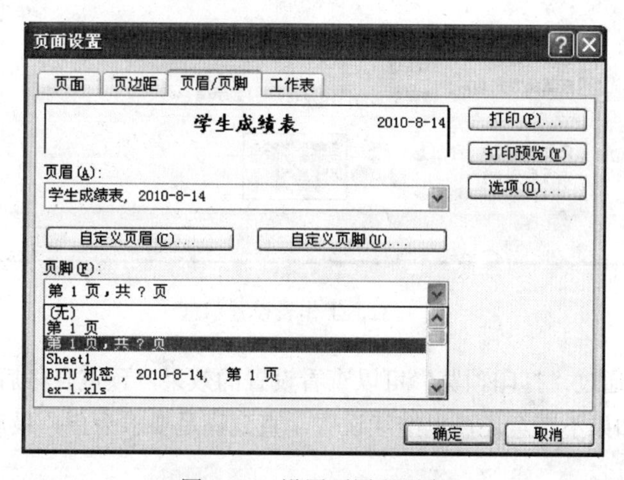

图 7-30　设置页眉和页脚

（6）单击“工作表”选项卡，进入工作表设置对话框，单击“打印标题/顶端标题行”文本框右端的『』按钮，弹出“页面设置-顶端标题行”窗口，选择每页打印的行标题，可在工作表中直接单击重复行中的任一单元格或直接输入行地址，如，“$1:$1”；此时 Excel 用一个虚线框标出选择的若干整行，如图 7-31 所示；再次单击『』按钮，完成设置返回到“页面设置/工作表”窗口，如图 7-32 所示。

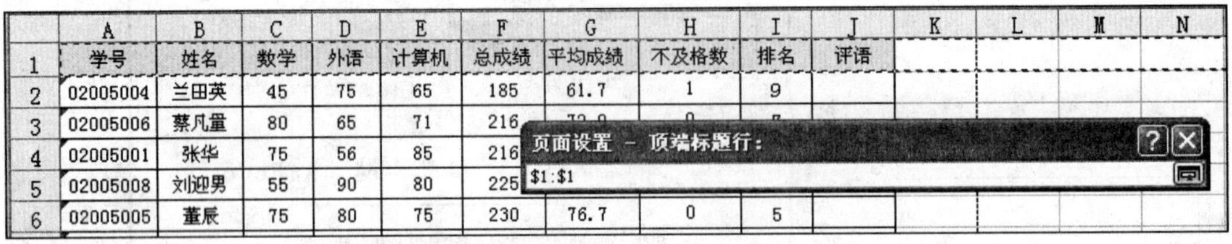
A B C D E F G H I J K L M N
1 学号 姓名 数学 外语 计算机 总成绩 平均成绩 不及格数 排名 评语
2 02005004 兰田英 45 75 65 185 61.7 1 9
3 02005006 蔡凡量 80 65 71 216
4 02005001 张华 75 56 85 216
5 02005008 刘迎男 55 90 80 225
6 02005005 董辰 75 80 75 230 76.7 0 5
页面设置 - 顶端标题行：
$1:$1

图 7-31　设置顶端标题行示意

> 注意：当要打印的工作表记录数较多需要分页打印时，“顶端标题行”的设置非常有用。所谓“顶端标题行”是指每页都要打印的字段名行标题或列标题，如图中的学号、姓名等。

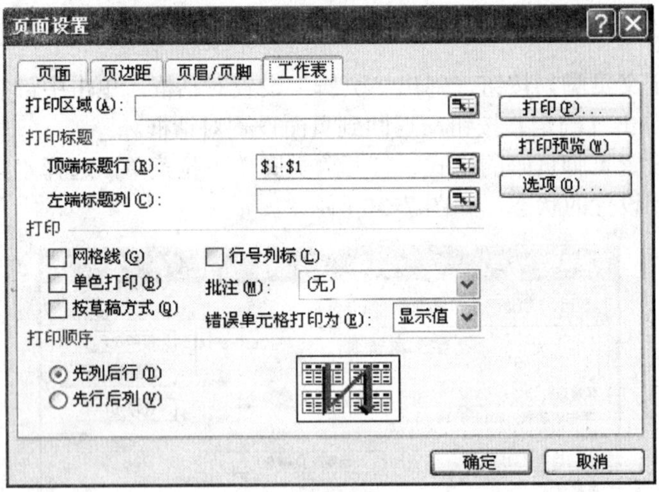
页面设置
页面
页边距
页眉/页脚
工作表
打印区域(A)：
打印(P)...
打印标题
打印预览(W)
顶端标题行(R)：
$1:$1
选项(O)...
左端标题列(C)：
打印
网格线(G)
行号列标(L)
单色打印(B)
批注(M)：
(无)
按草稿方式(Q)
错误单元格打印为(E)：
显示值
打印顺序
先列后行(D)
先行后列(V)
确定
取消

图 7-32　工作表设置示意

（7）设置好后，通过“打印预览”可以查看设置的效果，预览合格后即可打印，其预览效果如图 7-33 所示，如果不满意还可以继续设置，直到满足要求为止；最后单击『确定』按钮，关闭“页面设置”窗口。

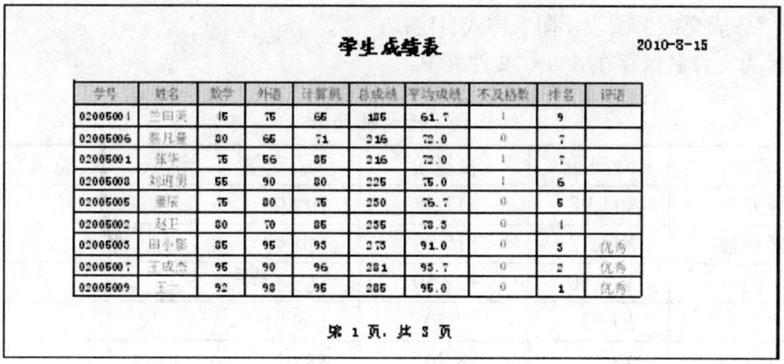

学生成绩表　　2010-8-15

学号	姓名	数学	外语	计算机	总成绩	平均成绩	不及格数	排名	评语
02005004	兰田英	45	75	65	185	61.7	1	9	
02005006	蔡凡量	80	65	71	216	72.0	0	7	
02005001	张华	75	56	85	216	72.0	1	7	
02005008	刘进勇	55	90	80	225	75.0	1	6	
02005005	秦辰	75	80	75	230	76.7	0	5	
02005002	赵卫	80	70	85	235	78.3	0	4	
02005003	田小彤	85	95	93	273	91.0	0	3	优秀
02005007	王成杰	95	90	96	281	93.7	0	2	优秀
02005009	王一	92	98	95	285	95.0	0	1	优秀

第 1 页，共 3 页

图 7-33　预览效果

思考与练习

1. 简答题

（1）什么是绝对地址、相对地址和混合地址？

（2）保护工作表的含义是什么？

（3）进行数据排序时，需要提供哪些参数？

2. 填空题

（1）用 Excel 建立的文档扩展名为________；

（2）在 Excel 中，若 F4 中的内容是“=$A$4+$B4+C$4”，将 F4 的内容复制到 F5，则 F5 中的内容是________；

（3）在 Excel 中，当删除图表中的序列图形时，相应的工作表数据会________；

（4）在 Excel 中，数据筛选有自动筛选和________。

3. 选择题

（1）在 Excel 中，若删除单元格，应先选中单元格，然后（　　）。

A．按“Del”键　　B．利用“编辑/清除”命令

C．利用“编辑/删除”命令　　D．按“BackSpace”键

（2）在 Excel 中，若在公式中使用单元格引用，下列（　　）是相对引用。

A．=$A$1+$B$1　　B．= A1+$B$1　　C．=A1+B1　　D．=$A1+$B1

（3）已知单元格 A1 的值为“60”，单元格 A2 的值为“70”，单元格 A3 的值为“80”，在单元格 A4 中输入公式为“=SUM（A1:A3）/AVERAGE（A1+A2+A3）”，那么 A4 单元格的值为（　　）。

A．1　　B．2　　C．3　　D．4

4. 操作题

题目　利用 Excel 制作股市表与总成交额图表，股市表数据如表 7-5 所示，其中：涨跌=（收盘价-开盘价）/开盘价，总成交额 = 总成交量*收盘价，百分比 = 总成交额/总成交额的总和，总和 = 总成交额的总和，平均成交量=总成交额的总和/ 6。

要求：

（1）参照表 7-3 建立工作表文档文件；

（2）利用公式计算工作表中的各项内容；

（3）建立股市“总成交额”图表，图表样式自定；

（4）以 ex-3.xls 为文件名保存在 d:\text 文件夹中。

表 7-5　股市表

代码	名称	开盘价	收盘价	总成交量	涨跌	总成交额	百分比
800060	锦绣大地	¥11.98	¥12.58	102.90			
800076	创兴科技	¥16.12	¥15.80	114.95			
800100	山东铝业	¥21.40	¥22.50	165.14			
800624	海南航空	¥7.83	¥7.50	108.01			
800637	广电股份	¥8.56	¥8.20	58.62			
800640	北广城建	¥14.60	¥14.85	44.72			
	总和						
	平均成交量						

5．课外阅读

（1）《Excel 公式与函数大辞典》，宋翔编著，人民邮电出版社，2010 年 4 月。

第8章 电子演示文稿——PowerPoint应用

本章学习重点：

- 了解 PowerPoint 的基本功能、工作窗口及视图方式。
- 熟练掌握 PowerPoint 中演示文稿的创建、制作和剪辑的操作。
- 熟练掌握 PowerPoint 中幻灯片配色方案、背景设计和母版设计的操作。
- 熟练掌握 PowerPoint 中幻灯片动画效果、超链接、切换效果的操作。
- 熟练掌握 PowerPoint 中幻灯片的放映技术、打印和打包输出的操作。

8.1 认识 PowerPoint

PowerPoint 是 Microsoft 公司开发的专门用于制作演示文稿和幻灯片的软件，被广泛应用于多媒体教学、会议讲演及展览等很多领域，是信息社会中人们进行信息发布、思想交流、学术探讨、产品介绍等的重要有效工具。它作为图文演示应用软件，是 Microsoft Office 系列软件包中的一个重要组成部分，通常也被简称为 PPT。

本教材以目前使用较为广泛、稳定的 PowerPoint 2003 为软件环境进行讲解。

8.1.1 PowerPoint 基本功能

1. PowerPoint 基本功能

PowerPoint 的主要功能是将各种文字、图形、图表、声音等多种媒体信息以幻灯片的形式展示出来，用其所提供的多媒体技术使得展示效果声形俱佳、图文并茂，可将抽象的内容、枯燥的信息通过计算机的加工处理，变得生动活泼。

使用 PowerPoint 创建的文件称为演示文稿，其扩展名是“ppt”，而幻灯片则是组成演示文稿的每一页，在幻灯片中可以插入文本、图片、声音和影片等对象。制作完成的演示文稿不仅可以在投影仪和计算机上进行演示，还可以将其打印出来，制作成胶片。另外，使用 PowerPoint 不仅可以创建演示文稿，还可以在互联网上召开面对面会议、远程会议或在互联网中向更多的观众展示。

概括而言，PowerPoint 能用于组织、创建 5 类文稿：

（1）电子演示文稿；

（2）投影幻灯片；

（3）35mm 幻灯片；

（4）演讲者备注、观众讲义和文件大纲；

（5）Web 演示文稿。

2．PowerPoint 2003 特色功能

PowerPoint 2003 与以前版本相比，用户界面更友好，功能更强大。保留了以往版本的绝大部分功能，并在此基础上进行了改进和完善，增强了多媒体支持功能，使得演示文稿可以保存到光盘中进行分发，还可以在幻灯片放映过程中播放音频流或视频流。对用户界面也进行了改进，并增强了对智能标记的支持，可以更加便捷地查看和创建高品质的演示文稿。

（1）经过更新的播放器

经过改进的 Microsoft Office PowerPoint Viewer 可以进行高保真输出，并且可支持 PowerPoint 2003 图形、动画和媒体的播放。经过更新的播放器可在 Microsoft Windows 98 或更高版本上运行，并且不再需要单独安装，在默认情况下，新增加的“打包成 CD”功能可以将演示文稿文件与播放器打包在一起。此外，播放器还支持查看和打印。

（2）将演示文稿打包成 CD

PowerPoint 2003 新增了“打包成 CD”功能，可以自动将演示文稿所需要的相关文件一同打包刻录在 CD 中，还可以有选择地将 PowerPoint Viewer 也包含在 CD 上，然后使用第三方 CD 刻录软件复制到 CD 上。在使用时，就可以在没有安装 PowerPoint 环境的计算机上直接播放打包在 CD 中的演示文稿。

（3）对媒体播放的改进

如果已安装 Microsoft Windows Media Player 8 及更高版本，PowerPoint 2003 可以支持 ASX、WMX、M3U、WVX、WAX 和 WMA 等多种媒体播放格式，如果缺少所需的媒体解码器，PowerPoint 2003 将通过使用 Windows Media Player 技术尝试下载。另外，PowerPoint 2003 可以在全屏演示文稿中查看和播放影片，用鼠标右键单击影片，在弹出的快捷菜单上选择“编辑影片对象”命令，在弹出的对话框中选中“缩放至全屏”复选框即可实现。

（4）改善的放映导航工具

PowerPoint 2003 改进了“幻灯片放映”工具栏，新的“幻灯片放映”工具栏精巧而典雅，可以在播放演示文稿时提供放映导航、墨迹注释、笔盒荧光笔等功能，并且根据操作所需能灵活出现而又不影响幻灯片的放映效果。

（5）更丰富的动画效果和动画方案

PowerPoint 2003 不仅增加了更多的动画效果和动画方案，还提供了高质量的自定义动画，可以使演示文稿表现更为生动、活泼。

8.1.2　PowerPoint 工作窗口

PowerPoint 2003 的工作窗口与同版本的 Word 和 Excel 相似，主要由标题栏、菜单栏、工具栏、工作区、任务窗格、视图切换区和状态栏等几个部分组成，如图 8-1 所示。

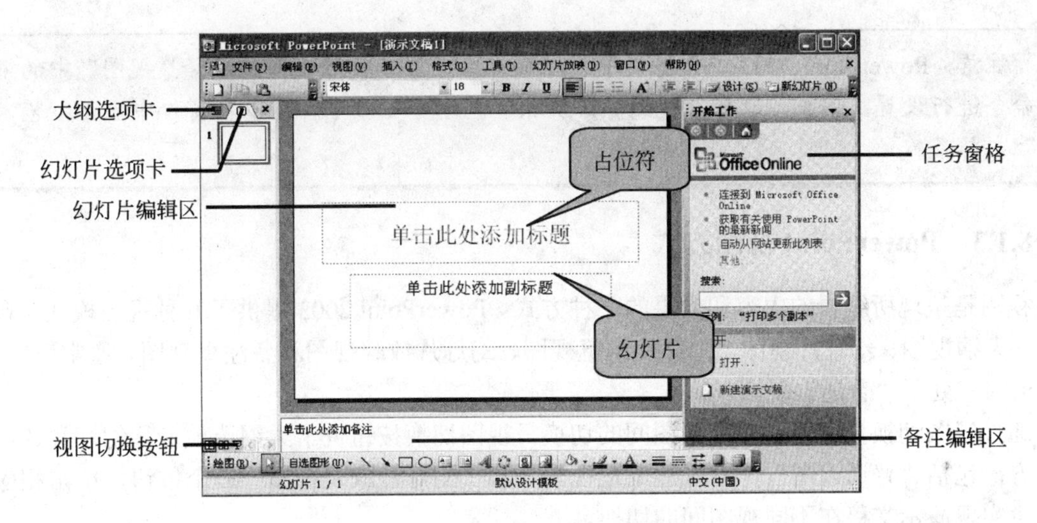

图 8-1　PowerPoin 2003 工作窗口

标题栏、菜单栏、工具栏位于窗口的上部，其中很多菜单项和按钮的作用与 Word 和 Excel 相同，只有工作区和任务窗格有所不同。

1．工作区

演示文稿是由幻灯片、备注页、讲义、演示文稿大纲 4 个相互关联的部分组成，它们都可以分别单独打印输出，其中幻灯片是演示文稿的核心。工作区是制作幻灯片的主要区域，包括幻灯片编辑区、大纲选项卡和幻灯片选项卡。

（1）大纲选项卡和幻灯片选项卡

在普通视图中，大纲选项卡和幻灯片选项卡位于窗口的左侧。“大纲”选项卡主要用于显示、编辑演示文稿的文本大纲，其中列出了演示文稿中每张幻灯片的页码、主题以及相应的要点；“幻灯片”选项卡是以缩略图形式显示演示文稿中的幻灯片，主要用于显示、编辑演示文稿中的幻灯片，在这里可以对幻灯片进行添加、删除、重新排列等操作。

（2）幻灯片编辑区

它是 PowerPoint 进行幻灯片制作的主要工作区，位于窗口的中部。

（3）备注编辑区

位于幻灯片编辑区下方，主要用于为对应的幻灯片添加提示信息，对使用者起备忘、提示作用，可以打印出来作为演示文稿的参考资料，也可以和演示文稿同时放映。

2．任务窗格

任务窗格是 Office 2003 新增的功能，默认位于整个窗口的右侧。包括“开始工作”、“新建演示文稿”、“幻灯片板式”和“幻灯片设计”等功能。单击任务窗格右上角的『▼』按钮，弹出任务选择下拉菜单，可以从中选择所需要的任务，同时显示相应的参数设置等信息，可以让用户节省大量查找命令的时间，从而提高了工作效率。

注意：PowerPoint 2003 工作窗口中各组成部分的显示，可以通过选择“视图”中的不同命令进行设置。例如，选择“视图／工具条／艺术字”命令，可以在窗口中显示“艺术字”工具条。

8.1.3 PowerPoint 视图方式

视图是呈现所编辑的内容和效果的一种方式。PowerPoint 2003 提供了 6 种视图模式：普通视图、大纲视图、幻灯片视图、幻灯片浏览视图、幻灯片放映视图和备注页视图。通常情况下，PowerPoint 处于“普通”视图。

通过视图切换按钮可以实现视图间的切换。视图切换按钮位于大纲选项卡和幻灯片选项卡的下方，包括“普通视图”、“幻灯片浏览视图”和“幻灯片放映视图”3 个按钮，单击相应按钮，可实现演示文稿在不同视图间的切换。

1. 普通视图

启动 PowerPoint 后直接进入普通视图方式，普通视图是幻灯片制作的主要工作方式。由 3 部分构成：幻灯片编辑区、幻灯片选项卡和备注编辑区，拖动其之间的分界线，可以调整各部分的大小。

幻灯片编辑区中，白色区域是演示文稿的一个新空白幻灯片；幻灯片中的灰色虚线边框区域是占位符，根据所显示的文字信息可以直接单击占位符区域插入相应元素。

2. 幻灯片浏览视图

幻灯片浏览视图是以缩略图的形式排列显示当前演示文稿中的所有幻灯片。这种视图方式下，可以直观地查看所有幻灯片的情况，也可以直接进行复制、粘贴、删除和移动幻灯片等操作。

3. 幻灯片放映视图

在创建演示文稿的过程中，制作者可以随时通过单击『幻灯片放映视图』按钮启动幻灯片放映，预览演示文稿的放映效果。需要注意的是，使用『幻灯片放映视图』按钮，是从当前正在编辑的幻灯片开始播放。

注意：PowerPoint 2003 不再单独有幻灯片视图和大纲视图，而是合并在普通视图中的幻灯片选项卡和大纲选项卡显示。

8.2 演示文稿的制作

演示文稿由若干张幻灯片组成，每张幻灯片都是演示文稿中单独的“一页”。因此，演示文稿的制作也就是幻灯片的制作，即在创建的演示文稿中，对每张幻灯片中插入文本、图片、声音和影片等元素，并且对幻灯片进行复制、粘贴、删除、移动等操作。

8.2.1 创建演示文稿

首先，启动 PowerPoint 2003，单击任务窗格中“开始工作”右侧的『▼』按钮，在弹出的下拉菜单中选择“新建演示文稿”选项，进入“新建演示文稿”任务窗格，如图 8-2 所示。

图 8-2 “新建演示文稿”任务窗格

1. 建立空白演示文稿

使用“空演示文稿”创建演示文稿，用户可根据系统提供的自动版式从空白的演示文稿开始设计。

单击“新建演示文稿”任务窗格中“空演示文稿”选项，进入“幻灯片版式”任务窗格，幻灯片版式按“文字版式”、“内容版式”、“文字和内容版式”和“其他版式”4 种类别分类显示。单击所需版式，即可在幻灯片编辑区中显示对应版式的幻灯片，如图 8-3 所示。

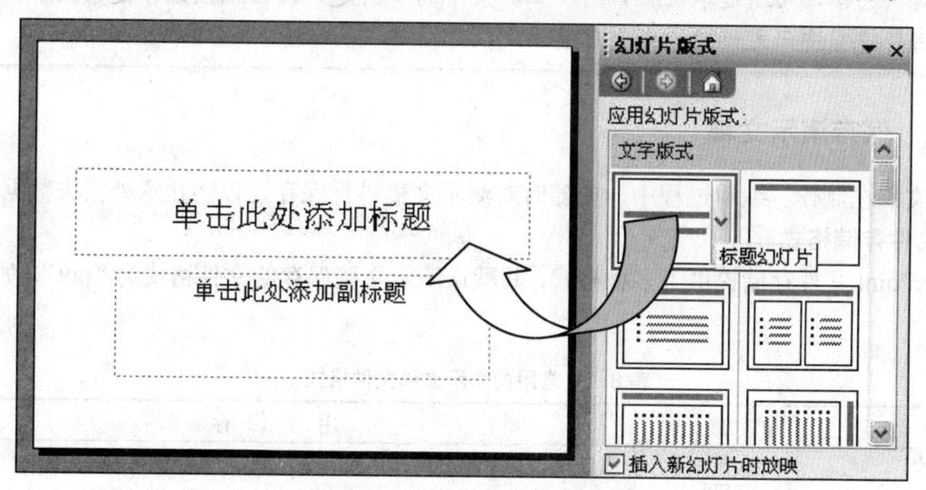

图 8-3 “幻灯片版式”任务窗格

2. 利用“设计模板”创建新演示文稿

利用“设计模板”创建新演示文稿，可以根据 PowerPoint 所提供的模板来创建演示文稿，其中幻灯片的背景图形、配色方案、幻灯片版式及文字风格等都已预先设计好，只要插入所需元素即可。

单击“新建演示文稿”任务窗格中“根据设计模板”选项，进入“幻灯片设计”任务窗格，单击所需模板，即可在幻灯片编辑区中打开对应模板的幻灯片，该幻灯片就会被应用一组统一的设计和颜色方案。

3. 利用“内容提示向导”创建新演示文稿

利用“内容提示向导”创建演示文稿，可以帮助制作幻灯片的初学者，按照步骤从多种预设内容模板中进行选择，并根据用户的选择自动生成一系列幻灯片，还为演示文稿提供了建议、开始文字、格式以及组织结构等信息。

单击“新建演示文稿”任务窗格中“根据内容提示向导”选项，然后按照引导步骤分 5 步即可实现演示文稿的建立。

4. 根据“已有演示文稿”创建新演示文稿

用户还可以根据已有的演示文稿来创建新演示文稿，有利于用户快速、方便地基于已存在的演示文稿进行修改而生成一个新的演示文稿。

单击“新建演示文稿”任务窗格中“根据现有演示文稿”选项，打开所需的已有演示文稿，然后单击『创建』按钮，即可按照所打开的演示文稿新建另一个相同的演示文稿，然后对其进行修改完善。

> 注意：通过选择“文件／新建”命令，可以进入“新建演示文稿”任务窗格，有 4 种创建方式供选择，而通过单击“常用”工具条中的『新建』按钮或按组合键“Ctrl+N”是直接采用新建空演示文稿的方式创建演示文稿。

8.2.2 保存演示文稿

演示文稿在制作、编辑过程中，要随时对演示文稿进行保存，以防止意外丢失数据。

1. 文件存储格式

PowerPoint 文件存储提供了多种格式，其默认演示文稿保存的文件格式为“ppt”，如表 8-1 所示。

表 8-1 常用的演示文稿文件格式

保 存 类 型	扩 展 名	用 于 保 存
演示文稿	ppt	默认值，典型的 PowerPoint 演示文稿。可以使用 PowerPoint 97 或更高版本打开此格式的演示文稿。

续表

保存类型	扩展名	用于保存
网页	htm html	作为文件夹的网页，其中包含一个“.htm”文件和所有支持文件，例如，图像、声音文件、级联样式表、脚本和更多内容。适合发布到网站上或使用 FrontPage 及其他 HTML 编辑器进行编辑。
设计模板	pot	作为模板的演示文稿，可用于对将来的演示文稿进行格式设置。
PowerPoint 放映	pps	始终在“幻灯片放映”视图（而不是“普通”视图）中打开的演示文稿。
PowerPoint 加载宏	ppa pwz	存储自定义命令、Visual Basic for Applications（VBA）代码和指定的功能（例如，加载宏）。
GIF	gif	作为用于网页中图形的幻灯片。 GIF 文件格式最多支持 256 色，因此更适合扫描图像（如插图）而不是彩色照片。GIF 也适用于直线图形、黑白图像以及只有几个像素高的小文本。GIF 支持动画。
JPEG	jpg	用做图形的幻灯片（在网页上使用）。 JPEG 文件格式支持 1 600 万种颜色，最适于照片和复杂图像。

2. 保存演示文稿

对演示文稿的保存分为对新建演示文稿保存和对已存在的演示文稿保存两种情况。不论哪种情况，保存操作与 Word 和 Excel 相同，都是通过选择“文件/保存或另存为”命令进行保存，保存时需要提供文件名、文件保存位置和保存类型。

> 注意：为防止意外断电或电脑故障等现象而导致来不及保存文件，可以使用自动保存功能，选择“工具/选项”命令，弹出“选项”对话框，在其中的“保存”选项卡中选中“自动保存时间间隔”复选框并设置时间，即可实现自动保存文件。

3. 加密演示文稿

为了防止演示文稿被盗用，可以对演示文稿打开权限和修改权限设置密码，起到加密保护的作用。

在“另存为”对话框中，选择“工具/安全选项”命令，弹出“安全选项”对话框，或者通过选择“工具/选项”命令，弹出“选项”对话框，在“安全性”选项卡设置“打开权限密码”和“修改权限密码”，即可实现对该文件的加密。

8.2.3 插入元素

PowerPoint 中，在每张幻灯片上添加元素，这些元素可以是标题、文本、图片以及由其他应用程序创建的各种表格、图形、声音等。这些元素的插入既可以根据幻灯片版式进行，也可以以独立对象的方式插入。

1．插入文字

文字是构成幻灯片的一个基本对象，每一张幻灯片都会有一些文字信息，PowerPoint 中有 4 种类型的文本：占位符文本、文本框中的文本、自选图形中的文本和艺术字文本。

（1）占位符文本

占位符是在预占的固定位置中添加内容的一种符号。幻灯片版式包含多种组合形式的文本和对象占位符，单击文本占位符中的提示文字，即可开始插入标题、副标题和正文等文字到幻灯片上，还可以调整占位符的大小并移动它们，并且可以用边框和颜色设置其格式。

（2）文本框文本

选择“插入/文本框/水平文本框或垂直文本框”命令；或者单击“绘图”工具栏上的『』或『』按钮，即可插入文本。其中，“水平文本框”命令表示文本框中的文字水平排列，“垂直文本框”命令表示文本框中的文字垂直排列。

（3）自选图形中添加文本

选择“插入/图片/自选”命令，或者单击“绘图”工具栏上的『自选图形』按钮，添加所需图形，然后选中该图形单击鼠标右键，在快捷菜单中选择“添加文本”命令，即可开始插入文本。

（4）艺术字文本

选择“插入/图片/艺术字”命令，或者单击“绘图”工具栏上的『』按钮，即可开始插入艺术字。

通过以上 4 种方式输入的文本，对它们的修改、移动、复制、删除等操作，还有对文字的各种格式化操作、段落的格式化以及项目符号与编号的设置与 Word 相同。对于文本框、自选图形和艺术字的边框、填充、阴影等格式设置也与 Word 相同。

2．插入图片

在幻灯片中添加图片，可以提高演示文稿的演示效果，PowerPoint 提供了强大的图形处理功能，可以利用绘图工具绘制各种线条、连接符、几何图形、星形以及箭头等较复杂的图形，也可以插入剪贴画、图片等。

（1）图片来自剪贴画

选择“插入/图片/剪贴画”命令，或者单击“绘图”工具栏上的『』按钮，进入“剪贴画”任务窗格，单击所需的剪贴画即可将其插入到幻灯片中。

（2）图片来自文件

选择“插入/图片/来自文件”命令，或者单击“绘图”工具栏上的『』按钮，弹出“插入图片”对话框，选择所需的图片将其插入到幻灯片中。

（3）图片来自自选图形

选择“插入/图片/自选图形”命令，或者单击“绘图”工具栏上的『自选图形』按钮，在弹出的下拉图形列表中单击所需图形按钮即可将其插入到幻灯片中。

3. 插入表格

在幻灯片中插入表格，可以清楚地展示数据，使数据的表达更加简洁明了，容易操作。PowerPoint 提供了强大的表格处理功能，插入表格有 4 种方法：可以直接在幻灯片中插入简单表格，绘制复杂的表格，也可以使用带表格的幻灯片版式创建表格，还可以在幻灯片中插入 Word 表格或 Excel 工作表。

（1）使用“插入表格”功能创建表格

选择“插入/表格”命令，弹出“插入表格”对话框，设置行数和列数；或者单击“常用”工具栏上的『插入表格』按钮，在弹出的表格结构中通过拖动鼠标来确定行数和列数，即可在幻灯片中插入表格。

（2）使用“绘制表格”功能创建表格

单击“常用”工具栏上的『』按钮，打开“表格和边框”工具栏，利用工具栏中的“绘制表格”按钮绘制，其使用方法与 Word 相同。

（3）利用带表格的幻灯片版式创建表格

带表格的幻灯片版式是已经预先设计了“表格”占位符，在演示文稿中插入带有表格占位符的幻灯片版式，双击占位符弹出“插入表格”对话框，设置表格的行数和列数，点击『确定』按钮即可，如图 8-4 所示。

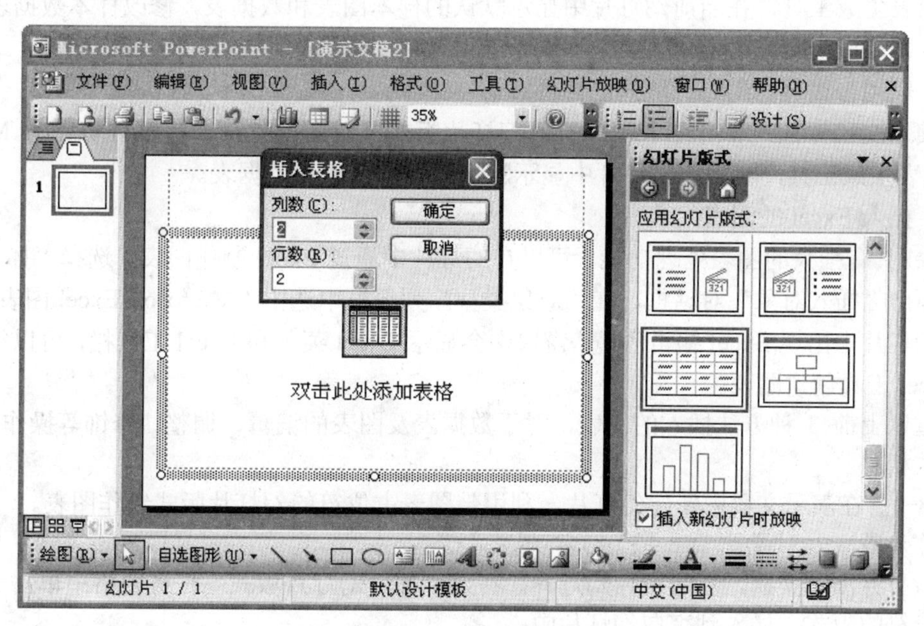

图 8-4　带表格占位符的幻灯片版式

（4）插入 Word 表格或 Excel 工作表

在 PowerPoint 中，还可以对象方式插入 Word 表格或 Excel 工作表，通过选择“插入/对象”

命令实现；或者插入 Word 或 Excel 文档中已建立好的带有数据的表格。PowerPoint 窗口中会显示出 Word 或 Excel 的菜单和工具栏，和 PowerPoint 原有的菜单栏和工具栏不同，插入的方法与 Word 或 Excel 相同。

对于以上 4 种方式插入的表格可以进行修改、编辑、删除等操作，方法与 Word 和 Excel 相同。

4．插入图表

在幻灯片中使用图表可以清晰地表达数据之间的关系，用条形图、饼图、面积图等类型表示数据，使原来比较枯燥的数据变得一目了然，大大增加了演示文稿的感染力。PowerPoint 中附带了一种叫 Microsoft Graph 的图表生成工具，它提供 14 类图表，每一类又提供多种子图表以满足用户的需要，使制作图表的过程非常简便。

PowerPoint 提供了多种方法在幻灯片中创建图表，插入图表有 3 种方法：可以直接在幻灯片中插入图表，也可以使用带图表的幻灯片版式创建图表，还可以在幻灯片中插入 Excel 中的图表。

（1）使用“插入图表”功能创建图表

选择“插入/图表”命令，或者单击“常用”工具栏上的『』按钮，程序自动启动 Microsoft Graph 图表生成工具，在当前幻灯片中显示默认的样本图表和数据表，修改样本数据表中的数据，图表即可发生相应的变化。

（2）利用带图表的幻灯片版式创建图表

在演示文稿中插入带有图表占位符的幻灯片版式，双击占位符，程序自动启动 Microsoft Graph 图表生成工具，在当前幻灯片中显示默认的样本图表和数据表。

（3）插入 Excel 的图表

Excel 具有强大的图表处理功能，可以在幻灯片中通过 Excel 制作图表。选择“插入/对象”命令，弹出“插入对象”对话框，在“对象类型”列表框中选中“Microsoft Excel 图表”选项，即可在幻灯片中出现 Excel 编辑环境，窗口中会显示 Excel 菜单和 Excel 工具栏，可以很方便地使用 Excel 工具创建图表。

通过以上前 3 种方法插入的图表，对于数据表及图表的编辑、调整、修饰等操作与 Excel 操作方法相同。

例 8-1 在演示文稿中新建幻灯片，利用带图表占位符的幻灯片版式制作图表。

操作步骤:

（1）打开演示文稿，新建空白幻灯片，在显示的“幻灯片版式”任务窗格中单击一个带有图表占位符的版式，插入到空白幻灯片中；

（2）双击图表占位符，启动 Microsoft Graph 图表生成工具，在当前幻灯片中显示默认的样本图表和数据表，同时，窗口中显示 Excel 的菜单和工具栏，如图 8-5 所示；

（3）选择“编辑/导入文件”命令，弹出“导入文件”对话框，选择所需导入的数据源，单击『确定』按钮，弹出“导入数据选项”对话框，如图 8-6 所示；

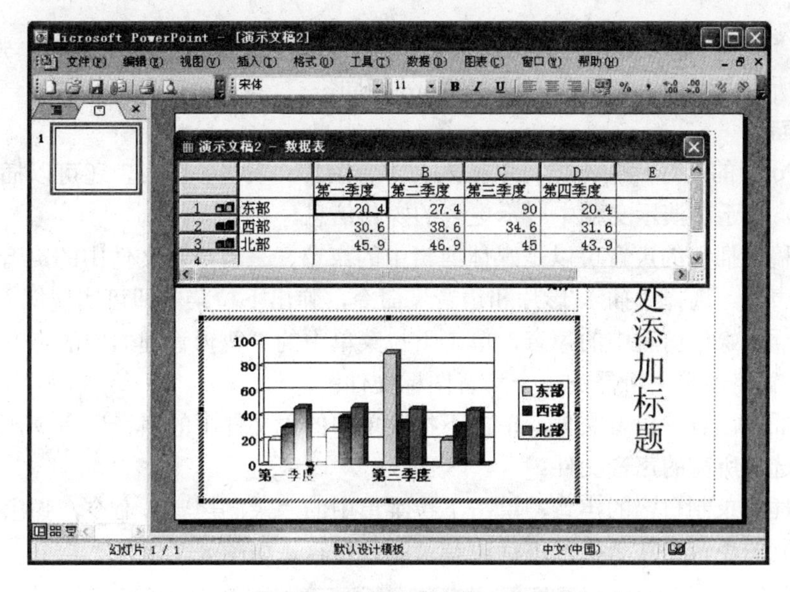

图 8-5 在幻灯片中插入图表

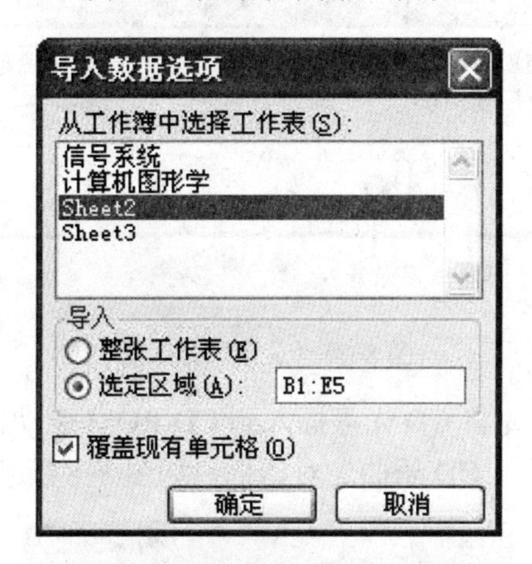

图 8-6 “导入数据选项”对话框

（4）在“从工作簿中选择工作表”列表框中选择所需工作表，在“导入”中选中“选定区域”单选项，输入单元格区域地址，例如，“B1:E5”，然后单击『确定』按钮；

（5）数据导入完成后，幻灯片中的数据表被替换为新导入的数据，并随之生成了相应的图表，单击幻灯片中空白处，即可退出 Excel 编辑环境完成图表的创建。

5. 插入图示

PowerPoint 中提供了图示功能，可以很方便地在幻灯片中插入各种图示表示对象之间的关系，使演示文稿表现更为清晰生动。图示包括组织结构图、循环图、射线图、棱锥图、维恩图和目标图。

通过选择“插入/图示”命令，或者单击“绘图”工具栏中的『』按钮，弹出“图示库”对话框，选择所需图示插入，操作方法和 Word 相同。

6．插入声音

在 PowerPoint 的幻灯片中不但可以插入文本、图片、表格、图表，还可以插入声音、视频等多媒体元素，便于在演示文稿中展示更多的媒体信息。

在演示文稿中插入的声音可以是媒体剪辑中的声音、来自声音文件中的声音、CD 音乐或是自己录制的声音。选择“插入/影片和声音”命令，弹出下拉菜单即可实现插入。

（1）如果插入媒体剪辑中的声音，单击下拉菜单中的“剪辑管理器中的声音”命令，弹出“剪贴画”任务窗格，选中所需的一个声音图标文件；

（2）如果插入已有的声音文件，单击下拉菜单中的“文件中的声音”命令，弹出“插入声音”对话框，选择所需的声音文件；

（3）如果插入录制自己的声音，单击下拉菜单中的“录制声音”命令，弹出“录音”对话框，输入要录制的声音文件名称，进行声音录制并保存，如图 8-7 所示。

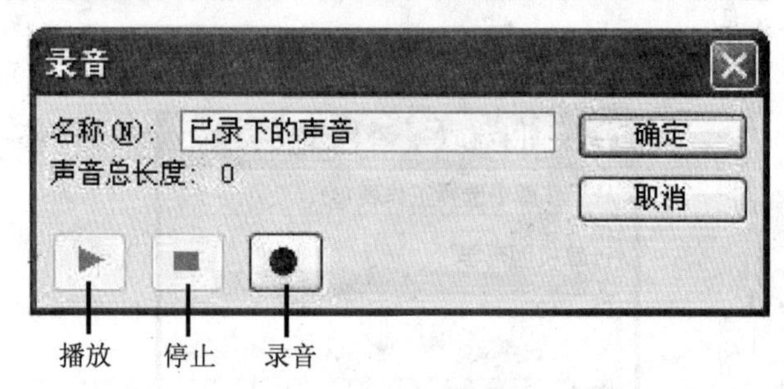

图 8-7 “录音”对话框

（4）如果插入 CD 乐曲，先将 CD 光盘插入到 CD-ROM 驱动器中，单击下拉菜单中的“播放 CD 乐曲”命令，弹出“插入 CD 乐曲”对话框，如图 8-8 所示。

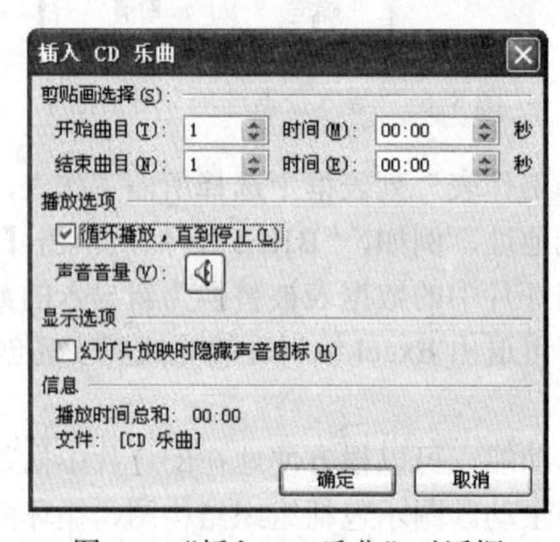

图 8-8 “插入 CD 乐曲”对话框

通过以上4种方式操作后，都会弹出“Microsoft Office PowerPoint”提示框来选择使用何种方式开始播放声音，如图8-9所示。

图8-9 “Microsoft Office PowerPoint”提示框

单击『自动』按钮，则在幻灯片放映时自动播放该声音；选择『在单击时』按钮，则在幻灯片放映时单击鼠标才能播放该声音。插入声音或CD乐曲完成，幻灯片中出现“ ”喇叭图标或“ ”光盘图标。

7. 插入视频

在演示文稿中插入的视频可以是媒体剪辑中的视频，也可以是来自声音文件中的视频。通过选择“插入/影片和声音/剪辑管理器中的影片和文件中的影片”命令，实现在幻灯片中插入视频影片。

例8-2 在演示文稿中新建幻灯片，添加影片文件，并能在放映时单击播放该影片。

操作步骤：

（1）打开演示文稿，新建空白幻灯片；

（2）选择“插入/影片和声音/文件中的影片”命令，弹出“插入影片”对话框，如图8-10所示；

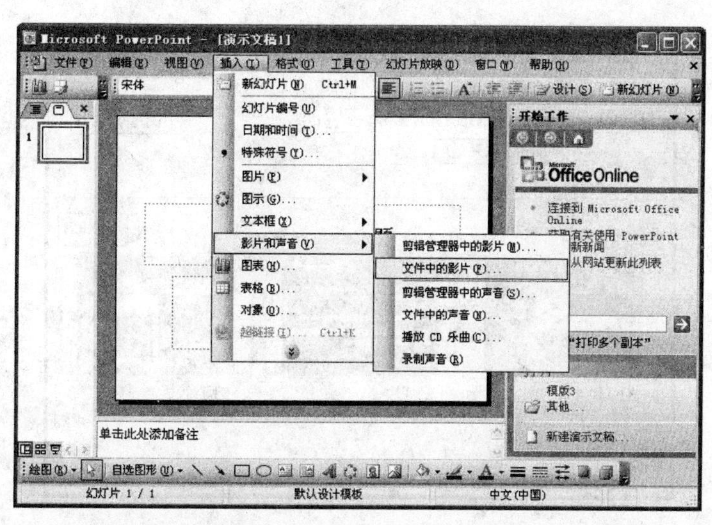

图8-10 插入文件中的影片

（3）选择要插入的影片文件及参数，单击『确定』按钮，即在幻灯片中插入影片；同时弹出“Microsoft Office PowerPoint”提示框，单击『在单击时』按钮，则在幻灯片放映时单击鼠标才能播放该影片。

> 注意：对以上插入的各元素单击鼠标右键，可以在弹出的快捷菜单中选择相关的格式化命令，操作快捷而又方便。

8.2.4 幻灯片剪辑

幻灯片既有各自的独立性，相互之间又有逻辑连贯性。因此，在制作完演示文稿后，往往还需要对幻灯片进行剪辑，如插入新的幻灯片、调整幻灯片的顺序、复制、删除幻灯片、隐藏暂时不用的幻灯片等，以使幻灯片的布局、前后的逻辑关系更合理。

对于幻灯片的剪辑，一般在“幻灯片浏览视图”方式下进行。

1．添加幻灯片

使用“设计模板”或“空演示文稿”选项创建的演示文稿，默认情况下演示文稿中只有一张幻灯片。可以继续插入新幻灯片，也可以插入已有的幻灯片。

（1）插入新幻灯片

通过选择“插入/新幻灯片”命令，或者单击“格式”工具栏上的『新幻灯片(N)』按钮，即可在演示文稿中插入一张新幻灯片；

（2）插入已有幻灯片

选择“插入/幻灯片（从文件）”命令，弹出“幻灯片搜索器”对话框，打开要插入的演示文稿文件，选定该演示文稿中所需的幻灯片插入到当前演示文稿中，如图 8-11 所示。

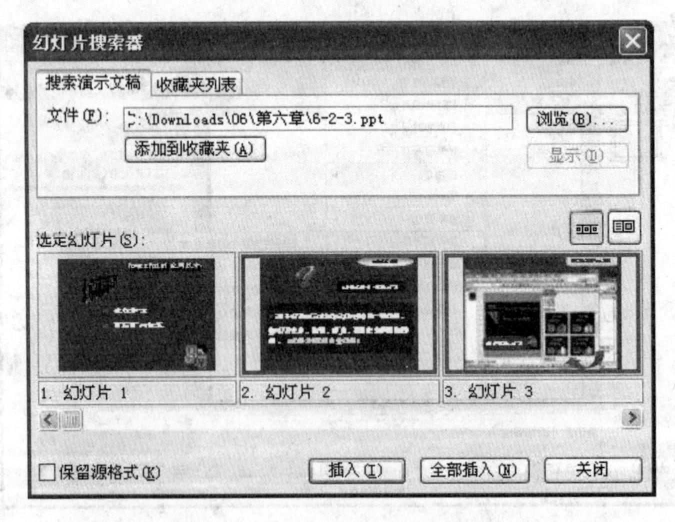

图 8-11 “幻灯片搜索器”对话框

注意：插入其他演示文稿的幻灯片，也可以使用幻灯片的复制粘贴功能。

2．选择幻灯片

在演示文稿中可以一次选择一张幻灯片，也可以同时选择多张幻灯片。

（1）选择一张幻灯片

在普通视图方式的幻灯片选项卡中，或在幻灯片浏览视图方式中，选择所需的一张幻灯片，单击该幻灯片的缩略图即可，被选中的幻灯片会带有一个粗边框。

（2）选择一组连续的幻灯片

在幻灯片浏览视图方式中，先单击第一张幻灯片的缩略图，然后按住“Shift”键，再单击要选择的最后一张幻灯片的缩略图，即可选中该组连续的幻灯片。

（3）选择多张不连续的幻灯片

在幻灯片浏览视图方式中，先单击第一张幻灯片的缩略图，然后按住“Ctrl”键，再依次单击所要选择幻灯片的缩略图即可，如果取消其中已选中的幻灯片，则按住“Ctrl”键，再单击该幻灯片即可取消选中。

3．复制粘贴幻灯片

在普通视图方式的幻灯片选项卡中，或在幻灯片浏览视图方式中，选中要复制的幻灯片，选择“编辑/复制”命令，或者单击“常用”工具栏中的『』按钮；然后将光标放置在要复制的目标位置，选择“编辑/粘贴”命令，或者单击“常用”工具栏中的『』按钮，即可将幻灯片复制到指定位置。

4．移动幻灯片

在普通视图方式的幻灯片选项卡中，或在幻灯片浏览视图方式中，选中要移动的幻灯片，按住鼠标左键不放拖动鼠标，此时鼠标指针所在幻灯片的前面或后面出现一条浮动的直线，拖动鼠标至所要移动到的新位置松开，即可实现幻灯片的移动。

5．删除幻灯片

在普通视图方式的幻灯片选项卡中，或在幻灯片浏览视图方式中，选中要删除的幻灯片，选择“编辑/删除幻灯片”命令，或者单击键盘上的“Delete”键即可删除该幻灯片。

6．隐藏幻灯片

在放映演示文稿时，有时需要有选择地播放其中一些幻灯片，但又不必删除其他不播放的幻灯片，对这些幻灯片进行隐藏，之后还可以根据需要对幻灯片取消隐藏。

选中要隐藏的幻灯片，选择“幻灯片放映/隐藏幻灯片”命令，或者单击鼠标右键，在弹出的快捷菜单中选择“隐藏幻灯片”命令，则被隐藏的幻灯片的编号上就出现“\”标记。对隐藏的幻灯片，再次进行相同操作，即可对其取消隐藏。

注意：演示文稿在普通视图和幻灯片浏览视图下，都可以实现对幻灯片的选定、插入、删除、复制粘贴、移动和隐藏。

8.3 演示文稿的美化

对演示文稿进行格式化操作，可以使演示文稿中的幻灯片具有统一的配色、背景和风格等效果。

8.3.1 配色方案

配色方案是预设幻灯片的背景、文本、填充、阴影等的色彩组合。每个设计模板都有一个或多个配色方案，每个配色方案都有 8 种颜色，包含背景色、线条、文本颜色、阴影颜色、标题文本颜色、填充颜色、强调文字颜色等。

演示文稿的配色方案由所应用的设计模板确定，用户可以选用标准的配色方案，也可以创建新的配色方案。

1. 使用配色方案

改变演示文稿配色最简便的方法是对演示文稿使用配色方案。通过选择“格式/幻灯片设计”命令，显示“幻灯片设计”任务窗格，单击『配色方案』按钮，显示“应用配色方案”列表框，选中一种配色方案，单击鼠标右键，在弹出的下拉菜单中选择应用方式，如图 8-12 所示。

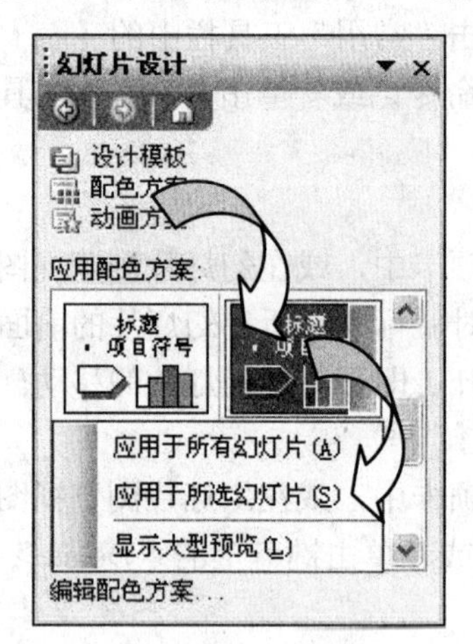

图 8-12 “应用配色方案”列表框

系统提供了 3 种配色方案应用方式，选择“应用于所有幻灯片”命令，将该配色方案应用于演示文稿中的所有幻灯片；选择“应用于所选幻灯片”命令，将该配色方案应用于演示文稿中所选中的幻灯片；选择“显示大型预览”命令，则是以较大尺寸查看配色方案。

2. 复制配色方案

如果要将某一张幻灯片的配色方案应用于其他幻灯片，可以使用配色方案的复制功能。先选中要被复制配色方案的幻灯片，单击“格式”工具栏中的『』按钮，再单击要应用该配色方案的幻灯片，该配色方案即被应用到目标幻灯片。

3. 删除配色方案

如果需要删除幻灯片中的配色方案，可以单击位于“应用配色方案”列表框下方的『编辑配色方案』按钮，弹出“编辑配色方案”对话框，打开“标准”选项卡，如图 8-13 所示，选中要删除的配色方案，然后单击『删除配色方案』按钮。

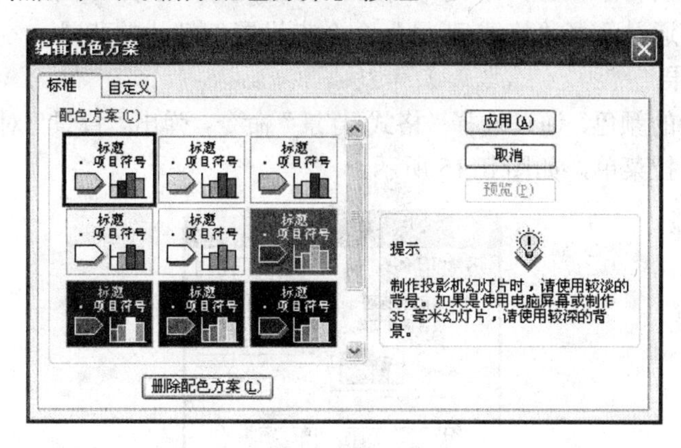

图 8-13 “编辑配色方案”对话框

4. 编辑配色方案

如果要对已有的配色方案进行编辑，可以在“编辑配色方案”对话框中打开“自定义”选项卡，选中配色方案颜色中所需修改的颜色块，然后单击『更改颜色』按钮，在弹出的“背景色”对话框中设置颜色，如图 8-14 所示。

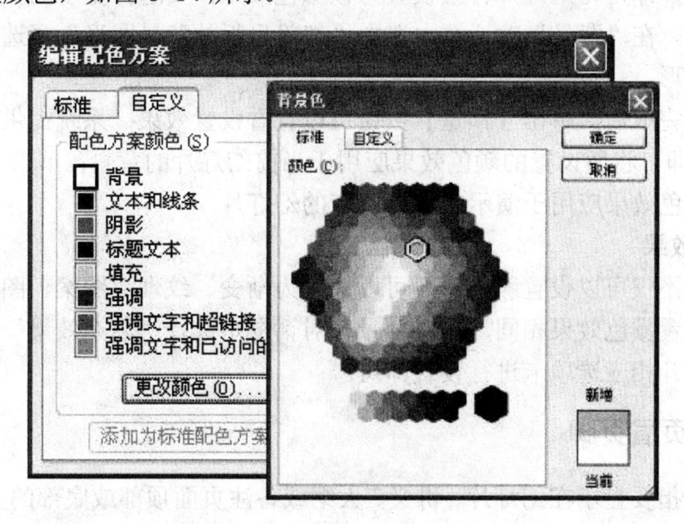

图 8-14 “编辑配色方案”对话框

设置颜色完成后，单击『确定』按钮返回到“编辑配色方案”对话框中，单击『预览』按钮，即可预览到幻灯片应用更改颜色方案后的效果，确认后单击『应用』按钮，即可将更改的颜色方案应用于所选定的幻灯片。

8.3.2 设置幻灯片背景

如果要对幻灯片的背景设置为渐变、图案、纹理或图片等效果，而不需要设置配色方案中的其他项的效果，可通过选择“格式/背景”命令来设置幻灯片的背景。

1. 设置颜色效果

设置幻灯片背景的颜色，通过选择“格式/背景”命令，弹出“背景”对话框，打开其中“背景填充”选项区的下拉菜单，如图 8-15 所示。

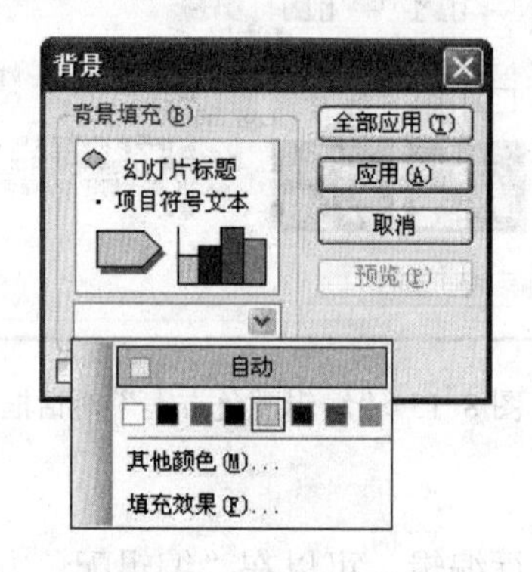

图 8-15 “背景”对话框

单击所需颜色，即可将幻灯片背景设置为该颜色效果；要选择更多的颜色，可以单击“其他颜色”进行设置。在“背景”对话框中选中“忽略母版的背景图形”复选框，即可隐藏幻灯片所应用母版的图形。

背景颜色设置完成后，单击『预览』按钮可以查看设置效果；系统提供两种应用方式，单击『应用』按钮，即可将所设置的颜色效果应用于当前幻灯片的背景；单击『全部应用』按钮，即可将所设置的颜色效果应用于演示文稿中所有的幻灯片。

2. 设置填充效果

对幻灯片背景不仅可以设置颜色，还可以设置为渐变、纹理、图案、图片等丰富的填充效果。操作方法和设置颜色效果相同，在“背景”对话框中选择“填充效果”命令，弹出“填充效果”对话框，打开相应选项卡进行设置即可。

8.3.3 设置页眉页脚

页眉和页脚是指要显示在幻灯片、讲义、大纲或备注页面顶部或底部的文本或数据，例如，幻灯片的编号、时间和日期、公司徽标、演示文稿标题或文件名、作者姓名等信息。

选择“视图/页眉页脚”命令，或在打印预览状态下选择“选项/页眉页脚”命令，弹出“页眉和页脚”对话框，打开其中“幻灯片”选项卡进行具体设置，如图 8-16 所示。

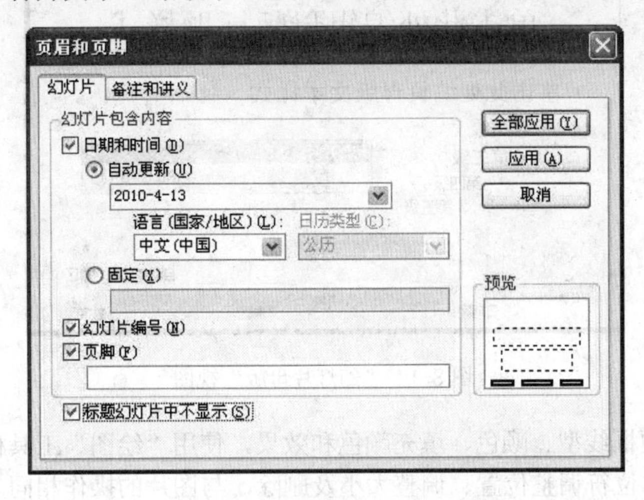

图 8-16 “页眉和页脚”对话框

对于幻灯片的备注和讲义设置页眉页脚，在“页眉和页脚”对话框的“备注和讲义”选项卡中进行设置，操作和幻灯片的页眉页脚设置基本相同。

8.3.4 母版设计

母版用于设置每张幻灯片的预设格式，例如，每张幻灯片中都要出现的元素、文本的字体、字号和颜色、占位符大小和位置、背景设计和配色方案等。通过定义母版的格式，可以统一演示文稿中使用该母版的幻灯片外观整体格式，使演示文稿各个幻灯片的样式始终保持一致。

PowerPoint 提供了 3 种母版：幻灯片母版、讲义母版和备注母版，分别用于对幻灯片、备注页、讲义的公共属性设置。

1. 幻灯片母版

幻灯片母版用于设置除标题幻灯片以外其他幻灯片的格式，例如，插入文本、图形（如徽标）、各种元素的格式、背景颜色等效果，只设置格式不输入具体文字内容，这些设置在默认情况下应用于所有使用该母版的幻灯片中，只要对母版修改就可以对幻灯片统一实现效果。

选择“视图/母版/幻灯片母版”命令，进入幻灯片母版视图方式，同时打开“幻灯片母版视图”工具栏，如图 8-17 所示。

其中，“自动版式的标题区”用来设置幻灯片标题的格式；“自动版式的对象区”用来设置幻灯片页面对象文本的格式，包括各级文字的字形、字体、字号以及颜色等。使用“格式”工具栏中相应按钮设置文本的各种格式。

“日期区”用来插入制作幻灯片的日期，通过选择“插入/日期和时间”命令，弹出“日期和时间”对话框，在其中进行设置即可。

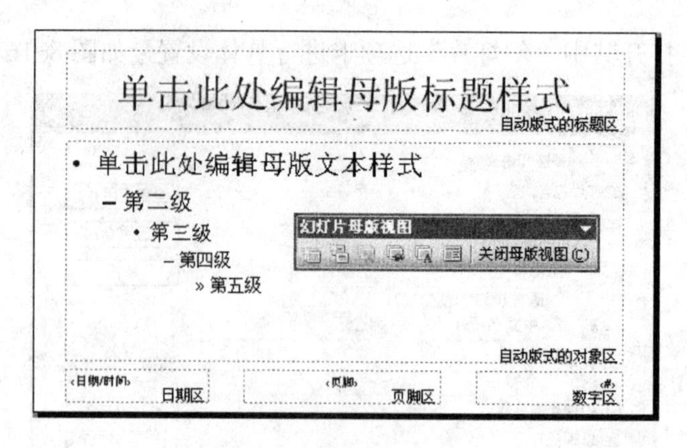

图 8-17 “幻灯片母版”视图

对于占位符的边框线型、颜色、填充颜色和效果，使用“绘图”工具栏中的相应按钮进行修改；还可以对各占位符调整位置、调整大小及删除，与图片的操作相同。

完成幻灯片母版的编辑后，单击『关闭母版视图』按钮，退出幻灯片母版编辑。

2. 讲义母版

讲义母版通常是针对已经建立的演示文稿，一般用在打印演示文稿中。讲义可以使用户更容易理解演示文稿中的内容，包括图像、演讲的文字资料等。与幻灯片、备注不同的是，讲义直接在讲义母版中创建，包括 4 个占位符和 6 个代表小幻灯片的虚线框。对讲义母版的使用和幻灯片母版基本相同。

3. 备注母版

备注是对每个幻灯片提供的补充信息，在普通视图的“备注编辑区”中添加备注信息。备注母版应用于备注页面，包括 6 个占位符。

选择“视图/母版/备注母版”命令，进入备注母版视图，同时打开“备注母版视图”工具栏，在“备注文本区”中设置备注信息的格式，其他操作和幻灯片母版基本相同，设置完成后，单击『关闭母版视图』按钮，返回到幻灯片制作窗口。

预览备注信息，可以选择“文件/打印”命令，弹出“打印”对话框，其中在“打印内容”下拉列表中选择“备注页”，然后单击『预览』按钮，即可浏览到每页显示一张幻灯片，下方对应其备注信息。

例 8-3 创建讲义母版，并应用到演示文稿。

操作步骤：

（1）打开将要应用讲义母版的演示文稿；

（2）选择“视图/母版/讲义母版”命令，进入讲义母版视图方式，同时打开“讲义母版视图”工具栏；单击工具栏上的『▦』按钮，讲义母版则按每页 6 张幻灯片的布局显示；

（3）选择“文件/页面设置”命令，弹出“页面设置”对话框，在其中设置“备注、讲义和大纲”为“横向”，如图 8-18 所示，然后单击『确定』按钮；

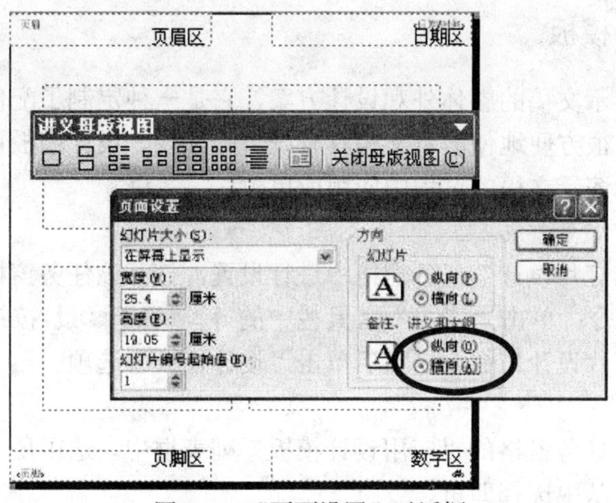

图 8-18 “页面设置”对话框

（4）在讲义母版中添加页眉和页脚，在“页眉区”输入信息“电子演示文稿—PowerPoint应用”，在“日期区”插入当前日期，在“页脚区”输入“计算机应用基础”，在“数字区”插入页码，最后单击工具栏上的『关闭母版视图』按钮，返回到幻灯片制作窗口；

（5）选择“文件/打印”命令，弹出“打印”对话框，在其中“打印内容”下拉列表中选择“讲义”，然后单击『预览』按钮，即可浏览效果如图 8-19 所示。

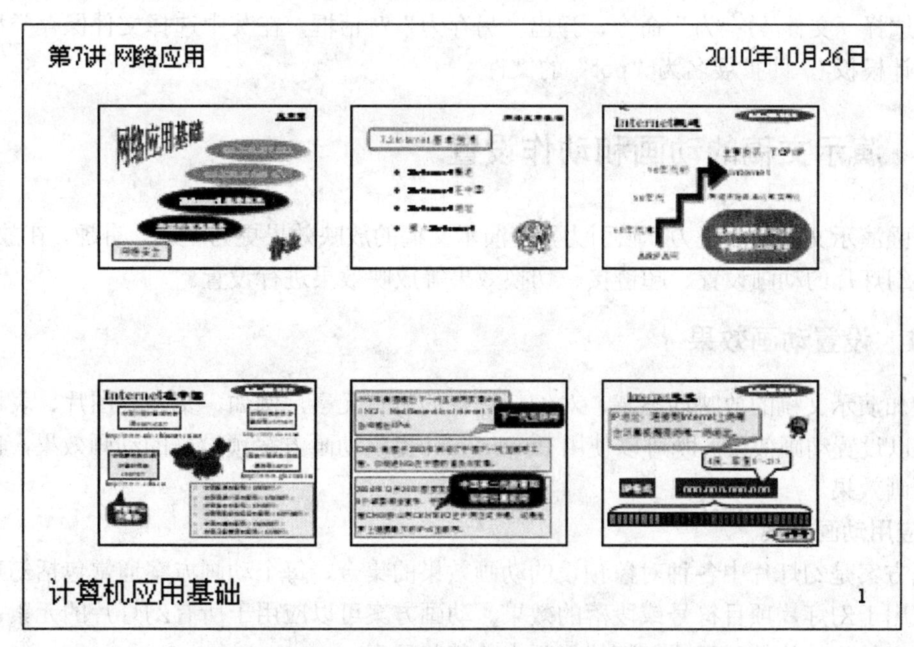

图 8-19 “讲义母版”应用效果

8.3.5 应用设计模板

设计模板是一个演示文稿的整体外观设计方案，它是一种定制了配色方案和母版样式的版式，应用设计模板可以很方便地使演示文稿具有统一的外观。设计模板可以在创建新演示文稿时应用，也可以在编辑演示文稿的过程中应用或更改。

1．启动设计模板

设计模板是在“幻灯片设计”任务窗格中进行设置，打开该任务窗格的方法有 3 种：选择“格式/幻灯片设计”命令；单击“格式”工具栏中的『设计(S)』按钮；打开任务窗口中的下拉菜单，选择“幻灯片设计”命令，然后单击“设计模板”选项。

2．应用设计模板

在“幻灯片设计”任务窗格的“应用设计模板”列表框中，选中所需的设计模板，单击鼠标右键弹出下拉菜单，从中选择即可。

系统提供了 4 种设计模板应用方式：选择“应用于所有幻灯片”命令，则将该设计模板应用于演示文稿中的所有幻灯片；选择“应用于选定幻灯片”命令，则将该设计模板应用于演示文稿中所选中的幻灯片；选择“用于所有新演示文稿”，则从当前幻灯片开始所有新建幻灯片都应用于该设计模板；选择“显示大型预览”命令，则是以较大尺寸显示这些模板。

3．创建和保存设计模板

创建设计模板实际上也是对母版进行修改然后再保存为模板以供使用。保存为设计模板时，可以选择“文件/另存为”命令，弹出“另存为”对话框，在其中选择文件保存类型为“演示文稿设计模板”，即扩展名为“pot”的文件。

8.4 演示文稿的动画和动作设置

为增强演示文稿的表现力、吸引力，使演示文稿的放映效果更为生动、有趣，在放映之前，还需要对幻灯片的动画设置、超链接、切换效果等放映效果进行设置。

8.4.1 设置动画效果

为增加演示文稿的放映动态感，对幻灯片中的所有元素，例如，文本、图片、表格、图表等，都可以设置动画效果。既可以使用 PowerPoint 提供动画方案预设好的动画效果，也可以自己设计动画效果。

1．应用动画方案

动画方案是幻灯片中各种对象预设的动画效果的集合，每个动画方案通常包括幻灯片标题效果和应用于幻灯片项目符号或段落的效果。动画方案可以应用于所有幻灯片的元素，也可以应用于选定的幻灯片的元素或幻灯片母版中的某些元素。

通过选择“幻灯片放映/动画方案”命令，进入“幻灯片设计”任务窗格，选中“自动预览”

复选框，在“应用于所选幻灯片”列表框中选择所需动画效果，即可预览到该动画效果；单击『应用于所有幻灯片』按钮，即可将所选动画方案应用于演示文稿中的所有幻灯片；单击『播放』按钮，即可在当前窗口中放映所设置的动画方案的效果。

如果要对已经设置了动画效果的幻灯片取消动画方案，则选择“应用于所选幻灯片”列表框中的无动画即可。

2．自定义动画

自定义动画可以应用于幻灯片中各元素，使用户进一步控制动画效果。

通过选择“幻灯片放映/自定义动画”命令，进入“自定义动画”任务窗格。先选中幻灯片中某一元素，再单击『添加效果』按钮，弹出“添加效果”下拉菜单，如图 8-20 所示。

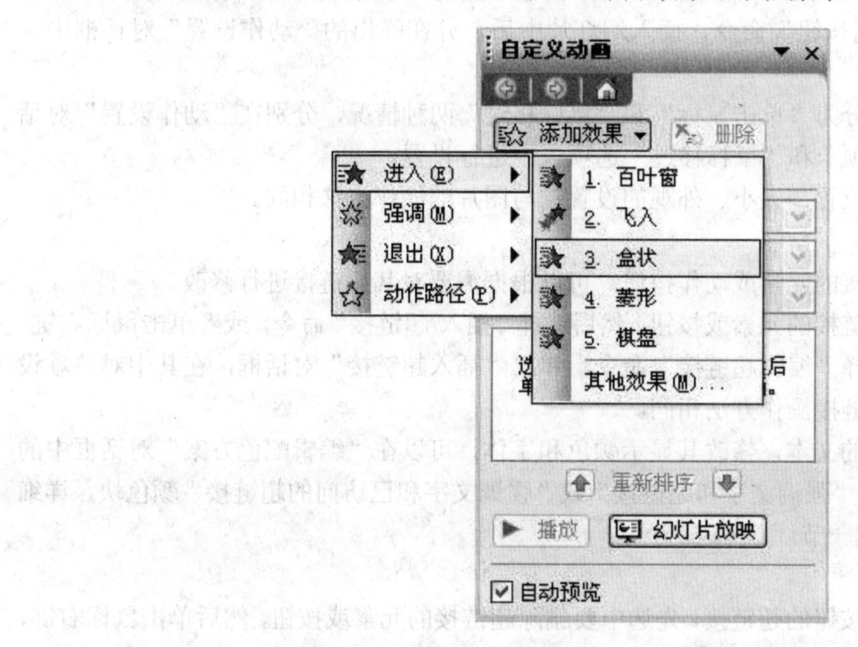

图 8-20 “添加效果”下拉菜单

选择所需的效果，并设置效果的相关参数，例如，开始、方向、速度等。设置完成的元素动画将列在动画顺序列表框中，在这里可以调整动画排序、修改和删除动画效果，单击『播放』按钮，即可在当前窗口中放映所设置的自定义动画的效果。

在自定义动画中，可以对同一个元素设置多个动画效果，也可以对组合元素，例如，图表、带项目符号的段落等设置同一个动画效果。

8.4.2 设置超链接

超链接可以使幻灯片方便地跳转到另一张幻灯片、Web 网页或其他文件等位置，实现交互式的放映效果。

1. 创建超链接

在幻灯片中可以对文本、图片、图形、图表等元素设置超链接，也可以插入动作按钮来设置超链接。

（1）对元素设置超链接

在幻灯片中选中要设置超链接的元素，然后选择“插入/超链接”命令，弹出“插入超链接”对话框，选择所要链接到的文件，设置屏幕提示的文字内容，然后单击『确定』按钮，即可实现对元素设置超链接。

（2）插入动作按钮设置超链接

PowerPoint 提供了一些现成的按钮，可以插入到幻灯片中并为其设置超链接。通过选择“幻灯片放映/动作按钮/所需按钮”命令，插入幻灯片中后，并在弹出的“动作设置”对话框中对该按钮设置动作。

对按钮的动作设置分为“单击鼠标”和“鼠标移过”两种情况，分别在“动作设置”对话框中的“单击鼠标”选项卡和“鼠标移过”选项卡中进行设置。

对于所插入按钮的位置、大小、外观的设置，与图片的操作方法相同。

2. 修改超链接

对已经设置了超链接的元素或动作按钮，可以根据需要对其超链接进行修改。

先选中所要修改超链接的元素或按钮，然后选择“插入/超链接”命令，或者单击鼠标右键，在弹出的快捷菜单中选择“编辑超链接”命令，弹出“插入超链接”对话框，在其中对各项设置进行修改，与创建超链接操作方法相同。

对于设置了超链接的文本，修改其显示颜色和字体，可以在“编辑配色方案”对话框中的“自定义”选项卡中修改“强调文字和超链接”或“强调文字和已访问的超链接”颜色块，详细讲解参见 8.3.1 配色方案一节。

3. 删除超链接

要删除元素或动作按钮的超链接，先选中要删除超链接的元素或按钮，然后单击鼠标右键，在弹出的快捷菜单中选择“删除超链接”命令，即可删除其超链接。

8.4.3 幻灯片间切换效果

幻灯片切换效果是在演示文稿放映过程中幻灯片之间衔接的特殊效果，即当前幻灯片消失，下一张幻灯片出现时产生的视觉效果。

PowerPoint 提供了丰富的幻灯片切换效果，其中可以设置幻灯片放映过程中的不同切换效果，还可以设置切换的速度和声音。设置切换效果时，可以对选定的一张幻灯片、多张幻灯片或演示文稿中的所有幻灯片设置同一种切换效果，也可以为不同幻灯片设置不同的切换效果。

选择“幻灯片放映/幻灯片切换”命令，进入“幻灯片切换”任务窗格，在“应用于所选幻灯片”列表框中选择所选切换效果，并设置效果的速度、声音、换片方式等参数，如图 8-21 所示。

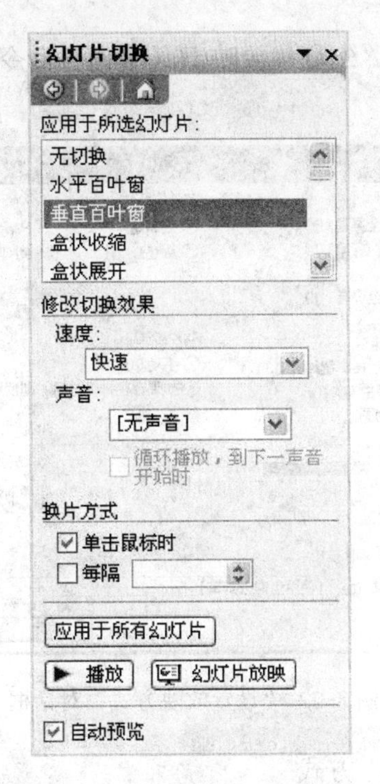

图 8-21 “幻灯片切换”任务窗格

选中“自动预览”复选框，即可直接预览所选切换效果。切换效果设置完成后，如果单击『应用于所有幻灯片』按钮，可将所设置的幻灯片切换效果应用于演示文稿中的所有幻灯片；单击『播放』按钮，则放映切换到当前幻灯片的效果；单击『幻灯片放映』按钮，则从当前幻灯片开始放映演示文稿。

8.5 演示文稿的放映和输出

8.5.1 幻灯片放映技术

1. 设置放映类型

创建完成的演示文稿经过设置动画效果后，就可以放映观看了。PowerPoint 放映幻灯片有 3 种方式：演讲者放映（全屏幕）、观众自行浏览（窗口）和在展台浏览（全屏幕）。

选择“幻灯片放映/设置放映方式”命令，弹出“设置放映方式”对话框，选择“放映类型”，如图 8-22 所示。

（1）“演讲者放映（全屏幕）”方式

“演讲者放映（全屏幕）”是最常用的放映方式。在放映过程中使用人工控制幻灯片的放映进度和动画出现的效果，也就是通过按任意键完成从一张幻灯片转换到另一张幻灯片；如果希望自动放映演示文稿，可以选择“幻灯片放映/排练计时”命令设置幻灯片放映的时间，使其自动播放。

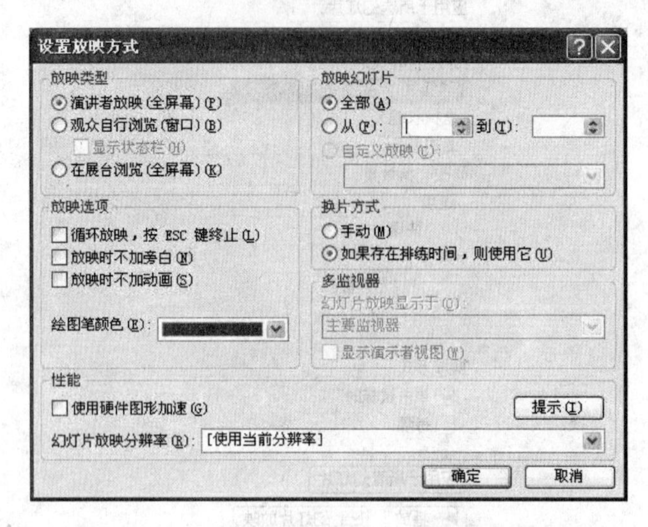

图 8-22 “设置放映方式”对话框

（2）“观众自行浏览（窗口）”方式

“观众自行浏览（窗口）”方式是以一种特殊的浏览方式呈现演示文稿，这是 IE 浏览器的一种版本。当选定该方式时，屏幕就会以修改过的 IE 浏览器版本显示幻灯片放映，其中工具栏与 IE 工具栏很相似，但菜单却是幻灯片所特有的。

（3）“在展台浏览（全屏幕）”方式

“在展台浏览（全屏幕）”方式是将演示文稿在展台、摊位等无人看管的地方自动放映的一种方式。当选定该方式时，PowerPoint 会自动选中“循环放映，Esc 键停止”复选框。还可在“幻灯片”栏中设置放映幻灯片的起始与结束编号，用于控制演示文稿中部分幻灯片的播放。

2．启动放映

在 PowerPoint 中，放映幻灯片有很多方法，经常使用的有 3 种方式：单击视图切换工具栏中的『豆』按钮；选择“幻灯片放映/观看放映”命令；选择“视图/幻灯片放映”命令，或者按键盘上的“F5”功能键。

在幻灯片放映过程中，通过单击鼠标右键弹出的快捷菜单控制幻灯片的放映进程，如，上一张、下一张、快速定位、结束放映等操作。

3．设置放映时间

在放映演示文稿时，有时需要精确控制整个演示文稿的放映时间和某些幻灯片的切换时间，在放映过程中，可以使用人工设置放映时间、排练计时来进行设置。

（1）人工设置放映时间

打开要放映的演示文稿，选择“幻灯片放映/幻灯片切换”命令，进入“幻灯片切换”任务窗格。其中，换片方式选中“每隔”复选框，并设置时间，这样就可以控制整个演示文稿的放映时间长度。

（2）排练计时

打开要放映的演示文稿，选择“幻灯片放映/排练计时”命令，打开幻灯片放映视图，同时打开“预演”工具条，如图 8-23 所示。

图 8-23 “预演”工具条

屏幕显示第一张幻灯片时，开始排练计时。按照所需放映时间，单击“预演”工具条中的『下一项』按钮，放映下一张幻灯片；单击『重复』按钮，重新设定当前幻灯片的放映时间；单击『暂停』按钮，暂停计时，再次单击该按钮，继续计时；排练计时结束后，弹出信息提示框。单击『是』按钮，将排练时间设置为演示文稿的放映时间，返回到幻灯片浏览视图时，在幻灯片左下角就可显示出设置的放映时间；单击『否』按钮，则不使用排练时间，放弃将排练时间设置为演示文稿的放映时间。

4．结束放映

在演示文稿放映过程中，结束放映有 3 种方法：使用快捷键，按键盘上的“Esc”键；使用快捷键，按键盘上的“Ctrl+Break”组合键；单击鼠标右键，在弹出的快捷菜单中选择“结束放映”命令。

通过以上方式，即可结束放映，返回到幻灯片普通视图中。

> *注意：在演示文稿中设置的“排练计时”、“旁白”、“自定义放映”等参数，需要通过“设置放映方式”对话框中指定并起作用。*

8.5.2 打印演示文稿

PowerPoint 提供了各种打印功能，既可以打印整个演示文稿的幻灯片、大纲、备注或讲义，也可以打印选定的内容；可以选择用彩色、灰度或黑白方式进行打印；可以选择打印纸张大小、方向以及打印份数等。

根据展示的介质不同，可以将幻灯片打印到纸上，也可以打印到投影胶片上通过投影仪来放映，还可以制作成 35mm 的幻灯片通过幻灯机来放映。

1．页面设置

打印文稿之前，先要对页面进行设置，选择“文件/页面设置”命令，弹出“页面设置”对话框，在其中设置幻灯片的大小、宽度、高度、编号起始值和幻灯片的方向，设置方法与 Word 基本相同。

2. 打印预览

使用打印预览功能，可以在正式打印演示文稿之前查看打印效果。打印预览时，用户可以选择彩色、灰度或黑白方式预览幻灯片，从而预览到实际的打印效果。

选择“文件/打印预览”命令，或者单击“常用”工具栏中的『打印预览』按钮，即可在“打印预览”窗口中预览演示文稿中幻灯片的打印效果。

3. 打印设置

打印演示文稿之前，要先进行打印设置。通过选择“文件/打印”命令，弹出“打印”对话框，其中打印机、打印范围、打印分数的设置方法与 Word 和 Excel 基本相同。

“打印内容”中提供了幻灯片、讲义、备注页、大纲视图等选项，在下拉列表中选择“讲义”选项时，还要设置讲义的每页打印幻灯片张数及顺序。

> 注意：在打印中如果打印多份时，可以选中“逐份打印”复选框，这样打印出来不用再整理即可直接装订。

8.5.3 打包输出演示文稿

在一台计算机上创建的演示文稿有时需要在另一台尚未安装 PowerPoint 的计算机上播放，这就需要打包来解决。PowerPoint 的文件打包功能不仅可以把幻灯片中所使用的特殊字体、音乐、视频片段等元素都一并输出，还可以把 PowerPoint 播放器和演示文稿一起打包。

如果演示文稿中包含相当丰富的视频、图片、音乐等内容，用户不仅可以把演示文稿和其相关文件打包到一个文件夹，还可以打包到 CD 以便于携带和播放。使用打包到 CD 时，首先确定所使用的计算机具有刻录设备，并且在刻录设备中放置了空白 CD 盘。

打开要打包的演示文稿，然后选择“文件/打包成 CD”命令，弹出“打包成 CD”对话框，如图 8-24 所示。

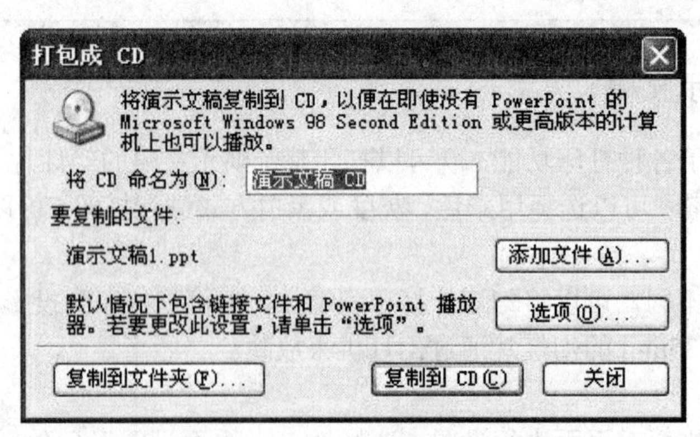

图 8-24 “打包成 CD”对话框

在“打包成 CD”对话框中，单击『选项』按钮，弹出“选项”对话框，如图 8-25 所示。

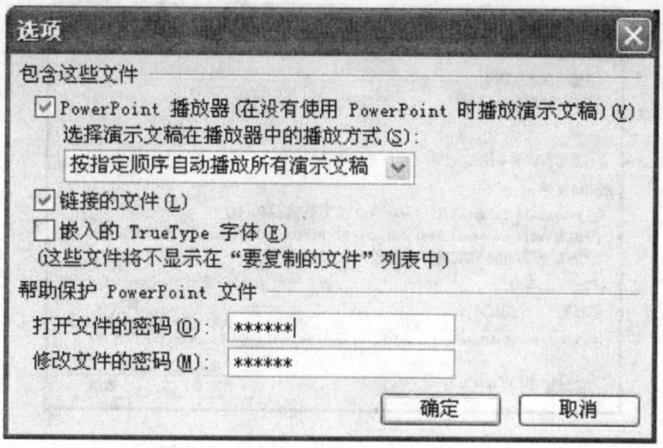

选项

包含这些文件

☑ PowerPoint 播放器(在没有使用 PowerPoint 时播放演示文稿)(V)

选择演示文稿在播放器中的播放方式(S):

按指定顺序自动播放所有演示文稿

☑ 链接的文件(L)

☐ 嵌入的 TrueType 字体(E)

(这些文件将不显示在“要复制的文件”列表中)

帮助保护 PowerPoint 文件

打开文件的密码(O): ******

修改文件的密码(M): ******

确定 取消

图 8-25 “选项”对话框

在“选项”对话框中，选中“PowerPoint 播放器”复选框，则将 PowerPoint 2003 播放器一并打包，使演示文稿可以在没有安装 PowerPoint 2003 环境的机器上播放；选中“链接的文件”复选框，则将演示文稿中所有链接的文件一起打包；选中“嵌入的 TrueType 字体”复选框，则将演示文稿中所用到的 TrueType 字体信息一起打包，可以使演示文稿在没有 TrueType 字体的机器上按字体原貌显示播放。还可根据需要设置打开文件和修改文件的密码，来保护 PowerPoint 文件。

1. 把演示文稿打包成 CD

在“打包到 CD”对话框中，单击『复制到 CD』按钮，就会开始刻录进程。将复制好的 CD 插入光驱，稍等片刻就会弹出“Microsoft Office PowerPoint Viewer”对话框，单击『接受』按钮接受其中的许可协议，即可按用户先前设定的方式播放演示文稿。

2. 把演示文稿复制到文件夹

在“打包到 CD”对话框中，单击『复制到文件夹』按钮，在弹出的对话框中输入文件夹名称和复制位置，单击『确定』按钮即可将演示文稿和所包含的相关文件复制到指定位置的文件夹中。

3. 把演示文稿打包成网页

上面两种 PowerPoint 2003 文件打包方法本质相同，都要使用 PowerPoint 播放器，从而使演示文稿打包文件的体积变大。如果用户对播放效果要求不高，可以将演示文稿保存为网页。这样只需在 IE 浏览器中就可以播放演示文稿，其体积也会大大缩小。

选择“文件/另存为网页”命令，弹出“另存为”对话框，选择保存位置和输入文件名，在“保存类型”中选择“单个文件网页”选项，单击『确定』按钮即可保存为网页文件。

如果需要将演示文稿中的部分幻灯片保存为网页，可单击『发布』按钮，弹出“发布为网页”对话框，其中设置幻灯片起始编号、支持浏览器及发布的网页文件名，如图 8-26 所示。最后单击『发布』按钮，即可按要求发布为网页。

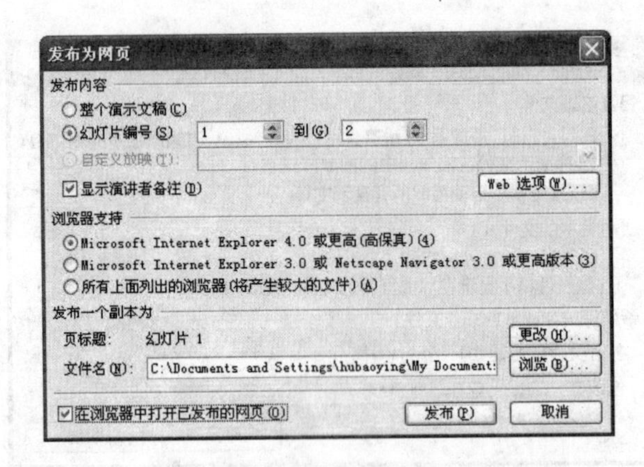

图 8-26 “发布为网页”对话框

发布为网页的演示文稿可以用浏览器直接打开，其浏览方式有两种：

（1）第一种方式与普通网页相似。在状态栏上方显示“大纲”、“上一张幻灯片”、“下一张幻灯片”和“幻灯片放映”4 个工具按钮。单击『大纲』按钮可以在窗口左侧显示演示文稿中各个幻灯片的名称，单击每张幻灯片的名称可直接在当前窗口中显示该幻灯片。单击『上一张幻灯片』或『下一张幻灯片』按钮，可以顺序切换演示文稿中的其他幻灯片。

（2）第二种方式与 PowerPoint 全屏幕方式类似。单击视图切换工具栏中的『幻灯片放映』按钮，在浏览器中以全屏方式播放该演示文稿，播放效果和 PowerPoint 2003 放映的幻灯片相同，播放完毕后单击鼠标右键，在弹出的快捷菜单中选择“结束放映”命令结束幻灯片的放映。

8.6 综合应用

题目：

制作演示文稿“自我介绍.ppt”文件，包含 6 张幻灯片，制作效果如图 8-27 所示。

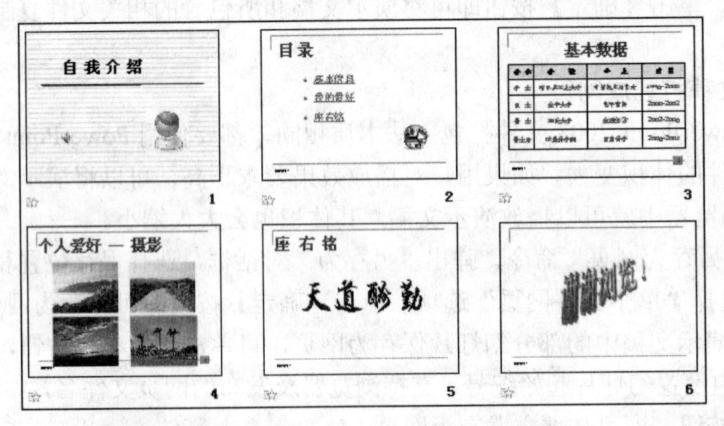

图 8-27 演示文稿样式

要求：

（1）演示文稿具有 6 张幻灯片，第 1 张幻灯片使用“标题幻灯片”版式，插入标题与照片；第 2 张幻灯片为目录页，包含“基本信息、我的爱好和座右铭”3 项；第 3 张幻灯片以表格形式显示基本信息；第 4 张幻灯片为“个人爱好—摄影”；第 5 张幻灯片为“座右铭”；第 6 张幻灯片为“谢谢浏览！”；

（2）为第 1 张幻灯片应用设计模板“Profile.pot”，其他幻灯片应用设计模板“Edge.pot”；

（3）在第 1 张幻灯片中添加歌曲“背景音乐”，设置循环播放效果；

（4）设置幻灯片页眉为“日期和时间”，且自动更新，页脚显示幻灯片编号；

（5）设置第 1 张幻灯片标题动画效果为“飞入”、“自底部”、“中速”；

（6）设置幻灯片的切换效果为“随机”，速度为中速；

（7）为第 2 张幻灯片“目录页”各个目录标题设置超链接，并在相应页设置返回按钮；

（8）保存演示文稿文件为“d:\text\自我介绍.ppt”。

操作示意：

（1）启动 PowerPoint，新建一个演示文稿文件，选择“文件/保存”命令，弹出“另存为”对话框，将文件存储为“d:\text\自我介绍.ppt”。

（2）制作第 1 张幻灯片，在任务窗格中的幻灯片版式中选择“标题幻灯片”版式，在幻灯片编辑区中添加标题为“自我介绍”并调整字体和字号，然后选择“插入/图片/剪贴画”命令，任务窗格弹出“剪贴画”任务栏，单击『搜索』按钮从给出的剪贴画中任选一图画，插入剪贴画图片并调整其位置和大小。

（3）制作第 2 张幻灯片，选择“插入/新幻灯片”命令，在任务窗格中的幻灯片版式中选择“标题和文本”版式，输入标题为“目录”，分 3 行添加文本为“基本信息、我的爱好和座右铭”；选中所有文字元素，选择“格式/项目符号和编号”弹出“项目符号和编号”对话框，单击『图片』按钮弹出“图片项目符号”对话框，选择“✦”符号，再单击『确定』按钮，即可将所选文字插入项目符号；选择“插入/图片/来自文件”命令弹出“插入图片”对话框，插入图片文件“d:\text\earth.gif”，点缀此幻灯片。

（4）制作第 3 张幻灯片，直接单击窗口工具栏『新幻灯片(N)』按钮，在任务窗格中的幻灯片版式中选择“只有标题”版式，输入标题为“基本数据”，选择“插入/表格”命令，弹出“插入表格”对话框，选择列数为 4、行数为 5，单击『插入』按钮，插入表格后在各个单元格中输入内容并进行格式设置与调整，直到满足要求。

（5）制作第 4 张幻灯片，插入第 4 张幻灯片并选择“只有标题”版式，输入标题为“个人爱好—摄影”，选择“插入/图片/来自文件”命令弹出“插入图片”对话框，插入图片文件“d:\text\摄影照片 1.jpg”，然后以相同方法依次插入其他 3 张摄影照片，并调整位置。

（6）制作第 5 张幻灯片，插入第 5 张幻灯片并选择“只有标题”版式，添加标题为“座右铭”，然后选择“插入/图片/来自文件”命令，弹出“插入图片”对话框，选择“d:\text\座右铭.jpg”图片文件。

（7）制作第 6 张幻灯片，插入第 6 张幻灯片并选择“空白”版式，添加艺术字为“谢谢浏览！”。

（8）应用设计模板，选择任务窗格的幻灯片设计，单击应用设计模板“Edge.pot”，此时所有幻灯片应用了“Edge.pot”样式；单击第 1 张幻灯片，将鼠标指针指向“Profile.pot”应用设计模板并单击鼠标右键，选择下拉菜单中的“应用于选定幻灯片”，此时将标题页应用了与其他幻灯片不同的设计模板。应用模板后，相应幻灯片的格式会随之发生变化，应适当调整。

（9）插入音乐，在第 1 张幻灯片中，选择“插入/影片和声音/文件中的声音”命令，弹出“插入声音”对话框，选择“d:\text\背景音乐.wma”声音文件，单击『确定』按钮，在弹出的播放方式信息提示对话框中单击『自动』按钮，此时在第 1 张幻灯片中出现“小喇叭”图标；然后鼠标右键单击“小喇叭”图标，在弹出的快捷菜单中选择“编辑声音对象”命令，弹出“声音选项”对话框，选中“幻灯片放映时隐藏声音图标”和“循环播放，直到停止”复选框，如图 8-28 所示。

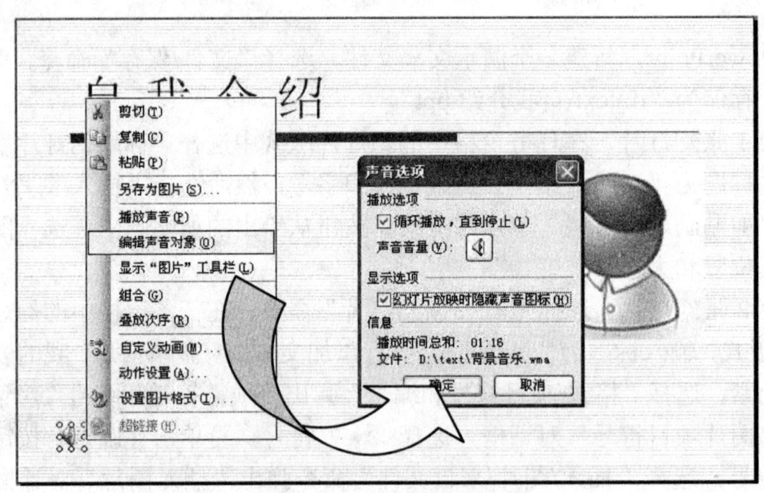

图 8-28　设置隐藏声音图标

（10）选择“幻灯片放映/自定义动画”命令，在任务窗格中显示出各动画任务，将鼠标指向“背景音乐.wma”单击鼠标右键，在弹出的快捷菜单中选择“效果选项”命令，弹出“播放声音”对话框，选择“在第 10 张幻灯片后”停止播放，然后单击『确定』按钮，如图 8-29 所示。这时，歌曲会随着演示文稿的播放连续进行，直到结束放映。

注意：因为此演示文稿只有 6 个幻灯片，所以放映结束歌曲也自然结束。

（11）设置页眉页脚，选择“视图/页眉和页脚”命令，弹出“页眉和页脚”对话框，在其中选中“日期和时间”复选框并选中“自动更新”单选框，在日期下拉列表中选择日期格式，然后选中“幻灯片编号”复选框和“标题幻灯片不显示”复选框，单击『全部应用』按钮。

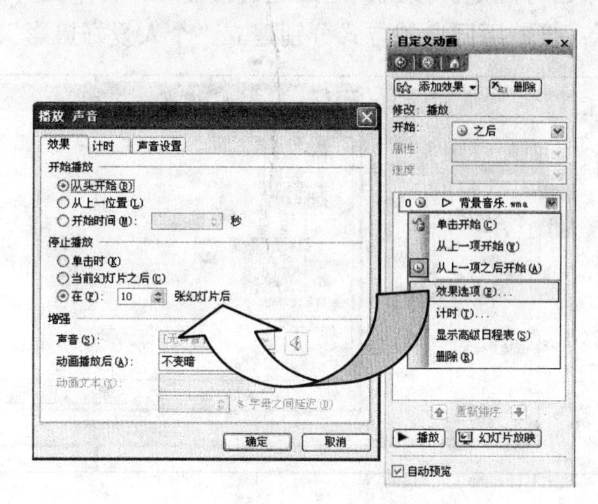

图 8-29　设置背景音乐连续播放效果

（12）设置幻灯片上对象的动画效果，选择“幻灯片放映/自定义动画”命令，选中第 1 张幻灯片中的标题文本框，在任务窗格中选择“添加效果/进入/飞入”命令，动画任务列表中出现“标题 1”动画，选中该动画，方向选择“自底部”，速度选择“中速”，如图 8-30 所示。

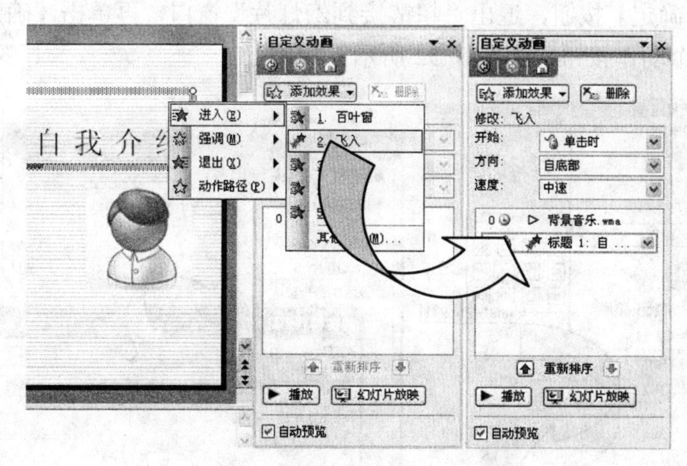

图 8-30　设置动画效果

（13）设置幻灯片切换动画效果，选择“幻灯片放映/幻灯片切换”命令，在幻灯片切换任务窗格中选择应用于所选幻灯片为“随机”效果，速度选择“中速”，最后单击『应用于所有幻灯片』按钮。

（14）设置超链接，进入第 2 张幻灯片，选中“基本信息”，单击『』超链接按钮弹出“插入超链接”对话框，单击『书签(O)...』按钮，弹出“在文档中选择位置”窗口，选择第 3 个幻灯片“基本信息”后单击『确定』按钮，返回超链接窗口，再单击『确定』按钮，超链接设置完成，如图 8-31 所示；接着用同样的方式分别建立“个人爱好摄影”、“座右铭”的超链接。

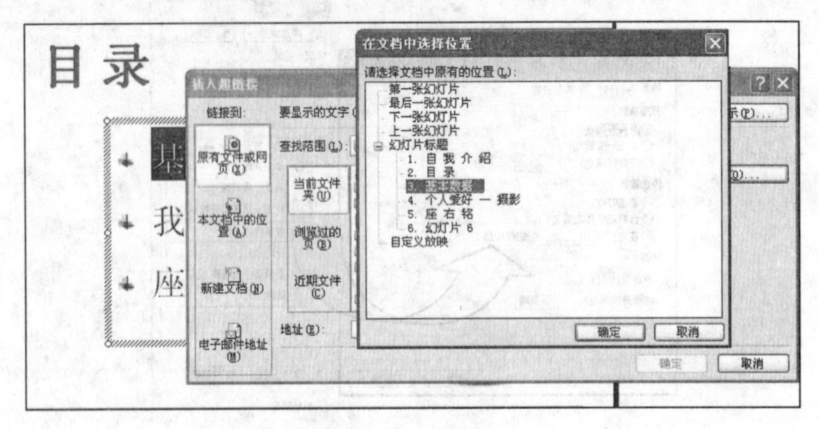

图 8-31　设置超链接

（15）为返回链接点设计返回动作按钮，进入第 3 个幻灯片，选择“幻灯片放映/动作按钮”命令，单击开始动作『⏮』按钮，此时将鼠标指针移入幻灯片文本区，当鼠标指针变为十字时拖拽鼠标绘制动作按钮，完成后松开鼠标按键弹出“动作设置”对话框，选择超链接幻灯片为“目录”页，单击『确定』按钮，退出“超链接到幻灯片”窗口，再单击『确定』按钮，这时便在幻灯片上产生一个动作按钮，如图 8-32 所示。

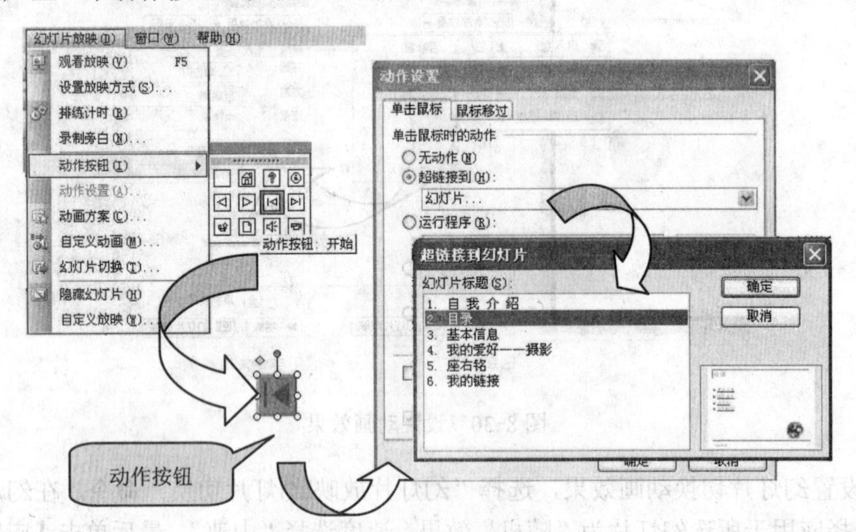

图 8-32　设置“动作按钮”示意

（16）接着用同样的方式分别建立“个人爱好-摄影”、“座右铭”的返回动作按钮。

（17）单击『💾』按钮，保存演示文稿文件“d:\text\自我介绍.ppt”，单击『❎』按钮，退出 PowerPoint 程序。

思考与练习

1．简答题

（1）PowerPoint 有几种视图方式，各应用于什么情况？

（2）创建演示文稿有哪几种方法？简述各创建方法的特点。

（3）母版的作用是什么？

2．填空题

（1）在 PowerPoint 的 ________ 视图中，只能看到文字信息。

（2）插入一张新幻灯片并应用幻灯片版式，显示的带有文字提示的虚线框称为 ________ 。

（3）PowerPoint 的母版分为 ________ 、讲义母版和备注母版 3 种类型。

（4）在 PowerPoin 中，幻灯片放映可分为讲演者放映方式、观众自行浏览方式和 _________ 。

3．选择题

（1）如果把已完成的演示文稿在另一台尚未安装 PowerPoint 环境的计算机上去放映，应（　　）。

A．必须在另一台计算机上先安装 PowerPoint 软件

B．把演示文稿和 PowerPoint 程序都复制到另一台计算机上

C．使用 PowerPoint 的“打包”工具并且包含“播放器”

D．使用 PowerPoint 的“打包”工具并且包含全部 PowerPoint 程序

（2）幻灯片中占位符的作用是（　　）。

A．表示文本长度　　B．限制插入对象的数量

C．表示图形大小　　D．为文本、图形预留位置

（3）在 PowerPoint 中，统一设置幻灯片上文字的颜色，应用（　　）。

A．配色方案　　B．自动版式　　C．幻灯片切换　　D．幻灯片动画

（4）在 PowerPoint 中，对幻灯片的打印描述，正确的是（　　）。

A．必须打印所有幻灯片

B．必须从第一张幻灯片开始打印

C．不仅可以打印幻灯片，还可以打印讲义和大纲

D．幻灯片只能打印在纸上

4．操作题

题目：利用 PowerPoint 制作自我介绍演示文稿文件，至少由 6 个幻灯片组成。

要求：

（1）第一张幻灯片为封面，封面标题为“自我介绍”，文字分散对齐、“粗体”、“阴影”，从而加强大标题的效果，在封面的中央插入个人照片；

（2）第二张幻灯片是个人基本概况目录标题页，包括“基本情况、主要学习经历、兴趣与爱好、个人名言”，用项目符号将各个标题标志，格式自定；

（3）第三张幻灯片以表格方式介绍个人基本情况，第四张幻灯片以分栏方式介绍主要学习经历，第五张幻灯片以图形方式标志兴趣与爱好，第六张幻灯片以艺术字方式表示人生名言，格式自定；

（4）设置各个幻灯片中的对象动画方式，效果自定；

（5）设置放映方式为“循环放映”；

（6）在第一张幻灯片上插入任意歌曲，且从第一张幻灯片播放到最后一张，即随着演示文稿的播放，循环放映歌曲；

（7）应用设计模板到各个幻灯片，其各个幻灯片的版式自定；

（8）将演示文稿以 ex4.ppt 为文件名保存在 d:\text 文件夹中。

5．课外阅读

（1）《Microsoft Office PowerPoint 2003》，微软公司 黄旭明主编，高等教育出版社，2006 年 7 月；

（2）《范例学 PowerPoint 2003》，陈盈蓁 张菁育主编，中国铁道出版社，2005 年 8 月；

（3）《PowerPoint 2003 基础培训百例（1 光盘）》，宋静 等主编，机械工业出版社，2006 年 1 月。

第9章 Internet应用

本章学习重点：

- 了解Internet的发展史。
- 了解WWW的基本概念。
- 掌握IE浏览器的基本设置方法。
- 了解电子邮件的基本概念及Outlook Express的基本操作。
- 了解并掌握FTP的工作原理与应用。
- 了解BT的工作原理。
- 了解并掌握信息搜索引擎的基本概念与应用。
- 了解并掌握BBS的基本概念与应用。
- 了解Skype软件的基本操作。

9.1 认识Internet

Internet是当前世界上最大的计算机网络，连接了全球不计其数的网络与电脑。Internet已成为继电视、电话之后，又一项给人们生活方式带来巨大变化的科技力量。Internet是一个庞大的信息资源库，人们可以轻松地获取所需的信息，也可以利用网络进行远距离交流。总之，Internet为人们提供了越来越完善的信息服务。

9.1.1 Internet的起源、形成及发展

1．Internet的起源

1969年，美国国防部高级研究计划管理局（Advanced Research Projects Agency，ARPA）开始建立ARPA网络。1983年，ARPA和美国国防部通信局研制成功了用于异构网络的TCP/IP协议，美国加利福尼亚大学伯克莱分校把该协议作为其BSD UNIX的一部分，使得该协议得以在社会上流行起来，从而诞生了真正的Internet。

2．Internet的形成

1986年，美国国家科学基金会（NSF，National Science Foundation）将5个科研、教育、服务超级计算机中心互联，从而建立了NSFnet广域网。很多大学、政府资助的研究机构甚至私营的研究机构纷纷把自己的局域网并入到NSFnet中。ARPA网逐步被NSFnet所替代，到1990年，ARPA网退出了历史舞台。现今，NSFnet已成为Internet的重要骨干网之一。

3. Internet 的发展

随着社会科技、文化和经济的发展，特别是计算机网络技术和通信技术的大发展促进了Internet 的不断发展，使接入网络的计算机和用户数目急剧增加。1996 年 Internet 已通往全世界180 个国家和地区，连接着 947 万台计算机主机，直接用户超过 6 000 万，成为世界最大的计算机网络。

9.1.2 中国的 Internet 发展史

1. Internet 的起步阶段

1987 年 9 月，中国学术网（Chinese Academic Network，CANET）正式建成中国第一个国际互联网电子邮件节点，并于 9 月 14 日钱天白教授发出了我国第一封电子邮件“Across the Great Wall we can reach every corner in the world（越过长城，走向世界）”，从而揭开了中国人使用Internet 的序幕。

2. Internet 的发展阶段

1994 年 4 月，中关村地区教育与科研示范网络工程接入互联网，实现了和 Internet 的 TCP/IP 连接，从而开通了 Internet 全功能服务，从此中国被国际上正式承认为接入 Internet 的国家。从此，ChinaNet、CERNET、CSTNET、ChinaGBNET 等多个互联网络项目在全国范围相继启动，Internet 开始进入公众生活，并在中国得到了迅速的发展。1994 年 6 月，中国的“三金工程”即金桥、金关、金卡工程的建设工作全面展开。

3. Internet 的快速增长阶段

中国 Internet 用户数 1997 年以后基本保持每半年翻一番的增长速度。据中国互联网络信息中心（CNNIC，China Network Information Center）公布的统计报告显示，截止到 2010 年 12 月底，我国的网民规模已达到 4.57 亿，Internet 的普及率达到了 34.3%。用户数的快速增加与中国下一代 Internet 的建设与研究密不可分。目前，随着电信、电视、计算机“三网融合”趋势的加强，未来的互联网将是一个真正的多网合一、多业务综合平台和智能化的平台，将给我国的整个信息技术产业带来一场新的技术革命。

9.1.3 Internet 上的信息资源

信息是 Internet 上最重要的资源。Internet 在快速发展，每天都有成千上万的用户使用 Internet 从事各种信息活动，每天的信息资源都在增加和更新。Internet 上涉及的信息内容几乎无所不包，既有科学技术领域的专业信息，也有娱乐性和消遣性的信息；既有历史题材信息，也有现实生活信息。Internet 所有上网用户都有获取信息的机会。

如果用户希望获取这些信息资源，一是需要知道信息资源所在的位置；二是需要访问这些资源的工具。因此，人们通过统一的命名方式来标志资源的位置，研发各种软件工具充分利用Internet 的信息交流环境。Internet 提供的主要服务包括网络信息服务、网络通信、远程登录、文件传送、娱乐类网络服务等。

1. 网络信息服务

网络信息服务是 Internet 最富有吸引力的基本功能之一。万维网以一种网状结构，把信息资源以页面的形式链接起来。为了使用户在数以万计的页面中准确找到自己需要的信息，人们开始研发各种信息搜索工具。

2. 网络通信服务

网络通信服务是计算机网络的基本功能之一。在 Internet 时代通信业务快速发展，从最初的电子公告板（BBS）、电子邮件（E-mail），到现在的 QQ、IP 电话、视频会议等。Internet 提供的通信工具软件为人们的生活带来很多便利。

3. 文件传输服务

文件传输是 Internet 早期的主要应用之一。科技界和教育界通过这种方式传输各种实验和观测的数据、科技文献资料、数据处理结果等。随着 Internet 的发展，人们对各种文件传输软件不断进行修改和完善。

9.2 万维网——WWW 应用

万维网（World Wide Web，WWW）是一个资料空间，由许多页面组成，通过一个“统一资源定位器（Uniform Resource Locator，URL）”标志页面在服务器上的位置。这些页面包含文字、声音、图片、动画等各种多媒体信息，并且分布在世界各地的服务器中，用户可以使用浏览器来阅读页面中的内容，使用搜索引擎来查找需要的信息。

9.2.1 相关术语

1. 网页（Web Page）

WWW 的信息由一组精心设计制作的页面组成，类似于图书的页面，称为网页。多个网页组合后构成网站，其中网站的第一个页面称为主页（Homepage）。

2. HTML（Hyper Text Makup Language）

超文本标记语言 HTML 是 WWW 的基本描述语言，用来产生包含文本、图像、超链接的页面。

3. 浏览器（Browser）

浏览器是一个应用软件，其功能是把 Internet 上的各种文档翻译成网页，如 IE（Internet Explorer）、Firefox 等都是目前最常用的 WWW 浏览器。

4. 统一资源定位器（URL）

利用 URL 来标志信息资源在网络上的唯一地址。URL 会采用统一的地址格式确定信息资源的位置。例如，“http://www.bjtu.edu.cn”和“ftp://ftp.bjtu.edu.cn”都是 URL 的典型应用。

5. HTTP（HyperText Transfer Protocol）

HTTP 是超文本传输协议，主要负责 Web 浏览器与 Web 服务器之间的数据通信。通过 HTTP

请求服务器发出用 HTML 语言编写的网页。

9.2.2 IE 应用基础

1. IE 浏览器的工作界面

IE 是 Windows 自带的浏览器，下面以 IE8.0 为例介绍浏览器的基本使用方法。

双击 IE 浏览器图标『』，弹出 IE 浏览器工作窗口，如图 9-1 所示。

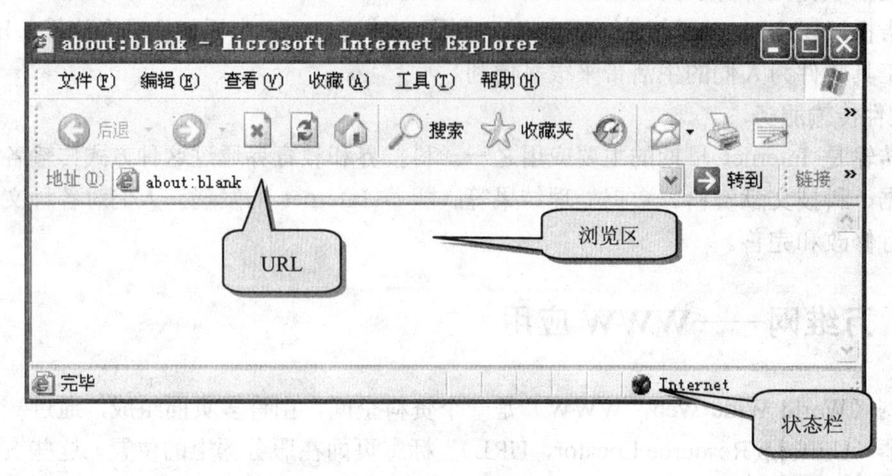

图 9-1 IE 浏览器界面

通常，IE 浏览器由地址栏、常用工具栏、菜单栏、状态栏和浏览区组成。地址栏主要用于输入要打开网页的地址。在浏览器工作窗口底部有一个状态栏，用于跟踪页面的当前状态，随时报告浏览器工作进展情况。最左端显示当前的 URL，其右侧是动态进度条。如果正常完成了网页的传送，状态栏左端显示“完毕”。

在菜单栏和工具栏下面是浏览区，占据了窗口的大部分空间，用于显示当前打开的文档。用户可以通过菜单“文件/新建/窗口”，打开多个浏览区。

2. 使用 IE 访问页面

（1）在地址栏中输入 URL

用户在浏览 WWW 时，只要在 URL 地址框中输入站点地址并单击回车键，便可以浏览该站点。如果 IE 浏览器的地址栏未正常显示，可选择菜单命令“查看/工具栏/地址栏”，在“地址栏”前面打上对钩，即可正常显示浏览器的地址栏。

（2）利用“超链接”进行跳转

页面中通常有超链接，若希望在新窗口中浏览超链接的内容，可将鼠标移到链接位置，右击鼠标，在弹出的快捷菜单中选择“在新窗口中打开”。

（3）利用工具栏的后退『』或前进『』按钮

可以利用工具栏的后退『』按钮，单击此按钮可返回前一页；如果已访问过很多网页，单击前进『』按钮，即可进入下一页面。

（4）从收藏夹中选择

单击收藏夹『收藏夹』按钮，弹出收藏夹对话框，其中存储了最常用的站点或文档的链接。在列出的收藏网页中，选择要打开的网页即可。

例如，利用 IE 浏览器访问中国教育科研网，只要在 IE 浏览器的地址栏输入“http://www.edu.cn”并按回车键，即可进入首页，如图 9-2 所示。

图 9-2　中国教育科研网

3．保存网页

（1）保存全部页面

在浏览网页时，对于有价值的资料，用户希望能够长久保存，以便在需要的时候快速找到。如果要保存整个页面，选择 IE 浏览器的“文件/另存为”命令，弹出“保存网页”对话框。选择文件保存的位置和文件类型，然后输入要保存的文件名，最后单击『保存』按钮。需要注意的是，如果文件类型选择的是“网页，全部”，则保存的只是当前的网页内容，并不能保存该网页中超链接的内容。如果要打印，首先选择“文件/页面设置”，设置好页眉和页脚等附加信息后，再选择“文件/打印”或单击浏览器工作栏的『』按钮，弹出“打印”对话框，单击『打印』按钮。

（2）保存页面的部分文字

在保存全部页面时，比较耗费时间，如果只保存页面中的部分文字内容就会大大缩减处理的时间。首先选定复制的内容，然后选择浏览器的“编辑/复制”命令，将选中的内容放入剪贴板。打开一个文档编辑器，如 Word、写字板等，确定文档插入点，在文档编辑器中选择“编辑/粘贴”命令，最后在文档编辑器中保存此复制的页面。

（3）保存图片

在浏览页面时，常有许多漂亮的图片需要保存。如果使用保存页面的方法保存图片，就会占用大量的硬盘空间，因此可以单独保存页面中的图片。首先将鼠标指向需要保存的图片并单击鼠标右键，在弹出的快捷菜单中选择“图片另存为”命令，弹出“保存图片”对话框，选择文件保存的位置和文件类型，然后输入要保存的文件名，单击『保存』按钮。

（4）保存网址

用户在浏览网页时，经常会发现喜爱的网页，这时可以通过收藏夹来保存网址，通过收藏的网址，再一次访问这个网页就很方便了。首先选定要保存的网页，单击浏览器菜单栏中的“收藏夹/添加到收藏夹”命令，弹出“添加到收藏夹”对话框，在“名称”文本框中输入名字，以便于查找，单击『确定』按钮添加到收藏夹，如图 9-3 所示。

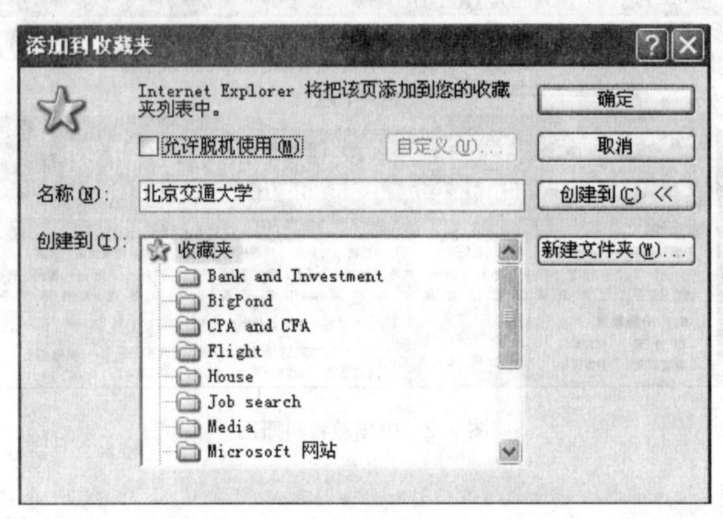

图 9-3 “添加到收藏夹”对话框

9.2.3 IE 浏览器常规设置

1. 设置浏览环境和参数

在使用 IE 的过程中，用户可以根据自己的需要配置各项参数。选择“工具/Internet 选项”命令，弹出“Internet 选项”对话框，如图 9-4 所示。

“Internet 选项”对话框初始处于“常规”选项卡状态，可以设置启动 IE 后的初始页等。安装 IE 后，每次打开浏览器时总是自动链接到 Microsoft 公司主页（http://www.microsoft.com），允许用户将其改为空白页或自己喜爱的站点作为启动 IE 后的初始页。

“Internet 临时文件”中的设置是一个重要的项目，在浏览网页时 IE 会将网页或文件作为临时文件保存在硬盘的临时文件夹中，当重新浏览已经查看过的网页时，可以直接从硬盘中调出相应的临时文件，从而加快了浏览速度。单击『设置』按钮可以查看或更改临时文件夹的设置情况。

“历史记录”区用于设置网页在本地历史记录中保留的天数；单击『清除历史记录』按钮，可以清除历史记录，以提高网页浏览的速度。

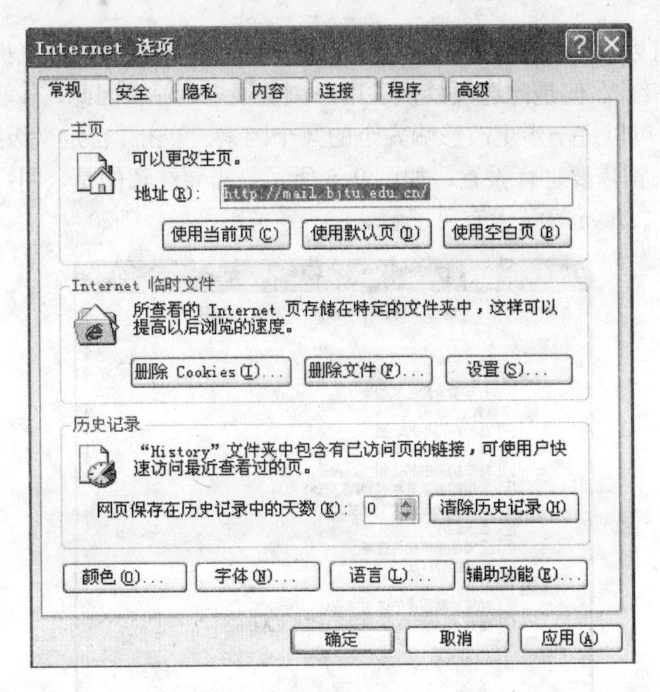

图 9-4 “Internet 选项”对话框

2．加速浏览的方法

（1）清除缓冲区文件夹

浏览网页时，IE 浏览器常常会存储有关访问过的网站信息，如，临时 Internet 文件、曾经访问的网站历史记录、曾经在网站输入的信息等。如果用户不想保留这些信息，可以从计算机的缓冲区中删除它们以便提高浏览速度。

（2）关闭多媒体元素

用户在浏览网页时，常常感觉连接到某个页面的速度很慢,其中导致连接速度减慢的主要原因之一是网页中存在了大量的多媒体文件。因此，用户可以通过关闭浏览器的多媒体元素，加快网页浏览的速度。

在“Internet 选项”对话框中，选择“高级”选项卡。用户可以将多媒体区中的“显示图片”、“启用自动图像大小调整”、“播放网页中的动画”、“播放网页中的声音”、“智能图像抖动”等选项左边复选框中的对钩取消，然后单击『确定』按钮，如图 9-5 所示。在清除了这些多媒体元素后，用户可以点击工具栏的『』按钮进行刷新，这样用户再次访问网页时会感觉速度加快了很多。

3．安全设置

Internet 的安全十分重要，用户可以通过设置浏览器的安全属性来保护自己的个人隐私和文件安全。在“Internet 选项”对话框中，选择“安全”选项卡。在“该区域的安全级别”区拖动安全级别的滑块可以设置安全级别。为了防止他人通过网络对用户计算机的恶意攻击，可以设置安全级别为“高级”，但是此选项禁止了用户浏览很多网站。因此，一般用户设置的安全级别为“中-高”。用户可以进一步更改影响安全的某个因素，单击『自定义级别』按钮，弹出“安全设置”对话框，根据需要进行设置，如图 9-6 所示。需要注意的是，用户不可随意设置，需要对 ActiveX、.Net 、Java 等技术有所了解。

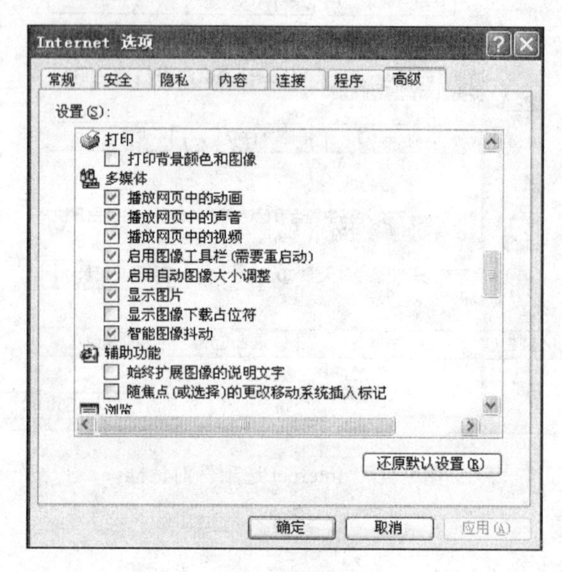

图 9-5　通过 IE 关闭多媒体元素

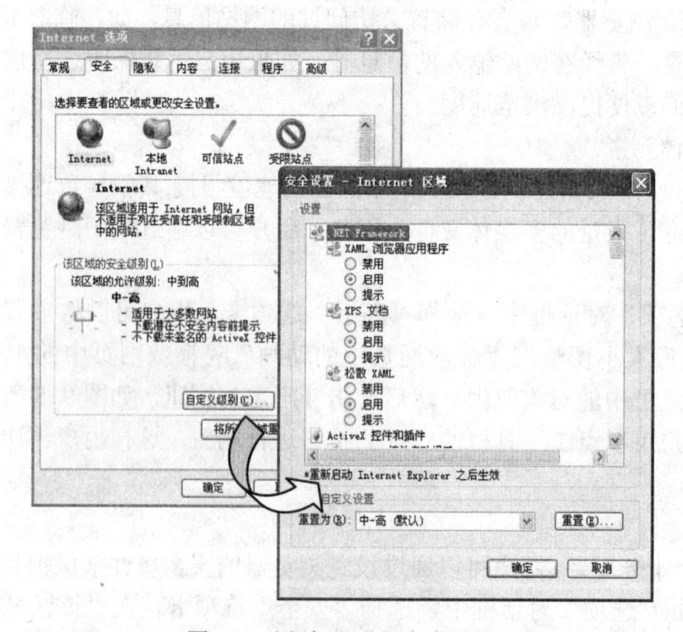

图 9-6　通过 IE 进行安全设置

9.3 电子邮件——E-mail 应用

20 世纪 70 年代出现了一种称为电子邮件（Electronic mail ，E-mail）的新型通信手段，它改变了人们传统的通信方式，从某种意义上说它也改变了人们关于距离的概念。电子邮件与普通邮件的某些服务相同，用户可以借助电子邮局将信函、杂志寄给其他人，而且具有方便、快速、准确、价格低廉等优势。电子邮件已经成为 Internet 上使用最多、最受欢迎的一种服务，越来越广泛地得到用户的喜爱。

9.3.1 电子邮件概念

1. 电子邮件服务基本要素

电子邮件是一种用电子手段提供信息交换的通信方式。如果要实现电子邮件的信息服务，必须具备邮件服务器，用户收发邮件方式和电子邮件地址 3 个基本要素。

（1）邮件服务器

在 Internet 上有很多类似邮局的计算机用来转发和处理电子邮件，称为邮件服务器。邮件服务器用来提供邮件的存储、发送、接收以及数据安全保障等功能，其中发送邮件服务器和接收邮件服务器与用户相关。发送邮件服务器采用了 SMTP（Simple Mail Transfer Protocol）协议将用户编写的邮件转交到收件人手中，而接收邮件服务器采用了 POP（Post Office Protocol）协议将其他人发送的电子邮件暂时保存，直到邮件接收者从服务器上获取到本地机上阅读。

（2）用户收发邮件方式

用户收发电子邮件方式即用户登录电子邮箱的方式。一般用户访问电子邮箱有两种方式，一种是基于 Web 页面的方式访问，目前大多数的综合网站都提供基于 Web 的 E-mail 服务；另一种是利用专用的收发电子邮件的应用程序，例如，Windows 下的 Outlook Express、Foxmail 等邮件工具。

（3）邮件地址

电子邮件地址是用“@”分割的一串字符，其中“@”之前是邮箱用户名，是用户自己选择的字符组合或代码，“@”之后是邮件服务器名称，是为用户提供电子邮件服务的服务商的名称。例如，邮件地址 user@bjtu.edu.cn，表示域名为“bjtu.edu.cn”的邮件服务器上存在一个用户名为“user”的用户。邮件服务器就是根据这些地址，将每封电子邮件传送给各个用户。与普通邮件相比，不同的是一个用户可以拥有一个或多个 E-mail 地址。

2. 电子邮件的工作过程

电子邮件的工作过程采用了“客户机—服务器”的模式。其中，用户使用的计算机分为发送端客户机和接收端客户机，负责接收、转发和保存电子邮件等功能的计算机分为发送邮件服务器和接收邮件服务器，电子邮件工作的过程如图 9-7 所示。

Internet
发送邮件服务器
接收邮件服务器
发送端
接收端

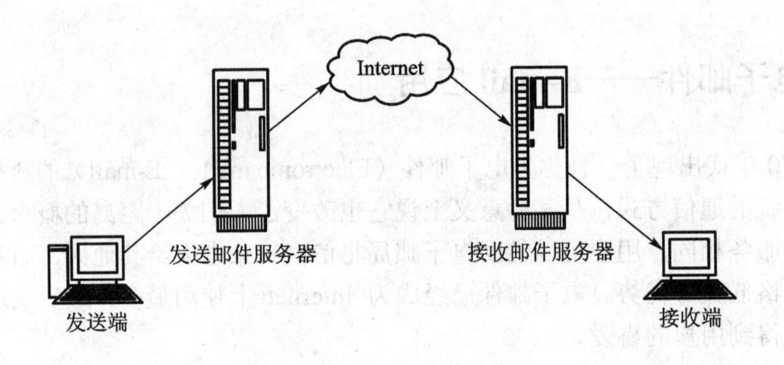

图 9-7　电子邮件的工作过程

首先，发送端用户撰写好电子邮件，邮件中除了文字，还可以包括图片、声音、视频等内容。然后输入收件人电子邮件地址，发送端客户机就会将这封邮件传送给发送邮件服务器。一般，邮件服务器含有很多用户的电子信箱，服务器中有一块缓存区，将所有发送来的邮件按照发送时间“排成队列”，以“先来先服务”的方式进行发送。如果有的用户邮件标注了“加急”，邮件服务器就会提前为这封邮件服务。发送邮件服务器传送邮件，并不是直接发送给接收端的客户机，而是先发给接收邮件服务器，然后由接收邮件服务器再发给接收方。接收方就可以打开自己的电子信箱来查收邮件了。

3. 电子邮箱的申请

与普通邮寄和接收信件一样，通过 Internet 收发电子邮件必须拥有一个发信和收信的信箱，只有这样才能自如地收发邮件。一般，获取电子邮箱的方式有两种：如果是校园网或企业网等信息服务部门提供电子邮件服务，可以通过提交书面申请的方式获取电子邮箱。此外，Internet 上许多网站都提供电子邮箱服务，主要有收费和免费两种。例如，“新浪网”（www.sina.com.cn）、“搜狐网”（www.sohu.com）、“网易”（www.126.com）等都提供免费的电子邮箱服务，用户只需按照 ISP 提供的步骤进行注册即可，如图 9-8 所示。

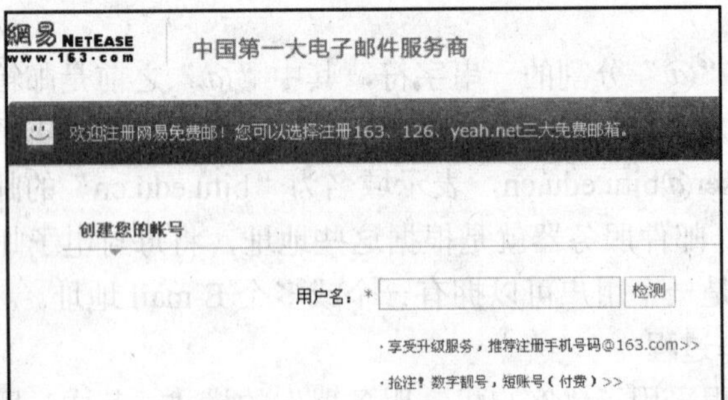

網易 NETEASE
www.163.com
中国第一大电子邮件服务商
欢迎注册网易免费邮！您可以选择注册163、126、yeah.net三大免费邮箱。
创建您的帐号
用户名：*
检测
·享受升级服务，推荐注册手机号码@163.com>>
·抢注！数字靓号，短账号（付费）>>
密　码：*
再次输入密码：*

图 9-8　电子邮箱的申请

无论用户通过何种方式申请电子邮箱，都会获取一个“用户名”和“密码”，其中用户名不能更改，密码可以由用户自行设置。

通常，用户可以利用特定的应用程序来收发电子邮件，该应用程序称为“用户代理”。无论用户选择什么用户代理，其基本功能都包括邮件的撰写和编辑、邮件的收发和读取、邮件的回复和转发、邮件的管理等。通过用户代理的方式，可以将电子邮件便捷地下载到本机，而且与基于 Web 的访问方式不同，邮件的存储空间不受限制。一般，电子邮件服务器给用户提供的存储空间最多只有几个 G，而用户计算机的硬盘空间可以扩大到几百个 G。此外，下载到本机的电子邮件具有更好的安全性以及可以随时随地被查看等优势。下面就以 Microsoft 公司的 Outlook Express 为例介绍电子邮箱工具软件的使用方法。

9.3.2 Outlook Express 的配置

1. 启动 Outlook Express

用户要使用 Outlook Express 正确地收发和管理电子邮件，必须正确设置电子邮件账号，即把已有的电子邮箱地址“告诉”Outlook Express。例如，利用 Outlook Express 来配置“zhangsan@bjtu.edu.cn”发送和接收电子邮件。

选择“开始/程序/Outlook Express”命令，启动 Outlook Express。Outlook Express 邮件工具分为“邮件箱区”和“工作区”，如图 9-9 所示。

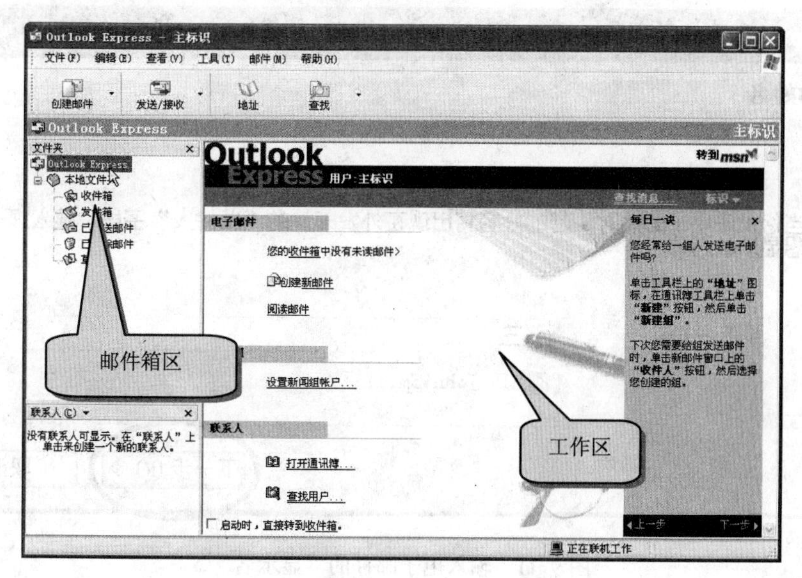

图 9-9 Outlook Express 运行窗口

选择菜单栏的“工具/账户”命令，弹出“Internet 账户”对话框，单击右侧的『添加』按钮，增加新的电子邮件地址到 Outlook Express，如图 9-10 所示。

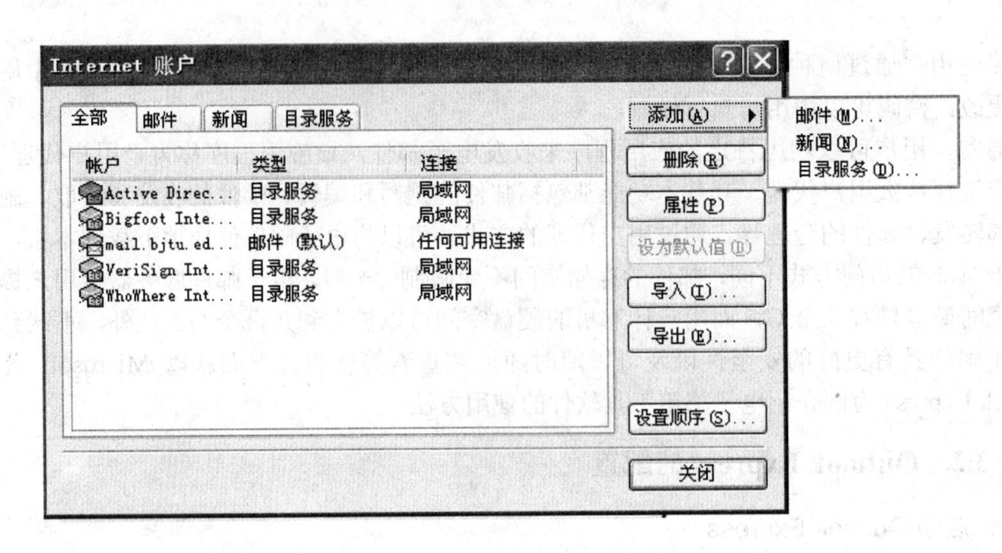

图 9-10 “Internet 账户”对话框

2. 添加电子邮件地址

选择“Internet 账户/添加/邮件”，弹出“Internet 连接向导”对话框，在“显示名”文本框中输入用户名称，即用户方便查阅的邮箱的名称，如图 9-11 所示。

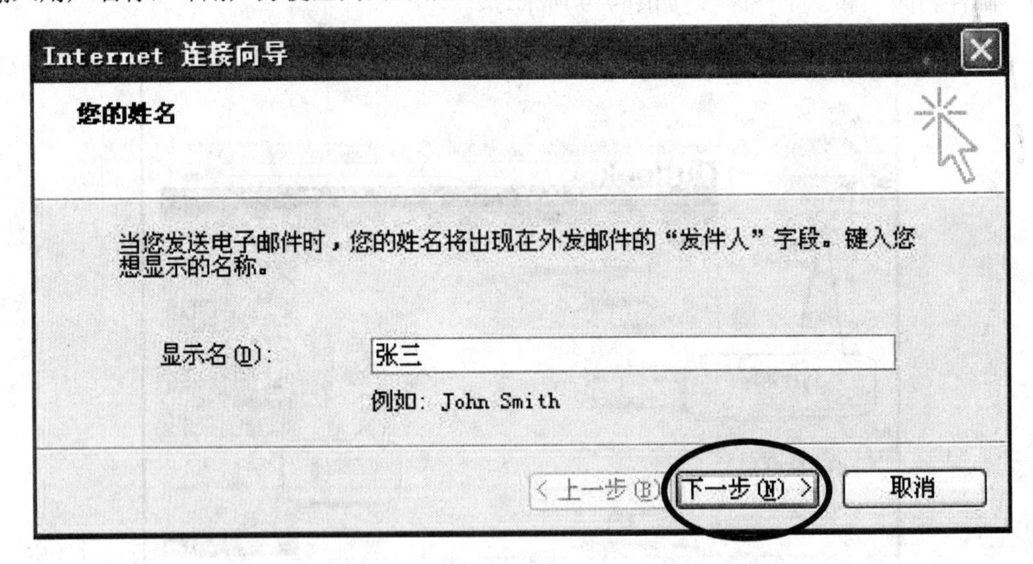

图 9-11 输入电子邮件的“显示名”

然后单击『下一步』按钮，在“电子邮件地址”文本框中输入电子邮件地址“zhangsan@bjtu.edu.cn”，当用户将邮件发送给收件人时，收件人会通过“zhangsan@bjtu.edu.cn”知道邮件的来源，如图 9-12 所示。

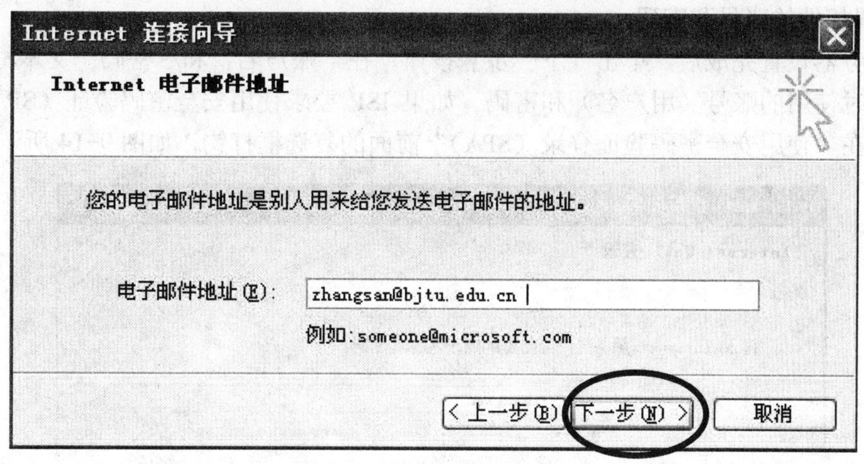

图 9-12　输入电子邮件地址

3. 配置邮件服务器

邮件地址输入完成后，单击『下一步』按钮，在“接收邮件（POP3、IMAP 或 HTTP）服务器”和“发送邮件服务器（SMTP）”文本框中输入申请电子邮箱时，由 ISP 提供的相应信息。如果要更改接收服务器的类型，可单击“我的邮件接收服务器是”下拉列表框，选择想要的类型，一般都选择“POP3”类型。例如，在“我的接收服务器是”中选择“POP3”服务器，在“接收邮件（POP3.IMAP 或 HTTP）服务器”文本框中输入“mail.bjtu.edu.cn”，在“发送邮件服务器”文本框中输入“mail.bjtu.edu.cn”，如图 9-13 所示。

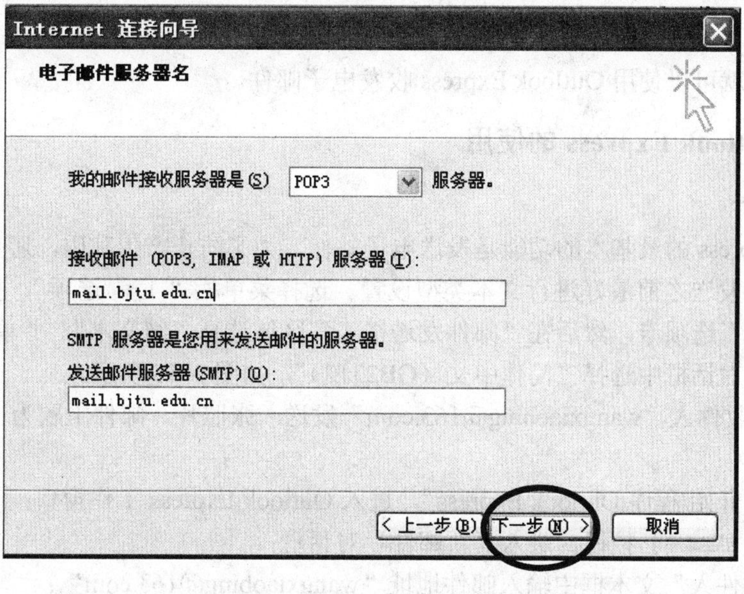

图 9-13　输入电子邮件服务器名

4．配置邮件的账号和密码

邮件服务器设置完成后，单击『下一步』按钮，在“账户名”和“密码”文本框中输入申请电子邮箱时使用的账号（用户名）和密码。如果 ISP 要求使用安全密码验证（SPA）来访问电子邮件，在“使用安全密码验证登录（SPA）”前面的复选框打钩，如图 9-14 所示。

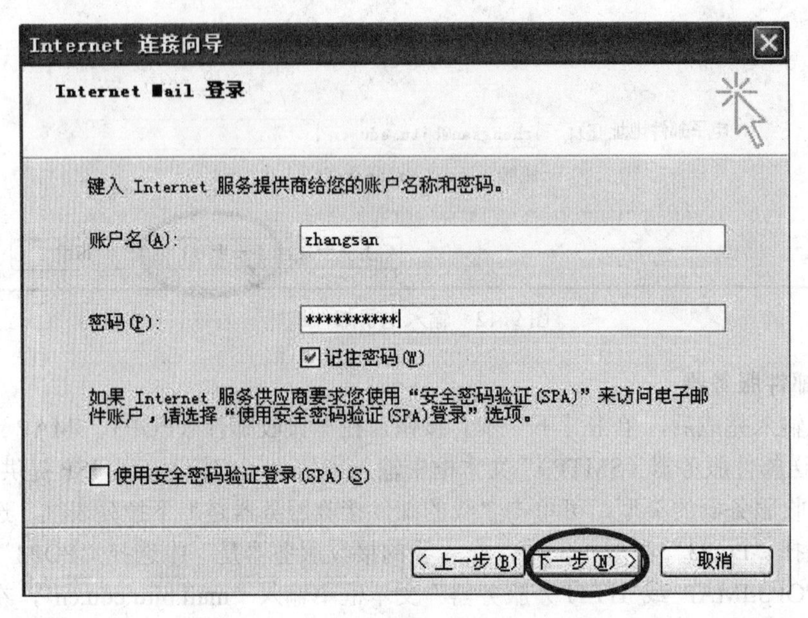

图 9-14　输入电子邮件的账户名和密码

然后单击『下一步』按钮，弹出“祝贺您”窗口，单击『完成』按钮。完成 Outlook Express 的账号设置后，就可以使用 Outlook Express 收发电子邮件。

9.3.3　Outlook Express 的使用

1．发送邮件

Outlook Express 的最基本的功能是发送电子邮件。为了防止产生乱码，避免接收方收到不正确的邮件，在发送之前最好进行文本类型设置。选择菜单栏“工具/选项”，打开“选项”窗口，选择“发送”选项卡，然后在“邮件发送格式”区域选择“纯文本”，并单击『国际设置』按钮，在弹出的对话框中选择“简体中文（GB2312）”，如图 9-15 所示。

例 9-1　给收件人“wangxiaobing@163.com”发送一张照片，邮件主题为“北京秋天”。

操作步骤：

（1）选择“开始/程序/Outlook Express”，进入 Outlook Express 工作窗口；

（2）单击『创建邮件』按钮，进入“新邮件”对话框；

（3）在“收件人”文本框中输入邮件地址“wangxiaobing@163.com”；

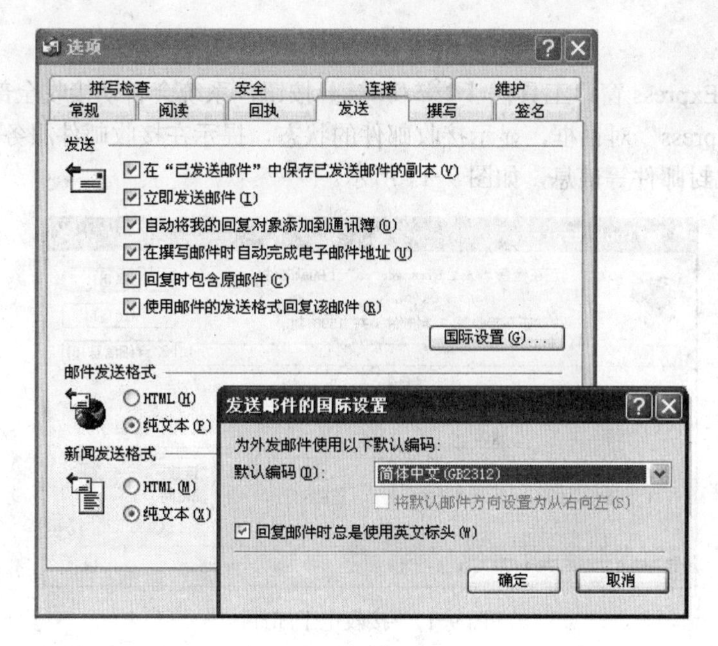

图 9-15　设置发送邮件的文本格式

（4）在"主题"文本框中输入"北京秋天"，此时邮件的窗口标题变为"北京秋天"；

（5）单击窗口的附件『附件』按钮，添加要发送的图片文件；

（6）选择窗口的"文件/发送邮件"命令，或者单击『发送』按钮。如果发送的电子邮件要求是紧急发送，单击窗口的『优先级』按钮选择"高优先级"，如图 9-16 所示。

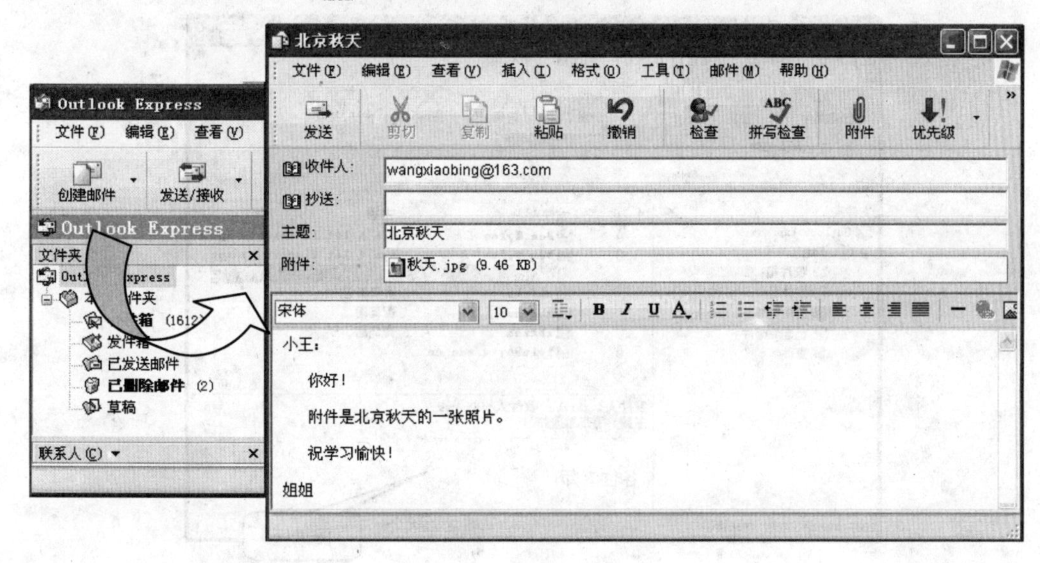

图 9-16　撰写电子邮件

2. 接收邮件

单击 Outlook Express 窗口工具栏『发送/接收』按钮，系统会自动接收全部邮件。接收时，弹出“Outlook Express”对话框，显示接收邮件的状态，提示在接收邮件服务器中共有几封邮件、正在读取第几封邮件等信息，如图 9-17 所示。

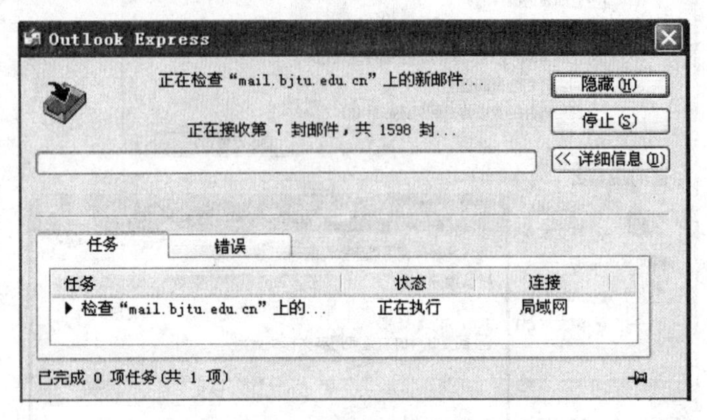

图 9-17　接收电子邮件

新接收的邮件存放在“邮件箱区”的“收件箱”中，同时显示新邮件的数量。在“工作区”显示每封接收的电子邮件的发件人、邮件主题等主要信息。未读的邮件以粗黑体显示，并且发件人前标有『✉』，如果已经阅读电子邮件，发件人前标有『✉』。标题前标有『!』表明此电子邮件是紧急信件，标有『0』表明此电子邮件有附件。可以在“阅读区”阅读邮件的内容，如果邮件有附件，阅读时可以单击“阅读区”右上方的『0』按钮，如图 9-18 所示。

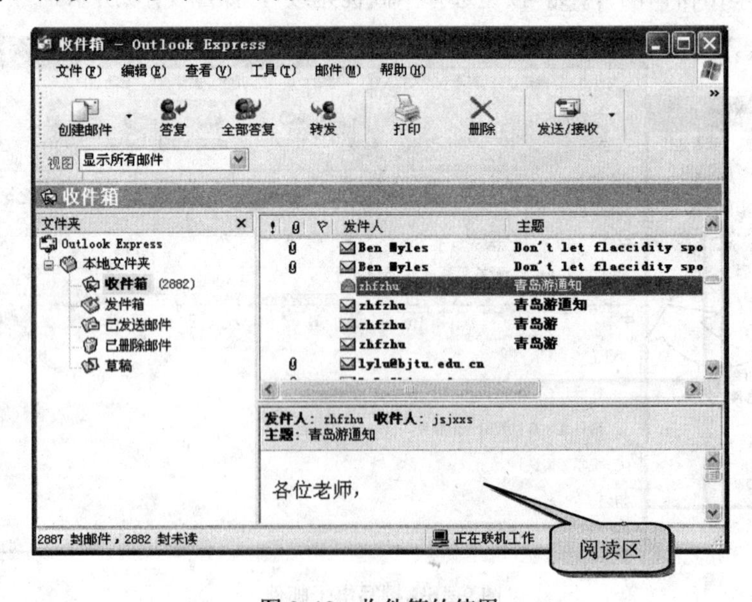

图 9-18　收件箱的使用

在 Outlook Express 中还可以设置自动接收邮件的功能，选择“工具/选项”命令中的“常规”选项卡，选择“每隔***分钟检查一次新邮件”即可。

为了增加 Outlook Express 的安全性，会阻止用户接收一些可疑内容，以此避免用户受到攻击，减少用户接收垃圾邮件的数量。单击菜单栏“工具/选项”，选择“安全”选项卡，在“阻止 HTML 电子邮件中的图像与其他外部内容”复选框前打钩。

用户可以阻止某个特定发件人的邮件，比如垃圾邮件的发件人。首先在电子邮件收件箱列表中，选中发件人所发的一封邮件，然后在菜单栏的“邮件”菜单中，选择“阻止发件人”。完成阻止发件人的邮件设置后，从该发件人发来的电子邮件将直接进入“已删除邮件”文件夹。

3．邮件的回复与转发

用户收到一封邮件后，可以很方便地给发信人回复一封信。回复邮件时收件人的地址由系统根据来信自动填写，同时会在原邮件的主题前增加“Re:”作为新的邮件主题。回复邮件时，如果单击工具栏『答复』按钮，则表明只给发送人一人回复，如果单击『全部答复』按钮，则给发信人及抄送人一同回复。

在转发电子邮件时，会在主题栏中将原邮件的主题前增加“Fw:”作为新的邮件主题。转发邮件时，单击工具栏『转发』按钮，原邮件内容将被引用，发件人可以根据情况添加自己的内容，然后单击『发送』按钮，邮件被转发出去。

4．邮件的删除

用户在“工作区”邮件列表中选择要删除的电子邮件，在工具栏上单击『删除』按钮，或者单击鼠标右键，在弹出的快捷菜单中选择“删除”，即可删除电子邮件。若要恢复已删除的邮件，可打开“邮件箱区”中“已删除邮件”文件夹，然后将邮件拖回“收件箱”或其他文件夹。如果希望在退出 Outlook 时邮件仍保存在“已删除邮件”文件夹中，选择菜单命令“工具选项”，单击“维护”选项卡，清除“退出时清空‘已删除邮件’文件夹中的邮件”复选框前的对钩，这样退出 Outlook 程序时，系统就不会删除“已删除邮件”文件夹中的邮件了。

9.3.4 Outlook Express 的管理

1．邮件的分类

在 Outlook Express 的“邮件箱区”，“发件箱”用来保存没有成功发送给收件人的电子邮件，“收件箱”用来保存已收到的已读和未读的电子邮件，“已发送的邮件”用来保存已成功发送到邮件发送服务器的电子邮件，“已删除的邮件”用来保存用户删除的接收到的电子邮件，以便用户在必要时查阅，“草稿”用来保存用户撰写后尚未发送的电子邮件，一旦用户选择了“发送”，这封邮件立即转发到发件箱中，等待发送，如果发送成功，这封邮件会自动转发到“已发邮件”箱中。

用户可以利用 Outlook Express 的邮件分类管理功能，在“发件箱”文件夹中添加一些新的文件夹以及设置一定的规则，这样接收到的电子邮件就可以分门别类地归到不同的文件夹中。首先，建立分类文件夹，选中“收件箱”，单击鼠标右键，在弹出的快捷菜单中选择“新建文件夹”，弹出“创建文件夹”对话框，在“文件夹名”文本框中输入分类名称，例如，把收件箱中的信件分成家人、朋友、同事、同学、学生等类别，单击『确定』按钮，即可将新文件夹列入收件箱中，如图 9-19 所示。

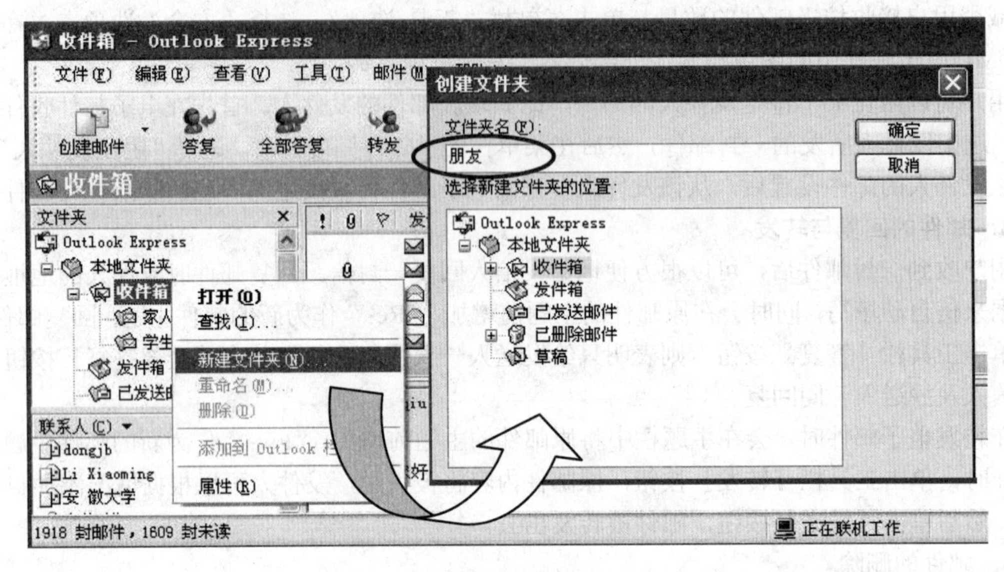

图 9-19　创建邮件分类文件夹

如果在分类文件夹建立之前已经存在接收到的电子邮件，可以选择要移动的电子邮件，然后单击鼠标右键，选择弹出菜单的“移动到文件夹”，弹出“移动”对话框，将其移动到指定文件夹即可。例如，如果接收到一封来自朋友的电子邮件，可以将接收到的这封邮件移动到“收件箱/朋友”文件夹中。

如果在分类文件夹建立之后希望按类接收电子邮件，可通过设置邮件规则来实现。单击菜单栏“工具/邮件规则/邮件”，弹出“新建邮件规则”对话框。首先，选择“1.选择规则条件”，如果在“若‘发件人’行中包含用户”的复选框前打钩，则在“3.规则描述”中显示提示文字，单击蓝色带下划线的“包含用户”，弹出“选择用户”对话框，将用于分类的发件人电子邮件地址或姓名输入到文本框中。再选择“2.选择规则操作”，如果在“移动到指定的文件夹”前打对勾，在“3.规则描述”中显示提示文字，单击蓝色带下划线的“指定的”，则弹出“移动”对话框，例如，选择“收件箱/家人”文件夹。设置好后，在“3.规则描述”中会把用户设置的规则条件和规则操作进行汇总，如图 9-20 所示。接收到的电子邮件会按照这一邮件规则自动进行处理。

2. 通讯簿的建立

为了解决电子邮件地址不好记忆、填写容易出错等问题，Outlook Express 提供了通讯簿功能，用户可以把电子邮件地址放在通讯簿中，发送邮件时只需从通讯簿中选择即可，不需要每次都输入。通讯簿不但可以记录联系人的电子邮件地址，还可以记录联系人的电话号码、家庭住址、业务以及主页地址等信息。此外，用户还可以利用通讯簿功能在 Internet 上查找用户及商业伙伴的信息。用户可以使用多种方式将电子邮件地址和联系人信息添加到通讯簿中。

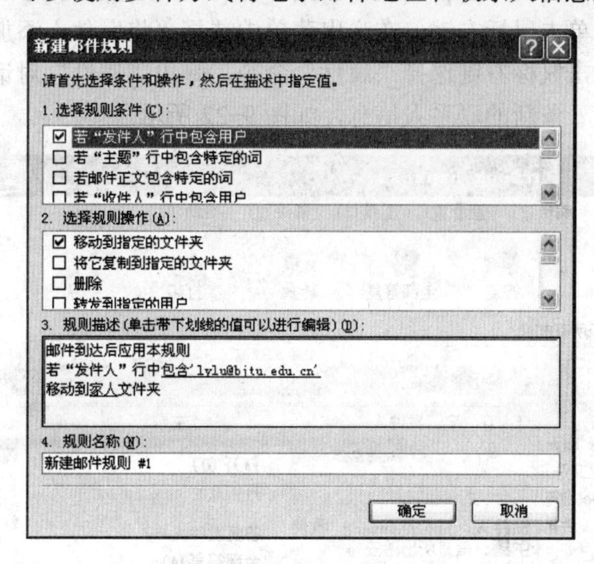

图 9-20　设置邮件规则

（1）直接输入联系人信息

在 Outlook Express 窗口中，选择菜单栏“工具/通讯簿”命令，弹出“通讯簿－主标识”对话框，单击『新建』按钮，选择“新建联系人”，弹出“属性”对话框，输入联系人姓名和邮件地址等信息，单击『添加』按钮，电子邮件地址就被自动添加到通讯簿中。重复上述操作，可以把多位常用联系人的信息添加到通讯簿，最后单击『确定』按钮，如图 9-21 所示。

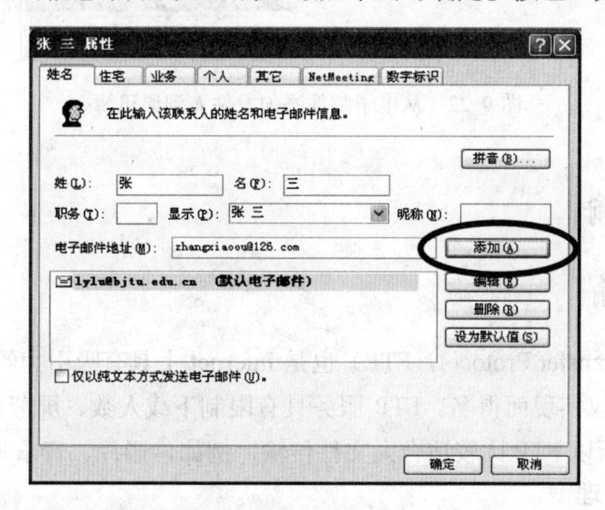

图 9-21　输入联系人信息

（2）从电子邮件中添加联系人

为了减少输入错误，用户可以在阅读已收到邮件时手工将发件人添加到通讯簿中。在“工作区”选中某封邮件，单击鼠标右键，在弹出菜单中选择“将发件人添加到通讯簿”中即可。再次选中该用户名，单击鼠标右键选择“属性”命令，弹出“属性”对话框，填写此人详细信息，地址簿中就会增加一条新的联系人信息，如图 9-22 所示。

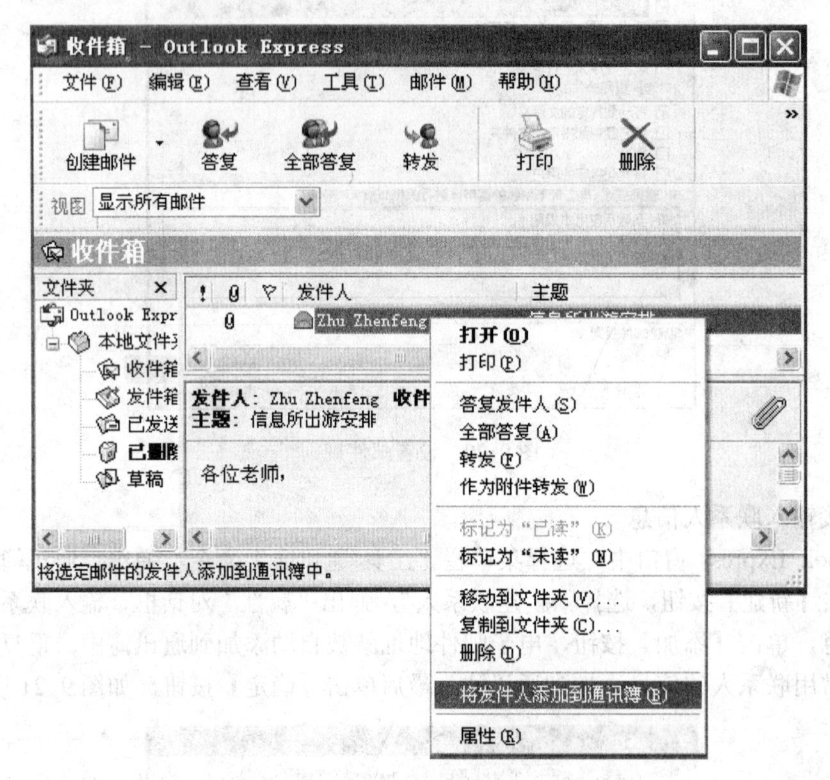

图 9-22　从电子邮件添加发件人到通讯簿

9.4　文件传输

9.4.1　FTP 传输

文件传输（File Transfer Protocol，FTP）也是 Internet 上具有吸引力的一项服务，由于此项服务主要依靠 FTP 协议实现而得名。FTP 服务具有限制下载人数、屏蔽指定 IP 地址、控制用户下载速度等优点，所以 FTP 比较适合大文件传输，例如，影片、音乐等。

1．FTP 的工作原理

FTP 以“客户机/服务器”模式保证用户在两台计算机之间传输文件，FTP 客户端通常指用户自己的计算机，FTP 服务器是接入 Internet 中用于提供 FTP 服务的计算机。FTP 主要作用就是让客户端用户连接到一个远程服务器上，查看服务器上的文件，然后把需要的文件从远程服务器上拷贝到本地计算机，或把客户端的文件传送到远程计算机。FTP 服务器相当于用户计算机上的硬盘，不过这个硬盘是通过 Internet 而不是计算机内部的线路来传送文件，因而文件的传送速度比较慢。其中，从远程服务器拷贝文件至客户端的行为称之为“下载（Download）”，将文件从客户端拷贝至服务器的行为则称之为“上传（Upload）”，如图 9–23 所示。

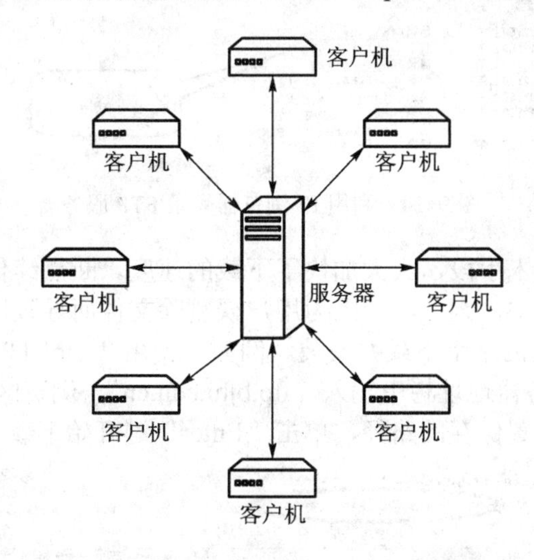

图 9–23　FTP 工作模型

2. FTP 的使用

（1）利用 IE 浏览器

访问 FTP 服务器最简单的方式就是利用浏览器。在 IE 的地址栏中输入以“ftp: //”开始的 URL，例如，访问北京大学的 FTP 服务器，则在地址栏输入“ftp://ftp.pku.edu.cn”，在浏览区显示出包含资源的目录，然后用户根据需求查找相应资源，如图 9–24 所示。需要注意的是，用户下载资源时可能需要输入相关密码。

在 Internet 上有很多 FTP 服务器提供“匿名（Anonymous）”服务，这类服务器向公众提供 FTP 服务，不要求用户事先获得 FTP 服务器的允许。登录到这些 FTP 服务器时，只要输入正确的服务器 URL，用户就能直接访问，但是用户只能下载文件，不允许上传文件。有时访问某些 FTP 服务器，要求用户输入正确的用户名和密码，用户才有资格访问服务器上的资源，如果用户上传资源到 FTP 服务器，还需要获得 FTP 服务器批准的权限。

（2）常用的下载工具

当利用 IE 浏览器从网络上下载文件时，只支持系统的单线程下载，当下载文件较大时，速度会很慢，因此通常使用专门的下载工具进行下载，这类工具如 CuteFTP、WS-FTP、LeapFTP 等。其中，LeapFTP 软件就是针对网络速度慢而开发出来的一款 FTP 下载软件。它利用了多点

图 9-24　利用 IE 浏览器登录 FTP 服务器

连接、断点续传等多种技术手段，大大加快了下载的速度。断点续传功能将没有传输完的文件放在隐藏的浏览器缓冲区中，因此不会因为用户误删除文件而导致原来已经下载的部分丢失。LeapFTP 软件可以从相关网站上下载并安装。例如，使用 LeapFTP 下载北京交通大学的 FTP 服务器资源，在 FTP 服务器地址栏中输入“ftp.bjtu.edu.cn”，浏览区显示所有资源，如图 9-25 所示。选择所需资源和设置保存的路径，单击“Enter”键开始下载。

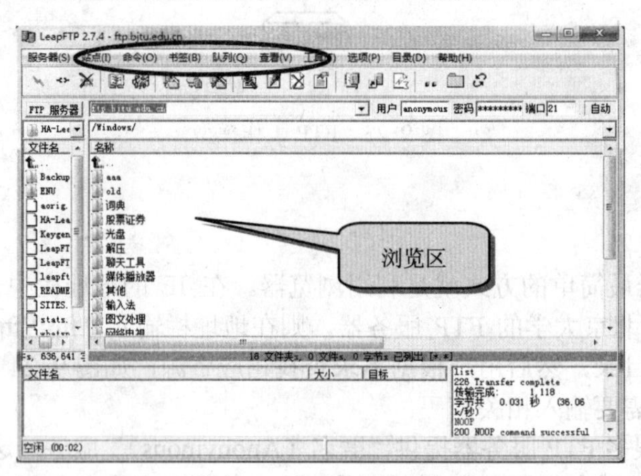

图 9-25　LeapFTP 下载软件用户界面

9.4.2　P2P 传输

1. P2P 的工作原理

P2P（Peer-to-Peer）技术是一种“点对点”的网络文件传输新技术，主要依赖网络中每台计算机的计算能力和带宽，而不是依赖较少的几台网络服务器。采用了 P2P 技术的网络称为 P2P 网络，与传统的 FTP 有所不同，这种网络弱化了“客户机/服务器”的模式，只有平等的同级节点，这些节点即充当客户端又可作为服务器，也可以说每台用户机都是服务器。P2P 网络中的每台计算机在下载其他用户文件的同时，还能被其他用户下载，参与下载的用户越多，下载速度就会越快。这种“人人平等”的下载模式如图 9-26 所示。

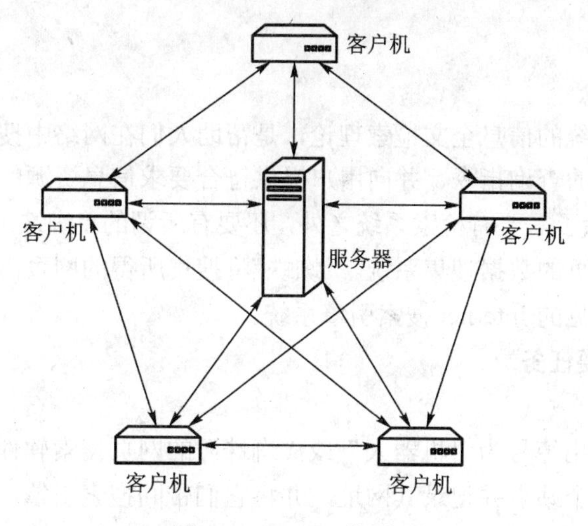

图 9-26　P2P 工作原理

2. BT 下载

Internet 有许多基于 P2P 的传输方式，例如，BT（BitTorrent）下载。BT 最初的创造者 Bram Cohen，他设计此款软件的思想是使用得人越多，速度越快。每个 BT 的发布者提供可供下载文件时，需制作一个 torrent 文件。下载的用户只要用 BT 软件打开 torrent 文件，软件就会根据 torrent 文件中提供的数据分块和校验信息等内容与所有参与下载的用户取得联系，快速完成传输。例如，uTorrent 软件就是 BT 下载的应用软件之一，如图 9-27 所示。

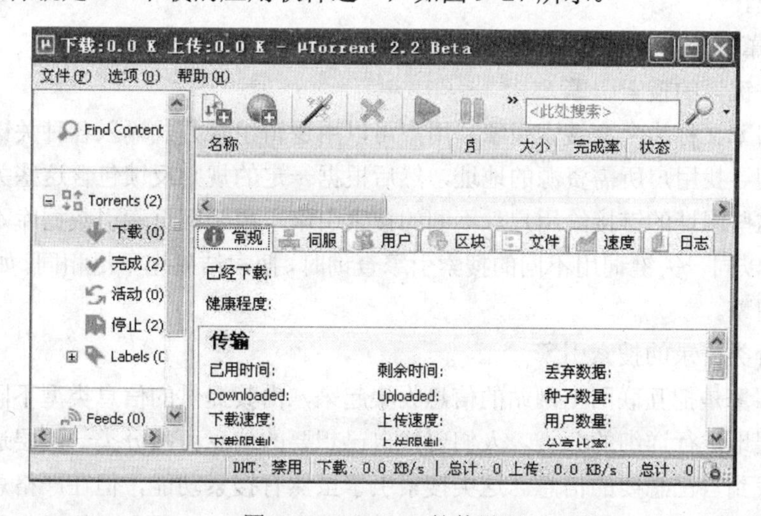

图 9-27　uTorrent 软件界面

9.5 Internet 其他典型服务

9.5.1 搜索引擎

1. 搜索引擎的概念

搜索引擎起源于传统的信息全文检索理论，是帮助人们在网络中搜寻所需信息的一种有效手段，是通过接收用户的查询指令、并向用户提供符合要求信息资源的系统。

Internet 搜索引擎除了需要有检索系统之外，还要有所谓的“蜘蛛（Spider）”系统，即能够从互联网上自动收集网页的数据搜集系统。“蜘蛛”将搜集所得的网页内容交给索引和检索系统处理，就形成了人们常见的 Internet 搜索引擎系统。

2. 搜索引擎的主要任务

（1）信息搜集

各个搜索引擎都派出绰号为“机器人”或“蜘蛛”的网页搜索软件在各网页中爬行，访问网络中公开区域的每一个站点并记录其网址，并将它们带回搜索引擎，从而创建出一个详尽的网络目录。

（2）信息处理

将网页搜索软件带回的信息进行分类整理，建立搜索引擎数据库，并定时更新数据库内容。在进行信息分类整理阶段，不同的搜索引擎会在结果的数量和质量上产生明显的差异。

（3）信息查询

每个搜索引擎都必须向用户提供一个良好的信息查询界面，一般包括分类目录及关键词两种信息查询途径。

3. 搜索引擎的分类

（1）基于关键词的搜索引擎

这种搜索引擎又称为全文搜索引擎，用户可以用逻辑组合方式输入各种关键词，搜索引擎根据这些关键词寻找用户所需资源的地址，然后根据一定的规则反馈包含这些关键词信息的所有网址和指向这些网址的链接给用户。不同的搜索引擎，由于网页索引数据库不同，排名规则也不尽相同，当以同一关键词用不同的搜索引擎查询时，搜索结果也不尽相同。如百度和 Google 就是这种搜索引擎。

（2）基于分类目录的搜索引擎

这类搜索引擎是把互联网上网站的信息收集起来，由其提供的信息类型不同而分成不同的目录，再一层层地进行详细的分类。人们要找自己想要的信息可按分类一层层进入，就能最后到达目的地，找到自己想要的信息。这类搜索引擎虽然有搜索功能，但在严格意义上算不上是真正的搜索引擎，仅仅是按目录分类的网站链接列表而已。这类搜索引擎最具代表性的就是雅虎、搜狐、新浪和网易等。

4．搜索引擎的查询技巧

利用搜索引擎既可以检索出 Internet 上的文献信息，还可以查找到公司和个人的信息。在查询过程中，可以通过输入单词、词组或短语进行检索；可以使用逻辑运算符及位置运算符等对多个词进行组合检索；可以用特定的域名、主机名、URL 等查找有关的网站信息。搜索引擎是基于一些基本的查询规则来实现这些查询的，但各个搜索引擎所采用的查询规则又不尽相同。

（1）逻辑“与”运算符

逻辑“与”一般用“AND”表示，有的搜索引擎还可以用“&”表示。使用逻辑“与”是为了要求检索结果的 Web 页面中同时出现所有输入的检索词，提高查准率。例如，如果要搜索“北京交通大学”的 2010 年远程教育的招生情况。可以在地址栏中输入“北京交通大学 AND 2010 AND 远程教育招生”。

（2）逻辑“或”运算符

逻辑“或”一般用“OR”表示，有的搜索引擎还可以用“|”表示。使用逻辑“或”是为了提高查全率。例如，如果要搜索“北京交通大学”和“北京理工大学”的相关情况。可以在地址栏中输入“北京交通大学 OR 北京理工大学”。

（3）逻辑“非”运算符

逻辑“非”一般用“NOT”表示，有的搜索引擎还可用“！”表示。使用逻辑“非”是为了缩小检索范围。例如，如果要搜索“清华大学”，但是不要包括“研究生”的信息。可以在地址栏中输入“清华大学 ！研究生”。

9.5.2 电子公告板（BBS）

随着 Internet 的发展，只要用户在某台主机上拥有自己的账号，就可以利用 Telnet 协议远程登录到那台主机上。Internet 上远程登录最普遍的应用是电子公告板（BBS）。

1．电子公告板概述

电子公告板（Bulletin Board System，BBS）类似于一块公共电子白板，每个用户都可以在上面书写，可以发布信息或提出看法。BBS 按照不同的主题分成很多个“布告栏”，“布告栏”设立的依据是大多数 BBS 使用者的要求和喜好，使用者可以阅读他人关于某个主题的最新看法，也可以发布自己的看法。

2．访问 BBS

访问 BBS 有两种方式，一种是利用远程登录以 Telnet 协议访问 BBS；另一种是基于 Web 方式访问 BBS。基于 Web 的访问方式是目前最常用的，这种方式的优点是使用简单，入门简单，但是缺点是不能自动刷新。如果第一次登录 BBS，默认身份是“游客”，只能浏览文章，不能参与讨论，发表文章。所以要在 BBS 上发文章，必须注册一个账号。通过 ID 登录 BBS 后，就可以使用站内服务了。

（1）通过 Telnet 访问 BBS

单击『开始』按钮，选择“运行”命令，在文本框输入“telnet://bbs.bjtu.edu.cn”，如图 9-28 所示。启动 BBS 后，如果是“游客”，输入“guest”进入 BBS。

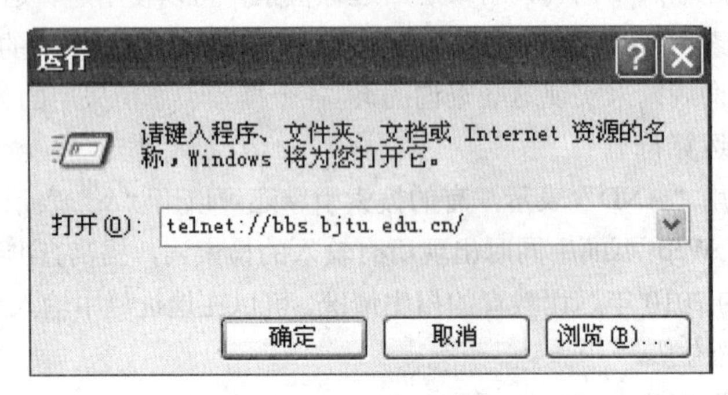

图 9-28 “运行”窗口

（2）基于 Web 方式访问 BBS

在 IE 浏览器的地址栏中输入“bbs.bjtu.edu.cn”，进入 BBS 的登录页面，如果没有账号，选择“匿名”，进入 BBS。

9.5.3 多媒体通信

多媒体通信是目前 Internet 应用领域的一个热门话题。其中，IP 电话、视频电话、QQ 等应用越来越流行，已经发展成集交流、资讯、娱乐、搜索、电子商务、办公协作和企业客户服务等为一体的综合化信息平台。

1. 即时通信

即时通信（Instant Messaging，IM）是指能够即时发送和接收互联网消息等的业务，它是一种终端连往即时通信网络的服务。例如，QQ、MSN 等都是人们所熟悉的即时通信软件，如图 9-29 所示。

QQ 是深圳市腾讯计算机系统有限公司开发的，具有在线聊天、视频电话、点对点断点续传文件、共享文件、网络硬盘、自定义面板、QQ 邮箱等多种功能。并可与移动通信终端等多种通信方式相连，提供移动 QQ 等服务。MSN（Microsoft Service Network）是微软公司推出的即时通信软件，同样可以与亲人、朋友、工作伙伴进行文字聊天、语音对话、视频会议等即时交流，还可以通过此软件来查看联系人是否联机。微软 MSN 在国内也拥有大量的用户。

2. 即时通信软件使用

（1）申请 QQ 账号

在使用 QQ 软件之前首先要拥有一个 QQ 账号，这个账号可以通过腾讯官方网站免费申请，或者登录 QQ 界面，单击“注册新账号”，按照页面提示进行操作，即可轻松获得一个 QQ 账号。

(a) QQ 软件

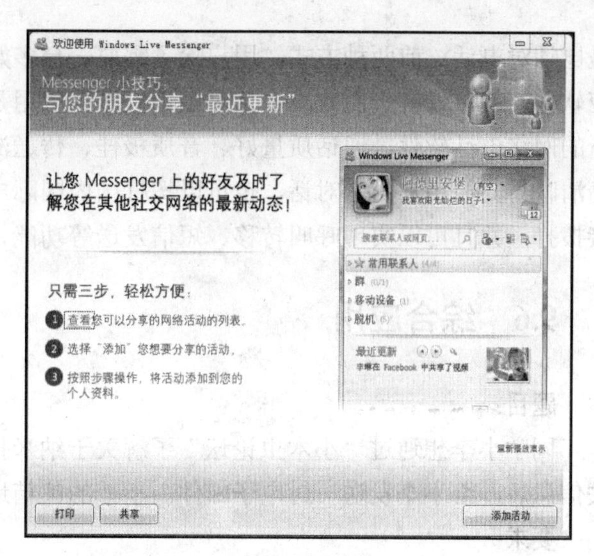

(b) MSN 软件

图 9-29　常用的即时通信软件

(2) 添加好友

利用 QQ 账号登录，需要添加联系人才能进行即时通信。在 QQ 界面下方单击『查找』按钮，弹出“查找联系人”对话框。若已知对方昵称或 QQ 号码即可进行“精确查找”，若想在互联网上认识新朋友则可以选择“按条件查找”，单击『查找』按钮，系统会根据一些具体查找条件返回 QQ 用户列表。在找到想要添加的 QQ 用户，单击『添加好友』按钮，就可以添加新的联系人了。

(3) 常用 QQ 属性设置

在 QQ 中可以设置许多属性，让用户拥有个性自主的选择。单击『 』按钮，弹出“系统设置”对话框。左侧导航栏中可以选择设置的分类内容，有“基本设置”、“状态和提醒”、“好友和聊天”和“安全和隐私”4 项基本内容。“基本设置”栏里可以设置登录选项、热键、声音、皮肤、网络等功能；“状态和提醒”栏里可以设置在线状态和好友上线提醒功能；“好友和聊天”栏里可以设置聊天功能；“安全和隐私”栏里可以设置 QQ 账号信息的安全性和隐私保护。

3．网络电话

网络电话（Voice over IP，VoIP）使用 IP 协议在 Internet 中实时传送声音信息，用户可以利用 Internet 直接拨打对方的固定电话或手机，包括国内长途和国际长途。

目前网络电话仍然有很多的问题没有解决。例如，如何保证话音质量、如何减少传送延迟、如何有效地进行呼叫和连接等。但是，由于其潜在的市场吸引力，近几年，网络电话已作为一种新型电话业务在全世界展开。VoIP 一般可以分为 3 种：一是 PC 对 PC；二是 PC 对电话；三是电话对电话。前两种方式，用户除了需要一台多媒体 PC 机外，还应具有拨打网络电话的相应软件。就市场前景而言，电话对电话连接的应用是最有市场前景的。例如，Skype 是一种全新的网络电话软件，通话质量好、音质极佳、传送流畅、安装和设置都比较简单。它可以免费高清晰与其他用户语音对话，也可以拨打国内国际电话，无论固定电话、手机、小灵通均可直接拨打，并且可以实现呼叫转移、短信发送等功能，并且价格便宜。

9.6 综合应用

题目：

同学小李想通过“小木虫论坛”了解关于纳米技术的研究热点，向小张求助。小张找到相关信息后，给小李发送一封电子邮件。小李的邮箱地址为“xiaoli@sohu.com”。

要求：

（1）利用百度搜索“小木虫论坛”；

（2）使用 IE 浏览器打开并保存“小木虫论坛”的主页；

（3）使用 Outlook Express 以电子邮件附件的形式发送给小李；

（4）小李使用 Outlook Express 接收邮件。

操作示意：

（1）使用 IE 浏览器搜索主页

假设小张不知道“小木虫论坛”的具体网址，打开 IE 浏览器，在地址栏里输入 http://www.baidu.com 后按回车键，打开百度搜索引擎的主页，在搜索框中输入“小木虫论坛的主页”，按回车健或点击网页上的『百度一下』，弹出搜索结果页面，结果中第一条链接即符合搜索条件，单击此链接进入“小木虫论坛”的主页，如图 9-30 所示。

（2）保存主页

选择 IE 菜单栏“文件/另存为”命令，弹出“保存网页”对话框，选择保存位置于“我的文档”、保存类型选择“网页，仅 HTML”、文件名为“小木虫论坛”，单击『保存』按钮。

（3）发送邮件

启动 Outlook Express，单击创建新邮件『创建邮件 ·』按钮，弹出“新邮件编辑”页面，邮件标题为“小木虫论坛主页”，输入正文，在收件人地址栏里输入小李的邮箱地址“xiaoli@sohu.com”。选择新邮件菜单栏中“插入/文件附件”，弹出“插入附件”对话框，选择“我的文档”中的“小木虫论坛.html”文件，单击『附件』按钮，将搜索到的页面作为附件插入邮件，如图 9-31 所示。

单击窗口左上角『发送』按钮，发送邮件到小李的电子邮箱中。

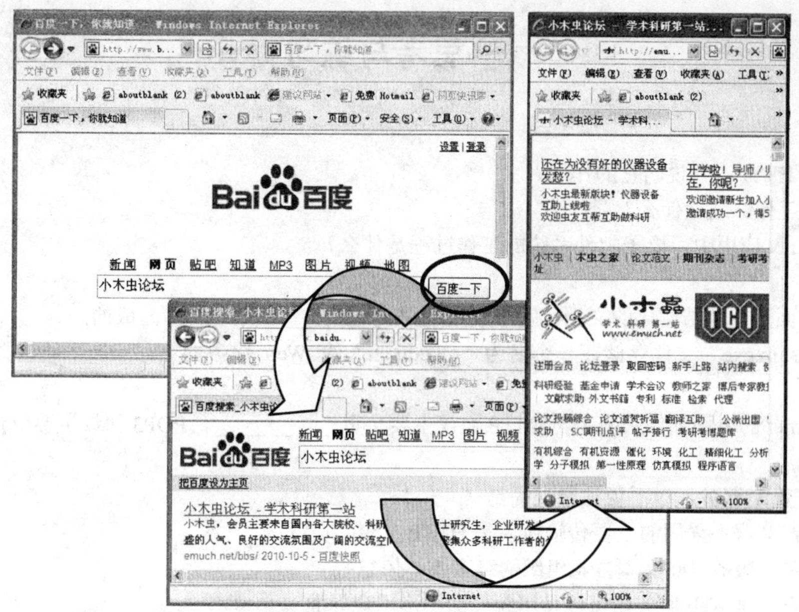

图 9-30　使用百度搜索“小木虫论坛”的主页

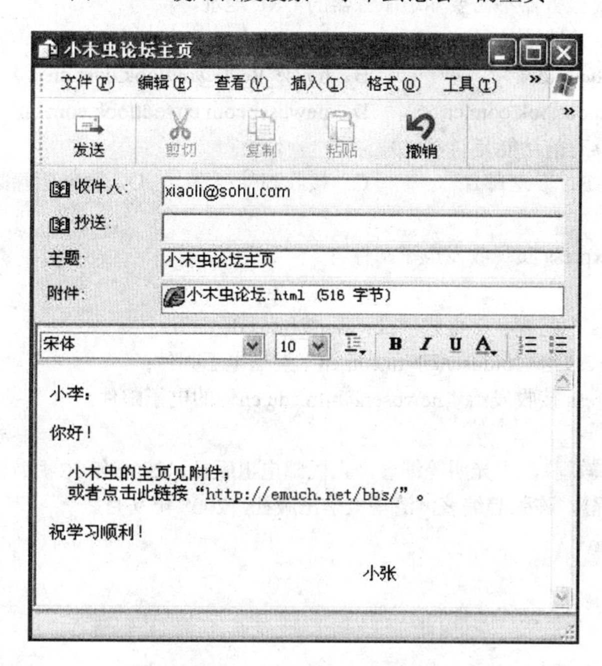

图 9-31　带有附件的邮件

（4）接收邮件

启动 Outlook Express，单击『发送/接受』查收邮件即可，本例由小李接收邮件。

思考与练习

1．简答题

（1）什么是HTTP，并说明它的作用？

（2）FTP的工作原理是什么？

（3）在Internet应用中，电子邮件系统的工作过程是什么？

2．填空题

（1）Web页面是一种结构化的文档，它一般是采用 ________ 语言书写而成的。

（2）如果“sam.exe”文件存储在一个名为“ok.edu.cn”的 Web 服务器上，那么下载该文件使用的 URL 为 ________。

（3）在Internet的电子邮件服务中，SMTP协议主要负责 ________，POP3协议主要负责 ________。

3．选择题

（1）关于WWW服务，以下说法错误的是（　　）。

A．WWW服务采用的主要传输协议是HTTP

B．WWW服务以超文本方式组织网络多媒体信息

C．用户访问Web服务器可以使用统一的图形用户界面

D．用户访问Web服务器不需要知道服务器的URL地址

（2）下列合法的电子邮件地址是（　　）。

A．www.com.cn@outlook　　B．house_9_90@outlook.com.cn

C．202.112.34.5@outlook.com.cn　　D．newuser.com.cn#outlook.com.cn

（3）电子邮箱系统不具有的功能是（　　）。

A．撰写邮件　B．发送邮件　C．接收邮件　D．自动删除邮件

4．操作题

题目：利用Outlook Express实现收发电子邮件。

要求：

（1）在Outlook Express中配置一个账户“newuser@bjtu.edu.cn”；

（2）利用Outlook Express给“olduser@bjtu.edu.cn”发送电子邮件；

（3）利用Outlook Express接收发给“newuser@bjtu.edu.cn”的电子邮件。

5．课外阅读

（1）《计算机网络技术教程》，李光明等编著，人民邮电出版社，2009年12月；

（2）《Internet应用教程》，陈强等编著，清华大学出版社，2008年9月。

第10章　多媒体技术应用基础

本章学习重点：

- 了解媒体和多媒体的概念；
- 了解多媒体信息的主要特征；
- 了解多媒体技术在教育、办公、通信和娱乐中的应用；
- 掌握多媒体计算机系统的构成；
- 掌握 Windows 环境下录音和编辑声音信息的方法和技巧；
- 掌握 Windows 环境下使用 Movie Maker 处理视频信息的方法和技巧。

10.1　认识多媒体技术

多媒体技术是当今信息技术领域发展最快、最活跃的技术，是新一代信息技术发展和竞争的焦点。20 世纪 80 年代中后期开始，多媒体技术成为人们关注的焦点之一，自进入 90 年代以来，多媒体技术迅速兴起并得到了蓬勃的发展，其应用已遍及国民经济与社会生活的各个领域，对人类的生产方式、工作方式乃至生活方式都带来了巨大的变革。多媒体技术的产生必然会带来计算机界的又一次革命，它标志着计算机将不仅仅作为办公室和实验室的专用品，而将进入家庭、商业、旅游、娱乐、教育乃至艺术等几乎所有的社会与生活领域。

10.1.1　多媒体技术概述

1. 媒体与多媒体

媒体（Media）就是信息的载体，也称为媒介。媒体在计算机领域有两种含义：一是指存储信息的实体，如磁盘、光盘、磁带、半导体存储器等，也称之为媒质；二是指传递信息的载体，如数字、文字、声音、图形和图像等，也称之为媒介。多媒体技术中的“媒体”更多地是指后者。

按照国际电信联盟（International Telecommunications Union，ITU）建议的定义，“媒体”可以分为以下 5 类：

（1）感觉媒体：是指能直接作用于人们的感觉器官，从而使人产生直接感觉的媒体。如语言、音乐、自然界中的各种声音、图像、动画、文本等。

（2）表示媒体：是指为了传送感觉媒体而人为研究出来的媒体。借助于此种媒体，便能更有效地存储感觉媒体或将感觉媒体从一个地方传送到遥远的另一个地方。如语言编码、电报码、条形码等。

（3）显示媒体：是指用于通信中使电信号和感觉媒体之间产生转换媒体。如输入、输出设施，键盘、鼠标器、显示器、打印机等。

（4）存储媒体：是指用于存放某种媒体的媒体。如纸张、磁带、磁盘、光盘等。

（5）传输媒体：是指用于传输某些媒体的媒体。常用的有电话线、电缆、光纤等。

这些媒体形式在多媒体领域中都是密切相关的，但多媒体技术中的媒体一般是指表示媒体，因为对于多媒体技术来讲，研究的主要内容还是各种各样的媒体表示和表现技术。

多媒体的英文单词是 Multimedia，它由 media 和 multi 两部分组成，一般理解为多种媒体的综合，但是它不是各种信息媒体的简单复合，它是数字、文本、声音、图形、图像和动画等各种媒体的有机组合，并与先进的计算机、通信和广播电视技术相结合，形成一个可组织、存储、操纵和控制多媒体信息的集成环境和交互系统。

多媒体技术是利用计算机对文字、图形、图像、动画、音频、视频等多种信息进行综合处理、建立逻辑关系和人机交互作用的产物，也就是说，是一种把文字、图形、图像、动画、视频和声音等表现信息的媒体结合在一起，并通过计算机进行综合处理和控制，将多媒体各个要素进行有机组合，完成一系列随机性交互式操作的技术。

从这个定义中可以看出，常说的“多媒体”最终被归结为是一种“技术”。事实上，也正是由于计算机技术和数字信息处理技术的实质性进展，才使人们今天拥有了处理多媒体信息的能力，这才使得“多媒体”成为一种现实。所以，现在所说的“多媒体”常常不是指多种媒体本身，而主要是指处理和应用它的一整套技术。

2．多媒体技术的主要特征

多媒体技术的特征主要包括有数字化、集成性、多样性、交互性和非线性 5 个方面。

（1）数字化

多媒体数字化是指文字、数字、图形、图像、动画、音频、视频等多种媒体都是以数字的形式进行存储和传播的。各种媒体信息有着不同的性质和特点，而且是分散的，要把它们有机地连接在一起，必须把它们转换成同一种形式来进行存储，才能进行加工和整合。多媒体的数字化依赖计算机进行存储和传播，与传统的模拟信号技术有着根本的区别，数字化便于多媒体信息的修改和保存。

（2）集成性

多媒体的集成性包括两方面：一是多种媒体的集成，媒体的集成是指媒体信息如文本、图形、图像、声音、视频等的集成，这些媒体在多任务系统下能够很好地协调工作，有较好的同步关系。早期的信息只能以单一的形式进行存取和处理，而多媒体信息强调存取、组织和表现等应成为一体，并且应该更加看重多种媒体之间的联系；二是处理这些媒体的设备和系统的集成，设备和系统的集成是指在计算机系统中将能够处理各种媒体的设备及多媒体操作系统、多媒体应用软件等集成在一起，使其具有多媒体的处理和表现能力。

（3）多样性

多样性是指计算机所能处理信息媒体的多样化。早期的计算机只能处理数值、文字和简单的图形等，形式比较单一。而具有多媒体功能的计算机可以综合的处理图形、图像、动画、声音、视频信号等多种媒体信息，大大扩展了计算机所能处理信息的范围。

多样化的信息载体包括：磁盘介质、磁光盘介质、光盘介质等物理载体和语音、图形、图像、视频、动画等逻辑载体。多样性的另一方面是指多媒体计算机在处理输入的信息时，不仅仅是简单获取及再现信息，而是能够根据人的构思和创意，进行交换、组合和加工来处理文字、图形及动画等媒体信息，以达到生动、灵活、自然的效果。

（4）交互性

交互性是指用户可以与计算机的多媒体信息进行交互操作，使用户可以更有效地控制和使用信息。与传统信息处理手段相比，可以允许用户主动地获取和控制各种信息，使参与的发送方和接收方都可以对媒体信息进行编辑、控制和传递。人们使用常规媒体只能看、听和简单控制，不能介入到信息的加工和处理中，而多媒体技术可以实现人对信息的主动选择和控制。

（5）非线性

以往人们读写文本时，大都采用线性顺序读写，循序渐进地获取知识。多媒体的信息结构形式一般是一种超媒体的网状结构，它改变了人们传统的读写模式，借用超媒体的方法把内容以一种更灵活、更具变化的方式呈现给用户。超媒体不仅为用户浏览信息、获取信息带来极大的方便，也为多媒体的制作带来了极大的便利。

10.1.2 多媒体计算机系统的组成

1. 多媒体计算机

传统的个人计算机处理的信息往往仅限于处理文字和数据信息，属于计算机应用的初级阶段。随着计算机技术的不断发展，媒体形式的多样化演变，对计算机提出了更高层次的要求，由此多媒体计算机应运而生。多媒体计算机是指具有能捕获、存储并展示包括文字、图形、图像、声音、动画和活动影像等形式能力的计算机。多媒体计算机简称为 MPC（Multimedia Personal Computer）。

用户如果要拥有 MPC 一般有两种途径：一是直接够买具有多媒体功能的 PC 机，二是在基本的 PC 机上增加多媒体套件而构成 MPC。

一般来说，多媒体个人计算机（MPC）除了必备的主机配置外，MPC 扩充的配置包括：光盘驱动器、音频卡、图形加速卡、视频卡、打印机接口、交互控制接口及网络接口等。随着计算机技术和网络技术的飞速发展，MPC 机的配置不断提高，功能不断提升，使得多媒体信息的采集、存储、加工和传输更加便捷。

2. 多媒体计算机系统

多媒体计算机系统是指能对文本、图形、图像、音频、动画和视频等多媒体信息，进行逻辑互联、获取、编辑、存储和播放等功能的一个计算机系统。它是在现有 PC 计算机基础上加上硬件板卡和相应的软件，使其具有综合处理声音、文字、图像、视频等多种媒体信息的多功能计算机系统，如图 10-1 所示。

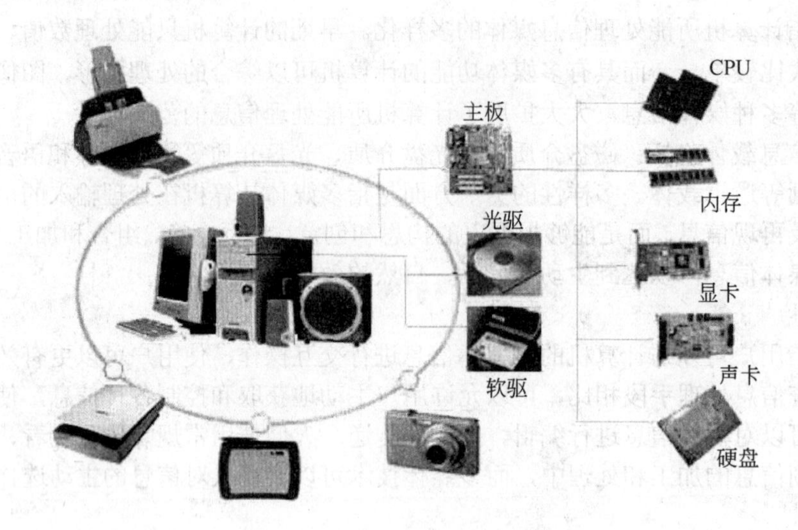

图 10-1　多媒体计算机系统示意

多媒体计算机系统与普通计算机系统一样，也是由多媒体硬件和多媒体软件两部分组成。其核心是一台计算机，外部设备主要是视听等多种媒体设备。因此，简单来说，多媒体系统的硬件是计算机主机及可以接收和播放多媒体信息的各种输入、输出设备，其软件是音频、视频处理核心程序、多媒体操作系统及各种多媒体工具软件和应用软件。

3. 多媒体计算机的硬件

多媒体计算机硬件系统是由计算机的基本部件和外部多媒体设备组成。主要硬件除了常规的主机之外，还要有音/视频信息处理的硬件。最基本的设备有声卡（Audio Card）、音箱、CD-ROM、麦克风等，其他还包括视频捕获卡、摄像机、照相机、扫描仪、打印机等。

（1）光盘驱动器

包括 CD-ROM 光盘驱动器、可读写光盘驱动器 CD-RW 和 DVD-ROM 光盘驱动器。其中 CD-ROM 光盘驱动器为 MPC 带来了价格便宜的 650 M 存储设备，作为多媒体信息存储的介质，CD-ROM 光盘曾经被广泛使用。随后又出现了 DVD，它的存储量更大，双面可达 17 GB，是升级换代的理想产品。而目前由于可读写光盘驱动器 CD-RW/DVD-RM 及可读写光盘也已越来越普及，使多媒体信息的存储更经济、更便捷。

（2）音频卡

在音频卡上可以连接的音频输入输出设备包括话筒、音频播放设备、MIDI（Musical Instrument Digital Interface）合成器、耳机、扬声器等。数字音频处理的支持是多媒体计算机的重要方面，音频卡具有 A/D 和 D/A 音频信号的转换功能，可以合成音乐、混合多种声源，还可以外接 MIDI 电子音乐设备。为了降低成本，目前有许多主板上已集成了音频卡功能。

（3）图形加速卡

图文并茂的多媒体表现需要较高的分辨率，需要色彩丰富的显示卡的支持，同时还要求在Windows下拥有快速像素运算能力。现在带有图形用户接口（Graphical User Interface，GUI）加速器的局部总线显示适配器使得Windows的显示速度大大加快。为了降低成本，目前有些主板上集成了低端图形加速卡功能。

（4）视频卡

用来支持视频信号（如电视）的输入与输出。可细分为视频捕捉卡、视频处理卡、视频播放卡以及TV编码器等专用卡，其功能是连接摄像机、VCR影碟机、TV等设备，以便获取、处理和表现各种动画和数字化视频媒体，完成视频信号的A/D和D/A转换及数字视频的压缩和解压缩功能。

电视卡：完成普通电视信号的接收、解调、A/D转换及与主机之间的通信，从而可在计算机上观看电视节目，同时还可以以MPEG压缩格式录制电视节目。

加速显示卡：主要完成视频的流畅输出，是Intel公司为解决PCI总线带宽不足的问题而提出的新一代图形加速端口。

（5）打印机接口

用来连接各种打印机，包括普通打印机、激光打印机和彩色打印机等，打印机现在已经是最常用的多媒体输出设备。

（6）交互控制接口

它是用来连接触摸屏、鼠标、光笔等人机交互设备的，这些设备将大大方便用户对MPC的使用。

（7）网络接口

网络接口是实现多媒体通信的重要MPC扩充部件。计算机和通信技术相结合的时代已经来临，这就需要专门的多媒体外部设备将数据量庞大的多媒体信息进行传输，通过网络接口相接的设备包括视频电话机、传真机、LAN和ISDN等。

4．多媒体计算机的软件

多媒体计算机软件系统包括多媒体操作系统、多媒体的编辑创作软件和多媒体的应用软件。

多媒体操作系统与传统的操作系统软件相比，增加了对多媒体信息处理的控制和管理，并为进一步的开发和应用提供了支持。其中Microsoft Windows具有多任务处理能力，使用图形用户接口，而且还具有动态链接库和动态数据交换等功能，它是应用和开发多媒体系统的很好环境。

多媒体的编辑创作软件为多媒体创作人员提供了制作工具，如，文字处理软件、图像处理软件、录音和编辑软件、视频采集和编辑软件、动画制作软件等。

多媒体集成软件主要用来对文本、图形、图像、动画、视频和音频等多媒体信息进行控制和管理，并把它们按要求连接成完整的多媒体应用系统。

多媒体应用软件是开发出来的面向最终用户使用的多媒体软件产品。如一套多媒体的教学光盘，一部多媒体百科全书，一个互动的多媒体游戏等。

除了上述面向终端用户的应用软件外，另一类是面向某一领域的用户应用软件系统，这是面向大规模用户的系统产品。例如，多媒体会议系统、视频点播服务（VOD）等，医用、家用、军用、工业应用等已成为多媒体应用的重要组成方面，多领域应用的特点和需求，推动了多媒体系统用户应用软件的研究和发展。

5. 多媒体系统的层次结构

综上所述，多媒体系统的层次结构与计算机系统的结构在原则上是相同的，由底层的硬件系统和其上的各层软件系统组成，最上面是用户作品和用户程序，如图 10-2 所示。

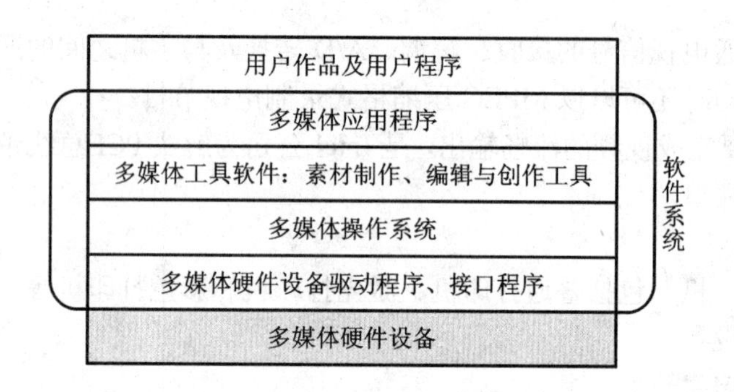

图 10-2 多媒体计算机系统层次结构

10.1.3 多媒体技术研究的主要内容

1. 数据的压缩与解压缩

研制多媒体计算机需要解决的关键问题之一是要使计算机能实时地综合处理声、文、图信息。然而，由于数字化的图像、声音等多媒体数据量非常大，而且视频音频信号还要求实时地传输处理，这使一般计算机产品特别是个人计算机系列上开展多媒体应用难以实现，因此，视频、音频数字信号的编码和压缩算法成为一个重要的研究课题。

经过 40 多年的数据压缩研究，从 PCM（Pulse-Code Modulation）脉冲调制编码理论开始，到现今成为多媒体数据压缩标准的 JPEG（Joint Photographic Experts Group，联合图像专家组）和 MPEG（Moving Picture Experts Group，动态图像专家组），已经产生了各种各样针对不同用途的压缩算法、压缩手段和实现这些算法的大规模集成电路或计算机软件，并逐渐趋于成熟。选用合适的数据压缩技术，有可能将字符数据量压缩到原来的 $\frac{1}{2}$ 左右，语音数据量压缩到原来的 $\frac{1}{2}\sim\frac{1}{10}$，图像数据量压缩到原来的 $\frac{1}{2}\sim\frac{1}{60}$，从而大大降低了数据量。

2．数据的组织与管理

数据的组织和管理是任何信息系统要解决的核心问题。在现代信息社会中，常常苦于没有从这些数据中获取有用信息的方便工具和手段，多媒体的引入更加剧了这种状况的恶化。

数据量大、种类繁多、关系复杂是多媒体数据的基本特征。以什么样的数据模型表达和模拟这些多媒体信息空间，如何组织、存储这些数据，如何管理这些数据，如何操纵和查询这些数据，这是传统数据库系统的能力和方法难以胜任的。目前，人们利用面向对象(OO，Object Oriented)方法和机制开发了新一代面向对象数据库(OODB，Object Oriented Data Base)，结合超媒体技术的应用，为多媒体信息的建模、组织和管理提供了有效的方法。与此同时，市场上也出现了多媒体数据库管理系统。但是 OODB 和多媒体数据库的研究还很不成熟，与实际复杂数据的管理和应用要求仍有较大的差距。

3．多媒体信息的展现与交互

在传统的计算机应用中，大多数信息的呈现都采用文本媒体，所以对信息的表达仅限于“显示”。在未来的多媒体环境下，各种媒体并存，视觉、听觉、触觉、味觉和嗅觉媒体信息要进行综合与合成，就不能仅仅用“显示”完成媒体的表现了。各种媒体的时空安排和效应，相互之间的同步和合成效果，相互作用的解释和描述等都是表达信息时必须考虑的问题。尽管影视声响技术广泛应用，但多媒体的时空合成、同步效果、可视化、可听化以及灵活的交互方法等仍是多媒体领域需要研究和解决的棘手问题。

4．大容量信息存储技术

多媒体的音频、视频、图像等信息虽经过压缩处理，但仍需相当大的存储空间，只有在大容量只读光盘存储器 CD-ROM 问世后才真正解决了多媒体信息存储空间问题。

由于存储在服务器上的数据量越来越大，使得服务器的硬盘容量需求提高很快。为了避免磁盘损坏而造成的数据丢失，采用了相应的磁盘管理技术，磁盘阵列就是在这种情况下诞生的一种数据存储技术。这些大容量存储设备为多媒体应用提供了便利条件。

5．多媒体通信与分布处理

多媒体通信对多媒体产业的发展、普及和应用有着举足轻重的作用，构成了整个产业发展的关键和瓶颈。在通信网络中，如电话网、广播电视网和计算机网络，其传输性能都不能很好地满足多媒体数据数字化通信的需求。从某些意义上讲，数据通信设施和能力严重制约着多媒体信息产业的发展，因而，多媒体通信一直作为整个产业的基础技术来对待。当然，真正解决多媒体通信问题的根本方法是“信息高速公路”的实现，高速宽带网也是解决这个问题一个比较完整的方法。

多媒体的分布处理是一个十分重要的研究课题。因为要想广泛地实现信息共享，计算机网络及其在网络上的分布式与协作操作就不可避免。多媒体空间的合理分布和有效的协作操作将缩小个体与群体、局部与全球的工作差距。超越时空限制，充分利用信息，协同合作，相互交流，节约时间和经费等是多媒体信息分布的基本目标。

10.1.4 多媒体技术的应用

目前，多媒体技术正处在迅速发展之中，新技术、新产品及各种应用软件不断推出，其应用领域越来越广阔。

1. 教育和培训

世界各国的教育学专家们正努力研究用先进的多媒体技术改进教学与培训。以 MPC 为核心的现代教育技术使教学手段更加丰富多彩，使计算机辅助教学(CAI)如虎添翼。MPC 在教育培训中有着巨大的应用潜力，应用 MPC 提供的交互式多媒体技术来进行多媒体计算机辅助教学（MCAI），由于在听和看的同时还可以完成各种练习，这样就加深了对学习内容的记忆，在较短的时间内可学习更多的内容。

除了学校里的课程教学以外，工业和商业等领域中的职业培训也是 MPC 一个巨大的应用领域，现代技术的迅速发展要求在职职工不断更新知识和技能，MPC 的应用为此提供了切实可行的解决途径。

2. 多媒体电子出版物

电子出版物是指以数字代码方式将图、文、声、像等信息存储在磁、光、电介质上，通过计算机或类似设备阅读使用，并可复制发行的大众传播媒体。电子出版物以其信息容量大、易于检索、成本低等优点得到了迅速的发展，并且取代了一些传统的出版物。电子出版物的内容可分为电子图书、辞书手册、文档资料、报刊杂志、教育培训、娱乐游戏、宣传广告、信息咨询、简报等，许多作品是多种类型的混合。

光盘电子出版物不仅容量大、节省大量资源，而且使用、查找方便快捷，与传统出版物相比具有很大的优越性。目前，一般采用 CD-ROM 或 DVD-ROM 光盘为存储介质。

3. 宣传、节目制作、商品展示和广告

多媒体系统声像图文并茂，在宣传效果上优势尤其明显，观看者可以使用触摸屏点选自己感兴趣的内容。一般而言，制作节目要用专门的多媒体制作工具把音像素材集成在一起，可以利用多媒体系统来制作商品展示节目，除了可大量储存商品的图文信息，还可由电脑安排从任何角度来展示该商品，由顾客通过触摸屏来选择所要的商品类别，提供顾客最佳的购买指南。由于采用声音、图像等视听手段来介绍及分析产品，除了可以加深顾客对该产品的印象外，也会因其采用触摸屏，可直接由顾客任意查询，解除传统上需要销售人员在旁解说的困扰。

4. 多媒体数据库

多媒体数据库是数据库技术与多媒体技术相结合的产物。它可以将文字、数据、图形、图像、声音、视频等多种媒体的信息集成管理并综合表示，还可以建立对多媒体数据库信息的检索和查询，使之应用到更为广泛的领域中。

5. 电子查询、咨询与导览系统

在公共服务场所，如旅游、交通、商业咨询、宾馆及百货大楼等，需要提供多媒体咨询服务、商业运作信息服务、旅游指南等。这些工作过去只能用文字和图表展示，现在可将声音、图像、图形、动画等结合进去，使人有身临其境之感。

多媒体可以作为信息服务站、信息亭，利用事先设计好的使用界面，让使用者透过触摸屏跟信息服务站进行交谈和沟通。用多媒体电脑设计出的交谈式影音导游系统，可供人们通过触摸屏、鼠标来进行参观导引，也可以利用多媒体电脑充分了解馆内的每一个收藏品的知识。

6．新型办公自动化

多媒体通信、多媒体数据库及网络服务等为办公自动化增添了新的手段。例如，可视电话、视频会议、多媒体电子邮件等用于办公环境，使人们的活动范围扩大而物理距离缩小，进一步提高了办公效率和质量。

在个人计算机上加上视频会议的功能是多媒体技术的应用之一，它是多媒体网络在办公自动化方面的另一项重要应用。它不仅可以取代目前简单的电话沟通，更是多人共同开会讨论的最经济的方式之一，把分处在不同地区、国家的几个人集合在一起开会所需的经费，和这些人坐在自己办公室的多媒体计算机前通过视频会议的方式开会所需的经费相比，所节省的时间、金钱、人力都是相当可观的。这种应用使人的活动范围扩大而距离更近。

7．视频点播

视频点播 VOD 是可以根据自己的需要来点播电视节目或电视机上显示的其他选项。在信息高速公路覆盖的地区，还可用于远地购物，也可用于交互式电子游戏、交互式教学等。

视频网络将提供更活泼生动的视频存取模式，使用者不再只扮演信息接收者的角色，而是可以自由挑选自己想看的视频节目。

8．娱乐

多媒体游戏将活动画面、影片以及突然发出的动作同声音结合在一起，并具有背景层次多、立体感强、人物逼真、情节引入和交互性强等特点。利用多媒体技术所制作的 MTV 娱乐节目，更是让人百看不厌。用电脑录制的影碟也被广泛发行，使人们在家里就可以看电影。多媒体技术所提供的这一切，已经足够人们构造一个属于个人的娱乐世界。

总之，多媒体技术已经被广泛地应用在教育、军事、医学、工程建筑、商业、艺术和娱乐等社会生活的各个领域，并且具有十分广阔的应用前景。

10.2　多媒体信息压缩技术

多媒体是先进的计算机技术与视频、音频及通信技术集成的产物，信息时代人们越来越多地利用计算机收集、处理多媒体信息。多媒体信息经数字化处理后的数据量非常大，那么如何在多媒体系统有效地保存和传送这些数据就成为多媒体系统面临的一个最基本的问题，而多媒体数据压缩技术可以有效地解决这一问题。

10.2.1　多媒体信息数字化

1．多媒体信息数字化过程

多媒体涉及的很多媒体原始信号都有一个特点，它们不仅在时间上是连续的，而且在幅度上也是连续的。通常，把在时间和幅度上都是连续的信号称为模拟信号，例如，声音信号、运动图像信号等都是模拟信号。那么什么是数字信号呢？简单地说，时间和幅度都用离散的数字表示的信号就称为数字信号。

通常，通过采样和量化实现模拟信号向数字信号的转换。采样和量化是将模拟信号变为数字信号的基本的、具有通用性质的方法。采样和量化过程就是模/数转换过程，模/数转换过程必须使用模/数转换硬件电路来实现。当数字化信息再次播放出声音时，需要使用采样和量化的逆过程，将数字声音返还成模拟声音信号，人耳才能再次感知到声音，而将数字信号转化为模拟信号时使用数/模转换硬件电路实现。模拟信号数字化的步骤如图 10-3 所示。

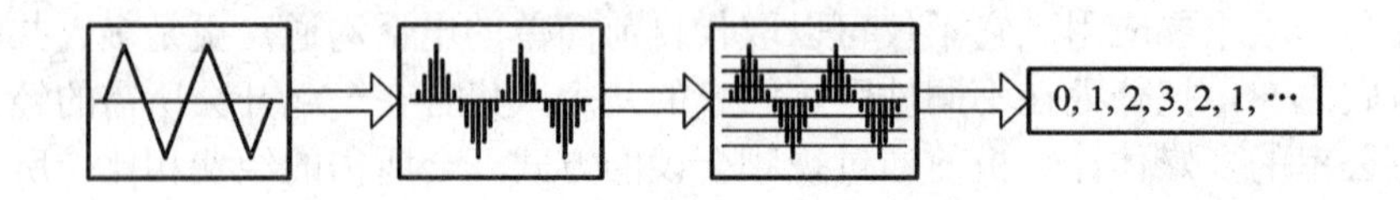

图 10-3　模拟信号数字化的过程

（1）采样

数字化的第一步是要将来自于模拟量的信号转换为数字信号，即模/数转换，也就是在某些特定的时刻对这种模拟信号进行幅度测量，由这些特定时刻得到的信号称为离散时间信号。把时间上连续的模拟信号（如图 10-4 所示）变成离散的有限个样值的信号（如图 10-5 所示）称为采样。采样是在时间轴上对模拟信号进行离散化，采样后所得出的一系列离散的抽样数值，称为样本序列。采样过程中时间间隔越小，越能更多地得到原有信号的幅度数值，单位时间内得到的样本数也越多。

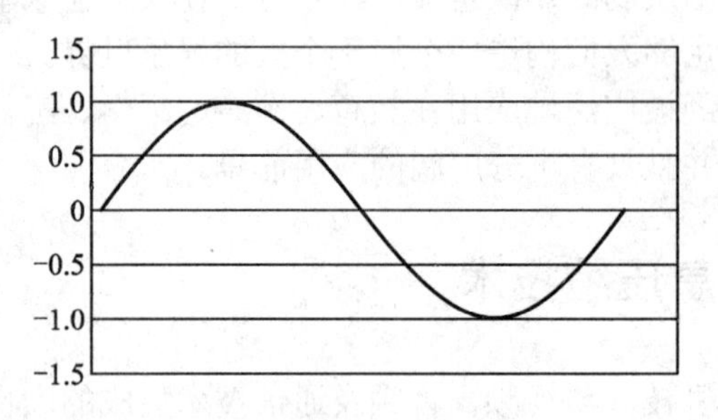

图 10-4　模拟信号波形图

通过采样处理，模拟信号变成了离散的数字信号，信号的取值在时间上不再是连续的，丢掉了一些数据。在这个过程中，存在信息的损失，产生了失真。要减少失真，就要提高采样频率，但这势必使得数据量增加，为了兼顾信号失真和数据量之间的矛盾关系，1927 年美国物理学家奈奎斯特提出了著名的采样定理，描述了信号频率与采样过程之间的关系。奈奎斯特确定了如果对某一带宽的有限时间连续信号进行采样，且在采样率达到一定数值时，根据这些抽样值可以在接收端准确地恢复原信号。

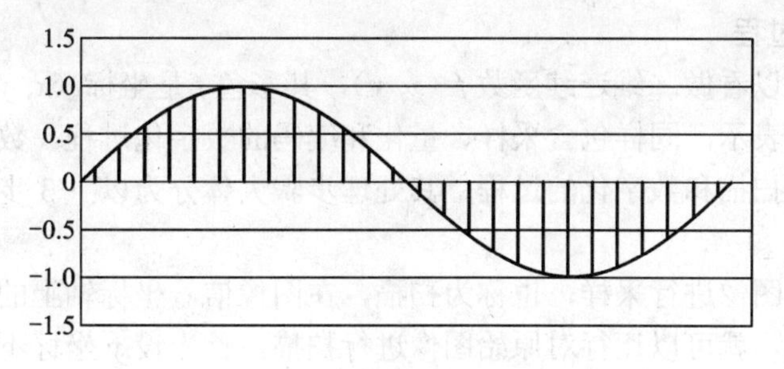

图 10-5　采样后的波形图

（2）量化

采样得到的幅值是无穷多个实数值中的一个，因此幅度还是连续的。如果把信号幅度取值的数目加以限定，这种由有限个数值组成的信号就称为离散幅度信号。量化是在幅度轴上把连续值的模拟信号变成为离散值的数字信号，在时间轴上已变为离散的样值脉冲，在幅度轴上仍会在动态范围内有连续值，可能出现任意幅度，即在幅度轴上仍是模拟信号的性质，故还必须用有限电压等级来代替实际量值，如图 10-6 所示。

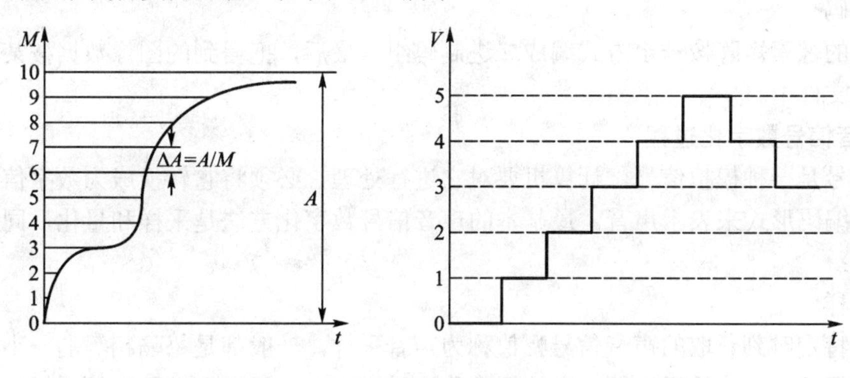

图 10-6　量化过程

量化的作用是在图像质量或声音质量达到一定保真度的前提下，舍弃那些对视觉或听觉影响不大的信息。量化的过程是模拟信号到数字信号的映射，模拟量是连续量，而数字量是离散量，因此量化操作实质上是用有限的离散量代替无限的连续模拟量的多对一的映射操作。

（3）编码

在采样和量化之后得到的有关声音波形信号的数据可以直接存储、传输或做其他应用，但为了某种应用目的，例如，数据压缩、存储、传输等，需要将这些数据变换成紧缩的表示方式，这个过程称为编码。编码就是把代表特定量化等级的信号输出状态进行组合，变换成一个 n 位表示的二进制数码，即每一组二进制码代表一个取样值的量化等级。由于每个样值的量化等级由一组 n 位的二进制数码表示，所以，采样频率 f 与 n 位数的乘积 nf 就是每秒需处理和发送的位数，通常称为比特率或数码率。

2. 图像数字化过程

一幅彩色图像可以看做二维连续函数 $f(x, y)$，其彩色 f 是坐标 (x, y) 的函数，从二维连续函数到离散的矩阵表示，同样包含采样、量化和编码的数字化过程。数字转换设备获取图像的过程实质上是信号扫描和数字化的过程，其处理步骤大体分为以下 3 步：

（1）采样

在 x, y 坐标上对图像进行采样，也称为扫描，在图像信号坐标轴上的采样要确定一个采样间隔，有了采样间隔，就可以逐行对原始图像进行扫描。首先设 y 坐标不变，对 x 轴按采样间隔得到一行离散的像素点 xn 及相应的像素值。使 y 坐标也按采样间隔由小到大的变化，就可以得到一个离散的像素矩阵 $[xn, yn]$，每个像素点有一个对应的色彩值。简单地说，将一幅画面划分为 $m \times n$ 个网格，每个网格称为一个采样点，用其亮度值来表示。这样，一幅连续的图像就转换为以采样点值组成的一个阵列。

（2）量化

将扫描得到的离散的像素点对应的连续色彩值进行模/数转换（量化），量化的等级参数即为图像深度。这样，像素矩阵中的每个点 (xn, yn) 都有对应的离散像素值 fn。

（3）编码

把离散的像素矩阵按一定方式编成二进制码组。最后，把得到的图像数据按某种图像格式记录在图像文件中。

3. 声音信号数字化过程

声音信号是一种模拟信号，计算机要对它进行处理，必须将它转换成为数字信号，即用二进制数字的编码形式来表示声音。最基本的声音信号数字化方法是采样和量化，同样也分成如下 3 个步骤：

（1）采样

在某些特定时刻获取的声音信号幅值称为声音采样，一般都是每隔相等的一小段时间采样一次，其时间间隔称为采样周期，它的倒数称为采样频率。采样定理是选择采样频率的理论依据，为了不产生失真，采样频率不应低于声音信号最高频率的两倍。因此，语音信号的采样频率一般为 8 kHz，音乐信号的采样频率则应在 40 kHz 以上。采样频率越高，可恢复的声音信号分量越丰富，其声音的保真度越好。

（2）量化

声音信号量化后的样本是用二进制数来表示的，二进制数位数的多少反映了度量声音波形幅度的精度，称为量化精度，也称为量化分辨率。例如，每个声音样本若用 16 bit（2 个字节）表示，则声音样本的取值范围是 0～65 536，精度是 $\frac{1}{65\,536}$；若只用 8 bit（1 个字节）表示，则样本的取值范围是 0～255，精度是 $\frac{1}{256}$。量化精度越高，声音的质量越好，需要的存储空间也越多；量化精度越低，声音的质量越差，而需要的存储空间越少。

（3）编码

经过采样和量化处理后的声音信号已经是数字形式了，但为了便于计算机的存储、处理和传输，还必须按照一定的要求进行数据压缩和编码，即选择某一种或者几种方法对它进行数据压缩，以减少数据量，再按照某种规定的格式将数据组织成为文件。

10.2.2 多媒体信息压缩技术

多媒体信息的数据量巨大，与当前硬件技术所提供的计算机存储资源和网络带宽之间有很大的差距，因此，在多媒体技术发展的进程中，数据压缩技术非常重要。如果不对多媒体信息进行压缩，就无法在计算机中存储和传输。

1．压缩的必要性

多媒体数据压缩技术是多媒体信息得以传播的基础。数字化了的视频和音频信号的数据量非常大。下面列举几个未经压缩的数字化信息的例子：

（1）设屏幕的分辨率为768×512，字符大小为8×8 点阵，每个字符用两个字节表示，则保存满屏6 144个字符需要12 KB的存储空间。

（2）双通道立体声激光唱盘采样频率为44.1 kHz，采样精度16 bit，其一秒钟时间内的采样位数为$44.1\times10^3\times16\times2$=1.41M。一张650MB的CD-ROM，可存约1小时的音乐。

（3）数字音频磁带　采样频率48 kHz，采样精度16 bit，一秒钟时间内采样位数为$48\times10^3\times16$＝768K，一个650MB的CD-ROM可存储近2小时的节目。

（4）静态图像　以一幅千万像素的照相机拍摄的照片图像为例，图像分辨率为3 882×2 592，每一种颜色用8 bit表示，即R（红色）用8 bit 256级别表示，G（绿色）用8bit 256级别表示，B（蓝色）用8bit 256级别表示，不作任何压缩处理时的图像的数据量为：（3 882×2 592×24）/ 8≅28.8 MB，一张650MB的CD-ROM只能存储22幅这样的照片。

（5）视频　PAL 制式是欧洲和我国使用的彩色视频图像标准，其视频带宽为5 MHz，帧速率为25帧每秒，样本宽是24 bit，采样频率至少为10 MHz，因而存储一秒钟PAL制式的视频图像需要的空间为：$10\times10^6\times24\div8$=30 MB。如果不压缩，一张CD-ROM可存视频的时间为21秒左右影片。

实际上，一幅具有中等分辨率（640×480像素）真彩色图像（24位/像素），它的数据量约为每帧7.37 Mb，若要达到每秒25帧的全动态显示要求，每秒所需的数据量约为184 Mb，即要求系统的数据传输速率必须达到184 Mbps。对于声音也是如此，目前普通电话线路调制解调速率为28.8 kbps，在用于声音信号的传输速率为8 kbps的地区，如果传输未经压缩的96kbps就需要将电话的声音信号带宽拓宽12倍。CD-ROM的容量大约是650M字节，双层双面DVD的容量大约有17G字节，对于未压缩的电视信号，CD-ROM仅可存储23.5秒，DVD光盘仅可存储大约15分钟节目。

由此可见，依现有的计算机软硬件技术和数据处理能力，实时的传输、存储和处理这些数据是无法进行的。因此，对多媒体信息进行压缩是十分必要的。

2．数据压缩的可能性

科研人员通过对多媒体数据的结构和特性的深入研究发现，视频、图像、声音这些媒体数据存在着很大的冗余量，具有很大的可压缩空间，这使得对多媒体数据进行压缩成为可能。多媒体数据的可压缩性主要表现在以下两个方面：

（1）数据冗余量

音频信号和视频信号等原始数据通常存在很多可压缩的空间，空间越多，数据的“冗余量”也就越大。通过数据的压缩，将把这些不用的空间去除掉。

（2）人类不敏感因素

一般而言，人类对某些频率的音频信号不敏感，有无这些频率的音频在听觉上影响不大，因此就可通过去掉这些不敏感的成分，以使数据量减少。根据人眼对彩色细节分辨能力低的特点，通过减少某些人眼不敏感色彩也可以实现图像存储数据量的减少。

3．常用的数据压缩方法

针对多媒体数据冗余类型的不同，相应地有不同的压缩方法。数据的压缩实际上是一个编码过程，即把原始的数据进行编码压缩。数据的解压缩是数据压缩的逆过程，即把压缩的编码还原为原始数据。因此数据压缩方法也称为编码方法，而数据解压缩方法也称为解码方法。

根据解码后数据与原始数据是否完全一致进行分类，压缩方法可分为有损压缩和无损压缩。

（1）无损压缩

无损压缩（Lossless Compression）又称可逆压缩、冗余压缩、无失真编码、熵编码等，是指原数据经过压缩后，还能完全恢复到压缩前的原样，信息没有损失。无损压缩要求解压以后的数据和原始数据完全一致，解压后得到的数据是原数据的复制，是一种可逆压缩。无损压缩常用在文本数据、程序等重要数据的存档。其原理是统计压缩数据中的重复部分，压缩比一般为2∶1～5∶1之间，它的压缩比小于有损数据压缩。

（2）有损压缩

有损压缩（Loss Compression）指原数据经过压缩后，不能完全恢复到压缩前的原样，信息有损失。解压以后的数据和原始数据不完全一致，所以有损压缩是不可逆压缩方式，因此又称为不可逆压缩或有失真压缩等。图像和声音的频带宽、信息丰富，而人类的视觉和听觉对频带中的某些频率成分不敏感，利用这一特点有损压缩以牺牲部分信息为代价换取较高的压缩比，其压缩比一般可以达到上百倍。

根据数据压缩的原理，可以将数据压缩技术分为统计编码、预测编码、变换编码、分析-合成编码和混合编码等。

10.2.3　多媒体信息压缩标准

随着数据压缩技术的发展，产生了非常多的编码方法，如无失真压缩中的霍夫曼编码、行程编码，有失真压缩的预测编码、变换编码、混合编码等。一些经典编码方法趋于成熟，使数据压缩走向实用化和产业化。近年来一些国际标准组织成立了数据压缩和通信方面的专家组，制定了几种数据压缩编码标准，并且很快得到了产业界的认可。

目前已公布的数据压缩标准有：用于静止图像压缩的 JPEG 标准；用于视频和音频编码的 MPEG 系列标准，包括 MPEG-1、MPEG-2、MPEG-4 等；用于视频和音频通信的 H.261 标准；用于二值图像编码的 JBIG 标准等。

1. JPEG 标准

JPEG（Joint Photographic Experts Group，联合图片专家组），是一个适用于连续色调图像压缩的国际标准。它是从 1986 年正式开始制订的，当时由两个国际组织联合支持，其一，是国际标准组织 ISO；其二，是国际电报电话咨询委员会 CCITT。到 1987 年 11 月，国际电工委员会 IEC 也参加合作，因此说 JPEG 是 3 个国际组织合作的成果。从 1986 开始，经过许多次国际会议讨论和修改后，于 1992 年表决通过。JPEG 是 ISO 的标准，同时也是 CCITT 的推荐标准。

JPEG 是数字图像压缩的国际标准。它用于连续变化的静止图像，这里包括灰度等级和颜色两方面的连续变化。JPEG 包含两种基本压缩方法，各有不同的操作模式。第一种是有损压缩，它是以正交变换 DCT（Discrete Cosine Transform）为基础的压缩方法，第二种为无损压缩，又称预测压缩方法。但最常使用的是第一种，即 DCT 压缩方法，也称为基线顺序编解码（Baseline Sequential Codec）方法，因为这种方法的优点是先进、高效，因此应用广泛。采用基线顺序过程的压缩效果，对一般图像而言，在 10 倍左右的压缩比下，人眼几乎察觉不到图像质量的损失。

目前 JPEG 标准得到了广泛认可，在 Internet 上的许多照片都是以 JPEG 标准压缩的，文件的扩展名为“jpg”，并被广泛应用于数码相机等数码产品中。

自从 JPEG 标准推出之后，各集成电路生产厂家，如：C_Cube、AT&T、NEC、Intel 等为抢占市场，纷纷研制适用于 JPEG 的硬件芯片。在这些芯片中，市场占有份额最大是 C_Cube 公司的 CL550。它是单芯片的 JPEG 压缩和解压缩芯片，最多可以处理 4 个彩色分量，可将其应用于打印系统（CMYK 彩色空间），也可用于图像显示（RGB 彩色空间）。

2. MPEG-1 标准

MPEG（Moving Picture Experts Group，活动图像专家组）是国际标准化组织（ISO）和国际电工委员会（IEC）联合技术委员会（JTC1）的第 29 分委员会（SC29）的第 11 工作组（WG 11），其全称是 WG11 of SC 29 of ISO/IEC JTC1。MPEG 的任务是开发运动图像及其声音的数字编码标准。

随着数字音频和数字视频技术的广泛应用，ISO 的活动图像专家组（MPEG）在 1991 年 11 月提出了 ISO 11172 标准的建议草案，通称 MPEG-1 标准。该标准于 1992 年 11 月通过，1993 年 8 月公布。

MPEG -1 标准（ISO/IEC11172-Ⅱ）的目标是以约 1.5 Mbps 的速率传输电视质量的视频信号，亮度信号的分辨率为 360×240，色度信号的分辨率为 180×120，每秒 24～30 帧。MPEG-1

标准包括：MPEG 系统（ISO/IEC11172-1）、MPEG 视频（ISO/IEC11172-2）、MPEG 音频（ISO/IEC11172-3）和测试验证（ISO/IEC11172-4）。MPEG 涉及的问题是视频压缩、音频压缩及多种压缩数据流的复合和同步问题。

MPEG-l 标准提供了一些录像机的功能：正放、图像冻结、快进、快倒和慢放等。此外，还提供了随机存储的功能，当然，解码器这些功能的实现在一定程度上同图像数据存储介质相关。

MPEG-1 标准同样得到了国际学术界和公司企业界的广泛认同。是 VCD 等家用电器的核心算法，其音频压缩算法是 MP3（MPEG Layer 3）格式文件的核心，因此也是当今流行的 MP3 播放机的核心，取得了巨大的经济效益。

数据压缩标准的出现是数据压缩研究的重要进展，它标志着一些编码算法和系统的成熟，为数据压缩在全世界范围内的普遍应用奠定了基础。

10.2.4 多媒体文件压缩与解压缩技术

1．多媒体文件尺寸

在一个用 ASCⅡ码来表示字符的文本文档里，每个字节存储了一个 ASCⅡ码——也就是一个字符。这个文本里的字符越多，这个文档所需要的存储空间就越大。一个字节含有 8 位，可以表示 256 种不同的值，它可以用在任何场合。如果使用一个字节来存储图像中的每个像素的颜色信息，那么每个像素就可以任选 256 种颜色中的一种。彩色图像还可以用一个以上的字节来表示颜色。但是无论是用一个还是更多字节表示像素颜色信息，图像文件尺寸都会随着像素个数的增加而增大，因为一个图像所包含的像素越多，存储这个图像文件就需要越多的字节数——也就是文件尺寸越大。

多媒体文件的数据量都很大，需要很多的存储空间，这样就会造成网络传输慢、发生堵塞、处理文件时间长、存储空间占用过大造成硬件运行慢等问题。因此，降低文件的数据量势在必行。

通常，可以通过降低取样率、减小位深度和文件压缩 3 种方法缩减数字多媒体文件的尺寸。在降低取样率和位深度之后，所得到的数字图像和源对象的视觉差别会很大，而音频文件播放时听上去的效果也可能会明显变差。所以，在处理多媒体文件时，还需要在文件尺寸和文件质量上做一个选择。

2．声音文件压缩技术

众所周知，CD 音质立体声的音频质量最好，它的采样频率是 44.1 kHz，每秒钟取 44 100 个样本。立体声有两个声道，一个左声道和一个右声道，每个声道需要 16 位的位深度，这样的音频文件每分钟需要大约 10MB 的存储空间，为了保存和传输方便，必须对它进行压缩。常用的减少数字音频文件数据的方法主要有以下几种：

（1）降低取样频率

人耳能够听见的声音频率范围在 20Hz～20kHz 之间，这样使用 44.1 kHz 的取样频率获得的 CD 音质的音频文件是质量最好的。降低取样频率的时候可以选择 22.05 kHz 和 11.025 kHz 的取样频率，针对语音或一些不存在特别精确效果的短音效选择 11.025 kHz 就可以了，以一分钟的 CD 音质立体声音频为例，取样频率如果从 44.1 kHz 降为 22.05 kHz，那么文件尺寸从原来的 10 MB 可以降为 5 MB。

（2）降低位深度

在数字音频编辑软件中，最常遇到的位深度参数设置为 8 位或 16 位。通过文件尺寸的计算，位深度从 16 位降为 8 位，文件尺寸可以从 10 MB 降为 5 MB，加之取样频率的降低，那么文件尺寸就可以变为 2.5 MB。

（3）压缩文件

对音频文件使用压缩算法来减小尺寸，同样分为有损压缩和无损压缩两种。MP3 格式就是采用了有损压缩的方法降低了数据量，该方法能够在保证音频质量较好的前提下达到很高的压缩率。

> 注意：应用了有损压缩之后的音频文件一定不要用做今后做进一步编辑的原始文件，因为如果希望一个音频文件在编辑后获得最佳的听觉效果，就必须使用未压缩或进行过无损压缩的原始文件。

（4）降低声道数

立体声有两个声道，如果将其降低为单声道，就可以将文件尺寸减半，但是减少一个声道会明显改变声音的听觉效果。不过，如果最后的音频文件是通过单声道扬声器来播放，就不会感觉到差别了。

目前，将音频素材转换成使用者所需要的压缩编码格式的软件很多，在这里以千千静听为例介绍通过格式转换的方式对音频文件进行数据压缩的方法。

千千静听是一款完全免费的音乐播放软件，集播放、音效、转换、歌词等众多功能于一身，其小巧精致、操作简捷、功能强大的特点，深得用户喜爱。

例 10-1 将“雨.wav”文件分别转换为 MP3 和 WMA 格式的文件，并对比转换前后的音乐文件数据量的变化。

操作步骤：

（1）启动千千静听，打开 “雨.wav”文件，在需要转换格式的曲目上，单击鼠标右键，选择快捷菜单中的“转换格式”，弹出“转换格式”对话框，如图 10-7 所示。

（2）在“输出格式”列表中选择要转换的格式，再根据需要选择“音效处理”的选项；

（3）在“选项”中的“目标文件夹”确定转换后的文件路径，系统自动默认新文件名与原来名字相同，只是文件的扩展名不同。

（4）单击『立即转换』按钮，弹出“正在转换格式”对话框，并在“状态”栏显示出转换进度，如图 10-8 所示。转换结束后自动返回到“千千静听”窗口。

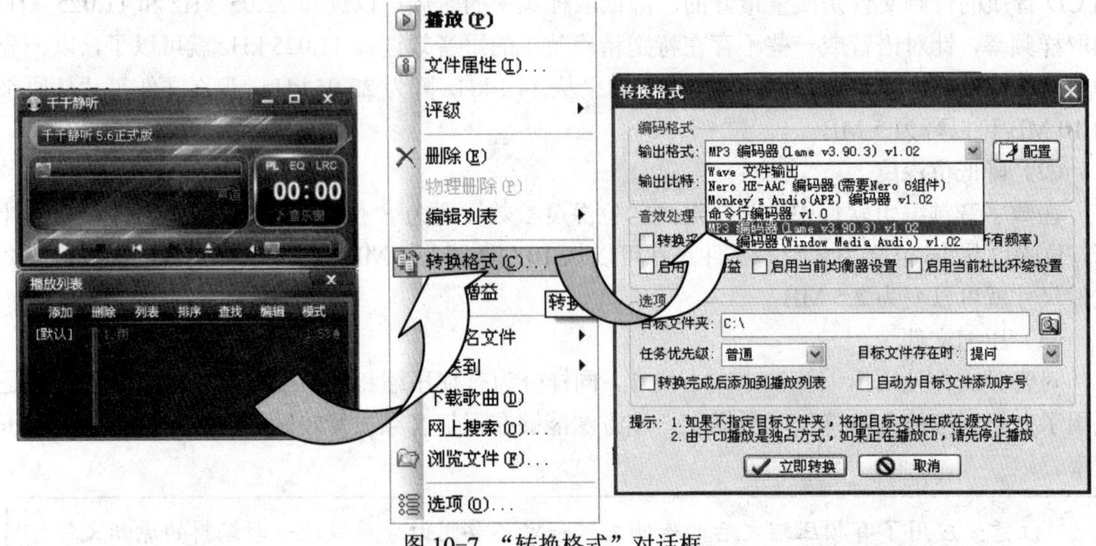

图 10-7 “转换格式”对话框

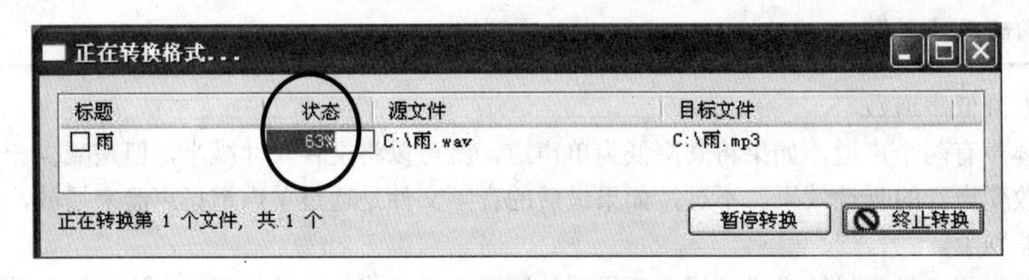

图 10-8 “正在转换格式”对话框

（5）对比各类文件所占字节数，显然转换后的文件类型占用空间数量比原来少的很多，如图 10-9 所示。

图 10-9 文件大小数据量对比

3. 图像文件压缩技术

分辨率和位深度直接影响图像的文件大小。分辨率越高，或者位深度越高，图像文件就越大。可以通过降低像素尺寸、降低位深度和压缩文件 3 种方法减小数字图像的文件大小。

（1）降低像素尺寸

首先可以用一个较低的分辨率来捕获图像。如果是通过扫描方式捕获的图像，那么可以使用较低的扫描分辨率，扫描出的图像将会有一个较小的像素尺寸。如果是通过数字方式捕获图像，那么就可以通过降低图像大小的方式降低数据量。

对已存在数字图像进行重取样或比例缩放，也可以得到较小的像素尺寸。文件尺寸与图像的像素数量成正比，这就意味着减少一半的像素尺寸，将会使文件大小变为原来的一半。

（2）降低位深度

位深度决定图像中可供使用的不同颜色的数量。扫描仪或数码照相机都提供了在捕获图像时可选的深度选项。最常见的彩色数字图像的位深度是 24 位，如果将位深度从 24 位降低到 8 位将会使文件大小减小到原来的$\frac{1}{3}$。但也要注意，根据图像内容的不同，降低位深度可能会造成其艺术效果的明显降低。

（3）压缩文件

当选择以一种格式保存数字图像时，同时也就选择了是要以何种方式压缩这个文件。在扫描一张图片时，可以通过选项选择将它保持为一张位图图片、一个 JPEG 文件或一个 GIF 文件。通常，位图文件占用空间较大，而 JPEG 文件或 GIF 文件占用空间较少，适合于用做网络传输。

4．视频文件压缩技术

视频由一系列图像和音频组成，是摄像机捕获的事物的运动。运动捕获的结果以固定时间间隔的画面存储，每张画面称为帧，以多快的速度捕获或以多快的速度播放这些画面由帧速率决定，即帧/秒。目前，模拟彩色电视共有 3 种标准：PAL（25 帧/秒）、NTSC（29.97 帧/秒）和 SECAM（25 帧/秒）。

减少视频文件大小可以从降低视频的帧尺寸，降低视频的帧速率，降低视频图像的质量，选择支持高压缩比的压缩方法或降低音频的取样率、位深度、声道数以及降低视频的颜色深度等几个方面进行。

在同等条件下，可以通过选择高压缩比的软件来进行数据压缩。例如 Quick Time 使用的 Sorenson Video3 和 H.264 通常能够得到比较优化的图像质量和较好的压缩效果。为了达到预期的压缩效果，日常更多的是使用转换格式的方式来进行压缩，例如，从非压缩格式转换为压缩格式或流格式，从而实现数据压缩。

视频文件有不同的格式，不同的媒体播放器可支持不同的视频文件格式，在有些情况下，所使用的视频播放器可能不支持选中的视频素材文件，在这种情况下，需要进行格式转换。目前，具有视频文件格式转换的软件很多，视频转换大师就是其中的一种。

视频转换大师可以进行各种视频文件格式的转换，如，将 mp4 格式转换为 avi、mov、wma、mpeg 等。

例 10-2　选取一个 avi 文件，将其转换为其他格式，并对比其转换结果。

操作步骤：

（1）打开“视频转换大师”软件，进入运行界面，打开选取的 avi 文件，如图 10-10 所示。

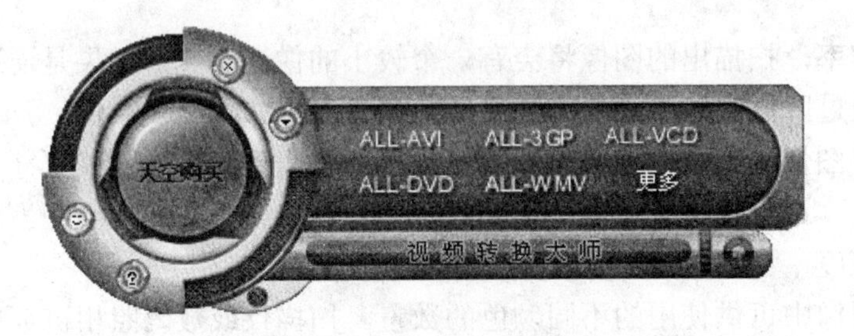

图 10-10 “视频转换大师”运行主界面

（2）单击『更多』按钮，进入“请选择要转换到的格式”对话框，如图 10-11 所示。

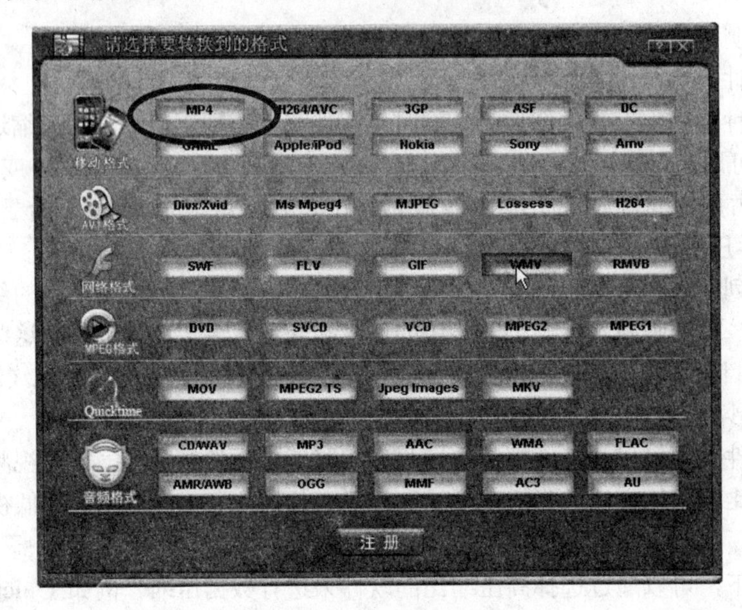

图 10-11　转换界面

（3）单击『MP4』按钮即进入转换界面，单击『转换』按钮，开始转换 MP4 文件；在转换过程中会给出进度条提示用户，如图 10-12 所示。

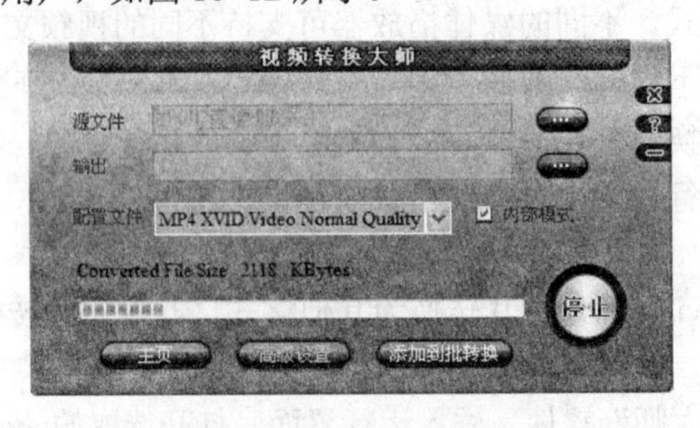

图 10-12　转换进度对话框

（4）用同样的方法将此 avi 文件分别转成 wmv 和 rmvb 格式。

（5）经过转换后，再次查看文件就会发现，在所有的格式中，wmv 格式文件所占的空间最小。

10.3 Windows 多媒体工具的使用

多媒体技术的出现与应用，把计算机从带有键盘和显示器的简单系统变成了一个具有音响、麦克风、耳机、游戏杆和 CD-ROM 驱动器的多功能组件箱，使计算机具备了电影、电视、录音、录像、传真等全面功能。

10.3.1 Windows 的多媒体功能

Windows XP 系统从系统级支持多媒体功能的改善，提供了越来越多的多媒体工具，使用户能够在紧张的工作之余进行一些休闲娱乐活动，加之高速发展的硬件技术，给用户提供了更加丰富多彩的交互式多媒体环境。具体而言 Windows 提供了如下多媒体功能：

1．内置的视频功能

微软公司自从 1992 年发布了 Video for Windows 之后，一直将这一产品作为单独的软件销售，现在则将它集成到了 Windows 中作为 Windows 的内置功能。用户可以直接将数字视频文件以 AVI 文件格式传送给其他的 Windows 用户，而不用再购买附加的专用于视频的软件。

2．更高的视频图像分辨率

使用数字视频时的主要问题在于每处理一帧图像都需要传输大量的数据。因此，在桌面系统中使用图像的能力取决于硬件和软件的支持。CPU 处理速度的快速提高和局部总线技术的出现，大大提高了数据的传送速度，使得开发高级图像应用程序成为可能。

1992 年微软公司刚刚发布 Video for Windows 时，图像显示的屏幕大小仅仅是 VGA 屏幕的 1/16，即 160×120 个点。而 Windows 中的 Video for Windows 则可以支持整屏幕显示。

3．Direct Draw 技术

Windows 中使用了微软公司的 Direct Draw 技术，这意味着 Windows 可以利用显示卡提供的大量高级性能，如，双缓冲功能（Double Buffering）可以加速数据的传输；色彩空间转换（Color Space Conversion）功能对于播放压缩的数字图像极有帮助；覆盖（Overlay）功能可以更快地显示有部分缺陷的图像；伸展（stretching）功能有助于被歪曲图像的显示。对于需要大量图像显示的应用程序，例如，CAD，这些性能是十分重要的。

4．MIDI 和 Polymessage（多信息）MIDI

要在计算机中将数字化的声音数据转换为模拟声音，必须有诸如声卡等硬件支持。MIDI 就是用于在电子设备之间传送数字化声音数据的通用协议，其优点之一是能大幅度地减少声音数据的数据量。与传统的波形声音相比，MIDI 声音的数据量要小得多。Windows 中还使用了一种新的称为 Polymessage MIDI 技术。它可以在一次中断中传送多条 MIDI 指令，从而降低了

CPU 的负载，使得 CPU 能够有更多时间处理其他的进程。

5. 音频功能

Windows 提供了大量用于多媒体应用的音频功能，包括播放 CD 音乐光盘的能力、记录和播放声音的能力以及相应的配置能力。

另外，Windows 可以自动识别出 CD-ROM 驱动器中的音乐光盘，并自动启动 CD 播放器播放程序。CD 音乐光盘的播放是在后台运行的，用户可以在欣赏音乐的同时进行其他的工作。使用 Windows 的录音机可以录制声音，声音以波形声音方式记录和播放。

10.3.2 Windows 音频工具的使用

Windows 系统提供了对多媒体的良好支持。只要在计算机上配有合适的配件，就可以充分得到 Windows 提供的强大的多媒体服务。利用 Windows 的录音机应用程序可获取数字化音频，可以录制、混合、播放和编辑声音文件，也可以将声音文件链接或插入到另一文档中。

1. 录音机的使用

例 10-3 用 Windows 录音机录制声音，建立声音文件“d:\text\ex-1.wav”。

操作步骤：

（1）麦克风安装连接好后，单击『开始』按钮，依次选择“程序/附件/娱乐/录音机”命令弹出“声音-录音机”对话框，如图 10-13 所示。

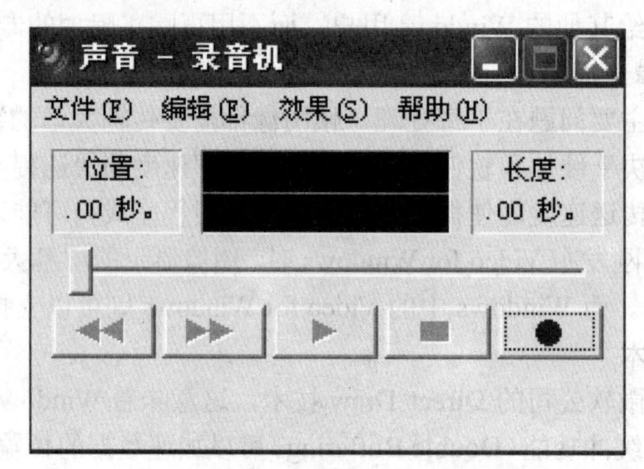

图 10-13 “声音-录音机”对话框

（2）单击录音『 ● 』按钮，就可以开始录音，待录音结束后，单击停止『 ■ 』按钮结束录音。

（3）单击播放『 ▶ 』按钮，可以播放所录制的声音文件，满意后即可保存。

（4）选择“文件/保存”命令，在弹出的“另存为”对话框中选择路径、输入文件名，将声音以波形文件格式保存在“d:\text\ex-1.wav”。

注意：使用这种录音方法只能录制 60 秒的声音，如果需要录制超过一分钟的声音则需要使用录音机“效果”菜单提供的“减速”命令来实现。目前使用的 Windows Vista 操作系统中的“录音机”程序可录制任意长度的音频文件。

2. 调整声音文件的质量

“录音机”程序提供了对录音文件声音质量、保存的文件格式的设置功能。

例 10-4 调整“d:\text\ex-1.wav”声音文件的质量（格式），根据所选的格式和属性转变文件的格式。

操作步骤：

（1）单击『开始』按钮，选择“程序/附件/娱乐/录音机”命令弹出“声音-录音机”对话框；

（2）选择“文件/打开”命令，打开“d:\text\ex-1.wav”文件；

（3）选择“文件/属性”命令，打开“ex-1.wav 的属性”对话框，如图 10-14 所示；

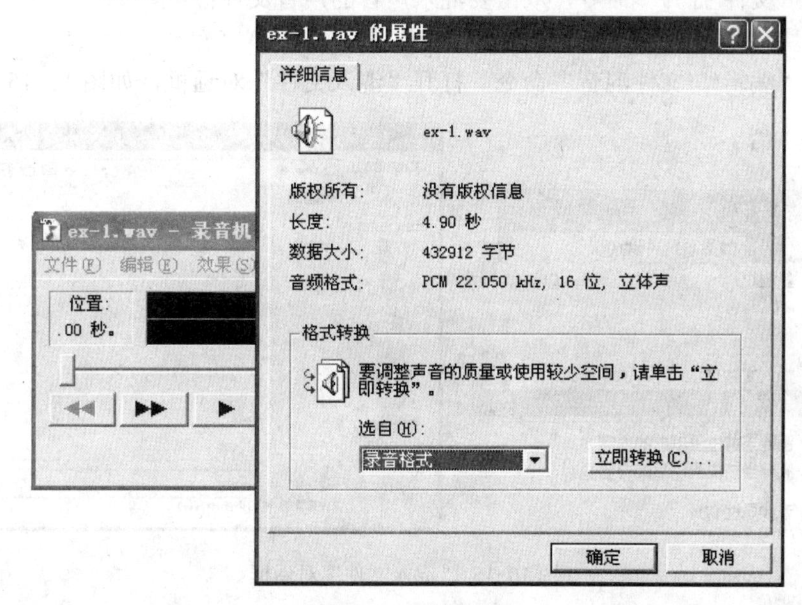

图 10-14 属性对话框

（4）在该对话框中显示了该声音文件的具体信息，单击“格式转换”选项组中的『选自』下拉列表，该列表提供“全部格式、播放格式、录音格式”3 种转换格式；

（5）从中选择“录音格式”后，单击『立即转换』按钮，打开“声音选定”对话框。

（6）在“声音选定”对话框中的“名称”下拉列表中可选择“无题”、在“格式”和“属性”下拉列表中选择该声音文件的格式和属性即可；

录音机程序仅支持 WAV 声音文件格式，该格式一般存储 PCM 编码的单声道或双声道声音数据，但也可以存储其他编码的声音数据，WAV 格式通常不对声音数据进行压缩。

（7）调整完毕后，单击『确定』按钮。

> 注意：“录音机”不能编辑压缩的声音文件。更改压缩声音文件的格式可以将文件改变为可编辑的未压缩文件。

3. 混合声音文件

在使用录音机程序录制多个音频素材文件后，常常需要将素材文件进行混合和拼接。Windows“录音机”程序提供了将两个或多个 WAV 文件混合和拼接的功能。

例如，要制作一个配乐诗朗诵，首先利用录音功能录制朗诵诗歌的音频文件，并搜索或下载一个 WAV 格式的背景音乐，然后播放朗诵诗歌的音频文件，当播放到需要穿插背景音乐的位置，将背景音乐插进来，就可以将两个声音文件从当前位置混合在一起。

例 10–5 利用“录音机”进行声音文件的混音。

操作步骤：

（1）选择“文件/打开”命令，双击要混入声音的声音文件；

（2）将滑块移动到文件中需要混入声音的位置；

（3）选择“编辑/与文件混音”命令，打开“混入文件”对话框，如图 10–15 所示；

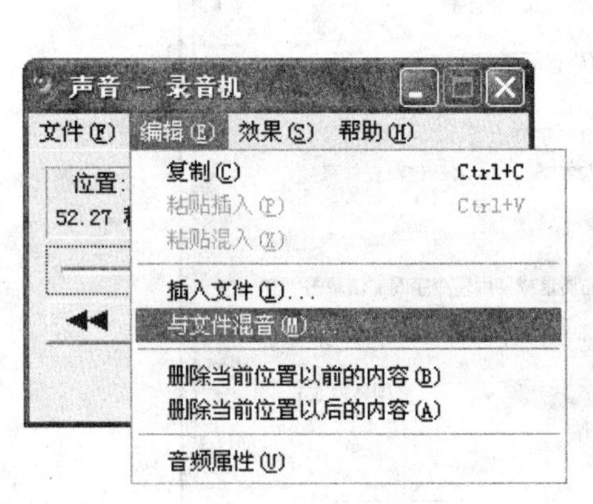

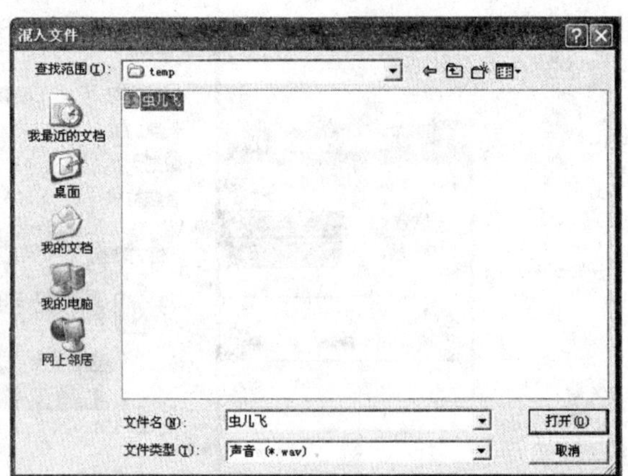

图 10–15 “混入文件”对话框

（4）双击要混入的声音文件即可。

> 注意：“录音机”只能混合未压缩的声音文件。如果在“录音机”窗口中未发现绿线，说明该声音文件是压缩文件，必须先调整其音质，才能对其进行修改。

10.3.3 Windows 视频工具的使用

1. Windows 视频播放工具

Windows Media Player 是一种通用的多媒体播放机，可用于播放当前最流行格式制作的音频、视频和混合型多媒体文件。Windows Media Player 不仅可以播放本地的多媒体文件，还可以播放来自 Internet 的流式媒体文件。正是这些功能使 Windows Media Player 成为最广泛、最简便有效的多媒体播放机。

Windows Media Player 是微软公司出品的一款免费的播放器，是 Microsoft Windows 的一个组件，也可以从网络下载，通常简称“WMP”，支持通过插件增强功能。

Windows Media Player 可以播放 MP3、WMA 和 WAV 等音频文件，RM 文件由于竞争关系微软默认并不支持。不过在 8.0 以后的版本，如果安装了解码器，也可以播放 RM 文件。视频方面可以播放 AVI 和 MPEG-1 格式的文件，安装 DVD 解码器以后可以播放 MPEG-2 和 DVD 格式的文件。

例 10-6 使用 Windows Media Player 播放多媒体文件、CD 唱片。

操作步骤：

（1）选择“开始/程序/附件/娱乐/Windows Media Player”命令，打开“Windows Media Player”窗口；

（2）若要播放本地磁盘上的多媒体文件，可选择“文件/打开”命令，选中要播放的文件，单击『打开』按钮；

（3）若要播放 CD 唱片，可先将 CD 唱片放入 CD-ROM 驱动器中，选择“播放”菜单，再单击『DVD、VCD 和 CD 音频』命令，如图 10-16 所示。

图 10-16 播放 CD 唱片

2. Windows 视频编辑工具

Windows Movie Maker（简称 WMM）是 Windows XP 和 Windows Me 新增的一个进行多

媒体的录制、组织和编辑等操作的应用程序，已被内置在操作系统中，它可以在计算机上创建家庭电影和幻灯片，完成专业外观的片头、过渡、效果、音乐甚至旁白。也可以将大量照片进行巧妙的编排，配上背景音乐，还可以加上自己录制的解说词和一些精巧特技，加工制作成电影式的电子相册。Windows Movie Maker 虽然不如专业视频软件，如 Adobe Premiere Elements 和 Pinnacle Studio Pro 9 功能完善，但是它操作简单，使用方便，并且用它制作的电影体积小巧，非常适合家庭使用。

10.3.4 常见多媒体文件格式

在多媒体技术中，媒体形式主要包括声音、图形、静态图像和动态图像。每一种媒体形式都有严谨而规范的数据描述，其数据描述的逻辑表现形式就是文件。

1．文本

文本分为格式化文本和非格式化文本。

（1）非格式化文本

只有文本信息没有其他任何有关格式信息的文件，又被称为纯文本文件，如 txt 格式文件。非格式化文本可以使用的字符个数有限，而且通常字符的大小固定，仅能按照一种形式和内容使用。Windows 系统的“记事本”就是支持 txt 文本的编辑和存储工具，它是一种纯文本文件，所有的文字编辑软件和多媒体集成工具软件均可直接调用 txt 格式文件。

（2）格式化文本

带有各种文本排版信息等格式信息的文本文件，如 doc 文件、wps 文件等。字符集丰富，包含多种字体、字号和排版格式。格式化文本外观可与印刷文本媲美。

（3）rtf

以纯文本描述内容，能够保存各种格式信息，可以用写字板、Word 等创建。rtf 是由微软公司开发的跨平台文档格式，大多数的文字处理软件都能读取和保存 rtf 文档。

2．图形与图像

按照计算机显示图像分类，可以将图像分为位图和矢量图。虽然这两种生成图的方法不同，但在显示器上显示的结果几乎没有什么差别。

静止的图像是一个矩阵，由一些排成行列的点组成，这些点称为像素点（pixel，是 picture element 的缩写），这种图像称为位图。图形是计算机对图像的一种抽象，也称为矢量图。它是用一组指令集合来描述图形的内容，这些指令用来描述构成该图形的所有直线、圆、圆弧、矩形、曲线等图元的位置、维数和形状等。

（1）常用的位图图像格式

BMP 是 Windows 系统下的标准位图格式，其结构简单，具有多种分辨率。由于未经过压缩，所以一般图像文件的数据量会比较大。“位图表示”是将一幅图像分割成栅格，栅格的每一像素点的亮点值都单独记录，位图区域中数据点的位置确定了数据点表示的像素。位图比较适合于具有复杂的颜色、灰度等级或形状变化的图像，如，照片、绘图和数字化了的视频图像等。

而有些图像原本就是按照位图格式组织的，如，计算机屏幕显示。

PCX（Personal Computer eXchange）图像文件最先出现在 ZSOFT 公司推出的名叫 PC Paintbrush 的用于绘画的商业软件包中，PCX 是最早支持彩色图像的一种文件格式，最高可达 24 位彩色。PCX 采用行程编码来对数据进行压缩，占用磁盘空间较少，并具有压缩及全彩色的特点。

TIFF（Tagged Image File Format）是图像文件格式中最复杂的一种，它是一种多变的图像文件格式，图像格式的存放灵活多变，它可以独立于操作系统和文件系统。存储的图像质量高，但占用的存储空间也非常大，信息较多，有利于原稿阶调与色彩的复制。TIFF 文件常被用来存储一些色彩绚丽、构思奇妙的贴图文件，它将 3DS、Macintosh、PhotoShop 有机地结合在一起。

GIF（Graphics Interchange Format）图像文件格式是最先使用在网络中用于图形数据在线传输，特别是应用在互联网的网页中，通过 GIF 提供的足够的信息，使得许多不同的输入输出设备能方便地交换图像数据。GIF 是主要为数据流而设计的一种传输方式，而不只是作为文件的存储格式，它具有顺序的组织形式。GIF 分为静态 GIF 和动画 GIF 两种，支持透明背景图像，适用于多种操作系统，“体型”很小，网上很多小动画都是 GIF 格式。其实 GIF 是将多幅图像保存为一个图像文件，从而形成动画,所以归根到底 GIF 仍然是图片文件格式。正因为它是经过无损压缩的图像文件格式，所以大多用在网络传输上，速度要比传输其他图像文件格式快得多。它的最大缺点是最多只能处理 256 种色彩，故不能用于存储真彩色的图像文件。

JPEG（Joint Photographic Experts Group）图像也是应用最广泛的图片格式之一，它采用一种特殊的有损压缩算法，将不易被人眼察觉的图像颜色删除，从而达到 2:1 甚至 40:1 的压缩比。可以用不同的压缩比例对这种文件压缩，其压缩技术十分先进，对图像质量影响不大，因此可以用最少的磁盘空间得到较好的图像质量。由于它优异的性能，所以应用非常广泛，而在 Internet 上，它更是主流图形格式。

PSD 格式是图像处理软件 Photoshop 的专用图像格式，图像文件一般较大。其存取速度比其他格式快很多，功能也很强大，支持 Alpha 通道。

PNG（Portable Network Graphics）是一种新兴的网络图形格式，采用无损压缩的方式，与 JPG 格式类似，网页中有很多图片都是这种格式，压缩比高于 GIF，支持图像透明，可以利用 Alpha 通道调节图像的透明度。Fireworks 的默认格式就是 PNG。

（2）图形

图形是可修正的文件，在文件格式中必须包含结构化信息即语义内容被包含在对图形的描述中，作为一个对象存储。图形是计算机对图像的一种抽象，也称为矢量图，一般是用图形编辑器产生或由程序产生，因此也常被称为计算机图形。

矢量图形常用格式主要包括 WMF、DRW、CDR、DXF、FLI、FLC、CG、EMF 等。

DXF 是三维模型设计软件 AutoCAD 的专用格式，文件较小，所绘制的图形尺寸、角度等数据十分准确，是建筑设计的首选。

CDR 是著名的图形设计软件 CorelDRAW 的专用格式，属于矢量图形，最大的优点文件小，便于再处理。

DWG 是 AutoCAD 中使用的一种图形文件格式。AutoCAD 的图形文件，是二维图面档案，它可以和多种文件格式进行转化。

WMF 是 Microsoft Windows 中常见的一种图元文件格式，它具有文件小、图案造型化的特点，整个图形常由各个独立的组成部分拼接而成，但其图形往往较粗糙，并且只能在 Microsoft Office 中调用编辑。

EMF 是由 Microsoft 公司开发的 Windows 32 位扩展图元文件格式。其目的是要弥补 WMF 文件格式的不足，使得图元文件更加易于使用。

3．视频

视频以位图形式存储，因此缺乏语义描述，需要较大的存储能力，分为捕捉运动视频与合成运动视频。前者是通过普通摄像机与模/数转换装置、数字摄像机等从现实世界中捕捉；后者是由计算机辅助创建或生成，即通过程序、屏幕截取等生成。

常见的视频文件格式包括 AVI、MPEG、MOV、WMV、RM 和 RMVB 等。

（1）AVI 格式

AVI（Audio Video Interleaved，音频视频交错格式）于 1992 年被 Microsoft 公司推出，随 Windows 3.1 一起被人们所认识和熟知。所谓“音频视频交错”，就是可以将视频和音频交织在一起进行同步播放。这种视频格式的优点是图像质量好，可以跨多个平台使用，其缺点是体积过于庞大。播放软件有 Windows Media Player、暴风影音等。

（2）MPEG 格式

MPEG（Moving Picture Experts Group，运动图像专家组）是 VCD 和 DVD 所用的格式，它是运动图像压缩算法的国际标准，采用了有损压缩方法减少运动图像中的冗余信息，压缩比高。目前 MPEG 格式有 3 个压缩标准，分别是 MPEG-1、MPEG-2、和 MPEG-4，另外，MPEG-7 与 MPEG-21 仍处在研发阶段。

MPEG-1：制定于 1992 年，它是针对 1.5 Mbps 以下数据传输率的数字存储媒体运动图像及其伴音编码而设计的国际标准。也就是人们通常所见到的 VCD 制作格式。使用 MPEG-1 的压缩算法，可以把一部 120 分钟长的电影压缩到 1.2GB 左右大小。这种视频格式的文件扩展名包括 mpg、mlv、mpe、mpeg 及 VCD 光盘中的 dat 文件等。

MPEG-2：制定于 1994 年，设计目标为高级工业标准的图像质量以及更高的传输率。这种格式主要应用在 DVD/SVCD 的压缩制作方面，同时在一些高清晰电视广播（HDTV）和一些高要求视频编辑、处理上面也有相当的应用。使用 MPEG-2 的压缩算法，可以把一部 120 分钟长的电影压缩到 4～8GB 的大小。这种视频格式的文件扩展名包括 mpg、mpe、mpeg、m2v 及 DVD 光盘上的 vob 文件等。

MPEG-4：制定于 1998 年，是为了播放流式媒体的高质量视频而专门设计的，它可利用很窄的带宽，通过帧重建技术压缩和传输数据，以求使用最少的数据获得最佳的图像质量。目前 MPEG-4 最有吸引力的地方在于它能够保存接近于 DVD 画质的小体积视频文件。另外，这种文件格式还包含了以前 MPEG 压缩标准所不具备的比特率的可伸缩性、动画精灵、交互性甚至版权保护等一些特殊功能。

（3）MOV 格式

美国 Apple 公司开发的一种视频格式，默认的播放器是苹果的 QuickTime Player。具有较高的压缩比率和较完美的视频清晰度等特点，但是其最大的特点还是跨平台性。

（4）WMV 格式

WMV（Windows Media Video）是微软推出的一种采用独立编码方式并且可以直接在网上实时观看视频节目的文件压缩格式。WMV 格式的主要优点包括：本地或网络回放功能，可扩充的媒体类型，流的优先级化，多语言支持，环境独立性，丰富的流间关系以及可扩展性等。

（5）RM 格式

RM 格式是 Real Networks 公司开发的一种流媒体视频文件格式。Real Networks 公司所制定的音频视频压缩规范称为 RealMedia，用户可以使用 RealPlayer 或 RealOne Player 对符合 RealMedia 技术规范的网络音频和视频资源进行实况转播，并且 RealMedia 可以根据不同的网络传输速率制定出不同的压缩比率，从而实现在低速率的网络上进行影像数据实时传送和播放。这种格式的另一个特点是用户使用 RealPlayer 或 RealOne Player 播放器可以在不下载音频和视频内容的条件下实现在线播放。

（6）RMVB 格式

RMVB 是一种由 RM 视频格式升级延伸出的新视频格式，它打破了原来 RM 格式那种平均压缩采样的方式，在保证平均压缩比的基础上合理利用比特率资源，也就是说静止和动作场面少的画面场景采用较低的编码速率，这样可以留出更多的带宽空间，而这些带宽会在出现快速运动的画面场景时被利用。这样在保证静止画面质量的前提下，大幅提高了运动图像的画面质量，从而图像质量和文件大小之间就达到了微妙的平衡。另外，相对于 DVDrip 格式，RMVB 视频也是有着较明显的优势，一部大小为 700 MB 左右的 DVD 影片，如果将其转录成同样视听品质的 RMVB 格式，其数据量最多也就 400 MB 左右。不仅如此，这种视频格式还具有内置字幕和无需外挂插件支持等独特优点。可以使用 RealOne Player2.0 或 RealPlayer8.0 加 RealVideo9.0 以上版本的解码器形式进行播放。

4. 声音

对音频数据进行编码处理后，经常要以文件的形式保存在磁盘上。因各种应用需求不同，存在着多种多样的音频文件格式，总体可以分为两类：声音文件和 MIDI 文件。声音文件指的是通过声音录入设备录制的原始声音，直接记录了真实声音的二进制采样数据，通常文件较大。而 MIDI 文件则是一种音乐演奏指令序列，相当于乐谱，可以利用声音输出设备或与计算机相连的电子乐器进行演奏，由于不包含声音数据，所以文件较小。

（1）WAV 文件格式

WAV 是由 Microsoft 公司开发的一种声音文件格式，用于保存 Windows 平台的音频信息资源，被 Windows 平台及其应用程序所广泛支持。WAV 格式可以存储多种不同编码的声音数据，但常用于存放1-2声道的PCM编码声音数据，不进行压缩编码，可以保持原始数据的最好音质。WAV格式文件是PC机上最为流行的声音文件格式，但其文件尺寸较大，多用于存储简短的声音片段。

（2）MP3文件格式（MP1、MP2、MP3）

MPEG音频文件格式是指MPEG标准中的音频部分。MPEG音频文件的压缩是一种有损压缩，根据压缩质量和编码复杂程度的不同可分为3层，分别对应MP1、MP2、MP3这3种声音文件。MPEG音频编码具有很高的压缩率，MP1和MP2的压缩率分别为4∶1和6∶1～8∶1，标准的MP3的压缩压缩比是10∶1。一个3分钟长的音乐文件压缩成MP3后大约是4MB，同时其音质基本保持不失真。目前在网络上使用最多的是MP3文件格式。

（3）WMA（Windows Media Audio）文件格式

ASF（Advanced Streaming Format，高级数据流格式）是Windows 98中的流媒体文件格式，ASF编码及储存格式是微软Windows Media的核心技术。2000年，随着Windows Media Player7的发布，微软将ASF改造为WMA和WMV格式。WMA成为了微软使用的自有音频文件格式。

WMA是继mp3后最受欢迎的音乐格式，在压缩比和音质方面都超过了mp3，WMA数据压缩比可达到18:1，明显高于MP3，它能在较低的采样频率下产生好的音质。WMA有微软的Windows Media Player做强大的后盾，目前网上的许多音乐也采用WMA格式。

（4）CDA文件格式

CDA文件格式只是一种习惯的说法。CD唱片中的声音按照音轨的方式记录在CD光盘上，其设计的应用方式与计算机系统无关，更不存在文件格式之说了。但在Windows XP等操作系统中，微软将CD唱片的每一个音轨名映射为一个文件名，其文件类型为CDA格式，实际上这只是一个指向CD音轨的地址指针。CD唱片中的声音数据不可能进行文件方式的任何操作，只能直接读出来播放，或用抓音轨的方式将其复制到计算机中。

（5）MIDI文件格式

MIDI格式专用于存储MIDI音乐乐谱编码。在MIDI文件中，只包含产生某种声音的指令，这些指令包括使用什么MIDI设备的音色、声音的强弱、声音持续时间长短等，计算机将这些指令发送给声卡，声卡按照指令将声音合成出来。相对于声音文件，MIDI文件显得更加紧凑，其文件尺寸也小得多。其数据经过代码转换后，可用于手机铃声。

10.4　综合应用

题目：

利用Windows Movie Maker制作电子相册。

要求：

（1）选取要制作电子相册的图片，本例图片的文件名为“01.jpg”和“02.jpg”；

（2）选取音频和视频素材，本例用到的文件为“peiyue.mp3”和“美丽风光.avi”；

（3）添加合适的视频过渡效果；

（4）将音频素材调整至合适的长度进行配乐；

（5）添加片头“如梦令”；

（6）将制作的影片预览后保存为“d:\text\ex-2.wmv”。

操作示意：

（1）单击『开始』按钮，选择“程序/Windows Movie Maker”命令，进入“Windows Movie Maker”窗口，如图 10-17 所示。

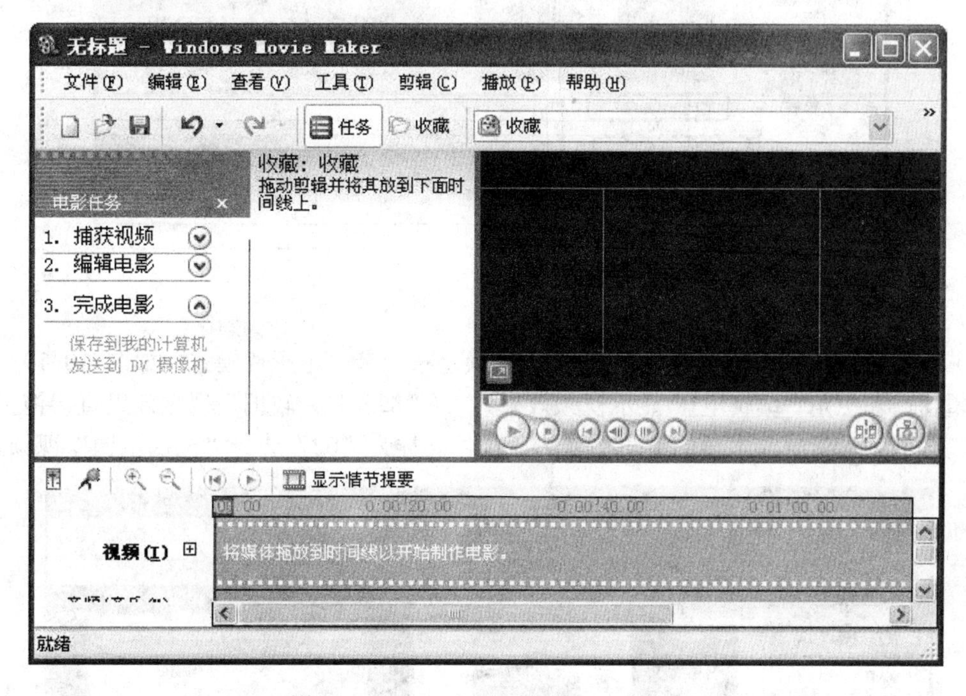

图 10-17　Windows Movie Maker 窗口

（2）导入素材　单击窗口左上角“捕获视频/导入图片”，在“导入文件”对话框选中“01.jpg”和“02.jpg”图片文件，单击『导入』按钮，即可将两幅图片导入到 Windows Movie Maker 中，同样方法导入视频和音频素材。

> 注意：用 Windows Movie Maker 制作影片时,支持的视频的格式只有 avi，如果导入素材不是 avi 格式，需要把视频转换成 avi 格式再导入。

（3）剪辑素材　在素材区选中“01.jpg”和“02.jpg”两幅图片、“美丽风光.avi”视频剪辑，将其拖至“视频线”上，选中“peiyue.mp3”拖至音频线上，这时视频情节在监视区的播放器中将同步显示出来，如图 10-18 所示。

图 10-18　剪辑素材

（4）添加特效　单击“显示情节提要”，转换至按情节显示影片模式，如图 10-19 所示，单击编辑窗口左上角“编辑电影/显示视频效果”，将“旧胶片，较旧”视频效果直接拖至“01”素材上，则原来该素材左下角的五角星变为蓝色，同样为“02”选择“棕褐色调”视频效果。

图 10-19　添加视频效果

（5）在视频之间添加“视频过渡”效果　单击编辑窗口左侧的“查看视频过渡”，然后单击合适的过渡效果，用鼠标将其拖入两张图片之间的长方形中，这样就在两段素材之间添加了过渡效果。

（6）编辑音乐　单击“显示时间线”切换回时间线编辑状态，找到音频的最末端，用鼠标拖曳白色的音频带，调节导入音频的长度。如图 10-20 所示。

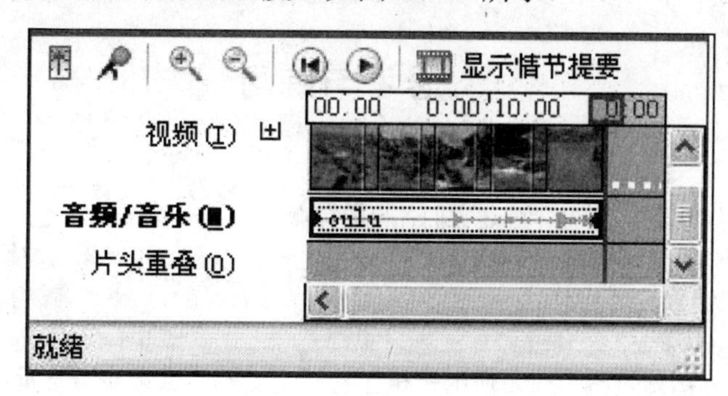

图 10-20　调节音频长度

（7）制作片头　单击“制作片头或片尾”出现如图 10-21 所示的界面，选择“在电影开头添加片头”，在弹出的对话框输入“如梦令”，并对其字体和动画进行编辑，然后单击“完成，为电影添加片头”，片头自动加入至影片开头。

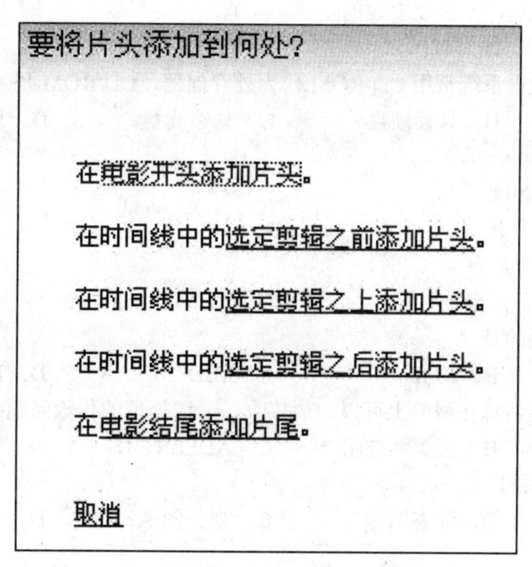

图 10-21　制作片头片尾

（8）预览影片　每个视频情节和音频情节调整、剪辑好后，单击监视区的“播放”按钮，即可在播放器中查看该情节的播放效果，通过监视器右下角的时间显示还可以了解其准确的播放时间。

（9）保存影片　如果对预览效果满意，选择“文件/保存项目”命令，弹出 “另存为”对话框，在“文件名”文本框中输入“ex-2”，路径选择“d:\text”，单击“保存”按钮，弹出“制作电影”进度框，这样保存的仅仅是可以在 Movie Maker 里打开的项目文件。再选择“文件/保存电影文件”，生成一个可以在多媒体播放器中播放的“ex-2. wmv”文件。

思考与练习

1．简答题

（1）简述图形与图像的区别，并简单陈述它们各自的特点。

（2）简述多媒体数据压缩的必要性及压缩方法。

（3）简述多媒体的特点及应用范围。

2．填空题

（1）目前压缩编码方法分为两类：无损压缩和________，后者会减少信息量，损失的信息是不可恢复的。

（2）多媒体计算机系统由多媒体计算机硬件系统和________两部分组成。

（3）多媒体信息数字化过程通常分为采样、量化和________ 3 个过程。

（4）视频卡的种类很多，主要包括视频捕获卡、电影卡、________和视频转换卡。

3．选择题

（1）要播放音频或视频光盘，不需要安装的是（　　）。

A．网卡　　B．声卡　　C．影视卡　　D．解压卡

（2）具有多媒体功能的微机系统常用 CD-ROM 作为外存储器，CD-ROM 是（　　）。

A．只读存储　　B．只读硬盘　　C．只读光盘　　D．只读大容量软盘

（3）颜色的三要素包括（　　）。

A．亮度、色调、饱和度

B．亮度、色调、分辨率

C．色调、饱和度、分辨率

D．亮度、饱和度、分辨率

（4）不属于图像文件后缀的是（　　）。

A．GIF　　B．BMP　　C．MID　　D．TIF

（5）能很好地解决多媒体信息在网络上可以一边接收、一边处理的传输问题的是（　　）。

A．多媒体技术　　B．流媒体技术　　C．ADSL 技术　　D．智能化技术

（6）JPEG 的编码标准是用于（　　）。

A．音频数据　　B．静态图像　　C．视频图像　　D．音频和视频数据

4．操作题

题目：利用录音机录制一段声音文件，并进行以下处理操作。

要求：

（1）删除声音文件的一部分；

（2）将声音文件插入到另一个声音文件中；

(3）反转该声音文件；

(4）在声音文件中添加回音；

(5）更改声音文件的音量，加大音量 25%；

(6）更改声音文件的速度，加速 100%。

5．课外阅读

(1)《多媒体技术基础》，林福宗，清华大学出版社，2010 年 7 月；

(2)《多媒体技术教程》，胡晓峰，人民邮电出版社，2009 年 4 月。

附　录

附录 A　ASCII 字符编码表

ASCII 值	字　符	ASCII 值	字　符	ASCII 值	字　符	ASCII 值	字　符
0	NUL	32	(space)	64	@	96	、
1	SOH	33	!	65	A	97	a
2	STX	34	”	66	B	98	b
3	ETX	35	#	67	C	99	c
4	EOT	36	$	68	D	100	d
5	ENQ	37	%	69	E	101	e
6	ACK	38	&	70	F	102	f
7	BEL	39	’	71	G	103	g
8	BS	40	(	72	H	104	h
9	HT	41	)	73	I	105	i
10	LF	42	*	74	J	106	j
11	VT	43	+	75	K	107	k
12	FF	44	,	76	L	108	l
13	CR	45	-	77	M	109	m
14	SO	46	.	78	N	110	n
15	SI	47	/	79	O	111	o
16	DLE	48	0	80	P	112	p
17	DC1	49	1	81	Q	113	q
18	DC2	50	2	82	R	114	r
19	DC3	51	3	83	X	115	s
20	DC4	52	4	84	T	116	t
21	NAK	53	5	85	U	117	u
22	SYN	54	6	86	V	118	v
23	ETB	55	7	87	W	119	w
24	CAN	56	8	88	X	120	x
25	EM	57	9	89	Y	121	y
26	SUB	58	:	90	Z	122	z
27	ESC	59	;	91	[	123	{
28	FS	60	<	92	\	124	|
29	GS	61	=	93	]	125	}
30	RS	62	>	94	^	126	~
31	US	63	?	95	—	127	DEL

ASCII 值为十进制数，控制字符的含义如下表所示。

字 符	含 义	字 符	含 义	字 符	含 义
NUL	空	VT	垂直制表	SYN	空转同步
SOH	标题开始	FF	走纸控制	ETB	信息组传送结束
STX	正文开始	CR	回车	CAN	作废
ETX	正文结束	SO	移位输出	EM	纸尽
EOT	传输结束	SI	移位输入	SUB	换置
ENQ	询问字符	DLE	空格	ESC	换码
ACK	承认	DC1	设备控制 1	FS	文字分隔符
BEL	报警	DC2	设备控制 2	GS	组分隔符
BS	退一格	DC3	设备控制 3	RS	记录分隔符
HT	横向列表	DC4	设备控制 4	US	单元分隔符
LF	换行	NAK	否定	DEL	删除

附录 B　国内外部分网络站点

一、WWW 网络站点

1．国内大学

北京大学 http://www.pku.edu.cn/
清华大学 http://www.tsinghua.edu.cn/
北京师范大学 http://www.bnu.edu.cn/
北京交通大学 http://www.bjtu.edu.cn/
复旦大学 http://www.fudan.edu.cn/
上海交通大学 http://www.shnet.edu.cn/
同济大学 http://www.tongji.edu.cn/
浙江大学 http://www.zju.edu.cn/
中山大学 http://www.zsu.edu.cn/
香港大学 http://www.hku.hk/
新竹清华大学 http://www.nthu.edu.tw/
台湾大学 http://www.ntu.edu.tw/
台湾交通大学 http://www.nctu.edu.tw/
香港理工大学 http://cwis.polyu.edu.hk/

2．国外大学

Arizona State University	http://info.asu.edu:80/
Boston University	http://web.bu.edu/
Brigham Young University	http://www.byu.edu/
California Institute of Technology	http://www.caltech.edu/
Carnegie Mellon University	http://www.cmu.edu/
Florida State University	http://www.fsu.edu
Ohio State University	http://www.acs.ohio-state.edu/
Stanford University	http://www.stanford.edu/
University of California, Berkeley	http://www.berkeley.edu:80/
University of Southern California	http://cwis.usc.edu/
University of Washington	http://www.washington.edu:1180/

3．国内门户网站

网易	http://www.163.com/
搜狐	http://www.sohu.com.cn/
新浪	http://www.sina.com.cn/
中华网	http://www.china.com/

4．其他

美国白宫	http://www.whitehouse.gov
中国国际航空公司	http://www.airchina.com.cn
网上购物	http://www.amazon.com
电脑报	http://www.cpcw.com/
北京图书馆	http://www.nlc.gov.cn/
美国国会图书馆	http://www.loc.gov/
中国银行网上服务	http://www.bank-of-china.com

二、BBS 站点

国家智能计算机中心	曙光站	bbs.ncic.ac.cn
清华大学	水木清华站	bbs.tsinghua.edu.cn
北京邮电大学	鸿雁传情	bbs.bupt.edu.cn
北京大学	北京大学未名站	bbs.pku.edu.cn
北京交通大学	红果园	bbs.njtu.edu.cn
中国科技大学	瀚海星云	bbs.ustc.edu.cn

附录 C　教学安排参照表

教学安排表（64 学时）

序号	教 学 内 容	基础理论学时	实践学时	实 践 内 容	课外实践学时
1	计算机基础知识	2	2	熟悉微机及了解实验教学环境	2
2	数制与计算机编码	2	2	浏览教案	2
3	微型计算机基础	2	2	实验 1	4
4	计算机网络基础	2	2	实验 4	4
5	操作系统及 Windows 应用	2	2	实验 5	2
6	字处理——Word 应用	4	4	实验 6	4
7	表处理——Excel 应用	4	4	实验 7	2
8	电子演示文稿 ——PowerPoint 应用	4	4	实验 8	2
9	Internet 应用	4	4	实验 9~实验 11	4
10	多媒体技术应用基础	4	2	实验 12	2
11	总复习（系统综述）	2	4	要求： (1) 应用所学知识编写个人学习实验报告； (2) 在报告中要体现实验中的应用； (3) 提交电子版和打印稿实验报告。	4
	总　计	32	32		32

注意：

（1）在课堂教学时，要注重基础知识与实际应用的结合，使其达到融会贯通；

（2）对于实验中涉及的应用软件，建议在实验中结合学生的实际需求进行示范讲解和指导；

（3）课外实践学时是指计划教学时数之外的上机时数，有条件的应增加更多的实践机会。

参 考 文 献

[1] J. Glenn Brookshear. 计算机科学概论[M]. 7 版. 北京：人民邮电出版社, 2003.
[2] Timothy J. O'Leary. 计算机科学引论[M]. 北京：高等教育出版社, 2000.
[3] June J P, Dan O. 计算机文化[M]. 北京：机械工业出版社, 2003.
[4] 吴鹤龄, 崔林. ACM 图灵奖[M]. 北京：高等教育出版社, 2000.
[5] 鄂大伟, 庄鸿棉. 信息技术基础[M]. 北京：高等教育出版社, 2003.
[6] 王移芝. 计算机文化基础教程[M]. 北京：高等教育出版社, 2001.
[7] 徐雨明. 操作系统学习指导与训练[M]. 北京：中国水利水电出版社, 2003.
[8] 张尧学. 计算机操作系统教程[M]. 北京：清华大学出版社, 2002.
[9] 任爱华, 王雷. 操作系统实用教程[M]. 2 版. 北京：清华大学出版社, 2004.
[10] 陈向群, 杨芙清. 操作系统教程[M]. 北京：北京大学出版社, 2001.
[11] 微软公司. Microsoft Office PowerPoint 2003[M]. 黄旭明, 译. 北京：高等教育出版社, 2006.
[12] 王移芝. 大学计算机基础[M]. 北京：高等教育出版社, 2007.
[13] 吴乐南. 数据压缩的原理与应用[M]. 北京：电子工业出版社, 1995.
[14] 刘甘娜. 多媒体应用基础[M]. 北京：高等教育出版社, 1998.
[15] O'Leary T J, O'Leary L I. Computing Essentials[M]. 北京：高等教育出版社, 1999.
[16] 胡晓峰. 多媒体技术教程[M]. 北京：人民邮电出版社, 2002.
[17] Yue-Ling Wong. 数字媒体基础教程[M]. 北京：机械工业出版社, 2009.
[18] 陈永强, 张聪. 多媒体技术基础与实验教程[M]. 北京：机械工业出版社, 2008.
[19] 王洪. 计算机网络应用基础[M]. 北京：机械工业出版社, 2007.
[20] 张公忠. 现代网络技术教程[M]. 北京：电子工业出版社, 2000.